今すぐ使える かんたんEx

Excel 関数

〈Excel 2016/2013/2010/2007 対応版〉

プロ技 BEST セレクション

リブロワークス 著

技術評論社

本書の使い方

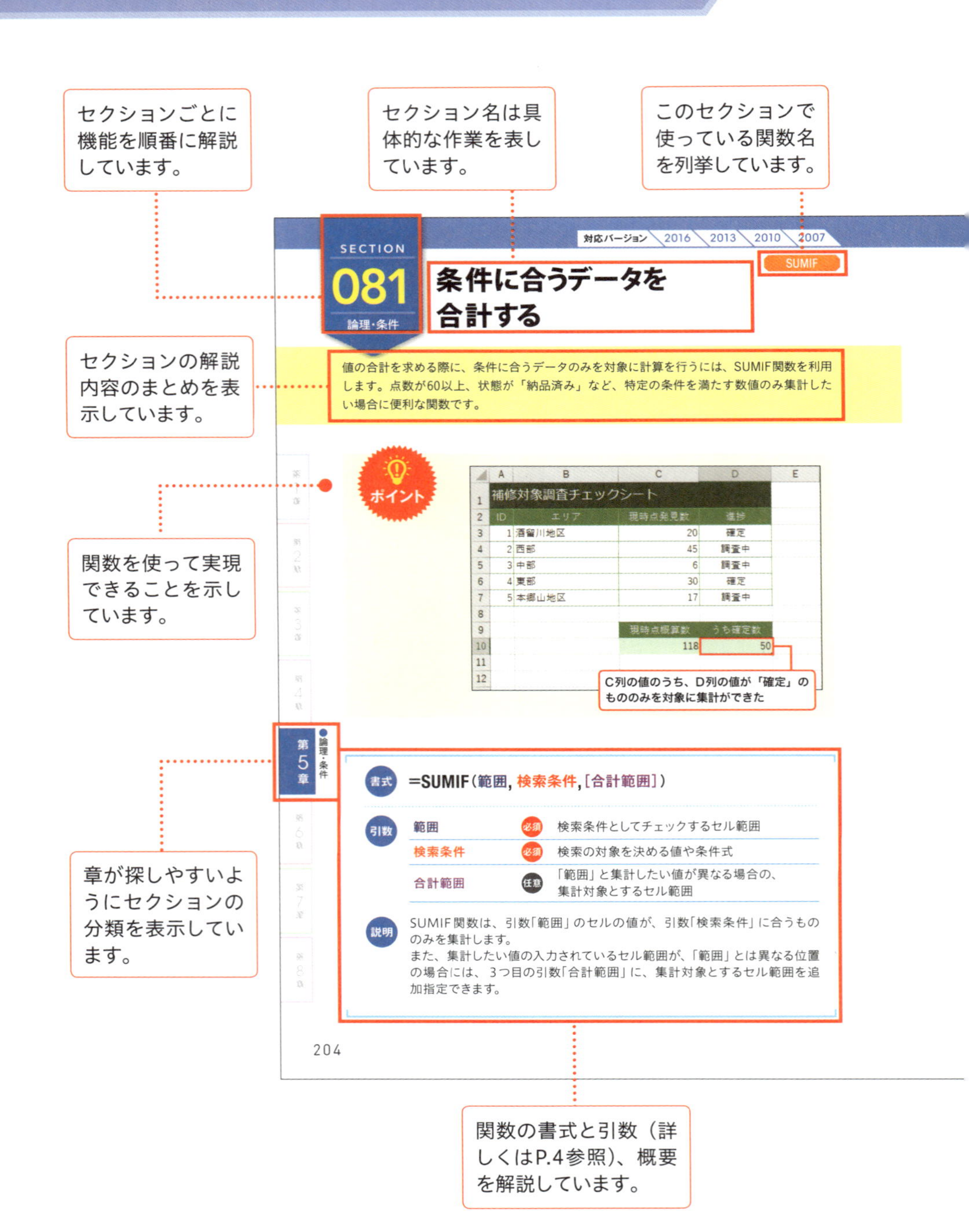

セクションごとに機能を順番に解説しています。
セクション名は具体的な作業を表しています。
このセクションで使っている関数名を列挙しています。
対応バージョン 2016 2013 2010 2007
SECTION 081 論理・条件
条件に合うデータを合計する
SUMIF
セクションの解説内容のまとめを表示しています。
値の合計を求める際に、条件に合うデータのみを対象に計算を行うには、SUMIF関数を利用します。点数が60以上、状態が「納品済み」など、特定の条件を満たす数値のみ集計したい場合に便利な関数です。
関数を使って実現できることを示しています。
ポイント
補修対象調査チェックシート
ID エリア 現時点発見数 進捗
1 酒留川地区 20 確定
2 西部 45 調査中
3 中部 6 調査中
4 東部 30 確定
5 本郷山地区 17 調査中
現時点概算数 うち確定数
118 50
C列の値のうち、D列の値が「確定」のもののみを対象に集計ができた
章が探しやすいようにセクションの分類を表示しています。
第5章 論理・条件
書式 =SUMIF(範囲, 検索条件, [合計範囲])
引数
範囲 必須 検索条件としてチェックするセル範囲
検索条件 必須 検索の対象を決める値や条件式
合計範囲 任意 「範囲」と集計したい値が異なる場合の、集計対象とするセル範囲
説明 SUMIF関数は、引数「範囲」のセルの値が、引数「検索条件」に合うもののみを集計します。
また、集計したい値の入力されているセル範囲が、「範囲」とは異なる位置の場合には、3つ目の引数「合計範囲」に、集計対象とするセル範囲を追加指定できます。
204
関数の書式と引数（詳しくはP.4参照）、概要を解説しています。

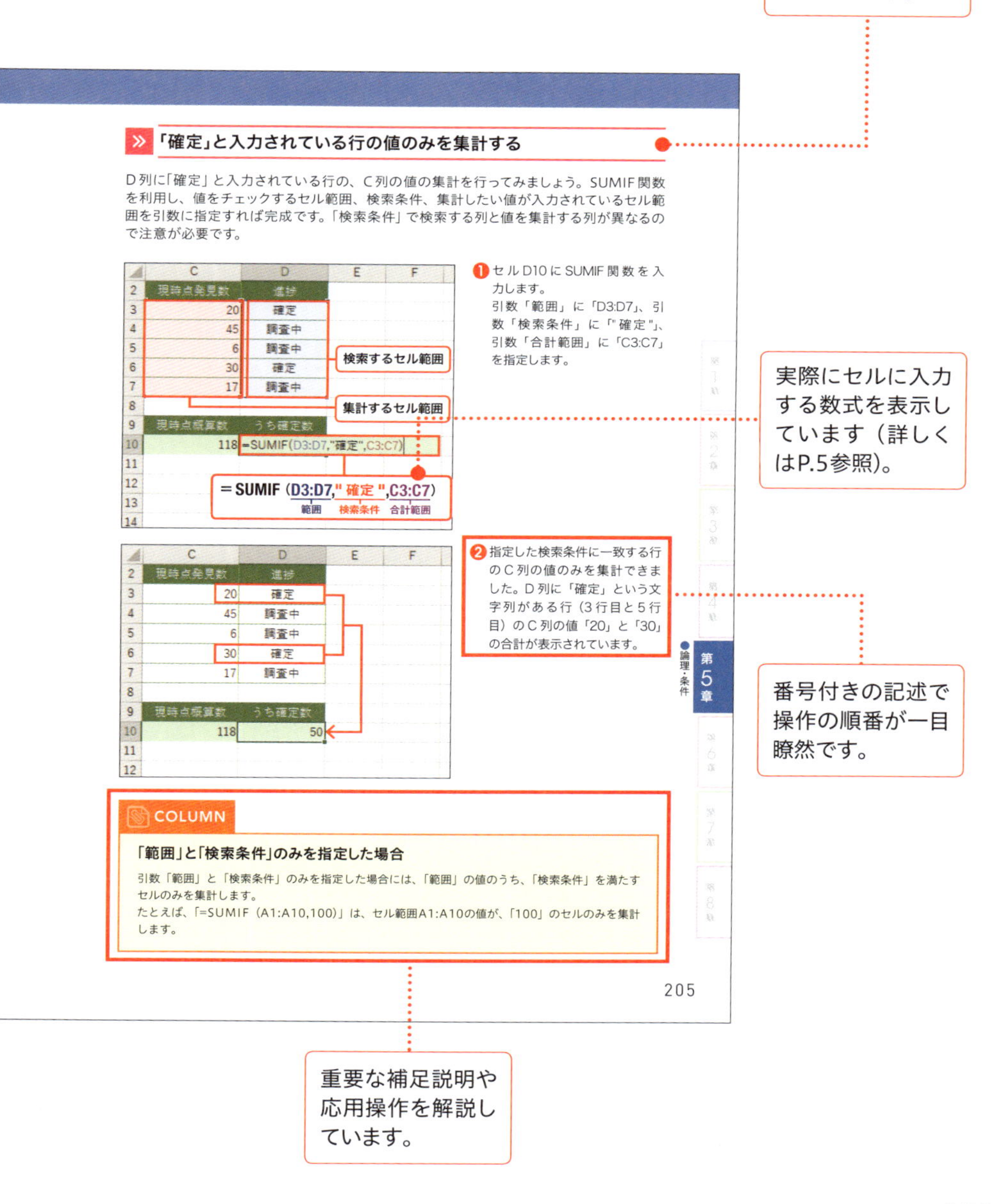

「確定」と入力されている行の値のみを集計する

D列に「確定」と入力されている行の、C列の値の集計を行ってみましょう。SUMIF関数を利用し、値をチェックするセル範囲、検索条件、集計したい値が入力されているセル範囲を引数に指定すれば完成です。「検索条件」で検索する列と値を集計する列が異なるので注意が必要です。

	C	D	E	F
2	現時点発見数	進捗		
3	20	確定		
4	45	調査中		
5	6	調査中		
6	30	確定		
7	17	調査中		
8				
9	現時点概算数	うち確定数		
10	118	=SUMIF(D3:D7,"確定",C3:C7)		
11				
12				
13				
14				

❶セルD10にSUMIF関数を入力します。
引数「範囲」に「D3:D7」、引数「検索条件」に「"確定"」、引数「合計範囲」に「C3:C7」を指定します。

	C	D	E	F
2	現時点発見数	進捗		
3	20	確定		
4	45	調査中		
5	6	調査中		
6	30	確定		
7	17	調査中		
8				
9	現時点概算数	うち確定数		
10	118	50		
11				
12				

❷指定した検索条件に一致する行のC列の値のみを集計できました。D列に「確定」という文字列がある行（3行目と5行目）のC列の値「20」と「30」の合計が表示されています。

COLUMN

「範囲」と「検索条件」のみを指定した場合

引数「範囲」と「検索条件」のみを指定した場合には、「範囲」の値のうち、「検索条件」を満たすセルのみを集計します。
たとえば、「=SUMIF（A1:A10,100）」は、セル範囲A1:A10の値が、「100」のセルのみを集計します。

具体的な操作手順を紹介します。

実際にセルに入力する数式を表示しています（詳しくはP.5参照）。

番号付きの記述で操作の順番が一目瞭然です。

重要な補足説明や応用操作を解説しています。

関数の解説例

本書では、関数の書式と使い方を以下のように解説しています。書式で解説した引数の色と、例として紹介した数式の引数の色が対応しています(ただし、関数をネストしている数式では、色が異なる場合があります)。

対応バージョン

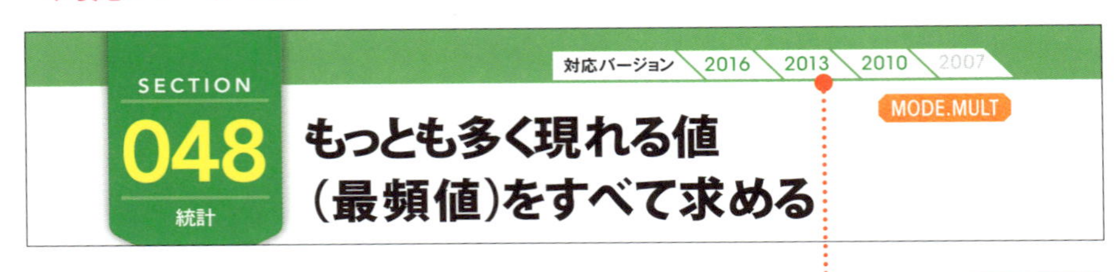

セクションの中でメインに紹介している関数が利用できるExcelのバージョンを示しています。

書式説明

紹介している関数で利用できないExcelのバージョンを示しています。

関数の書式を表しています。引数名に[]が付いている場合は、その引数は省略可能です。引数は、1つ目から順に色分けして示しています。

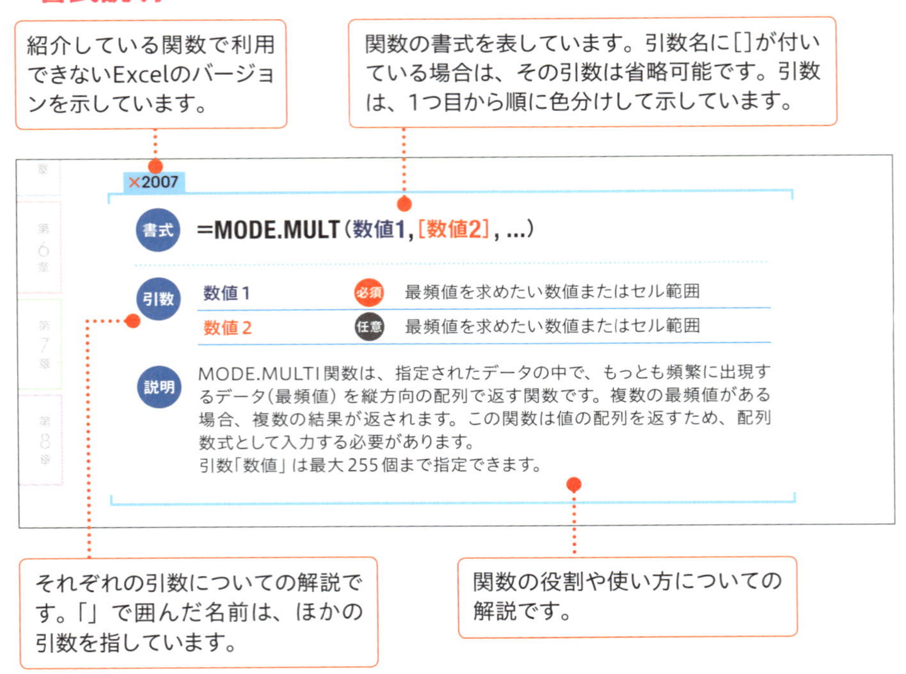

それぞれの引数についての解説です。「」で囲んだ名前は、ほかの引数を指しています。

関数の役割や使い方についての解説です。

● 操作説明

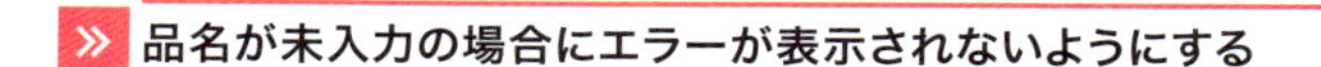

品名が未入力の場合にエラーが表示されないようにする

A列の「品名」が未入力の場合、VLOOKUP関数(P.292参照) が入力されているB列と、C列とのかけ算が記入されているD列にエラーが表示されます。B列とD列をIFERROR関数を使った数式に修正し、A列が未入力の行に空欄が表示されるようにしてみましょう。

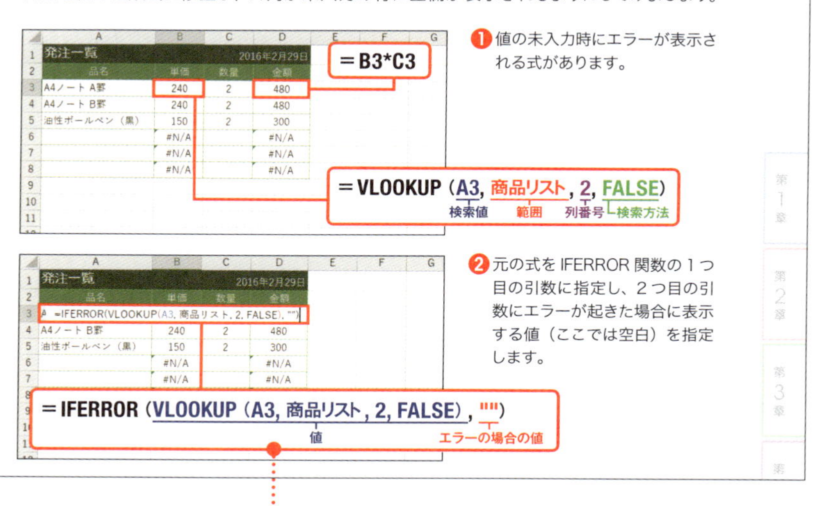

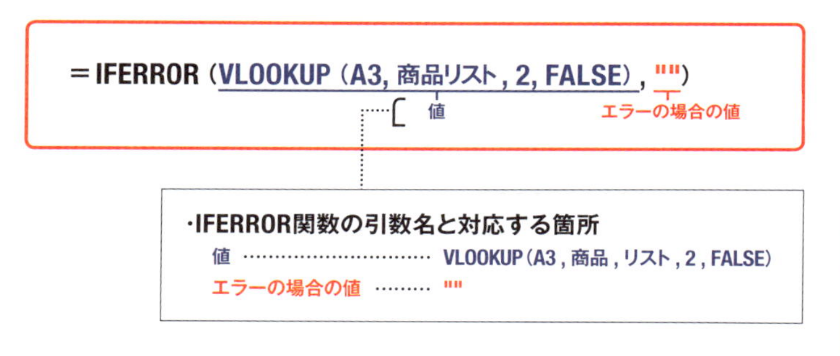

サンプルファイルのダウンロード

本書の解説内で使用しているサンプルファイルは、以下のURLのサポートページからダウンロードできます。ダウンロードしたときは圧縮ファイルの状態なので、展開してからご利用ください。以下は、Windows 10の画面で解説しています。
なお、Windows 7/8/8.1では一部操作が異なります。

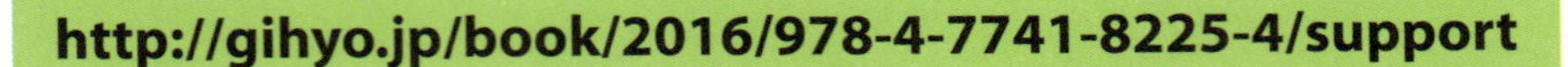

http://gihyo.jp/book/2016/978-4-7741-8225-4/support

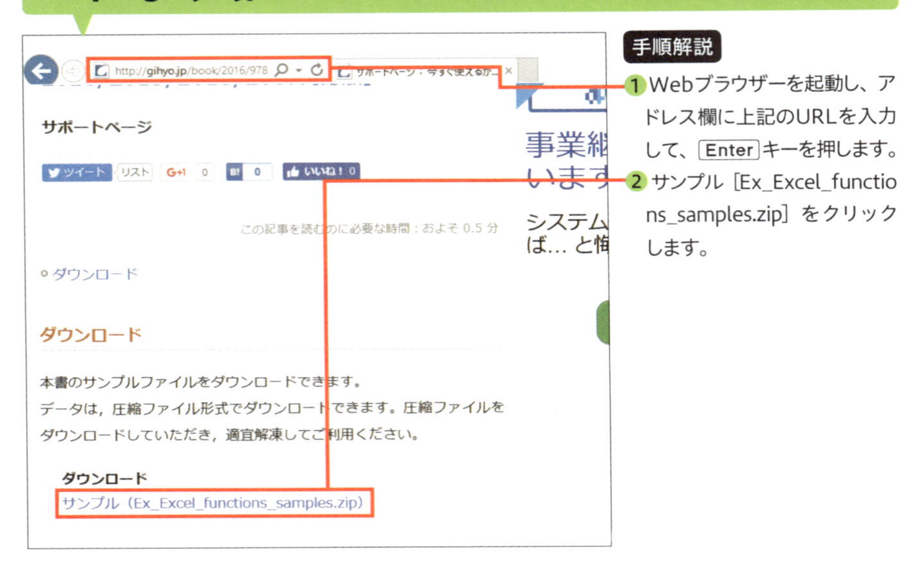

手順解説

1 Webブラウザーを起動し、アドレス欄に上記のURLを入力して、Enterキーを押します。

2 サンプル［Ex_Excel_functions_samples.zip］をクリックします。

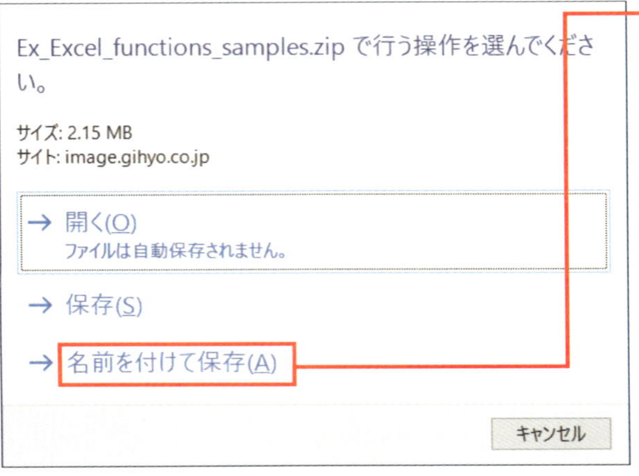

3 ダイアログボックスが表示されるので、［名前を付けて保存］をクリックします。

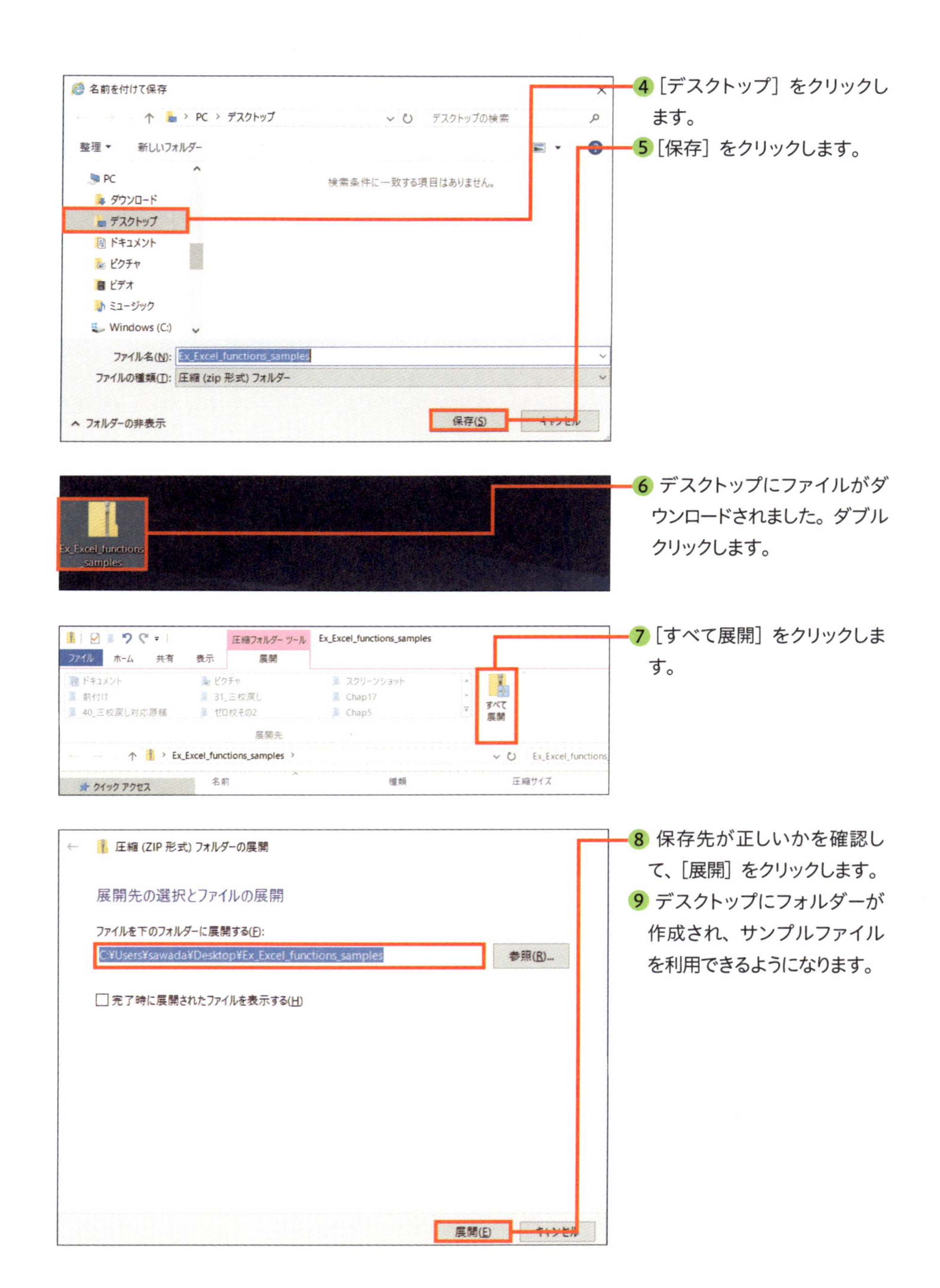

4 ［デスクトップ］をクリックします。

5 ［保存］をクリックします。

6 デスクトップにファイルがダウンロードされました。ダブルクリックします。

7 ［すべて展開］をクリックします。

8 保存先が正しいかを確認して、［展開］をクリックします。

9 デスクトップにフォルダーが作成され、サンプルファイルを利用できるようになります。

目次

第1章 関数の基本

SECTION 001 関数とは …… 22
SECTION 002 関数の書き方 …… 24
SECTION 003 数式タブから関数を利用する …… 28
SECTION 004 関数の挿入ダイアログボックスから関数を利用する …… 30
SECTION 005 セルに計算式を入力して関数を利用する …… 32
SECTION 006 数式を修正する …… 34
SECTION 007 関数の引数を修正する …… 36
SECTION 008 入力した数式をコピーする …… 38
SECTION 009 相対参照と絶対参照を切り替える …… 40
SECTION 010 引数のセル範囲を修正する …… 44
SECTION 011 数式のエラーを理解する …… 46
SECTION 012 エラーを修正する …… 48
SECTION 013 循環参照を修正する …… 50
COLUMN 演算子とは …… 52

第2章 数値の計算

SECTION 014 数値を合計する …… 54
SUM

SECTION 015 累計を求める …… 56
SUM

SECTION 016 複数のシートを串刺し計算する …… 58
SUM

SECTION 017 あとから表に追加したデータも自動で計算する …… 60
SUM

SECTION 018 小計と総計を求める …… 62
SUBTOTAL

SECTION 019 フィルターで抽出されたデータのみを合計する …… 66
SUBTOTAL

SECTION 020 条件に合うデータの合計を求める …… 68
DSUM

SECTION 021 数値同士を掛けて、さらに合計する …… 72
SUMPRODUCT

SECTION 022 割り算の整数商を求める …… 76
QUOTIENT

SECTION 023 割り算の余り（剰余）を求める …… 78
MOD

SECTION 024 小数点以下を切り捨てる …… 80
INT

SECTION 025 指定した桁数で切り捨てる …… 82
TRUNC

SECTION 026 数値の整数部分の桁数を求める …… 84
LEN / ABS / TRUNC

SECTION 027 指定した桁数で四捨五入する …… 86
ROUND

SECTION 028 指定した桁数で切り捨てる …… 88
ROUNDDOWN

目次

SECTION 029 指定した桁数で切り上げる ROUNDUP …… 90

SECTION 030 指定した数値の倍数に切り上げる CEILING …… 92

SECTION 031 指定した数値の倍数に切り下げる FLOOR …… 94

SECTION 032 指定した数値の倍数になるように丸める MROUND …… 96

SECTION 033 エラー値を除外して小計と総計を求める AGGREGATE …… 98

第3章 データの分析

SECTION 034 数値データが入力されているセルを数える …… 102
COUNT

SECTION 035 データが入力されているセルを数える …… 104
COUNTA

SECTION 036 見た目が空白のセルを数える …… 106
COUNTBLANK

SECTION 037 平均値を求める …… 108
AVERAGE

SECTION 038 文字データを0として平均値を求める …… 110
AVERAGEA

SECTION 039 データの最大値を求める …… 112
MAX / MAXA

SECTION 040 データの最小値を求める …… 114
MIN / MINA

SECTION 041 条件に合う数値の最大値を求める …… 116
DMAX / DMIN

SECTION 042 データの順位を求める …… 120
RANK / RANK.EQ

SECTION 043 大きいほうから数えて何位かを求める …… 122
LARGE

SECTION 044 小さいほうから数えて何位かを求める …… 124
SMALL

SECTION 045 指定した範囲に含まれるデータの個数を求める …… 126
FREQUENCY

SECTION 046 データの中央に来る数値(中央値)を求める …… 128
MEDIAN

SECTION 047 もっとも多く現れる値(最頻値)を求める …… 130
MODE / MODE.SNGL

SECTION 048 もっとも多く現れる値(最頻値)をすべて求める …… 132
MODE.MULT

COLUMN ステータスバーでセル範囲の合計や平均を確認する …… 134

第4章 日付や時刻の計算

SECTION 049 日付や時刻を計算する際に注意すること …… 136

SECTION 050 日付や時刻の書式記号を理解する …… 138

SECTION 051 シリアル値を理解する …… 140

SECTION 052 日付や時刻からシリアル値を求める …… 142
VALUE / TIMEVALUE

SECTION 053 現在の日付や時刻を表示する …… 144
TODAY / NOW

SECTION 054 日付から年、月、日を取り出す …… 146
YEAR / MONTH / DAY

SECTION 055 時刻から時、分、秒を取り出す …… 148
HOUR / MINUTE / SECOND

SECTION 056 日付から曜日を取り出す …… 150
WEEKDAY

SECTION 057 日付が何週目かを求める …… 152
WEEKNUM / ISOWEEKNUM

SECTION 058 年、月、日から日付データを作成する …… 154
DATE / DATEVALUE

SECTION 059 時、分、秒から時刻データを作成する …… 156
TIME / TIMEVALUE

SECTION 060 勤務時間から「30分」の休憩時間を引く …… 158
TIME

SECTION 061 ○ヶ月後や○ヶ月前の日付を求める …… 160
EDATE

SECTION 062 ○ヶ月後や○ヶ月前の月末を求める …… 162
EOMONTH

SECTION 063 土日を除いた期日を求める …… 164
WORKDAY

SECTION 064 木曜日と日曜日を定休日として翌営業日を求める …… 166
WORKDAY.INTL

SECTION 065 当月の最終営業日を求める …… 168
WORKDAY / EOMONTH

SECTION 066 2つの日付から期間を求める …… 170
DAYS / DATEDIF

SECTION 067 生年月日から年齢を求める …… 172
DATEDIF / TODAY

SECTION 068 土日祝日を除いた日数を求める …… 174
NETWORKDAYS

SECTION 069 土日休み以外の形態の稼働日数を求める …… 176
NETWORKDAYS.INTL

SECTION 070 今月の日数を求めて日割り計算する …… 178
DAY / EOMONTH / ROUND

COLUMN 日付や時刻の入力時の形式 …… 180

第5章 論理と条件の利用

SECTION 071 条件によって処理を変更する …… 182

SECTION 072 条件によって処理を振り分ける …… 186
IF

SECTION 073 複数の条件がすべて成り立つかを確認する …… 188
AND

SECTION 074 複数の条件のいずれかが成り立つかを確認する …… 190
OR

SECTION 075 同じ値が入力されているかを調べる …… 192
IF / AND

SECTION 076 条件が成り立たないことを判定する …… 194
NOT

SECTION 077 セルの値に応じて複数パターンの値を表示する …… 196
SWITCH

SECTION 078 ある条件が成り立たないときに別の条件を判定する …… 198
IFS

SECTION 079 データが未入力でもエラーが表示されないようにする …… 200
IFERROR

SECTION 080 セルの値がエラーになった場合の処理を設定する …… 202
IFERROR

SECTION 081 条件に合うデータを合計する …… 204
SUMIF

SECTION 082 ある数値より大きいデータを合計する …… 206
SUMIF

SECTION 083 平日と土日に分けて勤務時間を合計する …… 208
WEEKDAY / SUMIF

SECTION 084 文字の一部が同じ行のデータを合計する …… 210
SUMIF

SECTION 085 複数の条件を満たす行のデータを合計する …… 212
SUMIFS

SECTION 086 条件に合うデータの平均値を求める 214
AVERAGEIF

SECTION 087 複数の条件を満たすデータの平均値を求める 216
AVERAGEIFS

SECTION 088 すべての入力欄に数値が入力されているかを調べる 218
IF / COUNT

SECTION 089 条件に合うデータを数える 220
COUNTIF

SECTION 090 重複データに「重複」と表示する 222
IF / COUNTIF

SECTION 091 複数の条件を満たすデータを数える 224
COUNTIFS

SECTION 092 条件表を使った条件書式(データベース関数) 226

SECTION 093 条件に合う数値の平均を求める 228
DAVERAGE

SECTION 094 条件に合うセルの個数を求める 232
DCOUNTA / DCOUNT

COLUMN 論理値を数値として扱っている場合もある 236

第6章 文字列の処理

SECTION 095 文字列とは …… 238

SECTION 096 文字数とバイト数の違い …… 240

SECTION 097 文字列の長さを調べる …… 242
LEN / LENB

SECTION 098 同じ文字を繰り返す …… 244
REPT

SECTION 099 文字列が同じかどうかを確認する …… 246
EXACT

SECTION 100 文字列をつなげる …… 248
CONCATENATE / CONCAT / TEXTJOIN

SECTION 101 ワイルドカードを利用する …… 250

SECTION 102 文字列を検索する …… 252
FIND / FINDB

SECTION 103 ワイルドカードを使って文字列を検索する …… 254
SEARCH / SEARCHB

SECTION 104 検索した文字列を置換する …… 256
SUBSTITUTE

SECTION 105 不要なスペース(空白)を削除する …… 258
SUBSTITUTE / TRIM

SECTION 106 開始位置を指定して文字列を置換する …… 260
REPLACE / REPLACEB

SECTION 107 市外局番をカッコで囲む …… 262
SUBSTITUTE / REPLACE

SECTION 108 文字列を逆順から検索する …… 264
SUBSTITUTE / LEN / FIND / RIGHT

SECTION 109 左側から指定した文字数分だけ取り出す …… 266
LEFT / LEFTB

SECTION 110 右側から指定した文字数分だけ取り出す …… 268
RIGHT / RIGHTB

SECTION 111 文字の途中から指定した文字数分だけ取り出す …… 270
MID / MIDB

SECTION 112 住所から都道府県名を取り出す …… 272
IF / MID / LEFT

SECTION 113 全角文字を半角文字に変更する …… 274
ASC

SECTION 114 半角文字を全角文字に変更する …… 276
JIS

SECTION 115 数値を指定した表示形式の文字列に変換する …… 278
TEXT

SECTION 116 数値を表す文字列を数値に変更する …… 280
VALUE

SECTION 117 セル内の改行を削除する …… 282
CLEAN / TRIM / SUBSTITUTE / CHAR

SECTION 118 ふりがなを自動的に表示する …… 284
PHONETIC

SECTION 119 大文字を小文字に、小文字を大文字に変更する …… 286
LOWER / UPPER / PROPER

COLUMN 関数と数式の簡易入力 …… 288

第7章 データの抽出と集計

SECTION 120 検索／行列関数の基礎 …… 290

SECTION 121 商品IDから価格を求める …… 292
VLOOKUP

SECTION 122 検索値からデータを取り出す …… 294
VLOOKUP

SECTION 123 表の先頭列を検索してデータを取り出す …… 296
VLOOKUP

SECTION 124 検索条件に近いデータを取り出す …… 298
VLOOKUP

SECTION 125 複数の表を切り替えて表引きする …… 302
VLOOKUP / INDIRECT

SECTION 126 表の先頭行を検索してデータを取り出す …… 306
HLOOKUP

SECTION 127 先頭の文字が一致するデータを表から検索する …… 308
VLOOKUP

SECTION 128 リストの中から値を取り出す …… 310
CHOOSE

SECTION 129 検索値が表のどの位置にあるかを検索する …… 312
MATCH

SECTION 130 表の行と列の交点のデータを取得する …… 314
INDEX / MATCH

SECTION 131 基準のセルから○行△列目にあるデータを調べる …… 318
OFFSET

SECTION 132 条件に合う唯一の値を取得する …… 320
DGET

SECTION 133 行番号や列番号を利用して１つおきに値を取り出す …… 322
ROW / COLUMN / OFFSET

COLUMN テーブル機能と構造化参照 …… 324

第8章 ローンと積立の計算

SECTION 134 財務関数の基礎を理解する …… 326

SECTION 135 元金を試算する …… 328
PV

SECTION 136 満期額や借入金残高を試算する …… 330
FV

SECTION 137 定期積立額や定期返済額を試算する …… 332
PMT

SECTION 138 ローンの元金と利息を試算する …… 334
PPMT / IPMT

SECTION 139 指定した期間の元金と利息の累計を試算する …… 336
CUMPRINC / CUMIPMT

SECTION 140 積立や返済の期間と利息を求める …… 338
NPER / RATE

第1章

関数の基本

SECTION 001 関数の基本

関数とは

「関数」とは、頻繁に行う計算や複雑な計算を簡単に行うための、数式の組み合わせのことです。数値の合計や平均といった計算のほか、「生年月日から年齢を求める」「条件に合致するデータを抽出する」などの処理もできます。

複雑な処理を簡単に実行する「関数」

下図のセルB8には、「=AVERAGE(B3:B7)」と入力されています。これが関数です。ここで入力されている関数はAVERAGE関数(P.108参照)といい、カッコ内に指定されているセル範囲B3:B7の平均値を求めます。

	A	B	C	D
1	2016年度第1四半期売上高（単位：千円）			
2		4月	5月	6月
3	新宿店	2,250	1,990	2,330
4	渋谷店	1,860	1,650	2,040
5	池袋店	2,100	2,250	2,060
6	品川店	1,650	1,430	1,200
7	秋葉原店	2,850	3,020	3,360
8	平均	=AVERAGE(B3:B7)		

関数を使うことで、複雑な計算式を使わずに平均が求められる

Excelには、次のような種類の関数があります。

種類	主な用途	代表的な関数
財務	ローンや金利の計算	PMT、FV
論理	条件による処理の分岐	IF、AND
文字列	文字データの抽出や置換	LEFT、ASC
日付／時刻	日付や時刻の計算	NOW、DATE
検索／行列	データの検索や抽出	VLOOKUP、MATCH
数学／三角	数値の端数処理や数値計算	SUM、ROUND
統計	平均や個数、最大値などの計算	AVERAGE、COUNT
エンジニアリング	工学系の技術計算	CONVERT、DEC2BIN
キューブ	SQL サーバーのデータ処理	CUBEVALUE、CUBESET
情報	セルの情報取得やエラーの判断	ISBLANK、ISERROR
データベース	データベース内のデータの処理	DSUM、DAVERAGE
Web	インターネット上のデータの取得	ENCODEURL、WEBSERVICE

関数を使って計算する

セルB8に、4月の売上高の平均を求めるとします。平均なので、計算式は「各店舗の売上高の合計」÷「店舗数」になります。数式を使う場合、「=(B3+B4+B5+B6+B7)/5」で計算できますが、店舗数が増えてくると入力が面倒です。AVERAGE関数を使うと、「=AVERAGE(B3:B7)」と入力するだけで計算できます。店舗数が増えてもセル範囲を指定するだけなので、手間がかかりません。

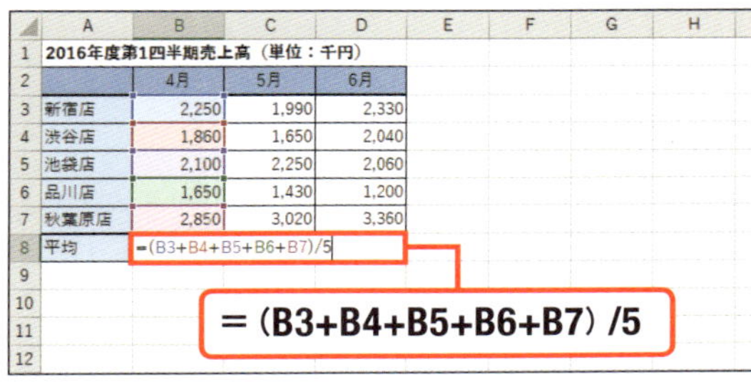

	A	B	C	D
1	2016年度第1四半期売上高（単位：千円）			
2		4月	5月	6月
3	新宿店	2,250	1,990	2,330
4	渋谷店	1,860	1,650	2,040
5	池袋店	2,100	2,250	2,060
6	品川店	1,650	1,430	1,200
7	秋葉原店	2,850	3,020	3,360
8	平均	=(B3+B4+B5+B6+B7)/5		

❶単純な数式の場合、セルB8に「=（B3+B4+B5+B6+B7）/5」と入力すると、平均が計算されます。

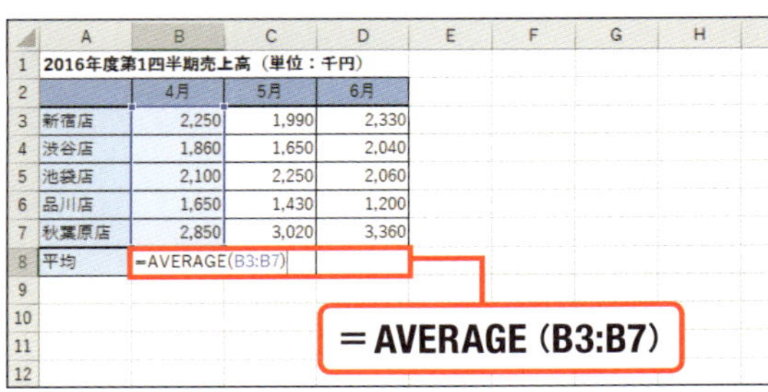

	A	B	C	D
1	2016年度第1四半期売上高（単位：千円）			
2		4月	5月	6月
3	新宿店	2,250	1,990	2,330
4	渋谷店	1,860	1,650	2,040
5	池袋店	2,100	2,250	2,060
6	品川店	1,650	1,430	1,200
7	秋葉原店	2,850	3,020	3,360
8	平均	=AVERAGE(B3:B7)		

❷関数を使う場合、セルB8に「= AVERAGE（B3:B7)」と入力すると、平均が計算されます。

COLUMN

セルには計算結果だけが表示される

関数が入力されているセルには、関数の計算結果だけが表示されます。そのため、セルを見ただけでは、セルに入力されているデータが値なのか関数なのかわかりません。セルに関数が入力されている場合、数式バーで確認できます。

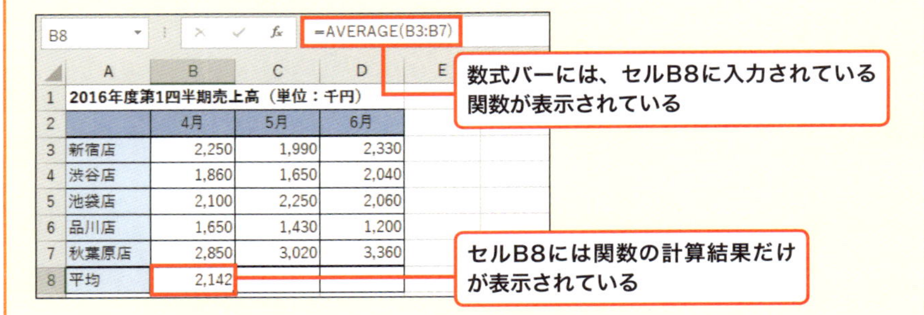

	A	B	C	D
1	2016年度第1四半期売上高（単位：千円）			
2		4月	5月	6月
3	新宿店	2,250	1,990	2,330
4	渋谷店	1,860	1,650	2,040
5	池袋店	2,100	2,250	2,060
6	品川店	1,650	1,430	1,200
7	秋葉原店	2,850	3,020	3,360
8	平均	2,142		

関数の書き方

関数を書くには、一定のルールを守らなければなりません。ここではそのルールを説明します。先頭に入力する「=」や「()」などの記号、「SUM」などの関数名はすべて半角で入力します。全角で入力するとエラーとなるので注意しましょう。

「=」と「関数名」と「引数」を組み合わせて入力する

関数を含む数式は「=」、「関数名」、「引数(ひきすう)」の3つの要素から成り立ちます。

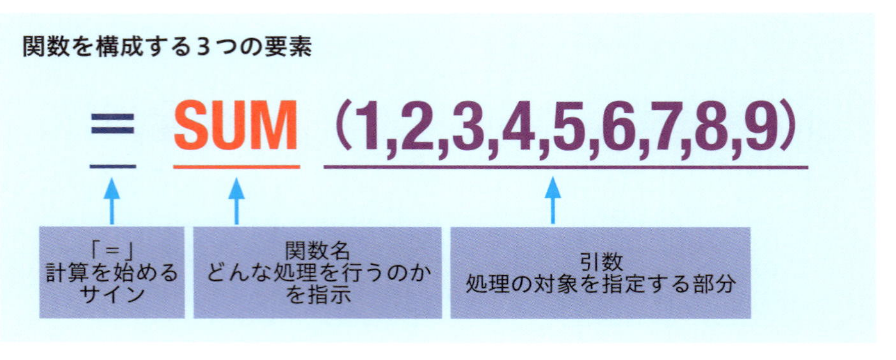

1つ目の「=」は、数式を入力することを表すサインです。セルの先頭に「=」を入力すると、このセルには数式を入力するものと、エクセルが判断します。
2つ目に入るのが「SUM」や「AVERAGE」などの関数名です。関数名はこの数式でどのような処理を行うのか——SUM関数なら合計、AVERAGE関数なら平均を求めよのように——指示します。しかし、"何の"合計や平均を求めるのかは、これだけではエクセルが判断できません。
それを指示するのが、3つ目の「引数」です。関数名の後ろに()で囲んだところに、関数で処理する対象となる数値や文字を入力します。()の中では半角の「,(カンマ)」で区切ることで複数の引数を指定することもできます。

セル参照で入力する

引数を入力するときに、いちいち手で数値を入力するのは面倒なもの。実は関数では、ほかのセルの値をそのまま関数に取り込むことができます。使い方は簡単で、引数を入力するときに、使いたいセルのセル参照を入力するだけ。たとえば「=SUM(A1,A2)」という関数は、セルA1とセルA2の合計を求めます。このように引数にセル参照を記述して、対象のセルの値を使います。

引数にセル参照を指定する

＝SUM（A1,A2）

セル参照　セル参照

セルA1とセルA2の合計を求める

連続するセルを引数に指定するときは、もっと便利な方法もあります。連続するセル範囲の左上のセル参照と、右下のセル参照の間に半角の「:(コロン)」を入力すると、1つ目と2つ目の間のセルすべてを引数に使います。「＝SUM(A1:B10)」のように入力すると、A1〜A10とB1〜B10までのセルすべての合計を求めることができます。

引数にセル範囲を指定する

＝SUM（A1:B10）

コロンでセル参照をつなげる

A1〜A10とB1〜B10までのセルすべての合計を求める

どちらの方法も参照先のセルの数値が更新されると、自動的に関数の計算結果も更新されます。引数に数値を再入力する手間が省け、計算元の数値が変わっても自動で計算結果も変化するといいこと尽くめの仕組みです。関数の引数には、なるべくセル参照を使うように心がけましょう。

COLUMN

引数のルール

関数の中には、引数の順番や数が重要な意味を持つものもあります。たとえば割り算の余りを求めるMOD関数（P.78参照）は、2つの引数を取ります。1つ目は割り算の割られる数で、2つ目が割り算の割る数です。そのため、「=MOD(4, 2)」と「=MOD(2, 4)」では、ぜんぜん違う結果が表示されてしまいます（前者は0，後者は2)。
また、引数に入力できる値には制限が設けられていることもあります。たとえば、合計を求めるSUM関数に、「テスト」という文字列を引数で渡しても、エラーが表示されてしまいます。これはSUM関数では文字列が扱えないためです。
関数を入力するときは、こうした引数のルールを守るように気を付けましょう。

引数に指定できるもの

関数の引数に指定できるデータは次の通りです。ただし、実際に指定できる引数は、関数によって異なります。

引数に指定できるもの		説明	例
セル参照	セル	セルに入力されているデータが計算に使われます。	=SUM（A1,B2,C3）
	セル範囲	複数のセルのまとまり。A1:B10 のように始まりと終わりのセルを「:」で区切ったもの。セル範囲内のすべてのデータが計算に使われます。	=AVERAGE（A1:B10）
定数	数値	1234、-1000、1.23 のような数値、10%のような百分率、17:30 や 2016/1/1 のような時刻や日付など。	=SUM（100,200,300）
	文字列	「あいうえお」「ABC」などの文字列。引数に文字列を指定する場合は、文字列を「"」で囲みます。	=PHONETIC（" 東京都 "）
	論理値	TRUE または FALSE。	=AND(TRUE,TRUE,FALSE)
	配列	{10,20} のように数値や文字列を「,」や「;」で区切って「{ }」で囲んだもの。	=SUM({10,20}*10)
関数		別の関数。引数に別の関数を指定すると、内側の関数から先に計算されます。	=INT(SUM(A1:B10))
セルの名前		特定のセルまたはセル範囲に付けられた名前。特定のセルやセル範囲に入力されているデータが計算に使われます。	=MAX(入場者数)
論理式		セル参照や定数を比較演算子を使って組み合わせたもの。	=IF(A1>100,"A","B")
数式		セル参照や定数を算術演算子や文字列演算子を使って組み合わせたもの。	=INT(A1*10%)

COLUMN

R1C1形式とは

引数にセルの名前を指定する形式には、通常の「A1参照形式」のほかに「R1C1参照形式」があります。A1参照形式では、「A1」のようにアルファベットで列、数字で行を表しますが、R1C1参照形式では「R＋数字」で行番号、「C＋数字」で列番号を表します。たとえばA1参照形式でのセル「C2」は、R1C1参照形式では「R2C3」となります（セル「A1」にカーソルがある場合）。参照形式を切り替えるには、＜ファイル＞タブの＜オプション＞をクリックして、＜Excelのオプション＞ダイアログボックスを表示し、＜数式＞の＜数式の処理＞から＜R1C1参照形式を使用する＞をクリックしてチェックを入れます。

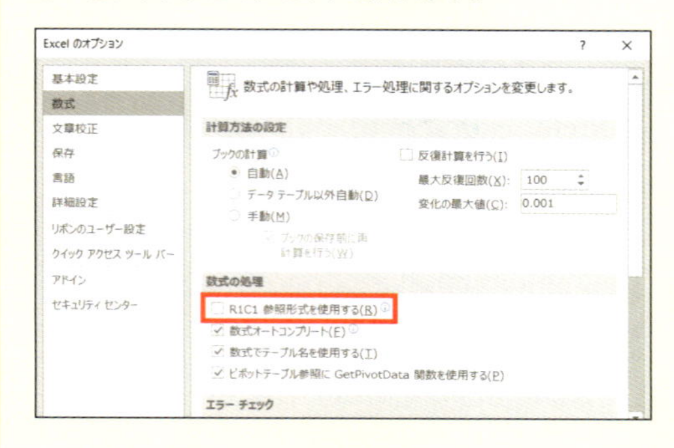

戻り値とは

「戻り値」とは、関数の計算結果のことです。戻り値の種類には、使われる関数によって数値や論理値、セル参照などのほか、正しい計算結果が得られなかった場合に返されるエラー値があります。また、関数の引数に関数が指定されている場合、その関数の戻り値が別の関数の引数に使われることもあります。

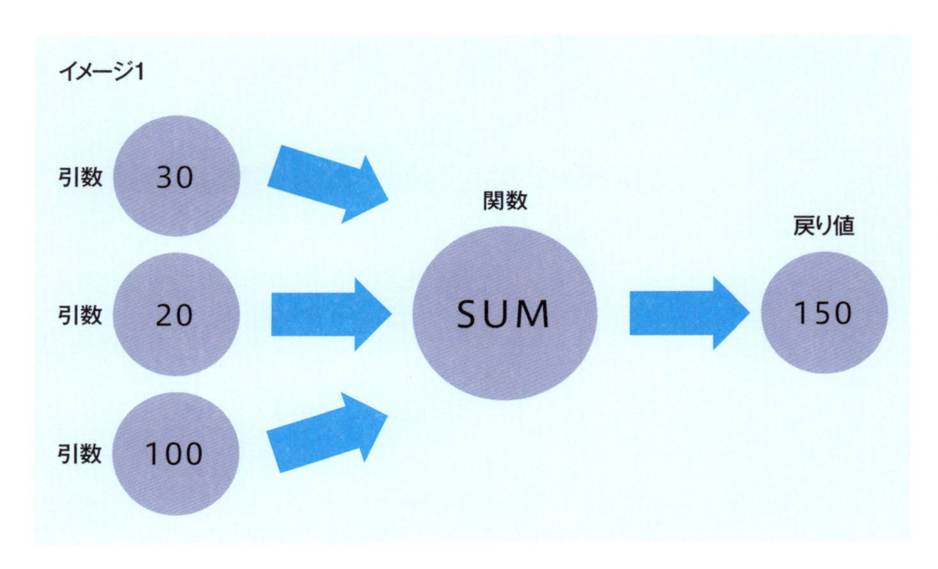

戻り値が引数に使われる

関数を入れ子にすることを「ネスト」といいます。このとき、内側の関数から先に計算され、その戻り値が外側の関数の引数として使われます。

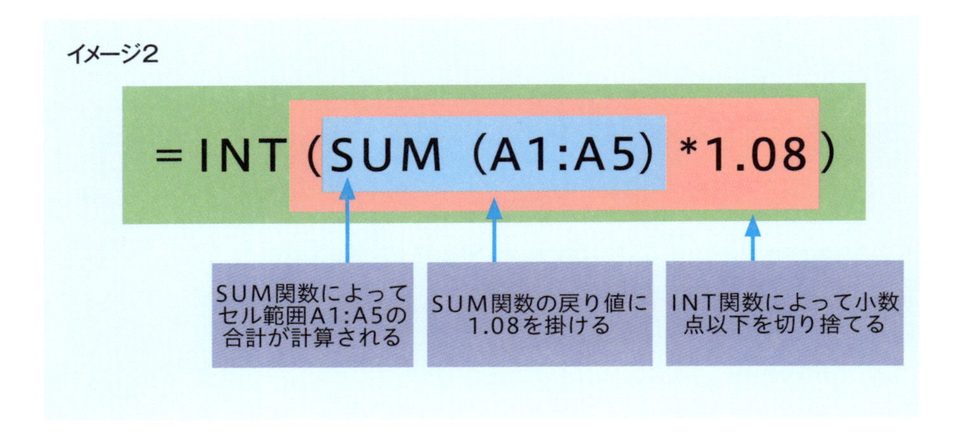

SECTION 003 関数の基本

数式タブから関数を利用する

Excelの関数は、<数式>タブの<関数ライブラリ>に分類されています。使いたい関数の種類がわかっているときは、一覧から選択できるので便利です。関数の種類がわからない場合は、<関数の挿入>ダイアログボックスを使います(P.30参照)。

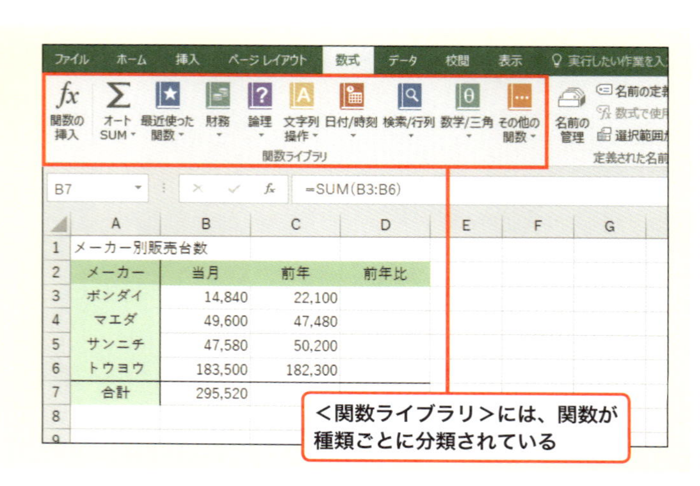

<数式>タブからSUM関数を入力する

<数式>タブから関数を入力するには、<関数ライブラリ>にある分類のボタンをクリックします。その分類に属する関数が一覧で表示されるので、使いたい関数をクリックします。<関数の引数>ダイアログボックスが表示されるので、引数を入力し、<OK>をクリックします。

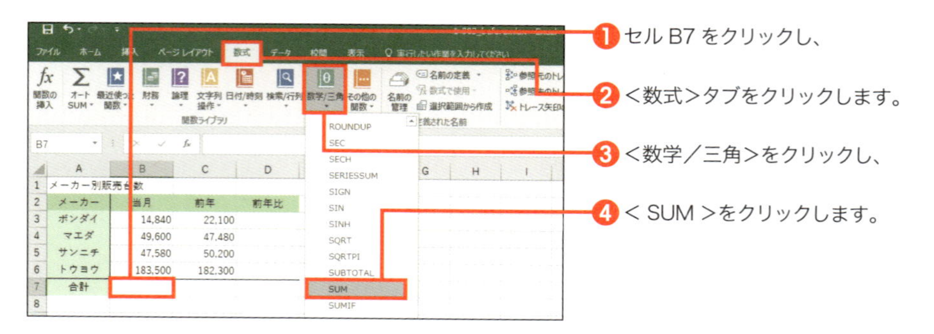

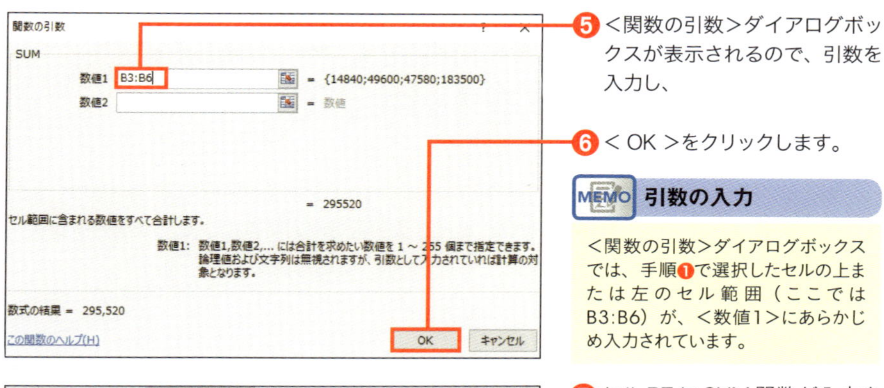

❺ <関数の引数>ダイアログボックスが表示されるので、引数を入力し、

❻ < OK >をクリックします。

MEMO 引数の入力

<関数の引数>ダイアログボックスでは、手順❶で選択したセルの上または左のセル範囲（ここではB3:B6）が、<数値1>にあらかじめ入力されています。

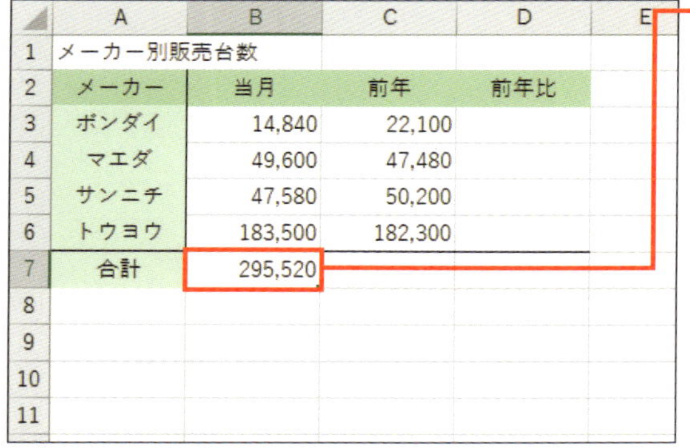

	A	B	C	D
1	メーカー別販売台数			
2	メーカー	当月	前年	前年比
3	ボンダイ	14,840	22,100	
4	マエダ	49,600	47,480	
5	サンニチ	47,580	50,200	
6	トウヨウ	183,500	182,300	
7	合計	295,520		

❼ セルB7にSUM関数が入力され、計算結果が表示されました。

COLUMN

最近使った関数をすばやく入力する

<関数の引数>ダイアログボックスを使うと、<最近使った関数>に入力した関数が登録されます。同じ関数を繰り返し使いたい場合は、<最近使った関数>をクリックすると表示される一覧から選択すると、すぐに入力できます。なお、<最近使った関数>に登録される関数は10個です。

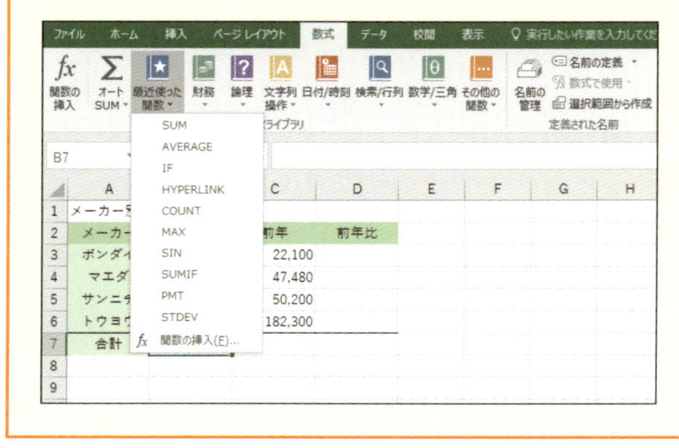

SECTION 004 関数の基本

関数の挿入ダイアログボックスから関数を利用する

Excelには、400以上の関数が用意されているので、すべての関数を覚えるのは大変です。<関数の挿入>ダイアログボックスを使うと、計算の目的や、関数の分類から関数を探すことができます。

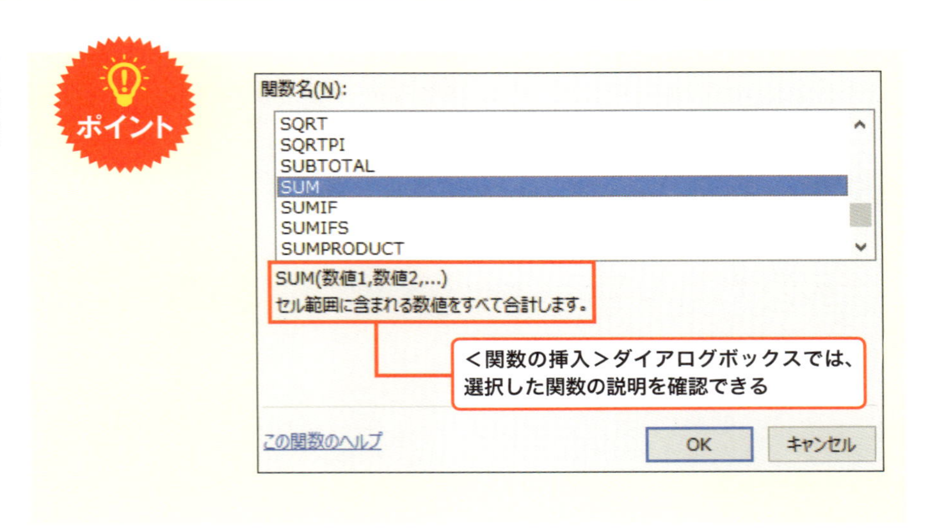

» <関数の挿入>ダイアログボックスからSUM関数を入力する

<関数の挿入>ダイアログボックスから関数を入力するには、数式バーの左隣にある<関数の挿入>をクリックします。そのほか、<数式>タブの<関数の挿入>をクリックするか、Shift + F3 キーを押しても表示できます。

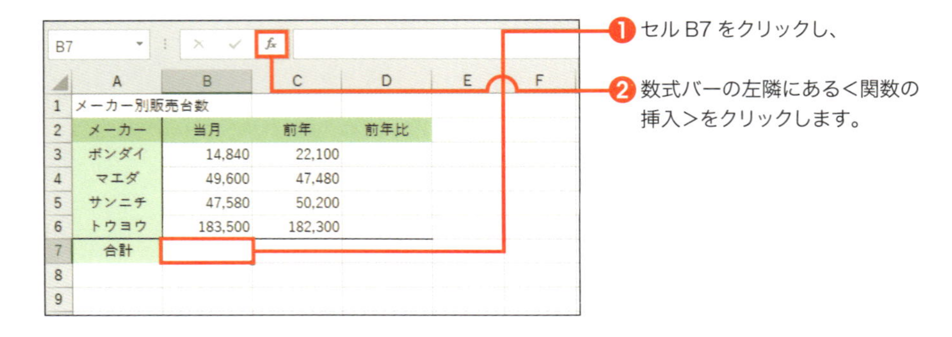

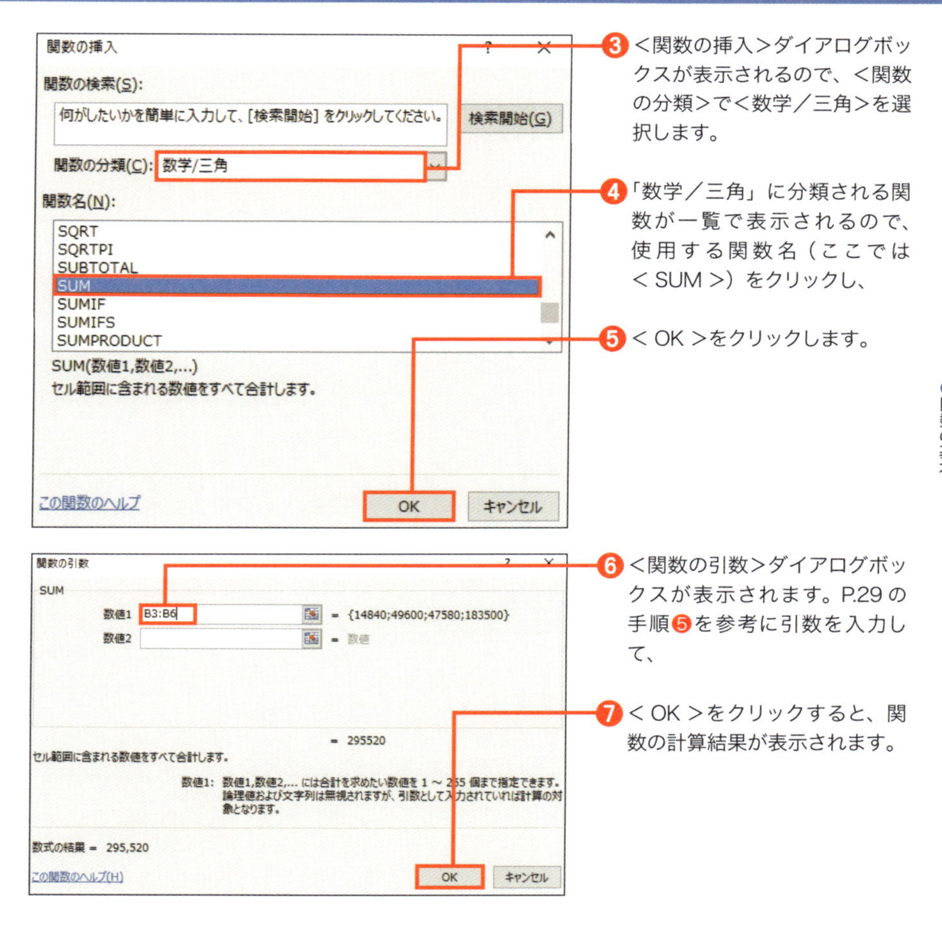

❸ ＜関数の挿入＞ダイアログボックスが表示されるので、＜関数の分類＞で＜数学／三角＞を選択します。

❹「数学／三角」に分類される関数が一覧で表示されるので、使用する関数名（ここでは＜ SUM ＞）をクリックし、

❺＜ OK ＞をクリックします。

❻＜関数の引数＞ダイアログボックスが表示されます。P.29 の手順❺を参考に引数を入力して、

❼＜ OK ＞をクリックすると、関数の計算結果が表示されます。

●関数の基本

COLUMN

分類がわからない関数を探す

関数の分類がわからない場合は、＜関数の挿入＞ダイアログボックスの＜関数の検索＞に計算の目的を入力し、＜検索開始＞をクリックします。＜関数名＞に候補の一覧が表示されるので、関数名をクリックします。下部に関数の説明が表示されるので、目的と合致する場合は、＜OK＞をクリックします。

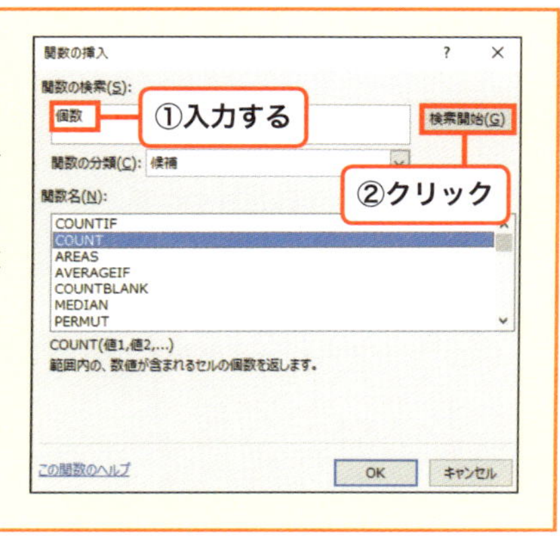

SECTION 005 関数の基本

セルに計算式を入力して関数を利用する

関数は、セルや数式バーに直接入力することができます。関数の書式がわかっている場合は、手っ取り早い方法です。関数を直接入力する際は、まず「=」を入力し、関数名、開きカッコ、引数、閉じカッコの順に入力していきます。

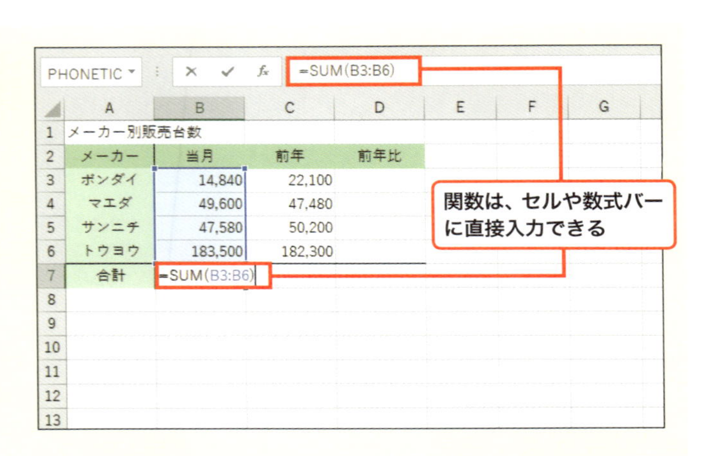

セルに直接SUM関数を入力する

ここでは、セルB7にSUM関数を入力していきます。関数名やセル参照を入力するときは、大文字でも小文字でもかまいません。

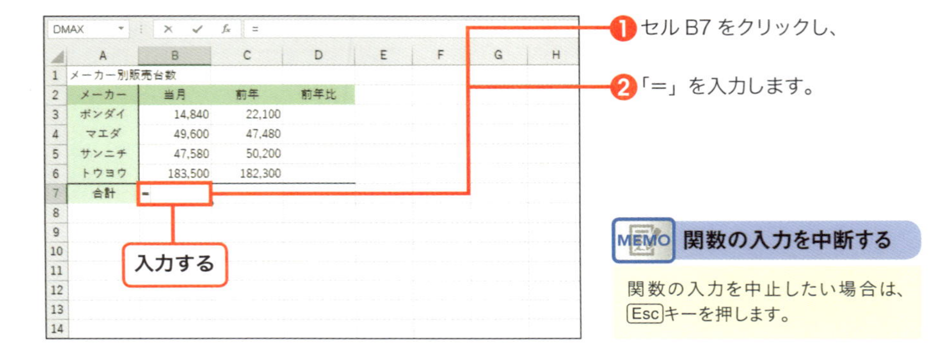

MEMO 関数の入力を中断する

関数の入力を中止したい場合は、Escキーを押します。

	A	B	C	D	E	F
1	メーカー別販売台数					
2	メーカー	当月	前年	前年比		
3	ボンダイ	14,840	22,100			
4	マエダ	49,600	47,480			
5	サンニチ	47,580	50,200			
6	トウヨウ	183,500	182,300			
7	合計	=SUM				
8						
9						
10						
11						
12						

❸「SUM」と関数名を入力します。

MEMO 関数を一覧から入力する

ここではSUM関数を入力するので、「S」を入力すると、頭文字がSで始まる関数の一覧が表示されます。一覧の中から目的の関数をダブルクリックすると、関数名と開きカッコが自動的に入力されます。

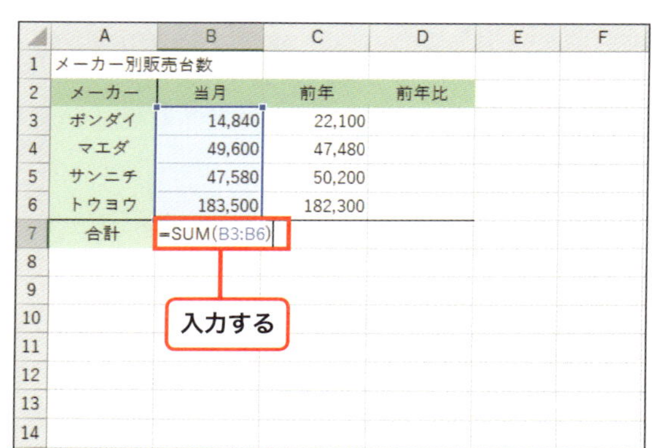

❹半角の「(」、引数の「B3:B6」、半角の「)」を入力して、Enterキーを押すと、セルB7にSUM関数が入力され、計算結果が表示されます。

MEMO 引数をマウスで指定する

手順❹のように「B3:B6」と入力する代わりに、セル範囲をマウスでドラッグすることでも、引数を入力できます。

COLUMN

数式オートコンプリートを使う

Excelでは、「=」に続けて関数名の先頭の数文字を入力すると、入力した文字に該当する関数の一覧が表示されます。この機能を「数式オートコンプリート」といいます。↑↓キーで一覧から関数を選択してTabキーを押すと、関数を入力できます。関数名の一部しか覚えていない場合でも関数を入力できるので便利です。

数式を修正する

数式を修正する方法は、数式バーの数式を編集する方法と、セル内の数式を直接編集する方法があります。長い数式が入力されてる場合は、数式バーを利用するほうが数式が見やすいので便利です。

PHONETIC　=B2+B3+B4+B5+B6+B7+B8/7

	A	B	C
1		男性	女性
2	4月4日	267	95
3	4月5日	140	81
4	4月6日	224	74
5	4月7日	158	77
6	4月8日	139	105
7	4月9日	628	195
8	4月10日	782	242
9	平均	=B2+B3+B4	
10	合計		

数式は、セルや数式バーから修正できる

数式バーの数式を修正する

数式が入力されているセルを選択すると、セルに入力されている数式が数式バーに表示されます。この状態で数式バーをクリックすると、カーソルが移動するので、数式を修正できます。なお、数式の修正を中止する場合は、Escキーを押します。

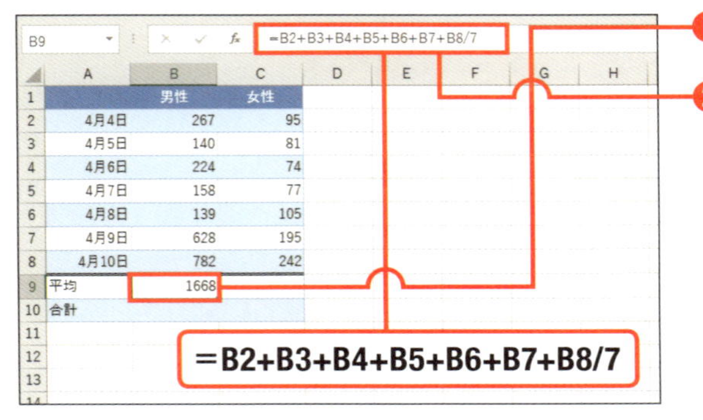
B9　=B2+B3+B4+B5+B6+B7+B8/7

	A	B	C
1		男性	女性
2	4月4日	267	95
3	4月5日	140	81
4	4月6日	224	74
5	4月7日	158	77
6	4月8日	139	105
7	4月9日	628	195
8	4月10日	782	242
9	平均	1668	
10	合計		

1. セルB9をクリックします。
2. セルに入力されている数式が数式バーに表示されます。ただし、数式が正しくないため、目的の計算結果が表示されていません。

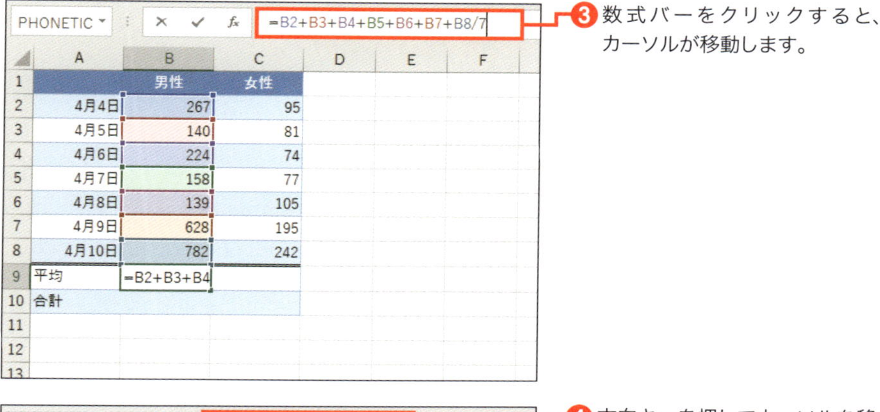

❸数式バーをクリックすると、カーソルが移動します。

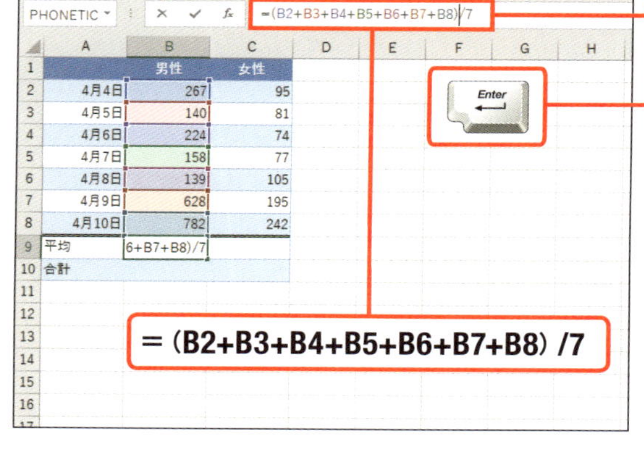

❹方向キーを押してカーソルを移動し、数式を修正します。

❺Enterキーを押すと、修正後の計算結果が表示されます。

COLUMN

セルを直接編集して数式を修正する

数式が入力されているセルをダブルクリックすると、数式とカーソルが表示されます。数式バーで編集する方法と同様に数式を修正できます。

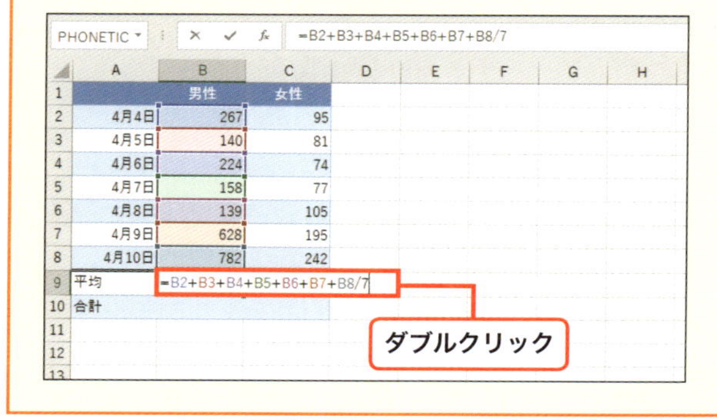

SECTION 007 関数の基本

関数の引数を修正する

関数の引数は、数式を修正する方法と同様の方法で修正できます。また、<関数の引数>ダイアログボックスを使って修正することもできます。<関数の引数>ダイアログボックスでは引数が分かれて表示されるので、引数が多い関数での修正におすすめの方法です。

ポイント

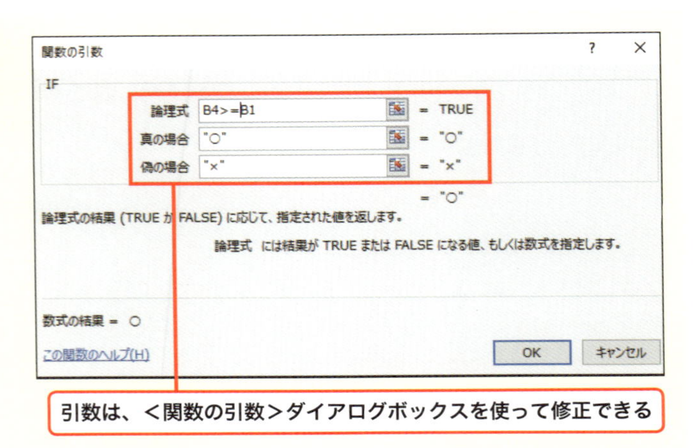

引数は、<関数の引数>ダイアログボックスを使って修正できる

<関数の引数>を使って引数を修正する

関数の引数を修正する方法はいくつかあります。ここでは、<関数の引数>ダイアログボックスを使って修正します。<関数の引数>ダイアログボックスを表示するには、関数が入力されているセルを選択し、数式バーの左隣にある<関数の挿入>をクリックします。

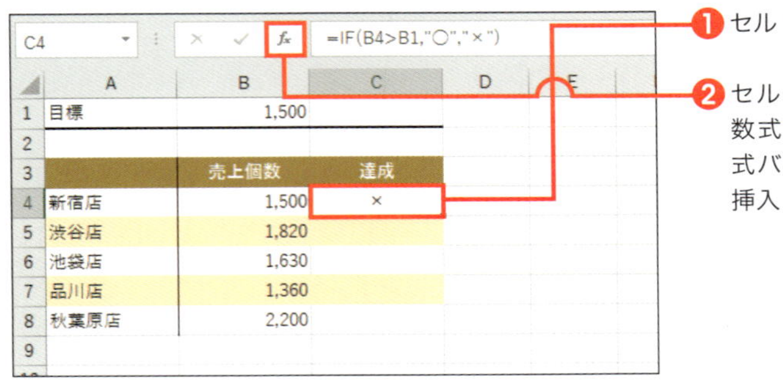

	A	B	C
1	目標	1,500	
2			
3		売上個数	達成
4	新宿店	1,500	×
5	渋谷店	1,820	
6	池袋店	1,630	
7	品川店	1,360	
8	秋葉原店	2,200	

1 セルC4をクリックします。

2 セルに入力されている関数が数式バーに表示されます。数式バーの左隣にある<関数の挿入>をクリックします。

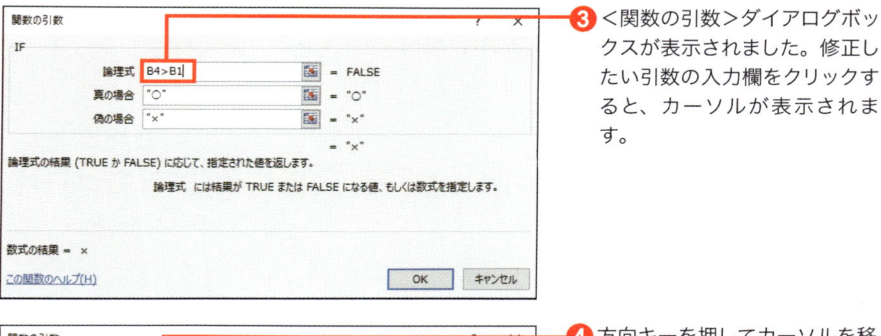

❸<関数の引数>ダイアログボックスが表示されました。修正したい引数の入力欄をクリックすると、カーソルが表示されます。

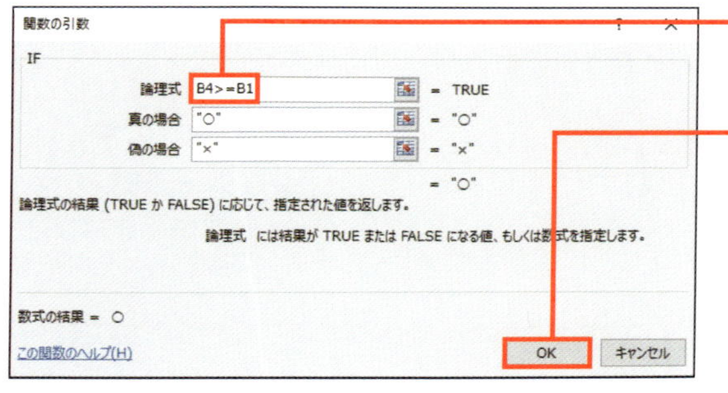

❹方向キーを押してカーソルを移動し、引数を修正します。

❺<OK>をクリックすると、修正後の計算結果が表示されます。

COLUMN

数式バーやセルを編集して関数の引数を修正する

関数の引数は、数式と同様の手順で修正することもできます。関数が入力されているセルを選択すると、数式バーに関数が表示されるので、数式バーにカーソルを移動して関数を編集できます。また、関数が入力されているセルをダブルクリックしたり、セルを選択した状態でF2キーを押したりして、関数を編集することもできます。

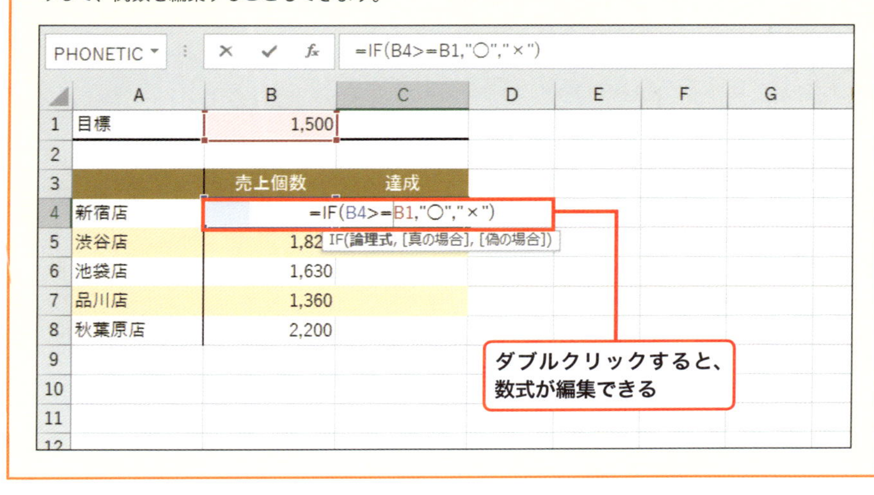

対応バージョン 2016 2013 2010 2007

SECTION 008 関数の基本

入力した数式をコピーする

請求書などで「1行ごとに単価×個数の計算結果を表示する」という数式を作りたいときは、コピー機能を使うと大幅に手間を軽減できます。コピー時に、数式内のセル参照がどのように変化していくかを、しっかり把握しておきましょう。

同じような計算はコピーで省力化する

エクセルで作る表の中には、同じような数式をいくつも入力しないとならない場合もあります。たとえば下図の表では、「売上額」列に「単価×販売数」の計算結果を記載します。セルD2に入力すべき数式は「=B2*C2」と簡単なものですが、同じような数式をセルD2～D6まで5回も入力しなければなりません。実際の仕事では1,000回以上の入力が必要になることもあります。
Excelにはこうした面倒な作業を簡単に済ませるための仕組みがきちんと用意されています。同じような数式を繰り返し入力する場合は、最初の行だけ数式を入力し、このセルをコピーして下の行のセルに貼り付けると、セル参照が自動で1つずつ下にずれた状態で数式が複製されます。

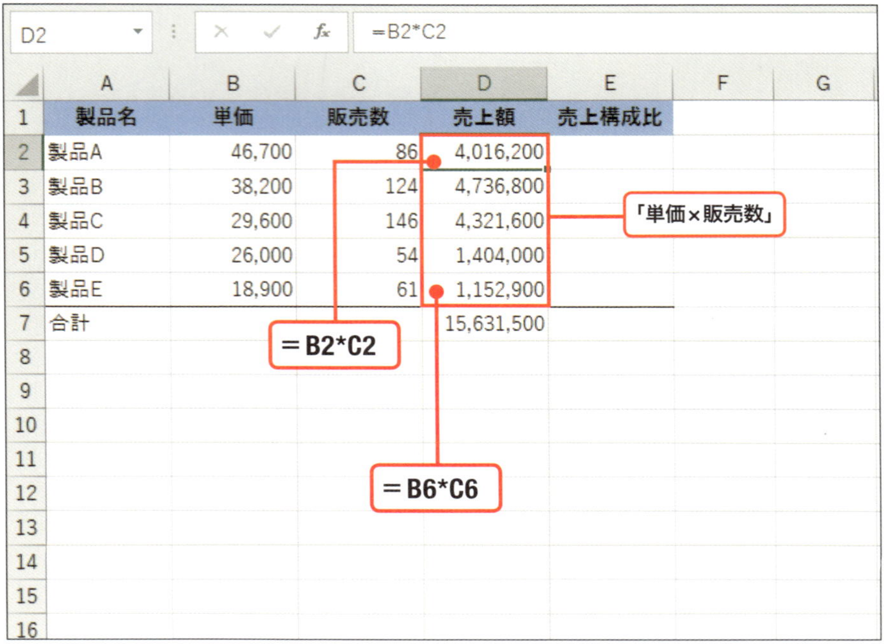

D2 =B2*C2

	A	B	C	D	E
1	製品名	単価	販売数	売上額	売上構成比
2	製品A	46,700	86	4,016,200	
3	製品B	38,200	124	4,736,800	
4	製品C	29,600	146	4,321,600	
5	製品D	26,000	54	1,404,000	
6	製品E	18,900	61	1,152,900	
7	合計			15,631,500	

「単価×販売数」

＝B2*C2

＝B6*C6

▶ 数式のコピーによるセル参照の変化

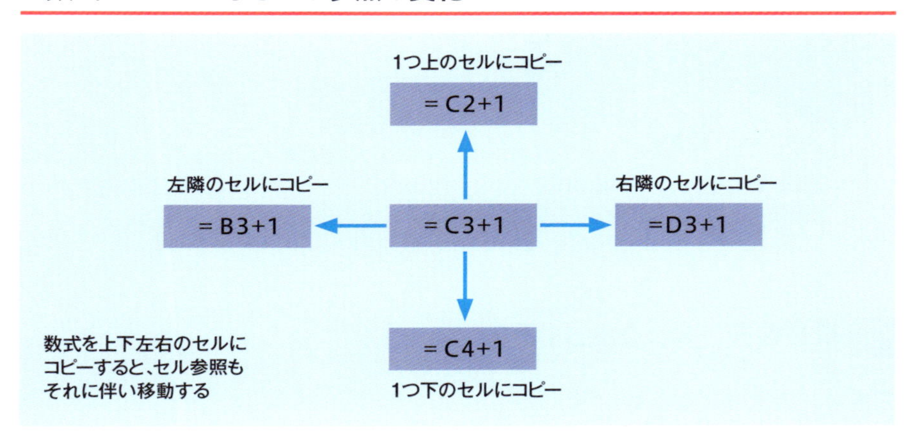

このように、数式を入力したセルをほかのセルにコピーすると、数式内のセル参照も自動で更新されます。関数の場合も同様にセル参照が自動で更新されます。1行ごと・1列ごとに同じ計算をする表を作るときは、積極的に活用しましょう。

» 数式が入力されているセルをコピーする

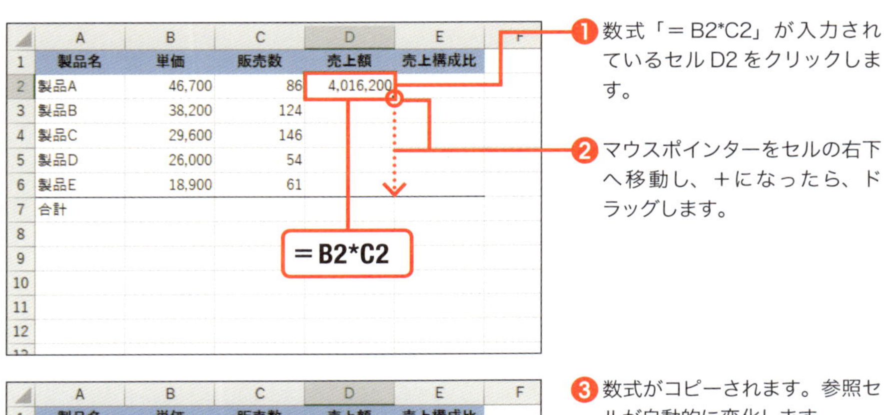

❶ 数式「＝B2*C2」が入力されているセルD2をクリックします。

❷ マウスポインターをセルの右下へ移動し、＋になったら、ドラッグします。

	A	B	C	D	E
1	製品名	単価	販売数	売上額	売上構成比
2	製品A	46,700	86	4,016,200	
3	製品B	38,200	124	4,736,800	
4	製品C	29,600	146	4,321,600	
5	製品D	26,000	54	1,404,000	
6	製品E	18,900	61	1,152,900	
7	合計				

＝B6*C6

❸ 数式がコピーされます。参照セルが自動的に変化します。

SECTION 009 関数の基本

相対参照と絶対参照を切り替える

セルの内容をコピーすると、数式のセル参照が自動で更新されますが、ときにはこれが邪魔になることもあります。ここでは数式をコピーしても参照先を固定したままにする「絶対参照」について説明します。

相対参照で起こりがちなトラブル

数式が入力されているセルをコピーすると、自動で参照先が変化する参照方式のことを「相対参照」といいます。相対参照では、数式が入力されているセルからの相対的な位置——1つ上のセル、左隣のセルなど——を記憶しています。別のセルに数式をコピーすれば、1つ上、左隣のセルの位置も当然変わります。そのため、自動で参照先が変化するのです。一方、数式を使うときに参照先を常に同じセルにしておきたいこともあります。たとえば下図の表では、「売上構成比」列で「売上額÷合計」の計算をしています。セルE2に「＝D2/D7」という数式を入力して、下の列にコピーすると、セルE3以降のセルでエラーが表示されてしまいます。

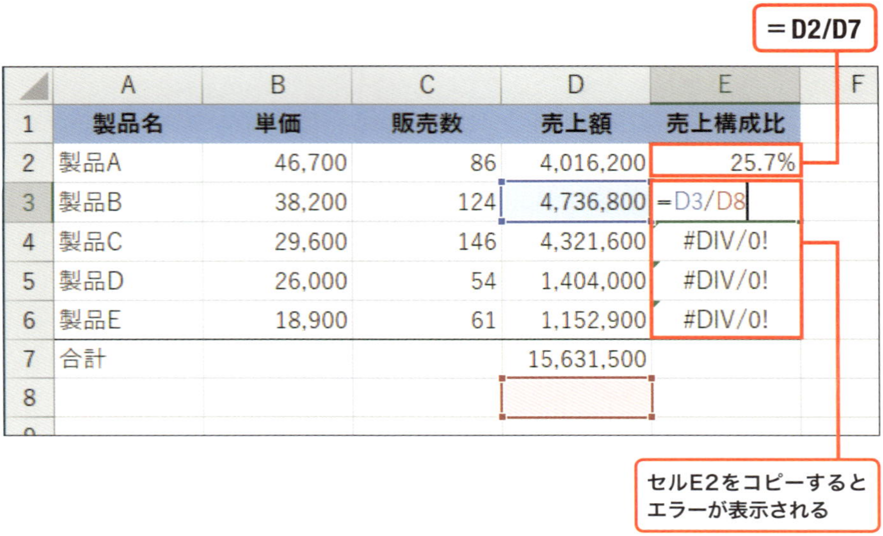

	A	B	C	D	E	F
1	製品名	単価	販売数	売上額	売上構成比	
2	製品A	46,700	86	4,016,200	25.7%	
3	製品B	38,200	124	4,736,800	=D3/D8	
4	製品C	29,600	146	4,321,600	#DIV/0!	
5	製品D	26,000	54	1,404,000	#DIV/0!	
6	製品E	18,900	61	1,152,900	#DIV/0!	
7	合計			15,631,500		
8						

セルE3をダブルクリックすると、「＝D3/D8」という数式が入力されていることがわかります。売上額を合計しているセルD7が、コピーによって参照先が1つ下にずれています。セルD8は未入力のため、「D3÷0」という計算が実行されてしまい、その結果エラーが表示されてしまったのです。

絶対参照で参照先を固定する

このエラーを防ぐには、セルE2に入力した数式の「D7」を「$D$7」と書き換えます。行番号・列番号の前に「$」を付けると、数式が入力されたセルをコピーしても、参照先がずれなくなるのです。このように、常に同じセルを参照する方式のことを「絶対参照」といいます。「$D$7」のように書くと行・列両方とも変化しなくなりますが、「$D7」や「D$7」のように、行・列の片側だけ絶対参照にすることも可能です。

＝D2/$D$7

	A	B	C	D	E	F
1	製品名	単価	販売数	売上額	売上構成比	
2	製品A	46,700	86	4,016,200	25.7%	
3	製品B	38,200	124	4,736,800	30.3%	
4	製品C	29,600	146	4,321,600	27.6%	
5	製品D	26,000	54	1,404,000	9.0%	
6	製品E	18,900	61	1,152,900	7.4%	
7	合計			15,631,500		
8						

❶セルE2をダブルクリックし、数式を「=D2/$D$7」と絶対参照で書き換える。この数式を下のセルにコピーすると、意図した通りの結果が表示される。

セルE2をコピーすると正しい計算結果が表示される

COLUMN

ショートカットキーで絶対参照に設定する

数式のセル参照（ここではA1）にカーソルを合わせた状態でF4キーを押すと、セル参照を絶対参照に設定できます。F4キーを押すごとに、「A1」→「$A$1」→「A$1」→「$A1」→「A1」の順番で参照の設定が切り替わります。

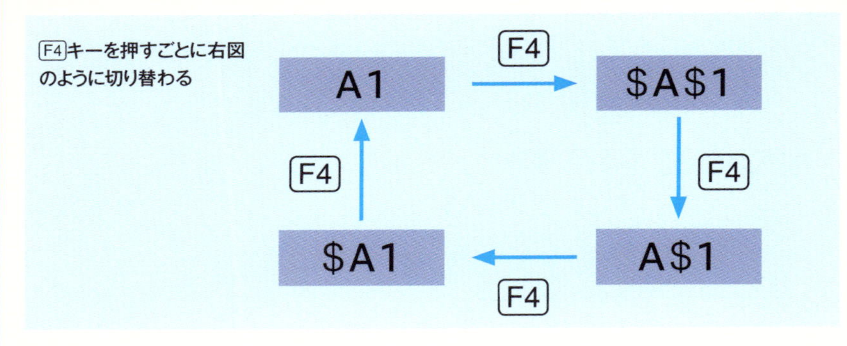

シートを参照する

数式では、ほかのシートのセルを参照できます。参照するには、セル参照の前に「シート名!」と入力します。

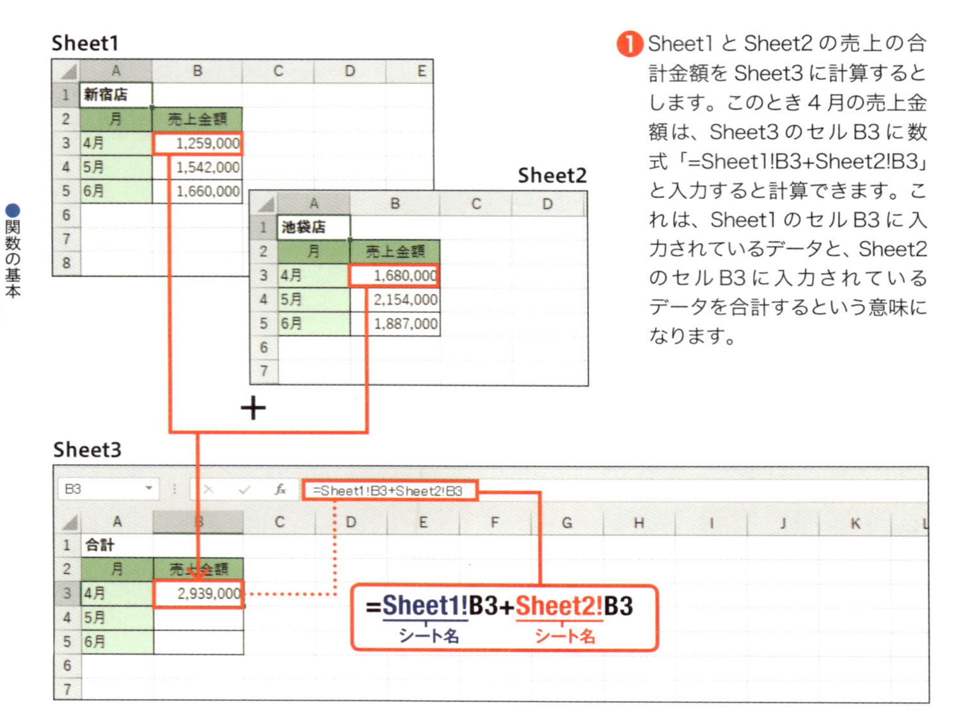

❶ Sheet1とSheet2の売上の合計金額をSheet3に計算するとします。このとき4月の売上金額は、Sheet3のセルB3に数式「=Sheet1!B3+Sheet2!B3」と入力すると計算できます。これは、Sheet1のセルB3に入力されているデータと、Sheet2のセルB3に入力されているデータを合計するという意味になります。

COLUMN

シート名の前後に「'」があるのはなぜ？

引数にほかのシートを指定すると、シート名が「'」で囲まれることがあります。これは、指定先のシート名が数字や記号で始まる場合、数値や演算子と区別するのに「'」で囲む必要があるためです。なお、「'」は自動的に入力されますが、手動で入力してもかまいません。

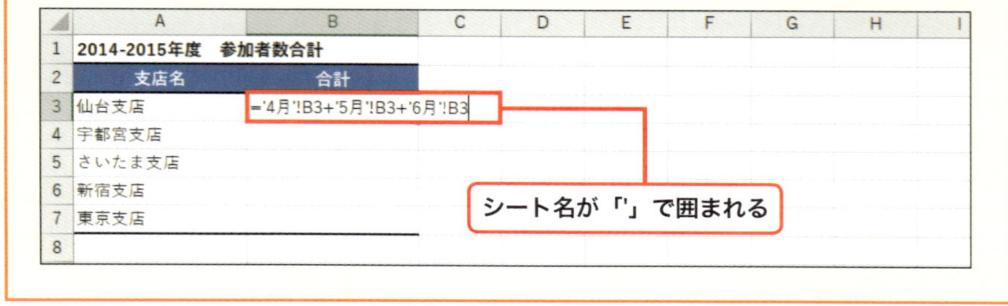

ほかのシートのセルを参照する数式を入力する

ここでは、ほかのシートのセルを参照する数式を入力していきます。マウス操作でセルをクリックしながら入力していくと、セルに入力されているデータを確認できるので便利です。手入力に慣れている場合は、数式をキーボードから直接入力することもできます。

	A	B	C	D	E
1	合計				
2	月	売上金額			
3	4月	=			
4	5月				
5	6月				
6					
7					
8					
9					

❶ Sheet3のセルB3に「=」と入力し、数式の入力を開始します。

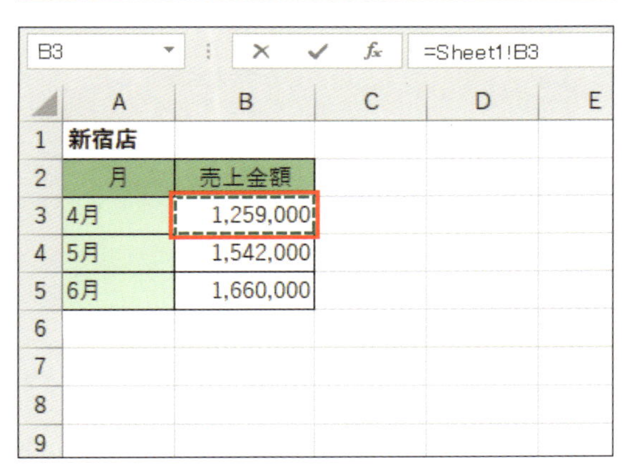
B3 =Sheet1!B3

	A	B	C	D	E
1	新宿店				
2	月	売上金額			
3	4月	1,259,000			
4	5月	1,542,000			
5	6月	1,660,000			
6					
7					
8					
9					

❷ Sheet1に切り替えてセルB3をクリックすると、数式バーに「=Sheet1!B3」と表示されます。

MEMO シート範囲を指定する

複数のシートの同じセル参照を指定する場合は、シート範囲を指定できます。シート範囲を指定するには、「Sheet1:Sheet5!」のように、最初と最後のシート名を「:」で区切って入力します。

=Sheet1!B3+Sheet2!B3

A	B	C	D	E
池袋店				
月	売上金額			
4月	1,680,000			
5月	2,154,000			
6月	1,887,000			

=Sheet1!B3+Sheet2!B3

❸ キーボードから+を入力し、Sheet2に切り替えてセルB3をクリックします。数式バーには「=Sheet1!B3+Sheet2!B3」と表示されます。Enterキーを押すと、Sheet3のセルB3に計算結果が表示されます。

SECTION 010 関数の基本

引数のセル範囲を修正する

数式が入力されているセルをダブルクリックすると、参照先のセルが色の付いた枠で囲まれます。この機能をカラーリファレンスといいます。色の付いた枠を移動または拡大／縮小すると、引数のセル範囲を修正できます。

ポイント

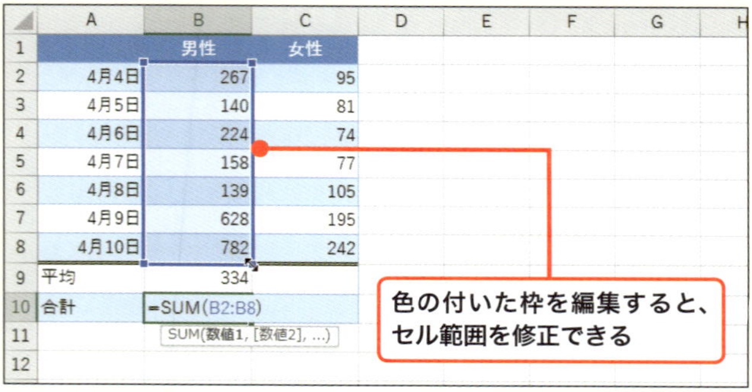

	A	B	C	D	E	F	G	H
1		男性	女性					
2	4月4日	267	95					
3	4月5日	140	81					
4	4月6日	224	74					
5	4月7日	158	77					
6	4月8日	139	105					
7	4月9日	628	195					
8	4月10日	782	242					
9	平均	334						
10	合計	=SUM(B2:B8)						
11		SUM(数値1, [数値2], ...)						
12								

色の付いた枠を編集すると、セル範囲を修正できる

» セル参照を修正する

数式が入力されているセルをダブルクリックすると、参照先のセルが色の付いた枠で囲まれます。枠の四隅に表示されるハンドルをドラッグすると、枠の大きさを拡大／縮小できるので、参照先を修正できます。
以下の例では、セルB10では、SUM関数の引数にセル範囲B2:B9が指定されており、全体の平均が計算されているセルB9が含まれているため、正しい計算結果になっていません。ここでは、SUM関数の引数のセル範囲をドラッグ操作で修正します。

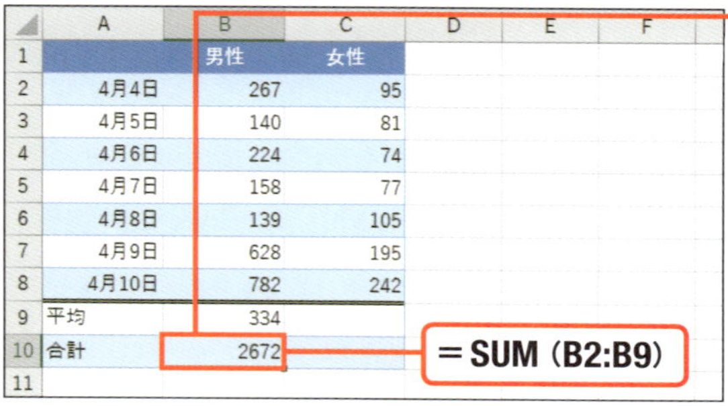

	A	B	C	D	E	F
1		男性	女性			
2	4月4日	267	95			
3	4月5日	140	81			
4	4月6日	224	74			
5	4月7日	158	77			
6	4月8日	139	105			
7	4月9日	628	195			
8	4月10日	782	242			
9	平均	334				
10	合計	2672				
11						

＝SUM（B2:B9）

❶ セルB10をダブルクリックします。

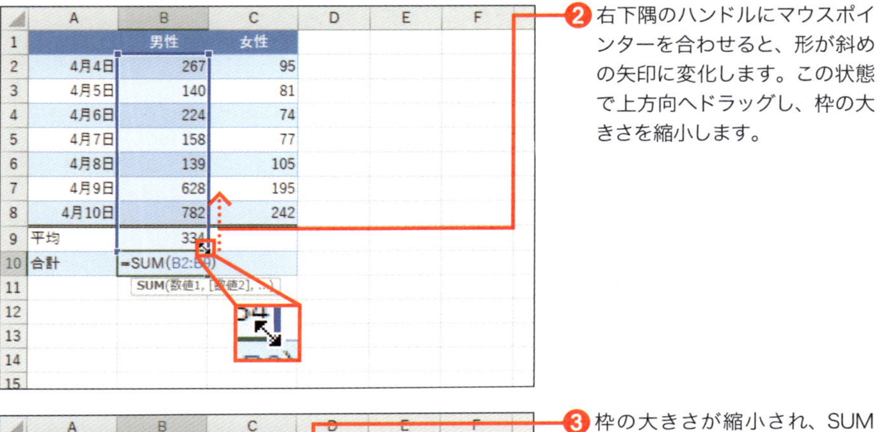

❷右下隅のハンドルにマウスポインターを合わせると、形が斜めの矢印に変化します。この状態で上方向へドラッグし、枠の大きさを縮小します。

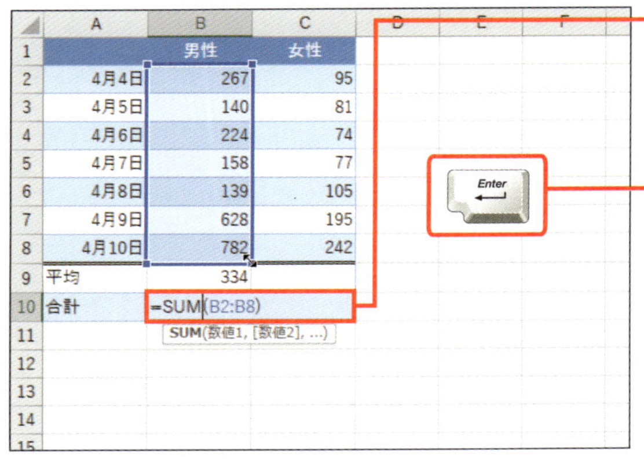

❸枠の大きさが縮小され、SUM関数の引数に指定されているセル範囲がB2:B8に変更されました。

❹Enterキーを押すと、修正後の計算結果が表示されます。

COLUMN

セル範囲を移動する

セル範囲を囲む色の付いた枠の辺にマウスポインターを合わせると、形が十字型の矢印に変化します。この状態でドラッグすると、枠を移動できます。枠を移動すると、参照先のセル範囲も変化します。

	A	B	C	D
1		男性	女性	
2	4月4日	267	95	
3	4月5日	140	81	
4	4月6日	224	74	
5	4月7日	158	77	
6	4月8日	139	105	
7	4月9日	628	195	
8	4月10日	782	242	
9	平均	334		
10	合計	=SUM(B2:B8)		
11		SUM(数値1, [数値2], ...)		
12				
13				

SECTION 011 関数の基本

数式のエラーを理解する

数式に誤りがあると、「#DIV/0」や「#NAME?」など、「#」で始まるエラー値が表示されます。また、エラーがあるセルの左上隅には、緑色の三角印「エラーインジケーター」が表示されます。

エラーとは

エクセルで誤った数式を入力すると、「#VALUE!」のような記号とアルファベットの文字が表示されます。これらの文字のことを「エラー値」といいます。数式が正しく計算できないときに、その旨を通知してくれる値です。
これらのエラー値は一見、何を意味しているのか理解できませんが、エクセル上でおおよその意味を確認することもできます。エラー値が表示されているセルを選択すると、セルの左側に<エラーチェックオプション>が表示されます。このアイコンにマウスポインターを合わせると、エラーの意味が表示されます。

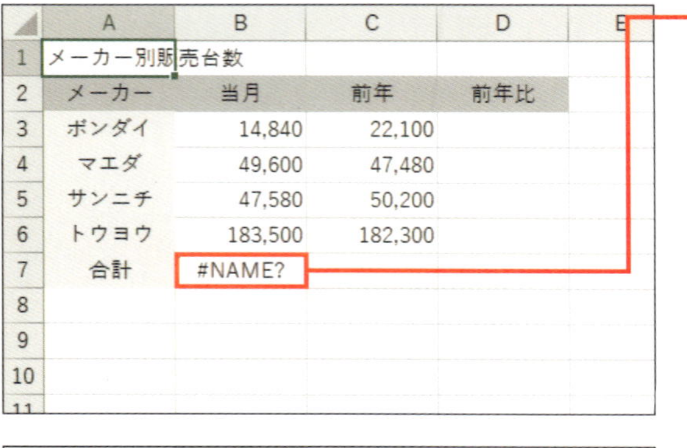

	A	B	C	D
1	メーカー別販売台数			
2	メーカー	当月	前年	前年比
3	ボンダイ	14,840	22,100	
4	マエダ	49,600	47,480	
5	サンニチ	47,580	50,200	
6	トウヨウ	183,500	182,300	
7	合計	#NAME?		

❶セルB7には、エラーインジケーターが表示され、エラー値「#NAME?」が表示されています。セルB7をクリックします。

	A	B	C	D
1	メーカー別販売台数			
2	メーカー	当月	前年	前年比
3	ボンダイ	14,840	22,100	
4	マエダ	49,600	47,480	
5	サンニチ	47,580	50,200	
6	トウヨウ	183,500	182,300	
7	合計	#NAME?		

数式に認識できないテキストが含まれています。

❷セルの左隣に<エラーチェックオプション>が表示されます。このアイコンにマウスポインターを合わせると、

❸エラーの意味が表示されます。

エラー値の種類

エクセルで表示されるエラーには以下のものがあります。それぞれどのような意味で、どのようなシチュエーションで表示されるか理解しておけば、関数を修正するときの大きなヒントとなるでしょう。

エラー値	項目	内容
#DIV/0!	意味	数式または関数が0または空のセルで割られています。
	例	「=MOD(3,0)」や「=3/0」など。
	詳細	数式で、割る数に「0」もしくは「空白のセル」が使われている（= MOD（10,0）など）場合。
#N/A	意味	値が数式または関数に対して無効です。
	例	「=VLOOKUP("TEST", D:F,2,FALSE)」で、D 列に「TEST」という文字列が見つからない場合。
	詳細	検索／行列関数や統計関数などで、不適切な検索値が使われている、もしくは検索範囲に適合するデータが見つからない。
#NAME?	意味	数式に認識できない値が含まれています。
	例	SUM 関数を入力するつもりが、「=SAM（1,2,3)」と入力してしまった場合。
	詳細	間違った関数名を入力したり、数式で名前が定義されていない範囲を使っている。エクセルのバージョンが対応していない関数を使った場合も、このエラーが表示される。
#NULL!	意味	数式の範囲が交差しません。
	例	=SUM（E1:E9 G1:G9)
	詳細	あるセル範囲と、別のセル範囲が、交差するセル範囲を参照する参照演算子（半角スペース）の使い方が間違っている。2 つの範囲に共通するセルがないと、このエラーが表示される。
#NUM!	意味	数式で使用される数値に問題があります。
	例	=DATE（-1,12,1)
	詳細	関数で使用できない数値を指定した場合に表示される。上記の例では、0～9999 の数しか受け取れない DATE 関数の引数「年」に「-1」を指定したため、エラーが表示されている。
#REF!	意味	セルを移動または削除すると、セル範囲が無効になるか、または関数が参照エラーになります。
	例	「=SUM（Sheet2!A1:A5)」で、存在しないシート「Sheet2」を参照している。
	詳細	存在しないシートやセルを参照すると表示されるエラーです。関数で参照していたセルを移動・削除することでも表示されることがあります。
#VALUE!	意味	数式で使用されるデータの形式が正しくありません。
	例	= MAX（"TEST")
	詳細	数値以外受け取れない引数に文字列を指定したり、1 つのセルを指定すべきところにセル範囲を指定したりすると表示されるエラー。上記の例では、数値、もしくはセル範囲しか受け取れない MAX 関数の引数に文字列を指定しているためエラーが表示されている。

SECTION 012 関数の基本

エラーを修正する

エラーの多くは、数式や参照セルを見直すことで対処できます。エラーがあるセルをクリックすると、左隣に<エラーチェックオプション>が表示されます。これをクリックすると、エラーへの対処を選択できます。

ポイント

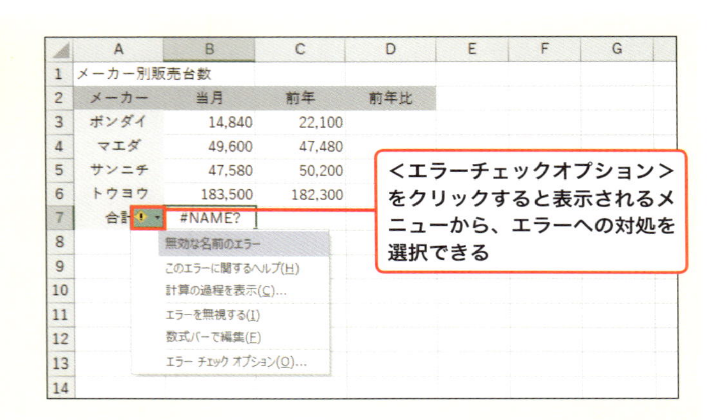

関数の誤りを修正する

エラーがある場合は、<エラーチェックオプション>をクリックし、対処法を選択します。ここでは、関数名に誤りがあるので、数式バーから関数名を修正する方法を選択します。以下の例ではセルB7にエラー値「#NAME?」が表示されています。セルB7をクリックして<エラーチェックオプション>にマウスポインターを合わせると、エラーの説明が表示されます。数式バーに表示されている関数名を確認すると、SUM関数のスペルが「SAM」になっています。

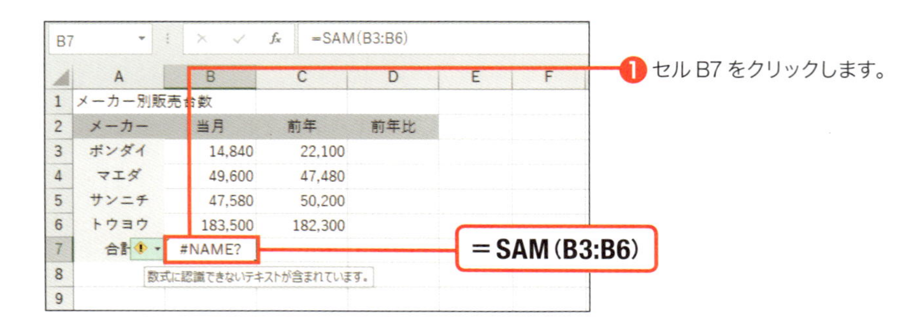

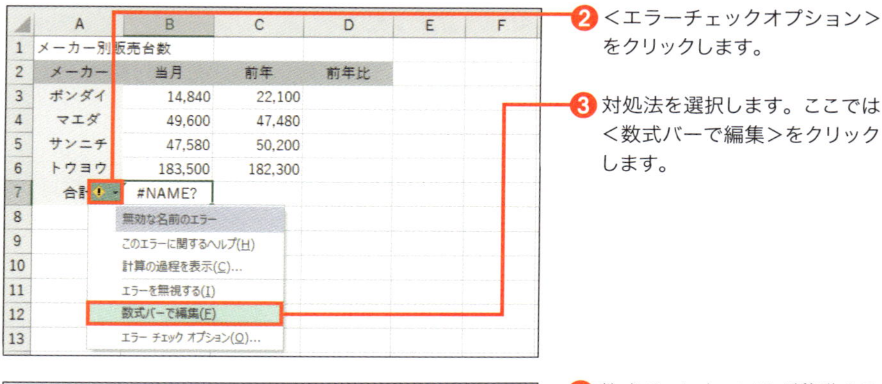

❷ <エラーチェックオプション>をクリックします。

❸ 対処法を選択します。ここでは<数式バーで編集>をクリックします。

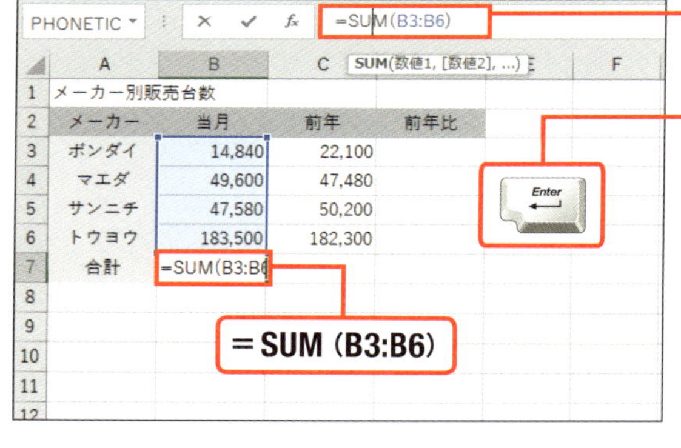

❹ 数式バーにカーソルが移動するので、関数名を修正します。

❺ Enter キーを押すと、エラーが解消され、正しい計算結果が表示されます。

COLUMN

エラーを無視する

<エラーチェックオプション>の<エラーを無視する>をクリックすると、そのセルのエラーが無視され、エラーインジケーターを非表示にすることができます。ほかのセルにも表示されているエラーインジケーターを非表示にしたい場合は、セルごとにエラーを無視するか、エラーチェックを行わないように設定します（P.98参照）。

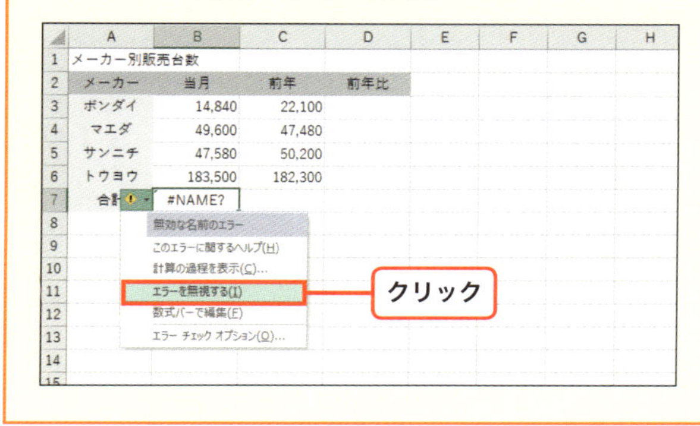

SECTION 013 関数の基本

循環参照を修正する

数式に、数式が入力されているセル自体が含まれていることを「循環参照」といいます。循環参照はトラブルの原因となるため、Excelは計算を中止し、「0」を表示します。循環参照の警告が表示される場合は、本項を参考に数式を見直しましょう。

循環参照とは

「循環参照」とは、数式に、数式が入力されているセル自体が含まれている状態のことを指します。たとえばセルA1に「＝A1＋1」という数式を入力してみましょう。循環参照の警告が表示されるはずです。「＝A1＋1」の結果を求めるにはセルA1の値が決まらないといけませんが、セルA1の値を決めるのが自身の数式である……このジレンマに陥っている状態が循環参照なのです。

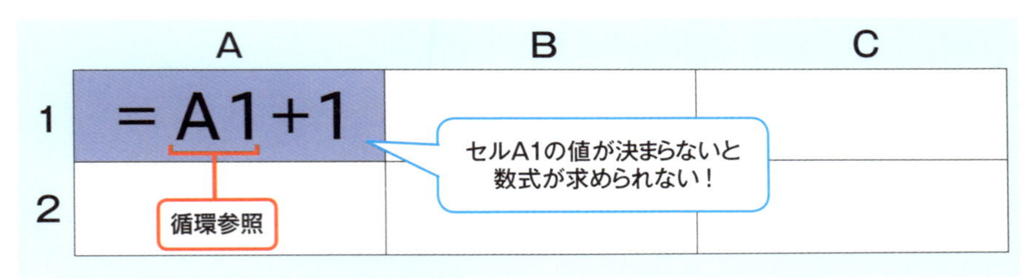

循環参照が使われている数式を修正する

循環参照を使った数式を入力すると、すぐに警告が表示されます。＜OK＞をクリックして数式を修正しましょう。また、修正しないでいると、そのままの状態でブックが保存されます。この場合、エラーチェックから循環参照を検索できます。

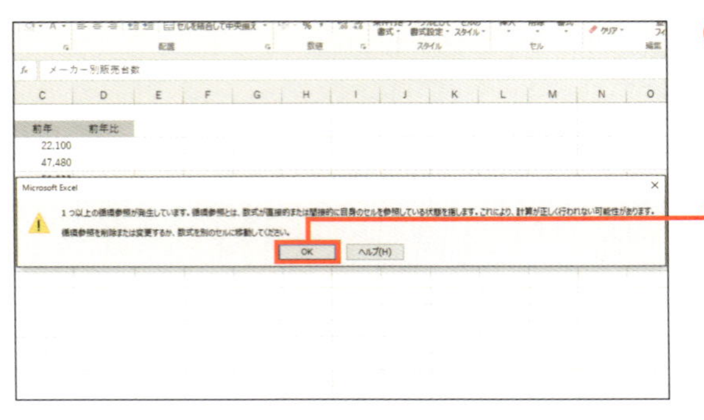

❶ 循環参照を使った数式を入力するか、循環参照が入力されているブックを開くと、循環参照への警告が表示されます。

❷ ＜OK＞をクリックして、警告を閉じます。

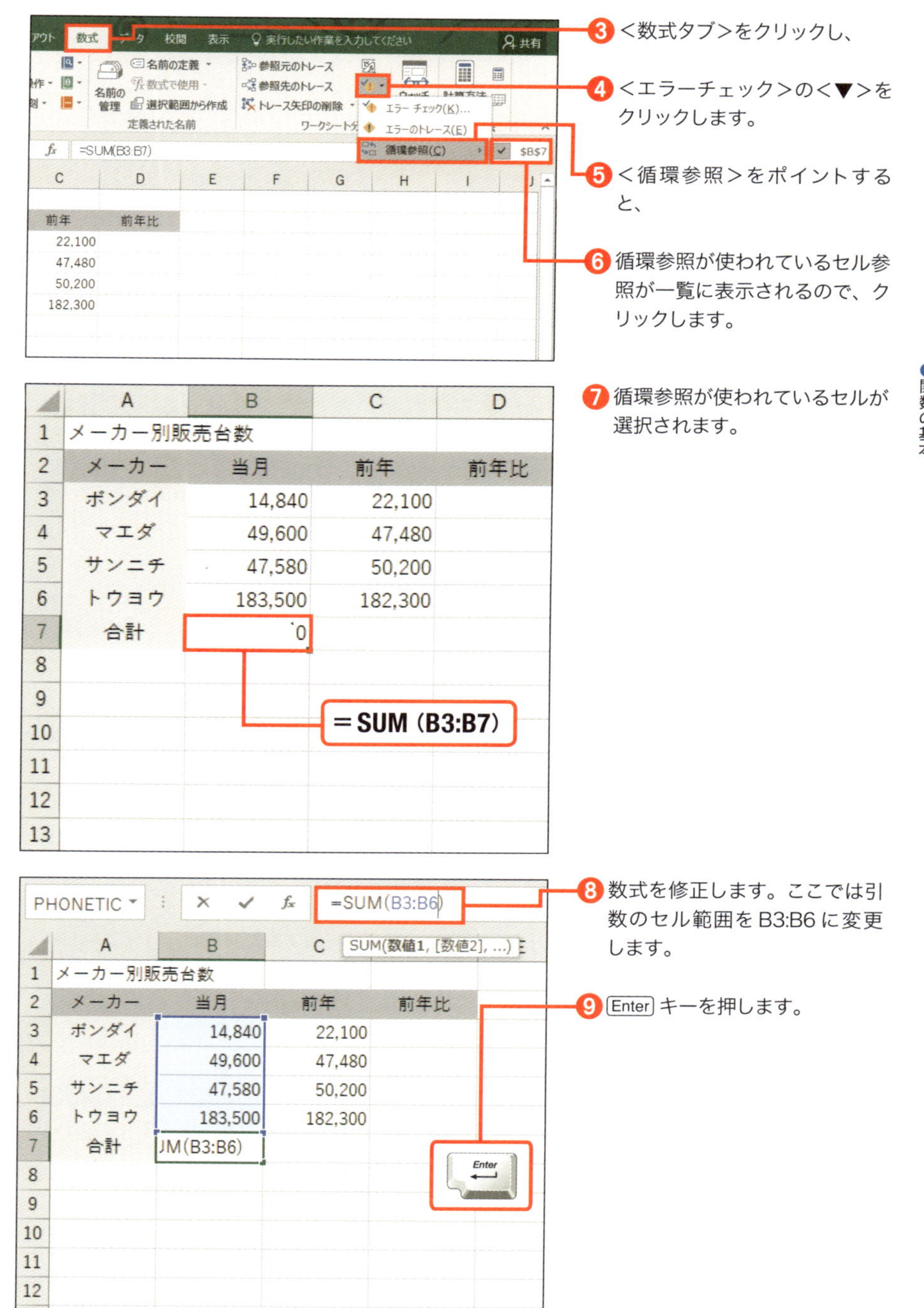

❸ ＜数式タブ＞をクリックし、

❹ ＜エラーチェック＞の＜▼＞をクリックします。

❺ ＜循環参照＞をポイントすると、

❻ 循環参照が使われているセル参照が一覧に表示されるので、クリックします。

❼ 循環参照が使われているセルが選択されます。

❽ 数式を修正します。ここでは引数のセル範囲をB3:B6に変更します。

❾ Enter キーを押します。

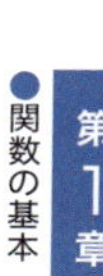

COLUMN

演算子とは

「演算子」とは、数式で使う「+」や「-」などの記号のことです。
Excelでは、四則演算を行うための算術演算子、2つの値を比較するための比較演算子、文字列を連結するための文字列演算子、セル参照を示すための参照演算子という4種類の演算子が使われます。

算術演算子

記号	意味	使用例	計算結果
+	加算	= 8+2	10
-	減算	= 8-2	6
*	乗算	= 8*2	16
/	除算	= 8/2	4
%	百分率	= 100*10%	10
^	べき乗	= 5^2	25

比較演算子

記号	意味	使用例	計算結果
=	等しい	= A1=B1	A1とB1が等しいならばTRUE、そうでないならばFALSEを返す
>	より大きい	= A1 > B1	A1がB1より大きいならばTRUE、そうでないならばFALSEを返す
<	より小さい	= A1 < B1	A1がB1より小さいならばTRUE、そうでないならばFALSEを返す
>=	以上	= A1 > =B1	A1がB1以上ならばTRUE、そうでないならばFALSEを返す
<=	以下	= A1 < =B1	A1がB1以下ならばTRUE、そうでないならばFALSEを返す
<>	等しくない	= A1 <> B1	A1とB1が等しくないならばTRUE、そうでないならばFALSEを返す

文字列演算子

記号	意味	使用例	計算結果
&	連結	= " エクセル " & " 関数 "	エクセル関数

参照演算子

記号	意味	使用例	計算結果
:	セル範囲	A1:A10	A1からA10にあるすべてのセル
,	複数のセルまたはセル範囲	A1,A5,A10	A1とA5とA10のセル
(半角空白)	セル範囲の共通部分	A1:B10 B5:C20	B5からB10にあるすべてのセル

第2章

数値の計算

SECTION 014 数値の計算

数値を合計する

数値の合計を求めるには、SUM関数を使います。SUM関数は、よく利用する関数で、指定したセル範囲に入力されている数値の合計を返します。ここでは数式を直接入力していますが、＜ホーム＞タブの＜オートSUM＞をクリックすることでも入力できます。

第1章
第2章 数値の計算
第3章
第4章
第5章
第6章
第7章
第8章

ポイント

	A	B	C	D
1	商品名	単価	数量	金額
2	ボーダーTシャツ	1,500	2	3,000
3	パーカー	2,990	1	2,990
4	スリムフィットジーンズ	7,800	1	7,800
5				13,790
6				
7				
8				
9				
10				
11				
12				
13				
14				

セルD5には、セル範囲D2:D4に入力されている数値の合計が表示されている

書式 =SUM(数値1, [数値2], ...)

数値1 

加算する数値が入力されているセルやセル範囲。もしくは数値

数値2 

加算する数値が入力されているセルやセル範囲。もしくは数値

説明 SUM関数は、数値の合計を返す関数です。引数がセルやセル範囲の場合、セルに入力されている数値が加算されます。空白セルや、セルに入力されているデータが文字列の場合は無視されます。なお、引数は最大255個まで指定できます。引数にセル範囲を指定する場合は、256個以上のセルを対象に計算できます。

商品の金額の合計を計算する

セル範囲D2:D4に入力されている数値の合計を計算し、計算結果がセルD5に表示されるようにします。

	A	B	C	D
1	商品名	単価	数量	金額
2	ボーダーTシャツ	1,500	2	3,000
3	パーカー	2,990	1	2,990
4	スリムフィットジーンズ	7,800	1	7,800
5				=SUM(D2:D4)

=SUM（D2:D4）
数値1

❶セルD5にSUM関数を入力します。引数「数値1」には、セル範囲「D2:D4」を指定します。

MEMO SUM関数の引数を指定

SUM関数の引数には、数値を直接することもできます。たとえば、「=SUM(D2:D4,1000)」と入力すると、セル範囲D2:D4に入力されている数値の合計に、1000を加算した数値を返します。

	A	B	C	D
1	商品名	単価	数量	金額
2	ボーダーTシャツ	1,500	2	3,000
3	パーカー	2,990	1	2,990
4	スリムフィットジーンズ	7,800	1	7,800
5				13,790

❷セル範囲D2:D4に入力されている数値の合計が計算され、SUM関数を入力したセルD5には、計算結果の「13790」が表示されました。

COLUMN

ワンクリックでSUM関数を入力する

<ホーム>タブのΣをクリックすると、ワンクリックでSUM関数を入力できます。このとき、SUM関数の引数は自動で設定されますが、任意のセルをドラッグすることで、引数の対象を変更することも可能です。

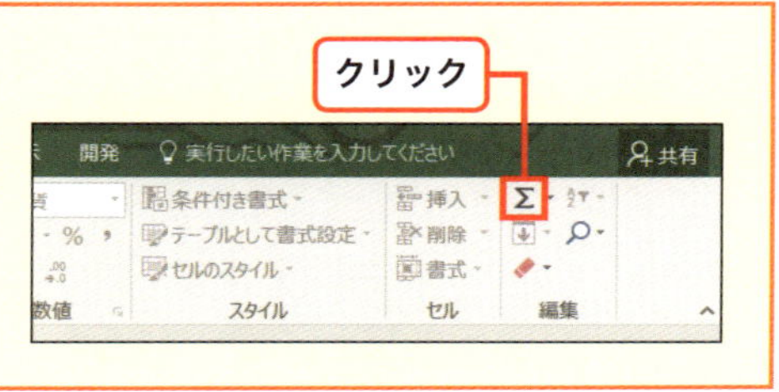

SECTION 015 数値の計算

SUM

累計を求める

経理の計算などでは、小計を順次加える「累計」を求めたいことがあります。累計も、SUM関数を使って計算できます。ただし、SUM関数が入力されたセルをそのままコピーしても目的の計算結果になりません。引数に絶対参照を使います。

ポイント

	A	B	C	D	E	F	G
1	月間ダウンロード数						
2	月	ダウンロード数	累計				
3	4月	53,247	53,247				
4	5月	8,763	62,010				
5	6月	5,211	67,221				
6	7月	3,652	70,873				
7	8月	1,057	71,930				
8	9月	629	72,559				
9	合計	72,559					

» 累計を計算する

2つ以上の数値を合算した計算結果のことを「合計」いいますが、データによっては、「合計値と合計値を加算する」「合計値にほかの数値を順次加算する」などの計算を行うことがあります。このような場合、合算値がデータのどこを加算したものなのかわかりやすくするために、小計や総計などと呼び分けます。

合算値	意味
小計	全体の中で特定の部分の数値を加算すること
総計	小計を加算すること
累計	小計を順次加算していくこと

SUM関数を使うと、累計を計算できます。ただし、累計するセル範囲の始点になるセルを絶対参照で指定する必要があるので注意が必要です。相対参照で指定してしまうと、累計になりません。絶対参照を指定するには、引数のセル参照を選択し、F4キーを押します。

なお、SUM関数の書式については、P.54を参照してください。

ダウンロード数の累計を計算する

セルC3には「4月のダウンロード数」、セルC4には「4月から5月までのダウンロード数」、セルC8には「4月から9月までのダウンロード数」というように、「累計」の列には月ごとのダウンロード数が加算されていくようにします。

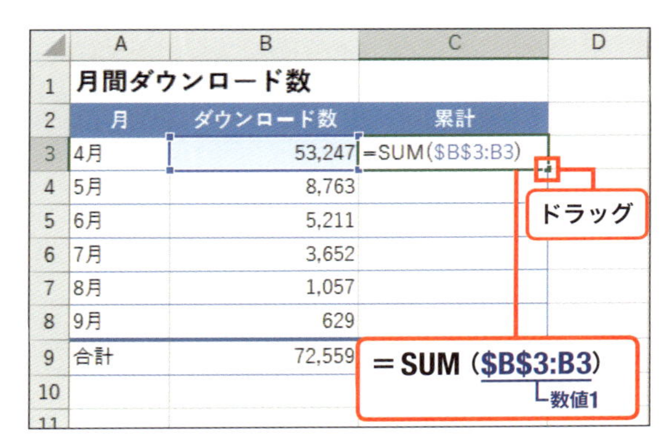

	A	B	C	D
1	月間ダウンロード数			
2	月	ダウンロード数	累計	
3	4月	53,247	=SUM($B$3:B3)	
4	5月	8,763		
5	6月	5,211		
6	7月	3,652		
7	8月	1,057		
8	9月	629		
9	合計	72,559		
10				

❶セルC3にSUM関数を入力します。引数には「セルB3からセルB3までの数値を合計する」を意味する「$B$3:B3」を入力します。セル範囲の始点になるセルを絶対参照で指定しています。

❷セルC3のフィルハンドルをセルC8までドラッグします。

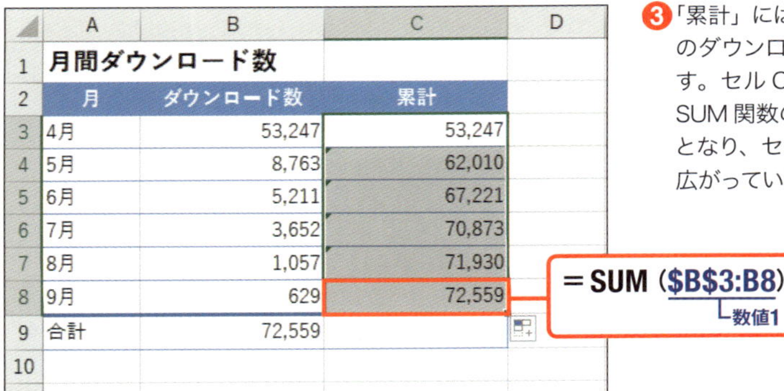

	A	B	C	D
1	月間ダウンロード数			
2	月	ダウンロード数	累計	
3	4月	53,247	53,247	
4	5月	8,763	62,010	
5	6月	5,211	67,221	
6	7月	3,652	70,873	
7	8月	1,057	71,930	
8	9月	629	72,559	
9	合計	72,559		
10				

❸「累計」には、4月から9月までのダウンロード数が計算されます。セルC8に入力されているSUM関数の引数は「$B$3:B8」となり、セル範囲の終点側だけ広がっています。

COLUMN

絶対参照に設定していない場合

セルC3にSUM関数の引数を相対参照の状態で入力してセルC8までコピーすると、セルC8の数式は「＝SUM（B8:B8）」となってしまい、意図通り累計を計算することができません。

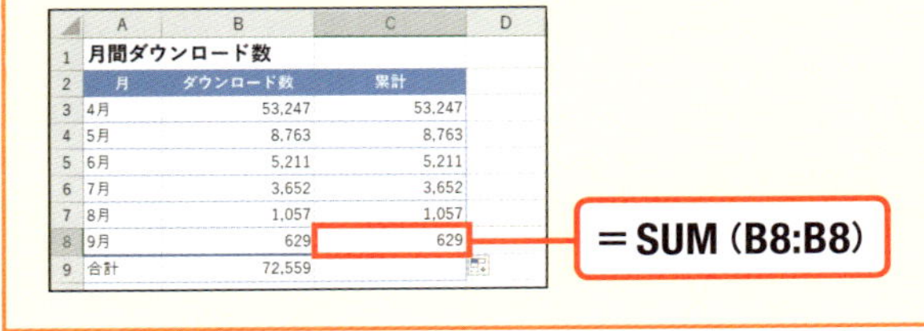

	A	B	C	D
1	月間ダウンロード数			
2	月	ダウンロード数	累計	
3	4月	53,247	53,247	
4	5月	8,763	8,763	
5	6月	5,211	5,211	
6	7月	3,652	3,652	
7	8月	1,057	1,057	
8	9月	629	629	
9	合計	72,559		

SECTION 016 数値の計算

SUM

複数のシートを串刺し計算する

Excelでは、異なるシートに入力されている数値を使って計算し、計算結果を1つのシートにまとめる「串刺し計算」が利用できます。なお、串刺し計算を行うには、各シートが同じレイアウトになっている必要があります。

ポイント

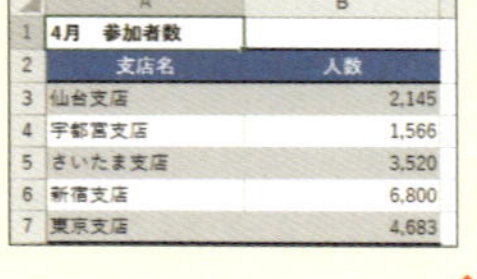

	A	B
1	4月　参加者数	
2	支店名	人数
3	仙台支店	2,145
4	宇都宮支店	1,566
5	さいたま支店	3,520
6	新宿支店	6,800
7	東京支店	4,683

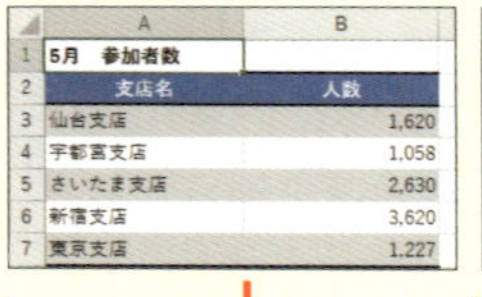

	A	B
1	5月　参加者数	
2	支店名	人数
3	仙台支店	1,620
4	宇都宮支店	1,058
5	さいたま支店	2,630
6	新宿支店	3,620
7	東京支店	1,227

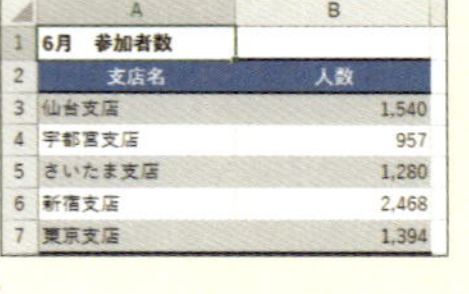

	A	B
1	6月　参加者数	
2	支店名	人数
3	仙台支店	1,540
4	宇都宮支店	957
5	さいたま支店	1,280
6	新宿支店	2,468
7	東京支店	1,394

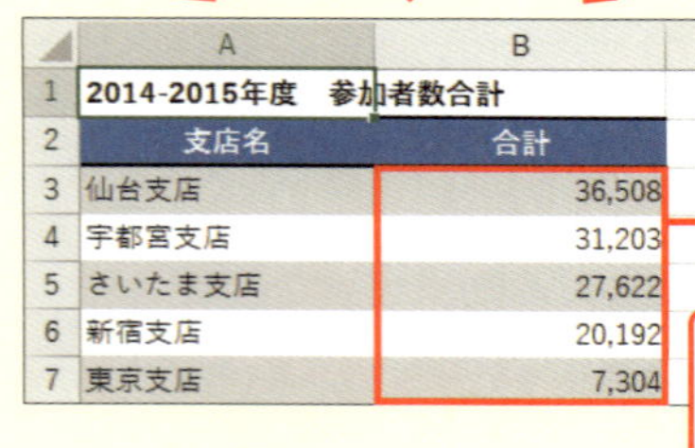

	A	B	C
1	2014-2015年度　参加者数合計		
2	支店名	合計	
3	仙台支店	36,508	
4	宇都宮支店	31,203	
5	さいたま支店	27,622	
6	新宿支店	20,192	
7	東京支店	7,304	

» 串刺し計算とは

「串刺し計算」とは、複数の異なるシートに入力されている数値を、1つのシートに集計する計算方法です。3D集計ともいいます。
串刺し計算を行うには、「＝関数名(最初のシート名:最後のシート名!セル範囲)」と入力します。
このとき、串刺し計算を行う各シートの表は、同じレイアウトになっている必要があります。
また、シート名の先頭に数字や記号を使っている場合は、シート名の範囲を「'」で挟みます。
串刺し計算は、AVERAGE関数やCOUNT関数など、SUM関数以外の関数でもできますが、できない関数もあります。ここではSUM関数を使って串刺し計算を行う手順について解説します。SUM関数の書式については、P.54を参照してください。

3枚のシートに入力されているデータの合計を計算する

4月シートから6月シートに入力されているデータの合計を計算し、計算結果を合計シートに表示します。なお、各シートは同じレイアウトになっていることとします。

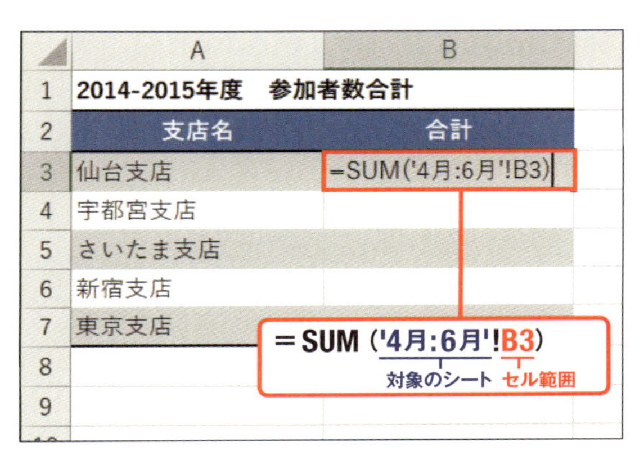

❶合計シートのセルB3を選択し、4月～6月シートにあるセルB3の合計を求めるSUM関数を入力します。

	A	B
1	2014-2015年度　参加者数合計	
2	支店名	合計
3	仙台支店	5,305
4	宇都宮支店	3,581
5	さいたま支店	7,430
6	新宿支店	12,888
7	東京支店	7,304
8		
9		

❷合計シートのセルB3に、4月～6月シートのセルB3の合計が計算されます。セルB3のフィルハンドルをセルB7までドラッグすると、ほかのセルにも数式をコピーできます。

COLUMN

オートフィルオプションを利用する

オートフィルを利用すると、数式と一緒にセルの書式もコピーされてしまいます。書式のコピーを解除したいときは、[オートフィルオプション]をクリックし、<書式なしコピー（フィル）>をクリックします。このオートフィル後にコピー内容を変更する機能のことを、オートフィルオプションといいます。

12,888
7,304
○ セルのコピー(C)
○ 書式のみコピー (フィル)(F)
◉ 書式なしコピー (フィル)(O)
○ フラッシュ フィル(F)

SECTION 017 数値の計算

あとから表に追加したデータも自動で計算する

SUM

経費の精算書のように、下の行に新しいデータがどんどん足されていくタイプの表では、これまでの方法ではSUM関数のセル範囲を都度変更して合計を求めなければなりません。このような場合は、列全体を引数に設定します。

ポイント

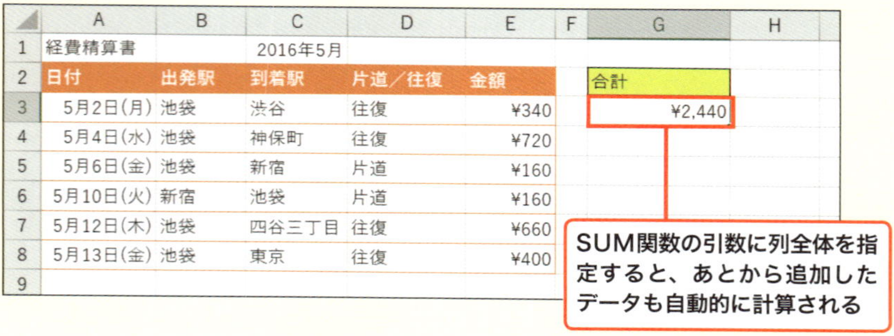

	A	B	C	D	E	F	G	H
1	経費精算書		2016年5月					
2	日付	出発駅	到着駅	片道／往復	金額		合計	
3	5月2日(月)	池袋	渋谷	往復	¥340		¥2,440	
4	5月4日(水)	池袋	神保町	往復	¥720			
5	5月6日(金)	池袋	新宿	片道	¥160			
6	5月10日(火)	新宿	池袋	片道	¥160			
7	5月12日(木)	池袋	四谷三丁目	往復	¥660			
8	5月13日(金)	池袋	東京	往復	¥400			
9								

SUM関数の引数に列全体を指定すると、あとから追加したデータも自動的に計算される

列を引数に指定する

列全体を引数に指定するには、「C:C」のように記述します。たとえば「＝SUM(C:C)」と記述すると、C列のすべてのセルが計算対象となります。このとき、列番号の「C」をクリックして指定することもできます。
さらに、引数を「C:E」のように入力するとC列からE列のすべてのセル、「C:E,G:I」のように入力するとC列からE列、およびG列からI列のすべてのセルを計算対象にできます。このとき、列番号をドラッグして指定することもできます。

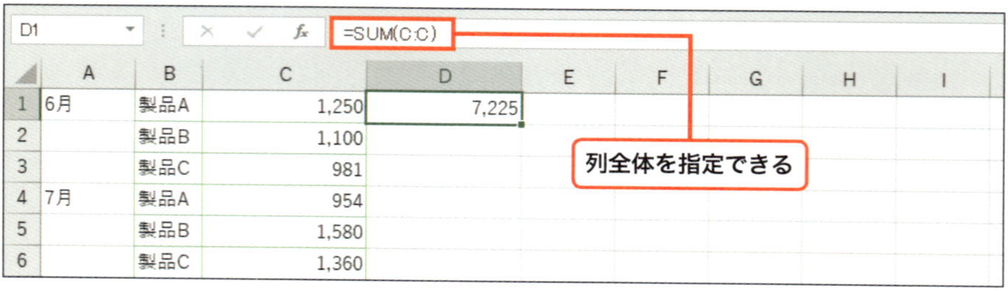

D1 =SUM(C:C)

	A	B	C	D	E	F	G	H	I
1	6月	製品A	1,250	7,225					
2		製品B	1,100						
3		製品C	981						
4	7月	製品A	954						
5		製品B	1,580						
6		製品C	1,360						

列全体を指定できる

追加した行のデータも自動的に計算する

下記の表のセルG3に、E列に記載されている金額の合計を求めるSUM関数を入力します。下の行に新たにデータが入力されても、自動で計算結果が更新されるように設定しましょう。

	A	B	C	D	E	F	G	H
1	経費精算書		2016年5月					
2	日付	出発駅	到着駅	片道／往復	金額		合計	
3	5月2日(月)	池袋	渋谷	往復	¥340		=SUM(E:E)	
4	5月4日(水)	池袋	神保町	往復	¥720			
5	5月6日(金)	池袋	新宿	片道	¥160			
6	5月10日(火)	新宿	池袋	片道	¥160			
7	5月12日(木)	池袋	四谷三丁目	往復	¥660			
8								
9								
10								

＝SUM（E:E）
セル範囲

❶セルG3に、E列のセルに入力されている数値を合計するSUM関数「=SUM（E:E)」を入力します。

	A	B	C	D	E	F	G	H
1	経費精算書		2016年5月					
2	日付	出発駅	到着駅	片道／往復	金額		合計	
3	5月2日(月)	池袋	渋谷	往復	¥340		¥2,040	
4	5月4日(水)	池袋	神保町	往復	¥720			
5	5月6日(金)	池袋	新宿	片道	¥160			
6	5月10日(火)	新宿	池袋	片道	¥160			
7	5月12日(木)	池袋	四谷三丁目	往復	¥660			
8	5月13日(金)	池袋	東京	往復	400			
9								
10								
11								

❷セルG3にE列の合計金額が表示されます。8行目に新しいデータを入力して、合計金額が更新されることを確認しましょう。

COLUMN

行全体を計算対象にする

SUM関数では、行全体を計算対象に設定することも可能です。たとえば5行目のセルすべてを計算対象にしたい場合は、「＝SUM（5:5)」のように記述します。引数を「5:7」のように記述すれば、5行目から7行目のすべてのセルを対象に合計を求めます。

SECTION 018 数値の計算

小計と総計を求める

SUBTOTAL

集計表の途中に小計の欄がある場合、小計ごとにSUM関数を使って計算するということもできますが、小計欄が増えるとセル範囲の指定などに手間がかかります。SUBTOTAL関数を使うと、シンプルな集計表を作成できます。

ポイント

	A	B	C	D	E	F	G	H
1	月	種類	金額（万円）					
2	4月	ゴルフ用品	470					
3		テニス用品	606					
4		その他	356					
5	小計		1,432					
6	5月	ゴルフ用品	470					
7		テニス用品	606					
8		その他	356					
9	小計		1,432					
10	総計		2,864					

SUBTOTAL関数を使って小計と総計を計算すると、総計では小計を除いた合計を計算できる

書式 =SUBTOTAL(集計方法,範囲1,[範囲2],...)

引数

集計方法	必須	集計方法。1〜11または101〜111の数字で、計算に使用する関数を指定
範囲1	必須	集計に使うセル範囲
範囲2	任意	集計に使うセル範囲。最大で254個

説明

SUBTOTAL関数は、指定したセル範囲のデータを、指定した方法で集計する関数です。計算に使うセル範囲に別のSUBTOTAL関数が入力されている場合、そのセルは計算の対象に含まれません。そのため、総計を求める場合に、計算の対象となるすべてのセル範囲を指定すれば正しい計算結果が表示されます。ただし、小計欄にSUM関数などを使っている場合は、総計欄にSUBTOTAL関数を使っても小計欄の合計値が計算に含まれてしまうので注意が必要です。
また、集計方法に1〜11を指定すると、行の表示／非表示にかかわらず、行の値が集計されます。101〜111を指定すると、非表示にした行の値は集計されません。表示されている行だけを集計したい場合は、これらの集計方法を指定します。
なお、SUBTOTAL関数は縦方向の範囲を集計する関数です。横方向のセル範囲を集計する場合は、列を非表示にしても計算結果は変わりません。

引数「集計方法」の指定方法

SUBTOTAL関数では、集計方法を指定します。集計方法は、以下の表の通りです。
なお、101～111の値を指定した場合は、非表示にした行の値は集計されません。ただし、横方向に集計している場合は、列を非表示にしていても集計されるので注意が必要です。

集計方法	関数	意味
1 または 101	AVERAGE	平均値を求める
2 または 102	COUNT	数値の個数を求める
3 または 103	COUNTA	データの個数を求める
4 または 104	MAX	最大値を求める
5 または 105	MIN	最小値を求める
6 または 106	PRODUCT	積を求める
7 または 107	STDEV.S	不偏標準偏差を求める
8 または 108	STDEV.P	標本標準偏差を求める
9 または 109	SUM	合計値を求める
10 または 110	VAR.S	不偏分散を求める
11 または 111	VAR.P	標本分散を求める

SUBTOTAL関数を入力するとき、集計方法の数値を入力すると、集計方法の一覧が表示されます。ここから目的の集計方法を選択することもできます。

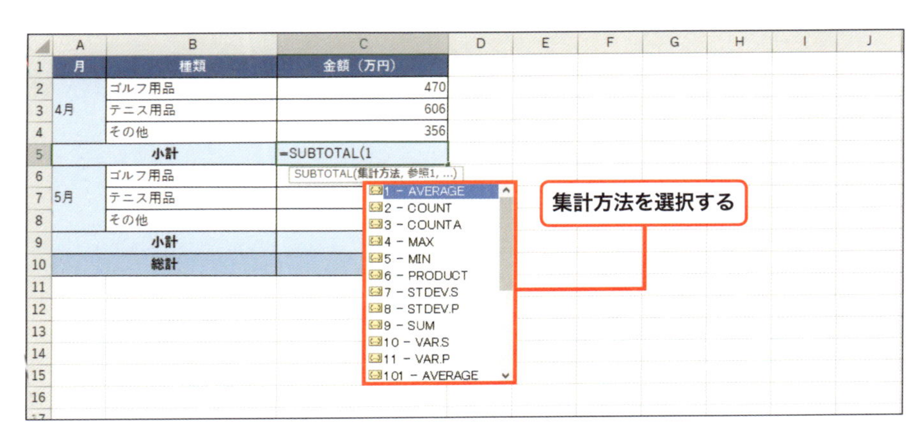

COLUMN

SUBTOTAL関数を利用するときの注意点

SUBTOTAL関数では、オートフィルター機能で非表示になったセルは集計されません。しかし右クリックメニューなどで非表示にしたセルは正常に集計されます。小計を求めるためにSUBTOTAL関数を入力したものの、もし値が合わなかった場合は、非表示にしたセルがないか確認してみましょう。

» 4月ごとと5月ごとの小計および全体の総計を計算する

セルC5には4月の売上金額を小計として計算し、セルC9には5月の売上金額を小計として計算します。セルC10には、4月と5月の売上金額の合計を総計として計算します。

	A	B	C
1	月	種類	金額（万円）
2	4月	ゴルフ用品	470
3		テニス用品	606
4		その他	356
5	小計		=SUBTOTAL(9,C2:C4)
6	5月	ゴルフ用品	470
7		テニス用品	606
8		その他	356
9	小計		
10	総計		
11			
12			
13			

=SUBTOTAL (9,C2:C4)
集計方法 範囲1

❶セルC5に、セル範囲C2:C4の合計を求めるSUBTOTAL関数を入力します。引数「集計方法」に「9」、引数「範囲1」に「C2:C4」と入力します。

	A	B	C
1	月	種類	金額（万円）
2	4月	ゴルフ用品	470
3		テニス用品	606
4		その他	356
5	小計		1,432
6	5月	ゴルフ用品	470
7		テニス用品	606
8		その他	356
9	小計		
10	総計		
11			
12			
13			
14			

❷セルC5にSUBTOTAL関数が入力され、4月のデータの合計が計算されました。

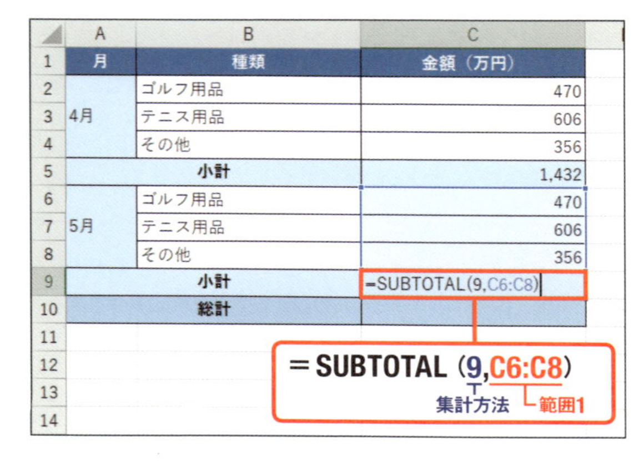

	A	B	C
1	月	種類	金額（万円）
2	4月	ゴルフ用品	470
3		テニス用品	606
4		その他	356
5	小計		1,432
6	5月	ゴルフ用品	470
7		テニス用品	606
8		その他	356
9	小計		=SUBTOTAL(9,C6:C8)
10	総計		
11			
12			
13			
14			

❸次はセルC9にSUBTOTAL関数を入力し、5月のデータの合計を計算します。引数「集計方法」に「9」、引数「範囲1」に「C6:C8」と入力します。

	A	B	C
1	月	種類	金額（万円）
2	4月	ゴルフ用品	470
3		テニス用品	606
4		その他	356
5	小計		1,432
6	5月	ゴルフ用品	470
7		テニス用品	606
8		その他	356
9	小計		1,432
10	総計		
11			
12			

❹セルC9にSUBTOTAL関数が入力され、5月のデータの合計が計算されました。

	A	B	C
1	月	種類	金額（万円）
2	4月	ゴルフ用品	470
3		テニス用品	606
4		その他	356
5	小計		1,432
6	5月	ゴルフ用品	470
7		テニス用品	606
8		その他	356
9	小計		1,432
10	総計		=SUBTOTAL(9,C2:C9)
11			
12			

❺セルC10に、4月と5月の合計を求めるSUBTOTAL関数を入力します。引数「集計方法」に「9」と入力し、引数「範囲1」に「C2:C9」と入力します。

=SUBTOTAL (9,C2:C9)

集計方法　範囲1

	A	B	C
1	月	種類	金額（万円）
2	4月	ゴルフ用品	470
3		テニス用品	606
4		その他	356
5	小計		1,432
6	5月	ゴルフ用品	470
7		テニス用品	606
8		その他	356
9	小計		1,432
10	総計		2,864
11			
12			

❻セルC10にSUBTOTAL関数が入力され、小計を除く総計が計算されました。SUBTOTAL関数は、SUBTOTAL関数が入力されているセルを計算に含まないためです。

COLUMN

ほかの集計方法を利用する

SUBTOTAL関数で総計以外の値を求めたい場合は、「集計方法」の引数を変更しましょう。たとえば平均値を求めたい場合は、セルC10に入力するSUBTOTAL関数で、引数「集計方法」に「1」と入力し、引数「範囲1」に「C2:C9」と入力すると、平均値である「477.333…」が入力されます。最小値などを求めたい場合も、同様に「集計方法」の引数を変更しましょう。

SECTION 019 数値の計算

SUBTOTAL

フィルターで抽出されたデータのみを合計する

フィルターを使ってデータを抽出するとき、SUM関数を使っていると、非表示にしたデータも計算の対象になってしまいます。表示しているデータだけを使って計算したい場合はSUBTOTAL関数を使います。

ポイント

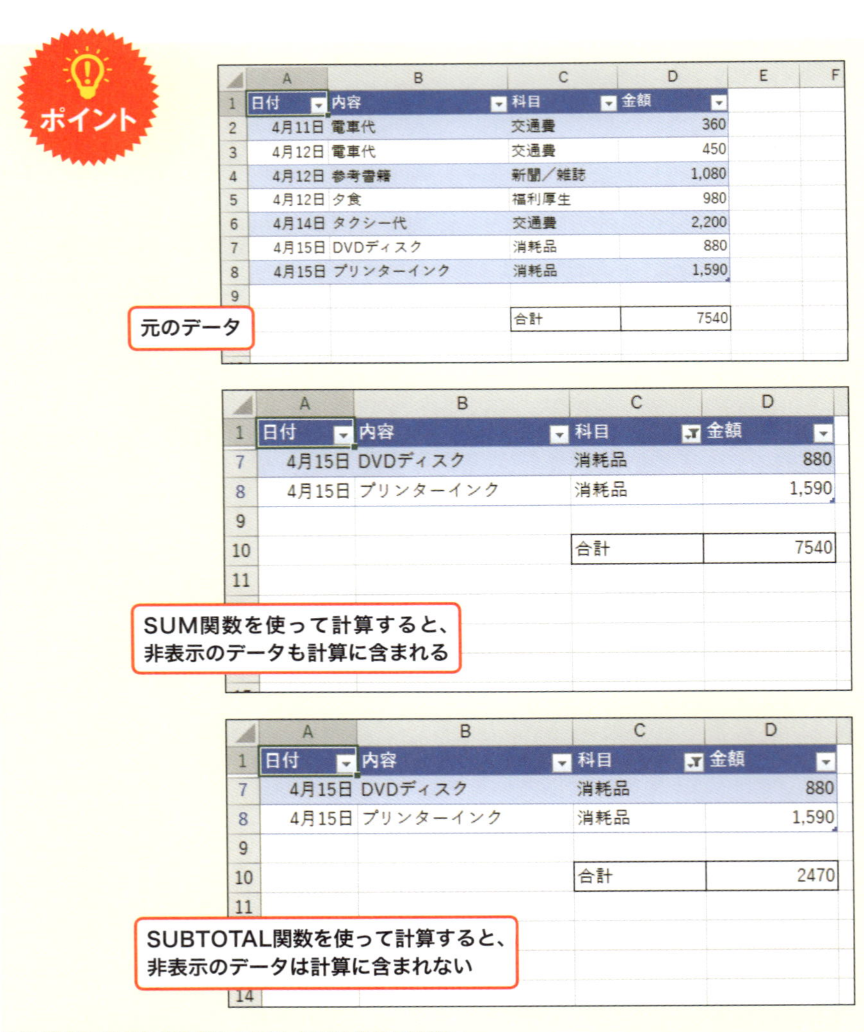

	A	B	C	D
1	日付	内容	科目	金額
2	4月11日	電車代	交通費	360
3	4月12日	電車代	交通費	450
4	4月12日	参考書籍	新聞／雑誌	1,080
5	4月12日	夕食	福利厚生	980
6	4月14日	タクシー代	交通費	2,200
7	4月15日	DVDディスク	消耗品	880
8	4月15日	プリンターインク	消耗品	1,590
9				
10			合計	7540

	A	B	C	D
1	日付	内容	科目	金額
7	4月15日	DVDディスク	消耗品	880
8	4月15日	プリンターインク	消耗品	1,590
9				
10			合計	7540
11				

	A	B	C	D
1	日付	内容	科目	金額
7	4月15日	DVDディスク	消耗品	880
8	4月15日	プリンターインク	消耗品	1,590
9				
10			合計	2470
11				
14				

※SUBTOTAL関数の書式については、P.62を参照してください。

》「消耗品」の合計金額だけを計算する

下記の集計表には、フィルターが設定されています。合計金額が表示されているセルD10には、フィルターで抽出された科目の合計金額だけが表示されるようにします。SUM関数を使って計算すると、非表示のデータも計算の対象になってしまうので、SUBTOTAL関数を使います。

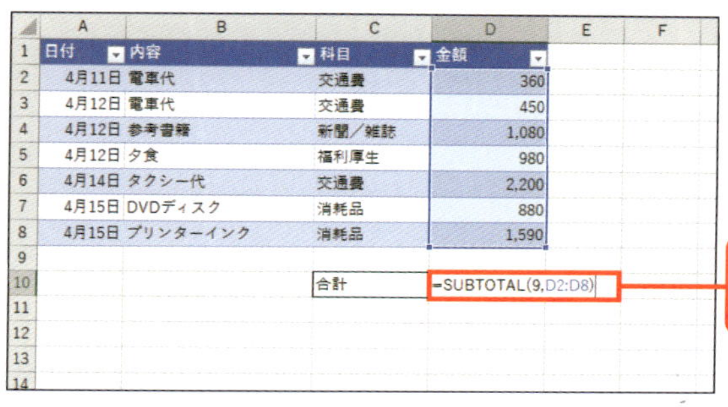

❶ セルD10に、金額列の合計を求めるSUBTOTAL関数を入力します。引数「集計方法」に「9」を入力し、引数「範囲1」には「D2:D8」を設定します。

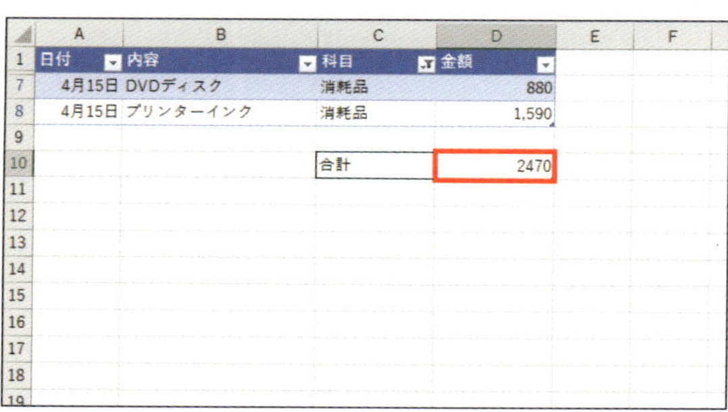

❷ フィルターを使って科目の「消耗品」だけを表示すると、セルD10には抽出されたデータの金額の合計だけが表示されます。

COLUMN

フィルターを設定する

「フィルター」は、表の中から条件に合致するデータを抽出する機能です。フィルターは表を選択後、<ホーム>タブの<並べ替えとフィルター>→<フィルター>をクリックすると利用できます。フィルターが設定されると、見出し行のセルに<▼>が表示されます。<▼>をクリックすると、表示するデータを設定できます。フィルターを解除するには、再度<ホーム>タブの<並べ替えとフィルター>→<フィルター>をクリックします。

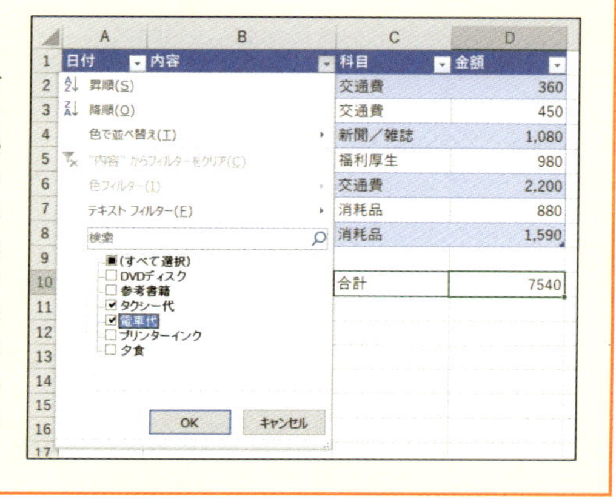

SECTION 020 数値の計算

DSUM

条件に合うデータの合計を求める

通常の合計を計算するにはSUM関数を使いますが、条件を満たすデータの合計を計算するにはDSUM関数を使います。DSUM関数では、条件の指定に表を用いる少し変わった使い方をします。

	A	B	C	D
1	赤ワイン　売上ランキング			
2	商品名	産地	単価	販売個数
3	シャトークラッセ	フランス	3,000	71
4	フリージオ・ルチャーノ	イタリア	3,000	46
5	デ・ペトー	チリ	1,800	54
6	シャトーエムルージュ	フランス	3,200	26
7	シャトーミラボー	フランス	1,800	38
8	アリアニコ・レポリ	イタリア	1,600	33
9	ロッソ・ルビア	南アフリカ	2,500	19
10				
		産地	単価	
		フランス	<=3000	
		販売個数合計	109	

「産地がフランス」かつ「単価が3000円以下」の販売個数の合計が計算されている

=DSUM(データベース,フィールド,条件)

引数

データベース		データを検索する表のセル範囲
フィールド		合計求める列を指定する。データベースの見出し文字もしくは列番号
条件		データの検索条件が設定されているセル範囲

DSUM関数は、「データベース」の中から「条件」に一致するデータを検索し、「フィールド」で指定した列の値を合計します。このとき、条件を別の表に入力しておく必要があります。条件を別の表に入力しない場合は、SUMIF関数(P.204参照)やSUMIFS関数(P.212参照)を使います。

引数「データベース」の指定方法

「データベース」とは、データが規則的にまとめられている表のことです。データベース関数を使うと、データベースのデータの抽出や検索などを行うことができます。
なお、データベースとして認識されるには、先頭行に見出しが入力されており、1行に1件のデータが入力されている必要があります。また、データベースでは、行のことを「レコード」、列のことを「フィールド」といいます。
DSUM関数の引数「データベース」を指定するには、データベースのセル範囲を「A2:E9」のように入力します。

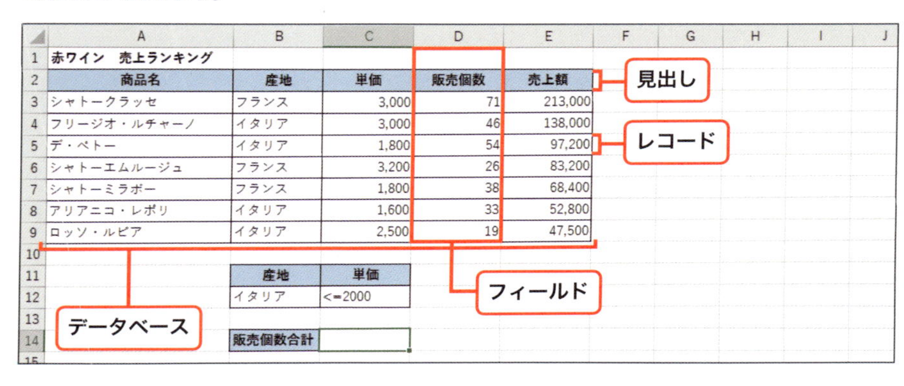

	A	B	C	D	E
1	赤ワイン　売上ランキング				
2	商品名	産地	単価	販売個数	売上額
3	シャトークラッセ	フランス	3,000	71	213,000
4	フリージオ・ルチャーノ	イタリア	3,000	46	138,000
5	デ・ペトー	イタリア	1,800	54	97,200
6	シャトーエムルージュ	フランス	3,200	26	83,200
7	シャトーミラボー	フランス	1,800	38	68,400
8	アリアニコ・レポリ	イタリア	1,600	33	52,800
9	ロッソ・ルピア	イタリア	2,500	19	47,500
10					
11		産地	単価		
12		イタリア	<=2000		
13					
14		販売個数合計			

引数「フィールド」の指定方法

「フィールド」とは、データベースにおける列のことです。
DSUM関数の引数「フィールド」を指定するには、次の方法があります。

- 見出しが入力されているセル参照を入力する
- 見出しを半角の「"」で囲んで文字列として指定する
- データベースの左端から数えた列数を数字で指定する

たとえば下図のD列を指定する場合、「D2」「"販売個数"」「4」のいずれでもかまいません。

	A	B	C	D	E
1	赤ワイン　売上ランキング				
2	商品名	産地	単価	販売個数	売上額
3	シャトークラッセ	フランス	3,000	71	213,000
4	フリージオ・ルチャーノ	イタリア	3,000	46	138,000
5	デ・ペトー	イタリア	1,800	54	97,200
6	シャトーエムルージュ	フランス	3,200	26	83,200
7	シャトーミラボー	フランス	1,800	38	68,400
8	アリアニコ・レポリ	イタリア	1,600	33	52,800
9	ロッソ・ルピア	イタリア	2,500	19	47,500
10					
11		産地	単価		
12		イタリア	<=2000		
13					
14		販売個数合計			

フィールド

引数「条件」の指定方法

DSUM関数の引数「条件」には、データベースとは異なる表を指定する必要があります。この表の先頭行には、データベースの見出しに対応する見出しが必要です。
複数の条件を指定する場合、横に並べると「AND条件」になり、すべての条件を満たす行が検索されます。縦に並べると「OR条件」になり、いずれかの条件を満たす行が検索されます。

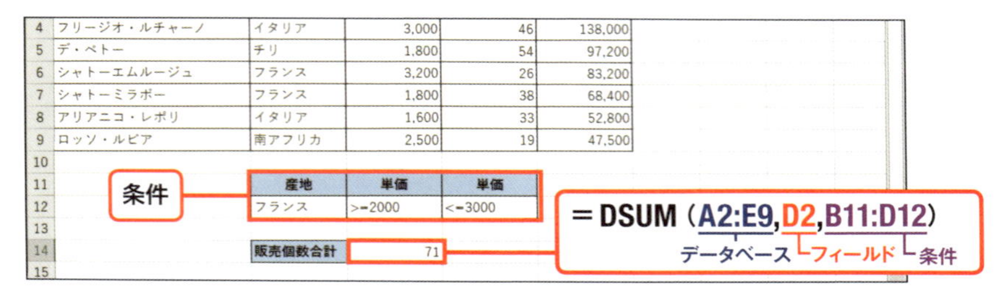

❶ 引数「条件」の表で同じ見出しの列を作ると、データベースの1つの列に対してAND条件を指定できます。ここでは産地が「フランス」で、単価が「2000円以上3000円以下」のワインの販売個数を求めています。

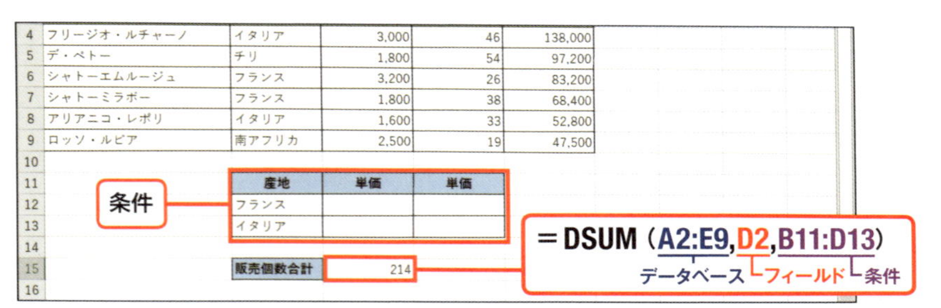

❷ 引数「条件」の表で、1つの列に複数の項目を入力すると、データベースの1つの列に対してOR条件を指定できます。ここでは産地が「フランス」もしくは「イタリア」のワインの販売個数を求めています。

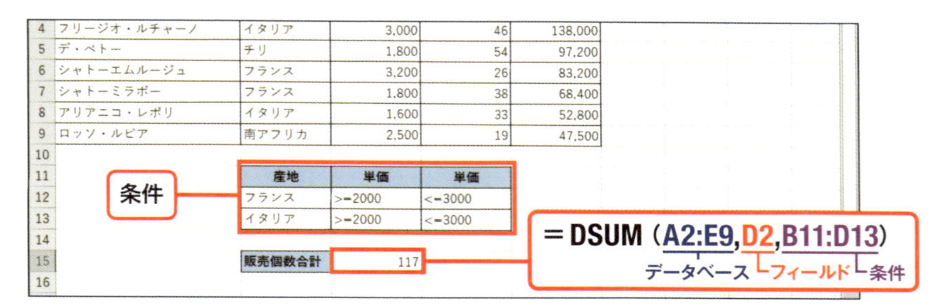

❸ 引数「条件」の表で、AND条件とOR条件を組み合わせることも可能です。ここでは産地が「フランス」で、単価が「2000円以上3000円以下」、もしくは産地が「イタリア」で、単価が「2000円以上3000円以下」のワインの販売個数を求めています。

2つの条件を満たす行の合計を計算する

セルC14には、「集計表」の中から「産地がフランスかつ単価が3000円以下」という条件で「販売個数」のデータを抽出し、合計を計算します。このときの条件はAND条件なので、条件を入力する表を横に並べます。

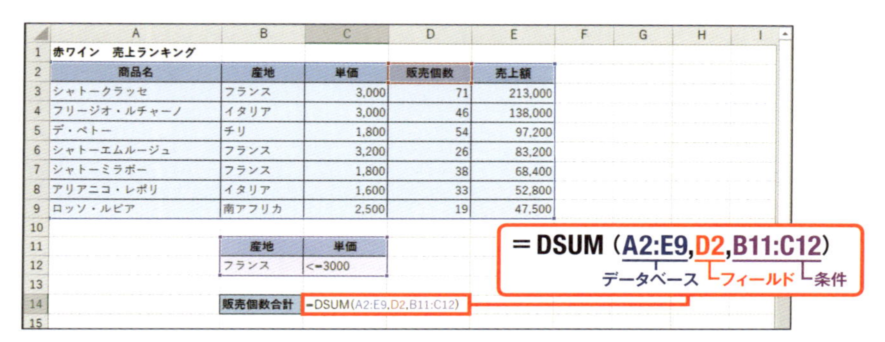

	A	B	C	D	E
1	赤ワイン　売上ランキング				
2	商品名	産地	単価	販売個数	売上額
3	シャトークラッセ	フランス	3,000	71	213,000
4	フリージオ・ルチャーノ	イタリア	3,000	46	138,000
5	デ・ペトー	チリ	1,800	54	97,200
6	シャトーエムルージュ	フランス	3,200	26	83,200
7	シャトーミラボー	フランス	1,800	38	68,400
8	アリアニコ・レポリ	イタリア	1,600	33	52,800
9	ロッソ・ルピア	南アフリカ	2,500	19	47,500
10					
11		産地	単価		
12		フランス	<=3000		
13					
14		販売個数合計	=DSUM(A2:E9,D2,B11:C12)		
15					

❶ セルC14にDSUM関数を入力します。引数「データベース」に集計表のセル範囲（ここでは「A2:E9」）を指定します。引数「フィールド」には、合計するデータの見出し（ここでは「販売個数」が入力されているセル「D2」）を指定します。引数「条件」には、条件が入力されている表（ここではセル範囲「B11:C12」）を指定します。

	A	B	C	D	E
1	赤ワイン　売上ランキング				
2	商品名	産地	単価	販売個数	売上額
3	シャトークラッセ	フランス	3,000	71	213,000
4	フリージオ・ルチャーノ	イタリア	3,000	46	138,000
5	デ・ペトー	チリ	1,800	54	97,200
6	シャトーエムルージュ	フランス	3,200	26	83,200
7	シャトーミラボー	フランス	1,800	38	68,400
8	アリアニコ・レポリ	イタリア	1,600	33	52,800
9	ロッソ・ルピア	南アフリカ	2,500	19	47,500
10					
11		産地	単価		
12		フランス	<=3000		
13					
14		販売個数合計	109		
15					

❷ 2行目と6行目が、条件である「産地」が「フランス」、「単価」が「<=3000」と一致するので、これらの販売個数（ここではD3とD7）だけが合計されます。セルC14にDSUM関数が入力され、「産地がフランスかつ単価が3000円以下」の販売個数の合計が計算されました。

COLUMN

データベースと検索条件の作り方

引数「データベース」で指定する表には、先頭行に各列の見出しが入力されている必要があります。また、引数「条件」で指定する表にも同様に、先頭行には各列の見出しが必須です。引数「条件」の見出しは、引数「データベース」の見出しの文字と一致している必要があります。

SECTION 021 数値の計算

SUMPRODUCT

数値同士を掛けて、さらに合計する

単価と売上個数から売上金額の合計を求めるといった場合、まず商品ごとの売上金額を求める。次に売上金額の合計を求める、という2回の計算が必要です。SUMPRODUCT関数を使うと、1回で計算できるので効率的です。

ポイント

	A	B	C	D
1	商品名	単価	売上個数	
2	ゲルボールペン	280	84	
3	3色ボールペンA	360	53	
4	3色ボールペンB	450	9	
5				
6		売上金額合計	46,650	
7				
8				
9				
10				
11				
12				
13				

単価と売上個数を乗算した積の和が計算されている

書式 =SUMPRODUCT(配列1, [配列2], [配列3], ...)

引数

引数		説明
配列1	必須	計算に使うセル範囲
配列2	任意	計算に使うセル範囲。引数は2~255個まで指定できる
配列3	任意	計算に使うセル範囲。引数は2~255個まで指定できる

説明 SUMPRODUCT関数は、複数のセル範囲でそれぞれ対応する位置にあるセルのデータを乗算し、その積の合計を求める関数です。なお、計算に使うセル範囲は、行数と列数が同じである必要があります。

配列とは

「配列」とは、販売価格や数量、金額といった同じ種類のデータが入力されたセル範囲のことです。そして、引数に配列(セル範囲)を使った数式のことを「配列数式」といいます。たとえば製品の販売価格から10%値引きした価格を割引価格とします。このとき、販売価格に0.9を掛ければ割引価格を計算できますが、製品の数が多い場合などには、いちいち数式を入力していては手間がかかります。

C2 | =B2*0.9

	A	B	C	D	E	F	G	H
1	商品	販売価格	割引価格					
2	製品A	500	450					
3	製品B	800						
4	製品C	1200						
5	製品D	2000						
6	製品E	2800						
7								

製品ごとに割引価格を計算していては手間がかかる

配列数式を使うと、製品 A ～ E の割引価格を一気に計算できます。

C2 | {=B2:B6*0.9}

	A	B	C	D	E	F	G	H
1	商品	販売価格	割引価格					
2	製品A	500	450					
3	製品B	800	720					
4	製品C	1200	1080					
5	製品D	2000	1800					
6	製品E	2800	2520					
7								
8								

配列数式「{=B2:B6*0.9}」が入力されています

配列数式は「{}」(中カッコ)で囲まれます

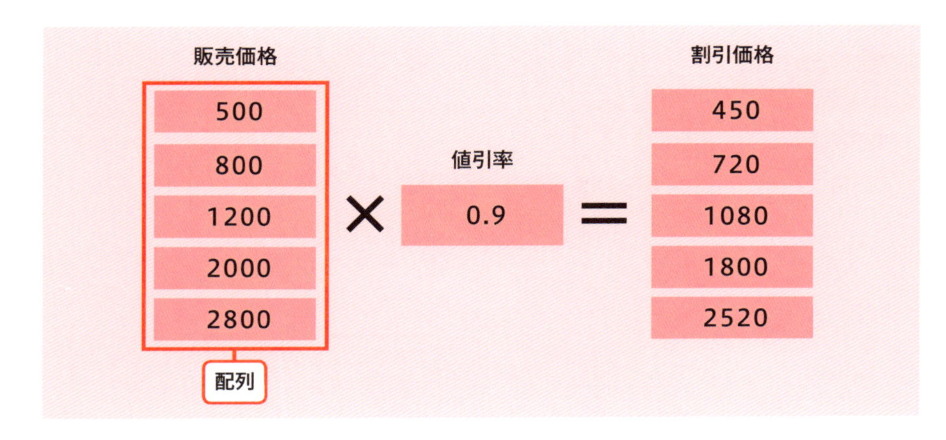

配列数式を入力する

配列数式を入力するには、数式を確定するとき、Enterキーだけで入力を確定するのではなく、Ctrl+Shift+Enterキーを押して確定します。数式が「{}」で囲まれ、配列数式になります。

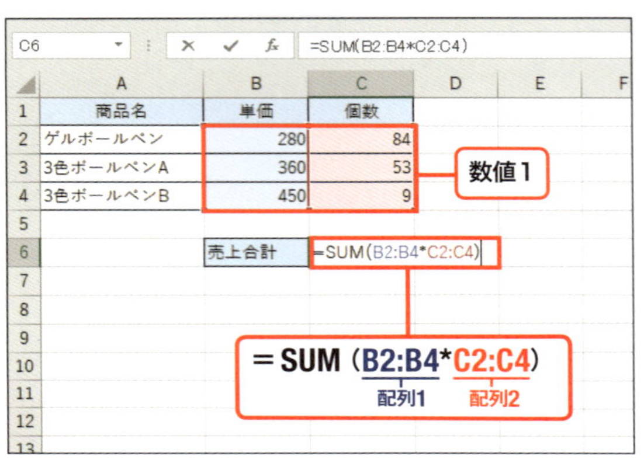

❶セルC6にSUM関数を入力します。引数には「B2:B4*C2:C4」を指定します。これは、配列であるセル範囲B2:B4に、配列であるセル範囲C2:C4を掛けるという意味になります。Ctrl+Shift+Enterキーを押して入力を確定します。

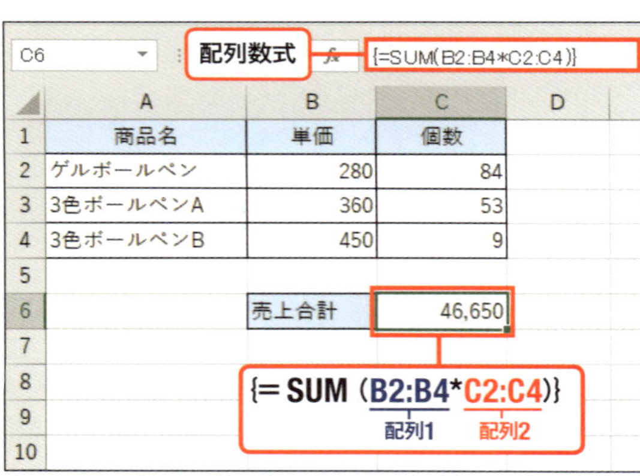

❷セルC6に配列数式を使ったSUM関数が入力され、売上合計が計算されました。数式バーを確認すると、数式が「{}」で囲まれていることがわかります。これは、配列数式であることを意味します。

COLUMN

セル範囲を選択する

引数にセル範囲を指定する場合、セル参照を入力して指定できますが、目的のセル範囲を直接ドラッグして指定することもできます。

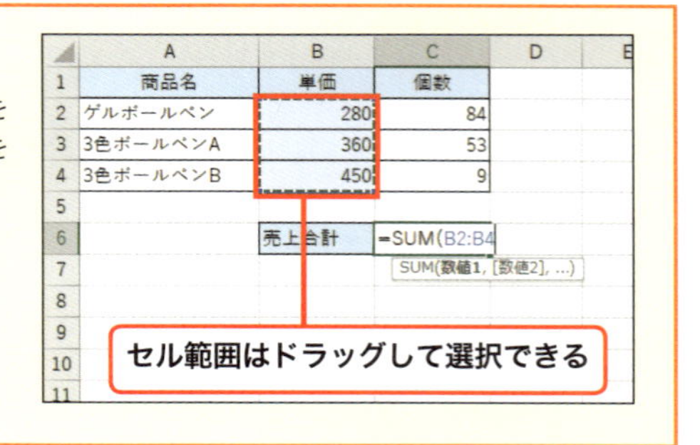

行ごとに乗算した計算結果をすぐに加算する

セルC6に、商品の売上金額の合計を計算します。通常の計算では、商品ごとの売上金額を計算してから合計を計算しますが、ここではSUMPRODUCT関数を使うことで、1回の手順で売上金額の合計を計算します。

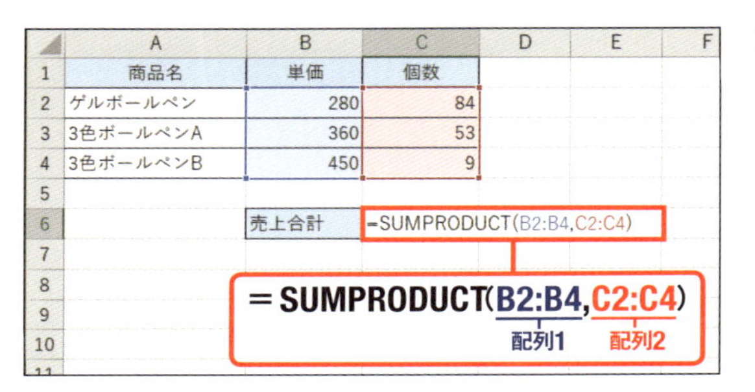

	A	B	C	D	E	F
1	商品名	単価	個数			
2	ゲルボールペン	280	84			
3	3色ボールペンA	360	53			
4	3色ボールペンB	450	9			
5						
6		売上合計	=SUMPRODUCT(B2:B4,C2:C4)			

❶ セルC6にSUMPRODUCT関数を入力します。引数「配列1」に「B2:B4」、引数「配列2」に「C2:C4」を指定します。

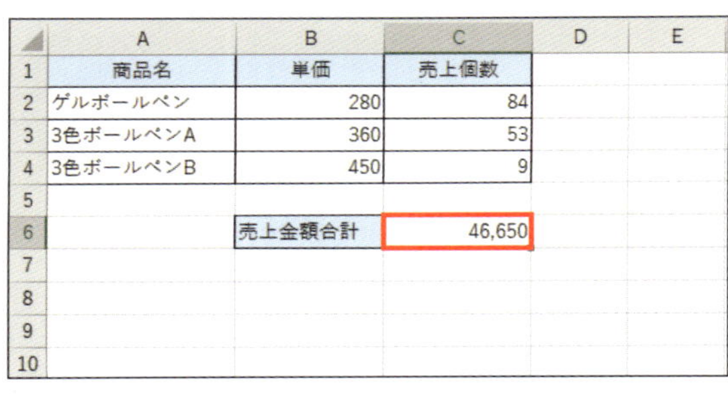

	A	B	C	D	E
1	商品名	単価	売上個数		
2	ゲルボールペン	280	84		
3	3色ボールペンA	360	53		
4	3色ボールペンB	450	9		
5					
6		売上金額合計	46,650		
7					
8					
9					
10					

❷ セルC6にSUMPRODUCT関数が入力され、商品の売上金額の合計が計算されました。

COLUMN

SUMPRODUCT関数のしくみ

SUMPRODUCT関数は、相対的に同じ位置にあるセル同士を乗算するので、引数「配列」に指定するセル範囲の行や列数が同じ形である必要があります。

たとえば下の図で、配列1にセル範囲「B2:C4」を指定した場合、配列2に同じ3行2列のセル範囲「F2:G2」を指定した数式では、正しい結果が得られますが、配列2に1列のセル範囲したG6の数式では、エラー値が返されます。

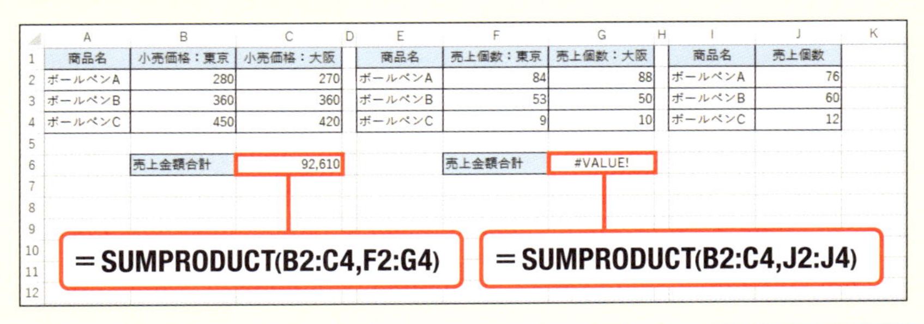

	A	B	C	D	E	F	G	H	I	J	K
1	商品名	小売価格：東京	小売価格：大阪		商品名	売上個数：東京	売上個数：大阪		商品名	売上個数	
2	ボールペンA	280	270		ボールペンA	84	88		ボールペンA	76	
3	ボールペンB	360	360		ボールペンB	53	50		ボールペンB	60	
4	ボールペンC	450	420		ボールペンC	9	10		ボールペンC	12	
5											
6		売上金額合計	92,610			売上金額合計	#VALUE!				

SECTION 022 数値の計算

割り算の整数商を求める

QUOTIENT

Excelで「=3/2」のような割り算を行うと、通常は「1.5」のように小数まで表示されます。「1」のように商の整数部だけを表示したい場合は、QUOTIENT関数を使います。余りの数値は切り捨てられてしまうので、計算結果をほかの計算に使う場合は注意が必要です。

	A	B	C	D	E	F
1	生産数一覧					
2	商品名	注文数	1ケースの数量	ケース数	余り	
3	スーパークール 大瓶 633ml	212	20	10		
4	スーパーラガー 大瓶 633ml	546	20			
5	スーパークール 350ml	365	24			
6	スーパーラガー 350ml	782	24			
7						
8						
9						
10						

セルD3の値は、10.6になるが、商の10だけが表示されている

=QUOTIENT(分子,分母)

分子	 必須	割られる数値、セル参照
分母	 必須	割る数値、セル参照

QUOTIENT関数は、割り算の商の整数部を返します。余りを切り捨てる場合に使います。なお、引数に数値以外の値を指定すると、エラー値#VALUE!が返されます。

COLUMN

MOD関数とINT関数

割り算の「余り」を求める場合は、MOD関数を使います（P.78参照）。また、小数点以下を切り捨てる関数として、INT関数があります（P.80参照）。QUOTIENT関数とINT関数は処理が似ていますが、前者が割り算の計算結果として商の整数部分だけを返すのに対し、後者はセルに入力されている小数の小数点以下を切り捨てます。

20本入りのケースに収めたときのケース数を計算する

ここでは、瓶ビールの注文が212本あったとき、20本入りのケースが何ケース必要か計算します。QUOTIENT関数を使って、212を20で割ったときの商の整数部を求めましょう。

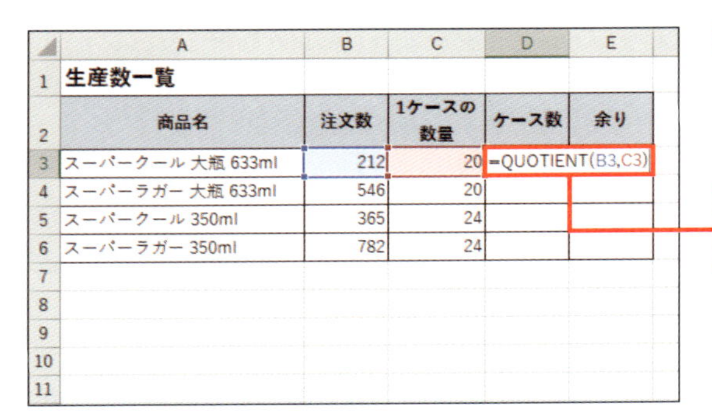

	A	B	C	D	E
1	生産数一覧				
2	商品名	注文数	1ケースの数量	ケース数	余り
3	スーパークール 大瓶 633ml	212	20	=QUOTIENT(B3,C3)	
4	スーパーラガー 大瓶 633ml	546	20		
5	スーパークール 350ml	365	24		
6	スーパーラガー 350ml	782	24		
7					
8					
9					
10					
11					

❶セルD2にQUOTIENT関数を入力します。引数「分子」にはセルB2、引数「分母」にはセルC2を指定します。

＝QUOTIENT（B3,C3）
分子 分母

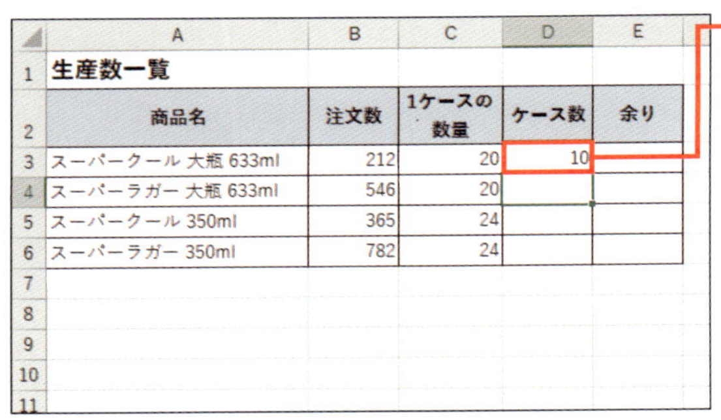

	A	B	C	D	E
1	生産数一覧				
2	商品名	注文数	1ケースの数量	ケース数	余り
3	スーパークール 大瓶 633ml	212	20	10	
4	スーパーラガー 大瓶 633ml	546	20		
5	スーパークール 350ml	365	24		
6	スーパーラガー 350ml	782	24		
7					
8					
9					
10					
11					

❷QUOTIENT関数が入力され、除算の商だけが表示されました。

COLUMN

=QUOTIENT(10, 2)が5にならないのはなぜ？

エクセルでは、セルの幅が狭いと「9.9999」のような数値が「10」と表示されてしまうことがあります。この状態でQUOTIENT関数の分子に「10」と表示されているセル、分母に「2」を指定すると、分子にあたる数値は「9.9999」のため、商は「5」ではなく「4」となります。計算結果が意図通り表示されない場合は、分子、分母が入力されているセルをダブルクリックしてみましょう。

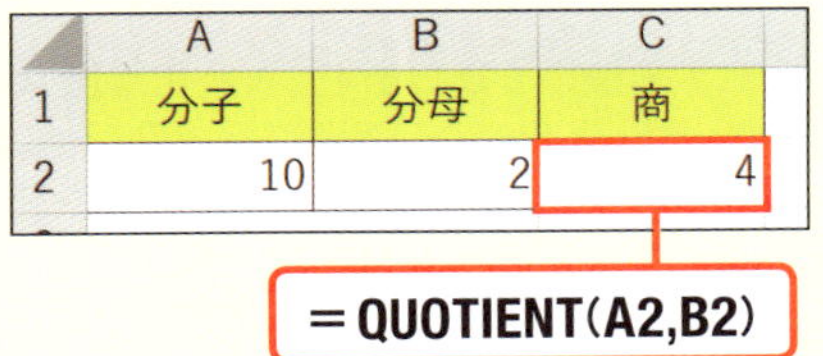

	A	B	C
1	分子	分母	商
2	10	2	4

＝QUOTIENT(A2,B2)

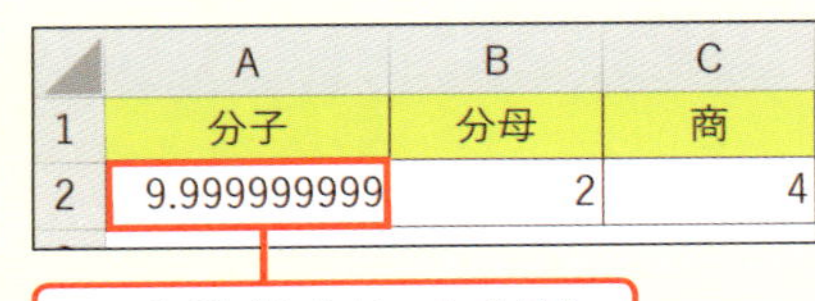

	A	B	C
1	分子	分母	商
2	9.999999999	2	4

セルをダブルクリックすると、実際の数値が確認できる

SECTION 023 数値の計算

MOD

割り算の余り(剰余)を求める

MOD関数は、割り算の余り（剰余）を求める関数です。「30個の商品を12個入りのケースに入れたときの余りを求める」「条件式で奇数を判断するときに、MOD関数を使って数値を2で割ったときに余りが出るかどうか計算する」などの使い方をします。

ポイント

	A	B	C	D	E
1	生産数一覧				
2	商品名	注文数	1ケースの数量	ケース数	余り
3	スーパークール 大瓶 633ml	212	20	10	12
4	スーパーラガー 大瓶 633ml	546	20		
5	スーパークール 350ml	365	24		
6	スーパーラガー 350ml	782	24		
7					
8					
9					
10					
11					

セルE3には、セルB3の数値「212」をセルC2の数値「20」で割り算した結果の余りが表示されている

書式 **=MOD(数値,除数)**

引数

数値	必須	割り算の割られる数値、セル参照
除数		割り算の割る数値、セル参照

説明 MOD関数は、数値を除数で割ったときの余りを返します。戻り値は除数と同じ符号になります。引数「数値」が引数「除数」で割り切れる場合は、0を返します。なお、MOD関数を使っている表では、エラー値が表示されることがあります。この場合、引数に使っている除数を見直します。除数に数値以外のデータを指定するとエラー値「#VALUE!」、0を指定するとエラー値「#DIV/0!」が表示されます。

20本入りのケースに収まらない単品の本数を計算する

ここでは、瓶ビールの注文が212本あったとき、20本入りのケースに収まらない本数を計算します。MOD関数を使って、212を20で割ったときの余りを求めましょう。

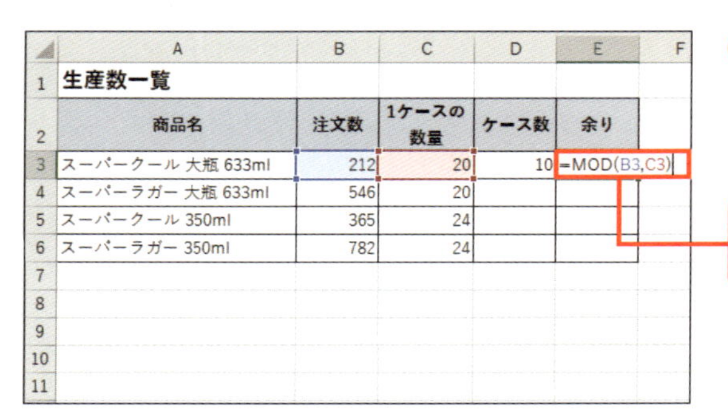

	A	B	C	D	E	F
1	生産数一覧					
2	商品名	注文数	1ケースの数量	ケース数	余り	
3	スーパークール 大瓶 633ml	212	20	10	=MOD(B3,C3)	
4	スーパーラガー 大瓶 633ml	546	20			
5	スーパークール 350ml	365	24			
6	スーパーラガー 350ml	782	24			
7						
8						
9						
10						
11						

❶セルE3にMOD関数を入力します。引数「数値」にはセルB3、引数「除数」にはセルC3を指定します。

＝MOD (B3,C3)
数値 除数

	A	B	C	D	E
1	生産数一覧				
2	商品名	注文数	1ケースの数量	ケース数	余り
3	スーパークール 大瓶 633ml	212	20	10	12
4	スーパーラガー 大瓶 633ml	546	20		
5	スーパークール 350ml	365	24		
6	スーパーラガー 350ml	782	24		
7					
8					
9					
10					
11					

❷MOD関数が入力され、割り算の余りが表示されました。

COLUMN

MOD関数をIF関数の論理式に使う

MOD関数は引数「数値」が引数「除数」で割り切れる場合は、0を返します。この特徴を活かして、IF関数（P.186参照）の論理式にMOD関数を使用することも可能です。IF関数の論理式は、数値の「0」を与えると偽、「0」以外の数値を与えると真と判定します。つまり引数「数値」が引数「除数」で割り切れる場合は、IF関数は「偽の場合」の処理を実行するわけです。

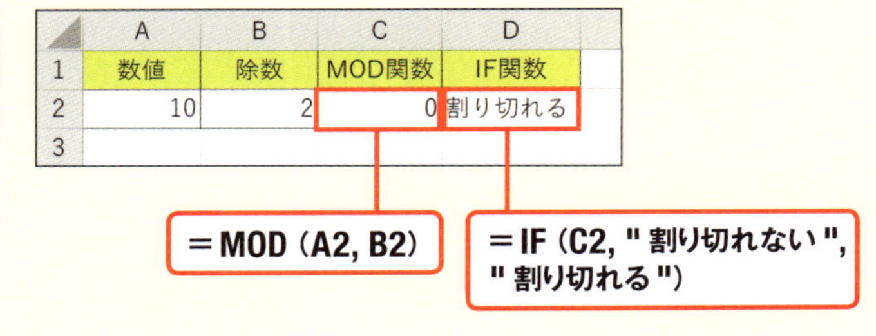

	A	B	C	D
1	数値	除数	MOD関数	IF関数
2	10	2	0	割り切れる
3				

SECTION 024 数値の計算

小数点以下を切り捨てる

INT

INT関数は、小数点以下を切り捨てて、整数を返す関数です。消費税の計算のように、1円未満の端数を切り捨てる計算で使います。ROUNDDOWN関数（P.88参照）を使って計算することもできますが、INT関数は桁数を指定する必要がないので手軽です。

	A	B	C	D
1	見積り価格			
2	本体価格		198000	
3	オプション価格		68040	
4	諸経費		35680	
5		小計	301720	
6		消費税	24137	
7		価格		
8				
9				
10				
11				
12				
13				
14				

セルC6には、「301720×0.08」の計算結果「21437.6」の小数点以下が切り捨てられて表示されている

書式 **=INT(数値)**

引数

数値  必須 切り捨てて整数にする数値、セル参照

説明

INT関数は、小数点以下を切り捨てて、整数を返す関数です。たとえば、「1.25」は「1」になります。ただし、負の数値の場合は0に近づくのではなく、より小さくなるように切り捨てられます。たとえば、「-1.25」は「-1」ではなく「-2」になります。

消費税を計算し、1円未満を切り捨てる

セルC6で消費税額を計算します。消費税額は「小計×0.08」で求めることができますが、消費税では1円未満の数値は切り捨てられます。そのためINT関数を使い、計算結果の小数点以下を切り捨てます。

	A	B	C	D
1	**見積り価格**			
2	本体価格		198000	
3	オプション価格		68040	
4	諸経費		35680	
5		**小計**	301720	
6		**消費税**	=INT(C5*0.08)	
7		**価格**		
8				
9				
10				
11				

=INT (C5*0.08)
数値

❶セルC6にINT関数を入力します。「セルC5の数値に0.08を掛け、計算結果の小数点以下を切り捨てる」という意味になります。

	A	B	C	D
1	**見積り価格**			
2	本体価格		198000	
3	オプション価格		68040	
4	諸経費		35680	
5		**小計**	301720	
6		**消費税**	24137	
7		**価格**		
8				
9				
10				
11				

❷INT関数が入力され、計算結果が表示されました。本来の計算結果は「24137.6」ですが、小数点以下が切り捨てられています。

COLUMN

INT関数とROUNDDOWN関数

小数点以下を切り捨てる関数には、INT関数のほかにROUNDDOWN関数（P.88参照）があります。小数点以下第n位に切り捨てたい場合はROUNDDOWN関数を使いますが、整数だけにしたい場合は、INT関数とROUNDDOWN関数ではどちらを使うほうがいいでしょうか。これは負の数を扱うかどうかで変わってきます。「-1.25」という数値を扱う場合、「= INT(-1.25)」は「-2」になりますが、「=ROUNDDOWN (-1.25,0)」は「-1」になります。

SECTION 025 数値の計算

指定した桁数で切り捨てる

TRUNC

TRUNC関数は、指定した桁数で小数点以下を切り捨てる関数です。INT関数（P.80参照）やROUNDDOWN関数（P.88参照）と似ていますが、負の数を扱う場合に計算結果が違ってくるので、それぞれの特徴を理解して使い分けましょう。

ポイント

	A	B	C	D	E	F
1	2015年 世帯主年齢階級別消費動向				（総務省資料より）	
2		40歳未満	40～49歳	50～59歳	60～69歳	70歳以上
3	食料費	62656	76626	78665	74463	66047
4	消費支出	268180	319584	339967	289289	239454
5	エンゲル係数	0.23				
6						
7						
8						
9						
10						
11						

セルB5の数値は、小数点以下第2位に切り捨てられている

書式 =TRUNC（数値,［桁数］）

引数

数値	必須	切り捨てて整数にする数値またはセル参照
桁数	任意	切り捨てたあとの桁数。省略すると0として扱われる

説明 TRUNC関数は、指定した桁数になるように小数点以下を切り捨てる関数です。桁数に「1」を指定すると、小数点1桁未満（つまり2桁以下）が切り捨てられ、「2」を指定すると小数点2桁未満（つまり3桁以下）が切り捨てられます。また、「-1」を指定すると一の位が切り捨てられ、「-2」を入力すると十の位以下が切り捨てられます。桁数を指定しない場合は、小数が切り捨てられます。このときの計算結果はINT関数と似ています。ただし、負の数値の扱いがTRUNC関数とINT関数で異なります。たとえば「-1.25」の場合、「＝TRUNC（-1.25）」は小数が切り捨てられて「-1」になりますが、「＝INT(-1.25)」はより小さくなるよう、「-2」になります。

小数点以下第2位に切り捨てる

TRUNC関数では、小数の切り捨てる桁数を指定できます。ここでは小数点以下第2位になるように、小数点以下第3位以下を切り捨てます。

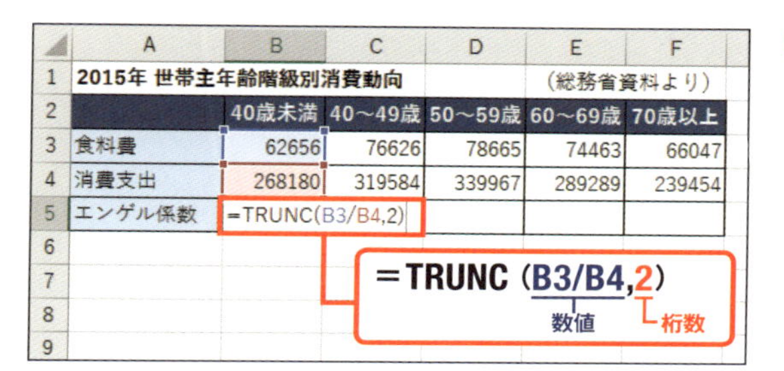

	A	B	C	D	E	F
1	2015年 世帯主年齢階級別消費動向				（総務省資料より）	
2		40歳未満	40～49歳	50～59歳	60～69歳	70歳以上
3	食料費	62656	76626	78665	74463	66047
4	消費支出	268180	319584	339967	289289	239454
5	エンゲル係数	=TRUNC(B3/B4,2)				
6						
7						
8						
9						

❶セルB5にTRUNC関数を入力します。引数「数値」に「B3/B4」を指定し、「セルB3÷セルB4」を計算して、計算結果が小数点以下第2位になるように、引数「桁数」に2を指定します。

	A	B	C	D	E	F
1	2015年 世帯主年齢階級別消費動向				（総務省資料より）	
2		40歳未満	40～49歳	50～59歳	60～69歳	70歳以上
3	食料費	62656	76626	78665	74463	66047
4	消費支出	268180	319584	339967	289289	239454
5	エンゲル係数	0.23				
6						
7						
8						
9						

❷TRUNC関数が入力され、計算結果が表示されました。本来の計算結果は「0.233634...」ですが、小数点以下第3位以下が自動的に切り捨てられ、数値が小数点以下第2位に繰り上げられています。

MEMO 切り捨てる桁数の指定

TRUNC関数とROUNDDOWN関数は、いずれも指定した桁数で小数点以下を切り捨てる関数ですが、TRUNC関数は場合によっては桁数を入力する必要はありません。一方ROUNDDOWN関数は必ず桁数を入力します。

COLUMN

TRUNC関数で指定する桁数と切り捨てる箇所の関係

TRUNC関数では桁数に正の数値を指定すると、小数点以下の数値が切り捨てられ、負の数値を指定すると、小数点以上の数値が切り捨てられます。たとえば「123.456」の数値をTRUNC関数で切り捨てる場合、切り捨てられる数値は以下のようになります。

桁	百の位	十の位	一の位		小数点第一位	小数点第二位	小数点第三位
桁数	-3	-2	-1	0	1	2	3
数値の例	1	2	3	.	4	5	6

「=TRUNC(123.456,-2)」とすると、ここが切り捨てられて「100」になる

「=TRUNC(123.456,2)」とすると、ここが切り捨てられて「123.45」になる

対応バージョン 2016 2013 2010 2007

数値の整数部分の桁数を求める

LEN ABS TRUNC

LEN関数は文字列の文字数を計算する関数ですが、数値の桁数も計算できます。このとき、小数を切り捨てるTRUNC関数と、数値の絶対値を計算するABS関数と組み合わせると、数値の正負や小数にかかわらず、整数部の桁数を計算できます。

	A	B	C	D	E	F
1	正負	数値	整数部の桁数			
2	プラス	2016	4			
3		3.14	1			
4		12345.6789	5			
5	マイナス	-2016	4			
6		-3.14	1			
7		-12345.6789	5			
8						
9						
10						
11						

左隣のセルに入力されている数値の整数部の桁数が計算されている

書式 =LEN(文字列)

引数 文字列  文字数を計算したい文字列、セル参照

説明 LEN関数は、文字列の文字数を返す関数です。半角文字と全角文字のどちらも1文字として扱います。文字列のバイト数を求めたいときは、LENB関数(P.242参照)を使います。

書式 =ABS(数値)

引数 数値  絶対値を求めたい数値、セル参照

説明 ABS関数は、数値の絶対値を返す関数です。絶対値とは、数値から符号(+、−)を除いた状態の数のことです。「5」と「-5」の絶対値は、どちらも「5」となります。

※TRUNC関数の書式については、P.82を参照してください。

数値の大小にかかわらず整数部の桁数を計算する

LEN関数は、文字列だけでなく、数値の桁数も計算できますが、負の数値のマイナス記号や小数点なども計算結果に含めてしまいます。ABS関数とTRUNC関数を組み合わせることで、数値の正負や小数の有無にかかわらず、整数部の桁数を正しく計算できます。

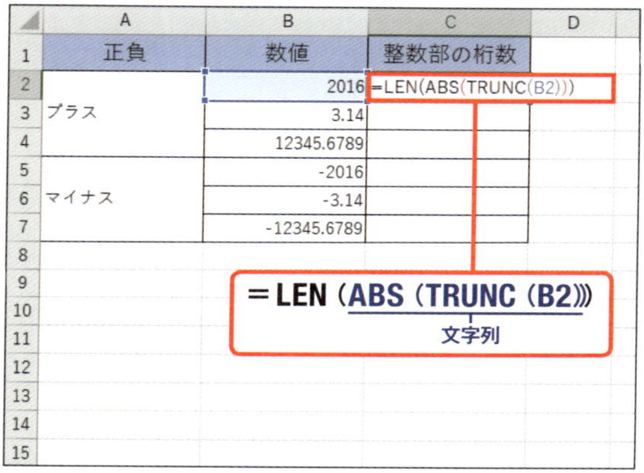

	A	B	C	D
1	正負	数値	整数部の桁数	
2	プラス	2016	=LEN(ABS(TRUNC(B2)))	
3		3.14		
4		12345.6789		
5	マイナス	-2016		
6		-3.14		
7		-12345.6789		

=LEN (ABS (TRUNC (B2)))
文字列

❶セルC2にLEN関数とABS関数、TRUNC関数を組み合わせて入力します。「セルB2に入力されている数値の小数を切り捨てたあと、絶対値を計算し、その文字数を求める」という意味になります。

	A	B	C	D
1	正負	数値	整数部の桁数	
2	プラス	2016	4	
3		3.14		
4		12345.6789		
5	マイナス	-2016		
6		-3.14		
7		-12345.6789		

❷セルB2に入力されている数値の桁数が計算されました。セルC2をセルC7までコピーすると、対応するセルに入力されている数値の桁数が計算されます。

COLUMN

ネストとは?

関数の引数に関数を指定することを「ネスト」といいます。関数をネストすると、内側の関数から処理されます。ここで入力した「=LEN (ABS (TRUNC (B2)))」の場合、まずTRUNC関数が処理され、次にABS関数、最後にLEN関数の順に処理されます。関数は64階層までネストできますが、階層が深くなる場合は、入力ミスなどに注意が必要です。

ROUND

SECTION 027 数値の計算

指定した桁数で四捨五入する

ROUND関数は、数値を四捨五入し、指定した桁数に丸める関数です。四捨五入するのではなく、数値を常に切り捨てるにはROUNDDOWN関数（P.88参照）、常に切り上げるにはROUNDUP関数（P.90参照）を使います。

ポイント

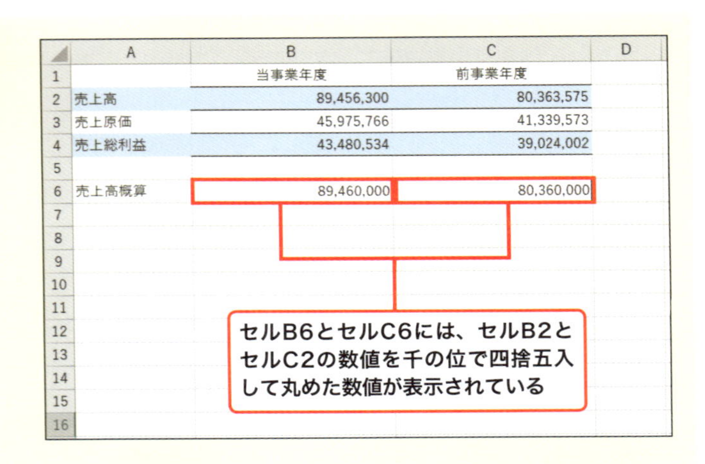

	A	B	C	D
1		当事業年度	前事業年度	
2	売上高	89,456,300	80,363,575	
3	売上原価	45,975,766	41,339,573	
4	売上総利益	43,480,534	39,024,002	
5				
6	売上高概算	89,460,000	80,360,000	

=ROUND(数値,桁数)

引数

数値	 必須	四捨五入する数値、セル参照
桁数	 必須	四捨五入する桁数

ROUND関数は、数値を指定した桁数に丸めます。桁数に0を指定すると、小数点以下第1位を四捨五入します。また、桁数に正の数を指定すると小数点以下の桁で、負の数を指定すると整数の桁で四捨五入します。たとえば、「123.456」の場合、桁数2を指定すると小数点以下第3位を四捨五入し、「123.46」になります。桁数-2を指定すると10の位を四捨五入し、「100」になります(右ページのCOLUMN参照)。

売上高の千の位を四捨五入する

当事業年度の売上高を千の位で四捨五入し、売上高概算を表示します。セルB6とセルC6にROUND関数を入力し、引数「数値」にセルB2とセルC2を指定し、引数「桁数」に-4を指定します。

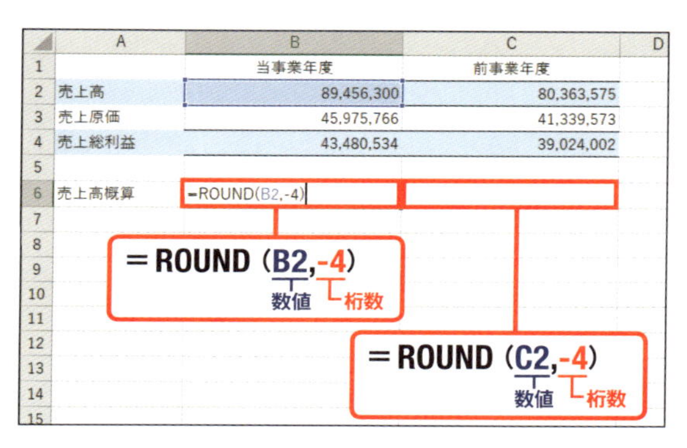

	A	B	C	D
1		当事業年度	前事業年度	
2	売上高	89,456,300	80,363,575	
3	売上原価	45,975,766	41,339,573	
4	売上総利益	43,480,534	39,024,002	
5				
6	売上高概算	=ROUND(B2,-4)		

❶セルB6にROUND関数を入力します。引数「数値」にセルB2を指定し、引数「桁数」に-4を指定します。「セルB2に入力されている数値を、千の位(-4)で四捨五入する」という意味になります。

❷セルC6にも同様にROUND関数を入力します。

	A	B	C	D
1		当事業年度	前事業年度	
2	売上高	89,456,300	80,363,575	
3	売上原価	45,975,766	41,339,573	
4	売上総利益	43,480,534	39,024,002	
5				
6	売上高概算	89,460,000	80,360,000	

❸ROUND関数が入力され、計算結果が表示されました。千の位で四捨五入され、セルB6には「89,460,000」、C6には「80,360,000」が表示されています。

COLUMN

桁数を指定する

ROUND系の関数で桁数を指定するときは、慣れないと少しわかりにくいので注意が必要です。小数点以下を四捨五入するときは、桁数を正の数で指定し、指定した桁数に四捨五入されます。整数部を四捨五入するときは、桁数を負の数で指定し、指定した桁数で四捨五入されます。

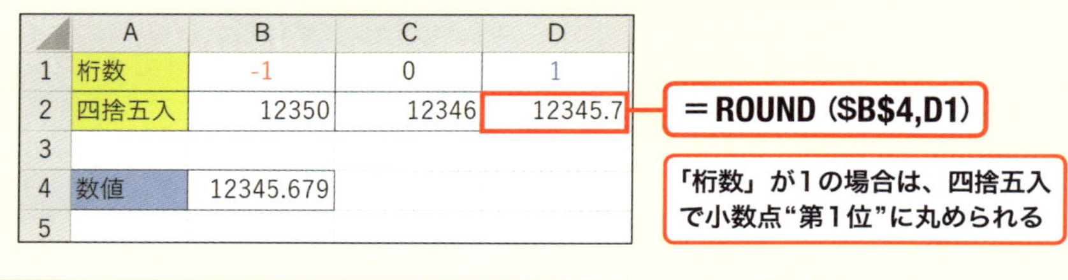

	A	B	C	D
1	桁数	-1	0	1
2	四捨五入	12350	12346	12345.7
3				
4	数値	12345.679		
5				

SECTION

028 指定した桁数で切り捨てる

数値の計算

ROUNDDOWN

ROUNDDOWN関数は、指定した桁数で切り捨てる関数です。同様の関数にTRUNC関数があります。TRUNC関数の場合は桁数を省略できますが、ROUNDDOWN関数の場合は省略できません。

ポイント

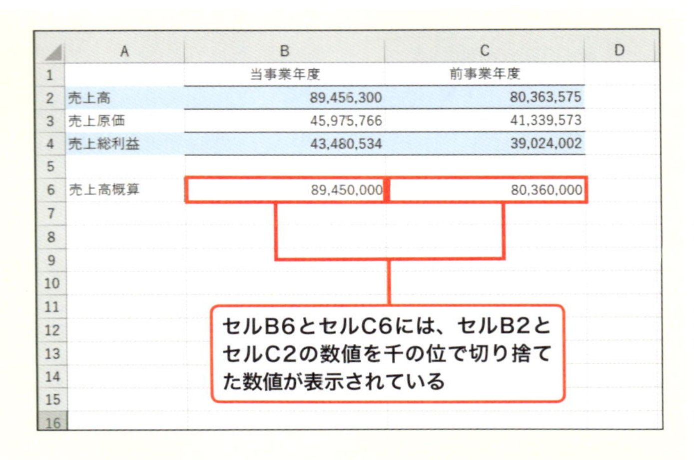

	A	B	C	D
1		当事業年度	前事業年度	
2	売上高	89,456,300	80,363,575	
3	売上原価	45,975,766	41,339,573	
4	売上総利益	43,480,534	39,024,002	
5				
6	売上高概算	89,450,000	80,360,000	

=ROUNDDOWN(数値,桁数)

引数		
数値		切り捨てる数値、セル参照
桁数		切り捨てる桁数

説明

ROUNDDOWN関数は、数値を指定した桁数に切り捨てます。TRUNC関数に似ていますが、常に切り捨てる点が異なります。桁数に0を指定すると、小数点以下第1位を切り捨てます。また、桁数に正の数を指定すると小数点以下の桁で、負の数を指定すると整数の桁で切り捨てます。たとえば、「123.456」の場合、桁数2を指定すると小数点以下第3位を切り捨てし、「123.45」になります。桁数-2を指定すると10の位を切り捨てし、「100」になります(右ページのCOLUMN参照)。

売上高の千の位を切り捨てる

当事業年度の売上高を千の位で切り捨てし、売上高概算を表示します。セルB6とセルC6にROUNDDOWN関数を入力し、引数「数値」にセルB2とセルC2を指定し、引数「桁数」に-4を指定します。

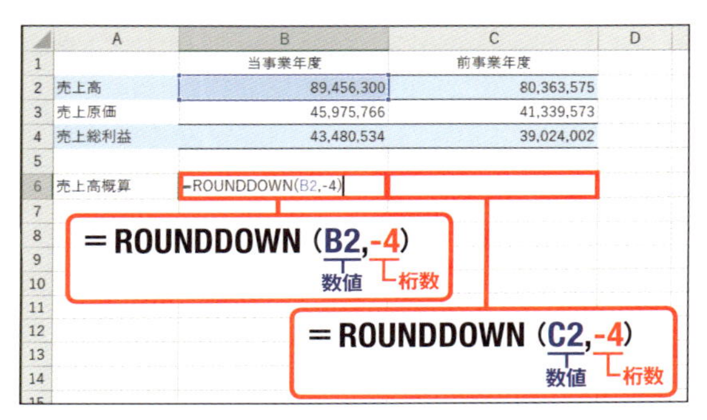

❶ セルB6にROUNDDOWN関数を入力します。引数「数値」にセルB2を指定し、引数「桁数」に-4を指定します。「セルB2に入力されている数値を、千の位（-4）で切り捨てる」という意味になります。

❷ セルC6にも同様にROUNDDOWN関数を入力します。

	A	B	C	D
1		当事業年度	前事業年度	
2	売上高	89,456,300	80,363,575	
3	売上原価	45,975,766	41,339,573	
4	売上総利益	43,480,534	39,024,002	
5				
6	売上高概算	89,450,000	80,360,000	
7				
8				
9				

❸ ROUNDDOWN関数が入力され、計算結果が表示されました。千の位で切り捨てられ、セルB6には「89,450,000」、C6には「80,360,000」が表示されています。

COLUMN

切り捨ての関数の違い

数値を切り捨てる関数には、INT関数、TRUNC関数、ROUNDDOWN関数があります。それぞれの違いを、表に簡単にまとめました。

機能	ROUNDDOWN関数	TRUNC関数	INT関数
桁数の指定	○	○	-
桁数の省略	×	○	-
切り捨て方法	単純な切り捨て	単純な切り捨て	より小さい整数に切り捨て

正の数値（3.14）を切り捨てると……	負の数値（-3.14）を切り捨てると……
= ROUNDDOWN（3.14, 0） → 3	= ROUNDDOWN（-3.14, 0） → -3
= TRUNC（3.14, 0） → 3	= TRUNC（-3.14, 0） → -3
= INT（3.14） → 3	= INT（-3.14） → -4

SECTION 029 数値の計算

指定した桁数で切り上げる

ROUNDUP

ときには細かい数値よりも概算を使ってデータの傾向などを把握したいことがあります。指定の桁数で切り上げた数値を使いたい場合は、ROUNDUP関数を使います。切り捨てた数値を使いたい場合は、ROUNDDOWN関数を使います（P.88参照）。

ポイント

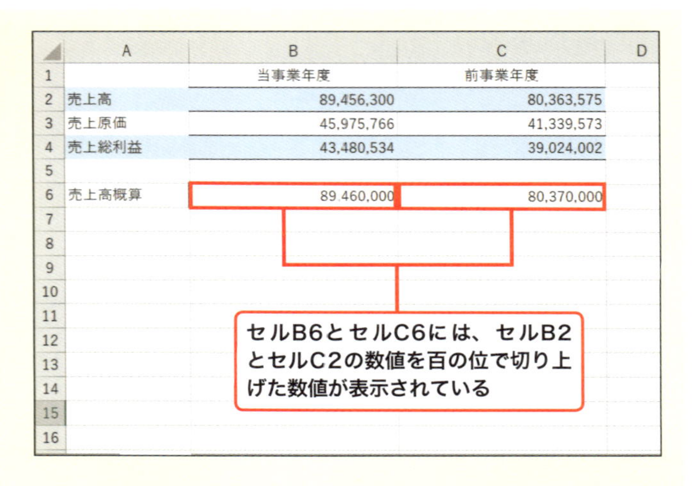

	A	B	C	D
1		当事業年度	前事業年度	
2	売上高	89,456,300	80,363,575	
3	売上原価	45,975,766	41,339,573	
4	売上総利益	43,480,534	39,024,002	
5				
6	売上高概算	89,460,000	80,370,000	

書式 =ROUNDUP(数値,桁数)

引数

数値	 必須	切り上げる数値、セル参照
桁数	 必須	切り上げる桁数

説明

ROUNDUP関数は、数値を指定した桁数に切り上げます。ROUND関数に似ていますが、常に切り上げる点が異なります。桁数に0を指定すると、小数点以下第1位を切り上げます。また、桁数に正の数を指定すると小数点以下の桁で、負の数を指定すると整数の桁で切り捨てます。たとえば、「123.456」の場合、桁数に2を指定すると小数点以下第3位を切り上げし、「123.46」になります。桁数に-2を指定すると10の位を切り上げし、「200」になります。

» 売上高の千の位を切り上げる

当事業年度の売上高を千の位で切り上げし、売上高概算としてセルB6に表示します。セルB6とセルC6にROUNDUP関数を入力し、引数「数値」にセルB2とセルC2を指定し、引数「桁数」に-4を指定します。

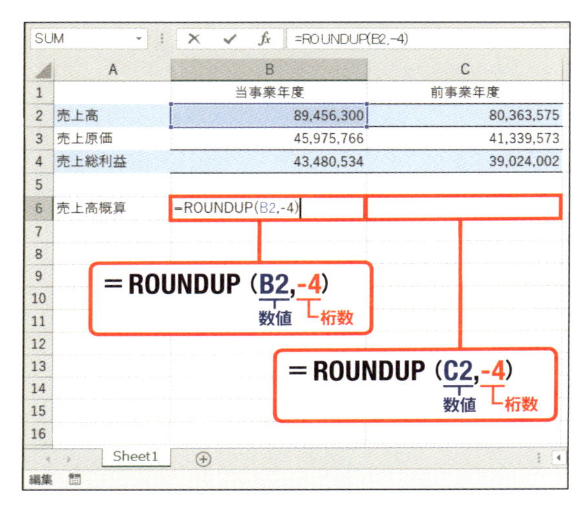

❶ セルB6にROUNDUP関数を入力します。引数「数値」にセルB2を指定し、引数「桁数」に-4を指定します。「セルB2に入力されている数値を、千の位（-4）で切り上げる」という意味になります。

❷ セルC6にも同様にROUNDUP関数を入力します。

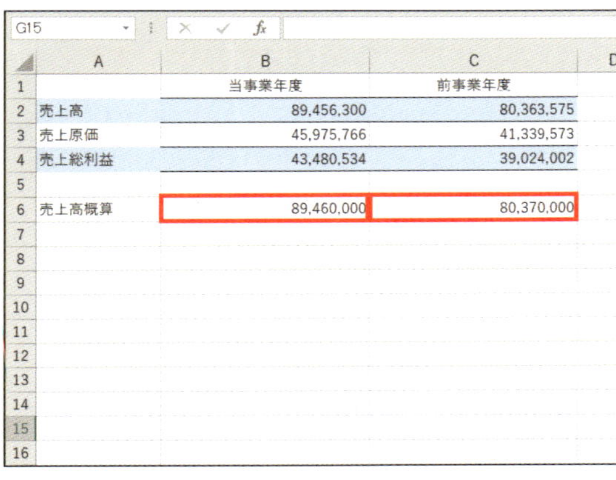

❸ ROUNDUP関数が入力され、計算結果が表示されました。千の位で切り上げられ、セルB6には「89,460,000」、セルC6には「80,370,000」が表示されています。

COLUMN

そのほかの切り上げる関数

ROUNDUP関数は、指定した桁数で数値を単純に切り上げる関数です。似ている関数に、指定した数値の倍数に切り上げるCEILING関数（P.92参照）、もっとも近い奇数に切り上げるODD関数、偶数に切り上げるEVEN関数などがあります。

対応バージョン 2016 2013 2010 2007

SECTION 030 数値の計算

CEILING

指定した数値の倍数に切り上げる

CEILING関数は、指定した数値を、基準値の倍数のうち絶対値に換算してもっとも近い数値に切り上げる関数です。「商品はケース単位での注文になり、単品では扱っていないので、最低いくつ注文する必要があるか」といった計算ができます。

	A	B	C	D
1	商品名	欲しい数	1ケースの数量	注文が必要な数
2	スーパークール 大瓶 633ml	212	20	220
3	スーパーラガー 大瓶 633ml	546	20	
4	スーパークール 350ml	365	24	
5	スーパーラガー 350ml	782	24	

セルD2には、212を20の倍数に切り上げた220が表示されている

=CEILING(数値,基準値)

引数		説明
数値	必須 	切り上げる数値、セル参照
基準値	必須 	倍数の基準となる数値

CEILING関数は、数値を基準値の倍数に切り上げます。数値と基準値がどちらも正または負の場合、0から遠いほう(小さいほう)に切り上げます。数値が負で基準値が正の場合、0に近いほう(大きいほう)に切り上げます。また、数値が正で基準値が負の場合、エラー値#NUM!が返されます。

注文するのに必要な数量を計算する

商品を212本欲しいのですが、1ケース20本入りのケース単位でしか注文できないとします。この場合、商品を最低限いくつ注文する必要があるかを計算します。

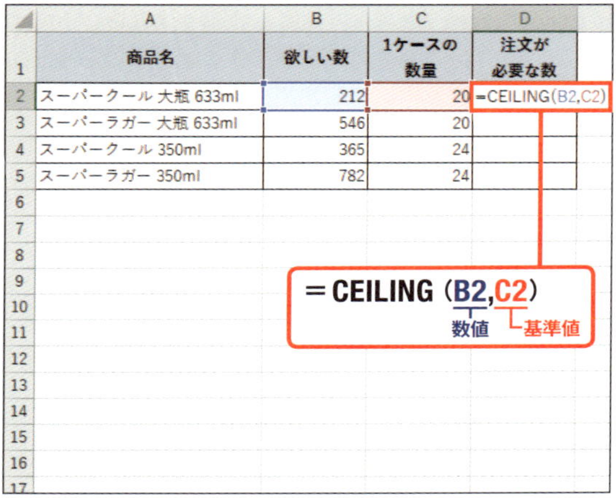

	A	B	C	D
1	商品名	欲しい数	1ケースの数量	注文が必要な数
2	スーパークール 大瓶 633ml	212	20	=CEILING(B2,C2)
3	スーパーラガー 大瓶 633ml	546	20	
4	スーパークール 350ml	365	24	
5	スーパーラガー 350ml	782	24	

=CEILING(B2,C2)
数値　基準値

❶セルD2にCEILING関数を入力します。引数「数値」にセルB2を指定し、引数「基準値」にセルC2を指定します。「セルB2に入力されている数値212を、セルC2に入力されている数値20の倍数に切り上げる」という意味になります。

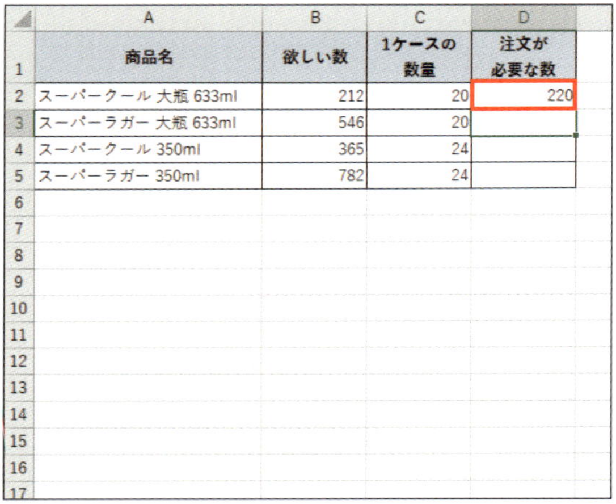

	A	B	C	D
1	商品名	欲しい数	1ケースの数量	注文が必要な数
2	スーパークール 大瓶 633ml	212	20	220
3	スーパーラガー 大瓶 633ml	546	20	
4	スーパークール 350ml	365	24	
5	スーパーラガー 350ml	782	24	

❷CEILING関数が入力され、計算結果が表示されました。212を20の倍数のうちもっとも近い数値に切り上げた220が表示されています。

COLUMN

CEILING.PRECISE関数とCEILING.MATH関数

CEILING関数に似ている関数に、CEILING.PRECISE関数とCEILING.MATH関数があります。CEILING.PRECISE関数は、Excel 2010で追加された関数で、数値が正の場合は0から離れた整数に、負の場合は0に近い整数に切り上げます。CEILING.MATH関数は、Excel 2013で追加された関数で、モードを指定すると、数値の正負による動作を切り替えることができます。

FLOOR

指定した数値の倍数に切り下げる

FLOOR関数は、指定した数値を、基準値の倍数のうちもっとも近い数値に切り上げる関数です。たとえば「退社時刻を19:40から19:30に30分単位で切り下げる」といったような処理が行えます。

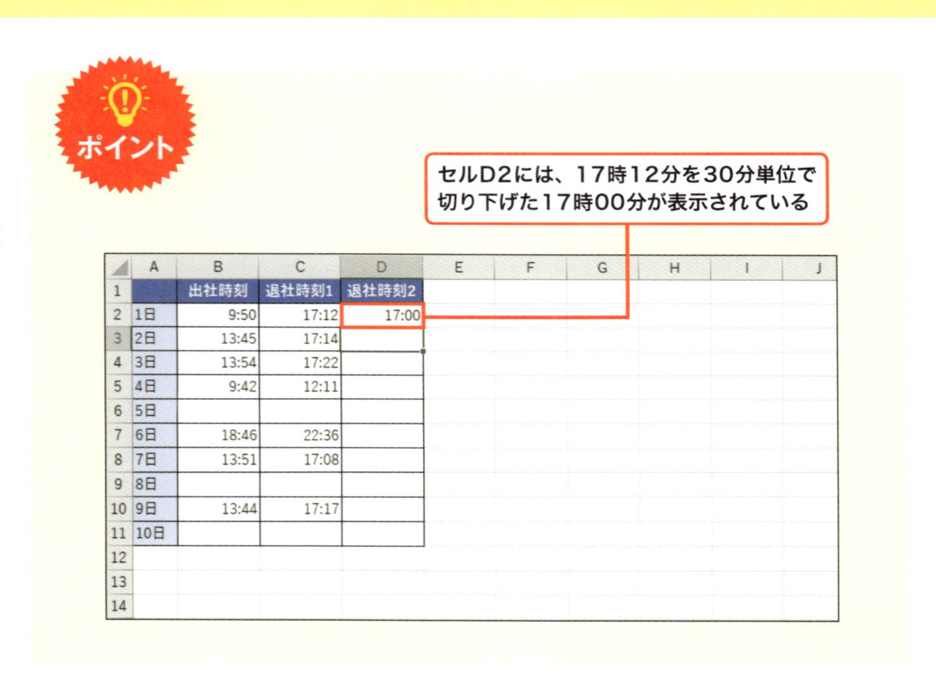

	A	B	C	D
1		出社時刻	退社時刻1	退社時刻2
2	1日	9:50	17:12	17:00
3	2日	13:45	17:14	
4	3日	13:54	17:22	
5	4日	9:42	12:11	
6	5日			
7	6日	18:46	22:36	
8	7日	13:51	17:08	
9	8日			
10	9日	13:44	17:17	
11	10日			
12				
13				
14				

書式 **=FLOOR(数値,基準値)**

引数

数値	 必須	切り下げる数値、セル参照
基準値	 必須	倍数の基準となる数値、セル参照

説明 FLOOR関数は、数値を基準値の倍数に切り下げます。数値と基準値がどちらも正または負の場合、0に近いほうに切り下げます。数値が負で基準値が正の場合、0から遠いほうに切り下げます。また、数値が正で基準値が負の場合、エラー値#NUM!が返されます。

退社時刻を30分単位で切り下げる

ここでは、FLOOR関数を使って退社時刻を30分単位で切り下げます。たとえば、退社時刻が17時10分や17時25分は17時00分に、17時40分や17時55分は17時30分に切り下げられます。

	A	B	C	D	E	F
1		出社時刻	退社時刻1	退社時刻2		
2	1日	9:50	17:12	=FLOOR(C2,"0:30")		
3	2日	13:45	17:14			
4	3日	13:54	17:22			
5	4日	9:42	12:11			
6	5日					
7	6日	18:46	22:36			
8	7日	13:51	17:08			
9	8日					
10	9日	13:44	17:17			
11	10日					
12						
13						
14						

=FLOOR (C2,"0:30")
数値 基準値

❶セルD2にFLOOR関数を入力します。引数「数値」にセルC2を指定し、引数「基準値」に"0:30"を指定します。「セルC2に入力されている時間17時12分を30分単位で切り下げる」という意味になります。

	A	B	C	D	E	F
1		出社時刻	退社時刻1	退社時刻2		
2	1日	9:50	17:12	17:00		
3	2日	13:45	17:14			
4	3日	13:54	17:22			
5	4日	9:42	12:11			
6	5日					
7	6日	18:46	22:36			
8	7日	13:51	17:08			
9	8日					
10	9日	13:44	17:17			
11	10日					
12						
13						

❷FLOOR関数が入力され、計算結果が表示されました。17時12分を30分単位で切り下げた17時00分が表示されています。

MEMO 引数に時刻を指定する

引数に時刻を指定する際は、時刻を文字列として入力する必要があります。詳しくはP.97のCOLUMN を参照してください。

COLUMN

FLOOR.PRECISE関数とFLOOR.MATH関数

FLOOR関数に似ている関数に、FLOOR.PRECISE関数とFLOOR.MATH関数があります。FLOOR.PRECISE関数は、Excel 2010で追加された関数で、数値が正の場合は0に近い整数に、負の場合は0から遠い整数に切り下げます。FLOOR.MATH関数は、Excel 2013で追加された関数で、モードを指定すると、数値の正負による動作を切り替えることができます。

指定した数値の倍数になるように丸める

MROUND関数は、数値が基準値の倍数になるように切り上げる、または切り下げる関数です。たとえば勤務時間を30分単位で丸めるといった使い方をします。このとき、半分の15分以上の時間は切り上げられ、満たない時間は切り捨てられます。

	A	B	C	D	E	F	G
1		出社時刻	退社時刻	滞在時間	勤務時間		
2	1日	9:50	17:12	7:22	7:30		
3	2日	13:45	17:14	3:29			
4	3日	13:54	17:22	3:28			
5	4日	9:42	12:11	2:29			
6	5日			0:00			
7	6日	18:46	22:36	3:50			
8	7日	13:51	17:08	3:17			
9	8日			0:00			
10	9日	13:44	17:17	3:33			
11	10日			0:00			
12							
13							

セルE2には、滞在時間を30分単位で丸めた勤務時間が表示されている

書式 **=MROUND(数値,倍数)**

数値	必須	丸める数値、セル参照
倍数	必須	倍数の基準となる数値、セル参照

数値を倍数で割ったときに出た余りが、倍数の半分よりも大きい場合は、切り上げとなり、CEILING関数と同じ結果になります。半分よりも小さい場合は切り捨てとなり、FLOOR関数と同じ結果になります。

勤務時間を30分単位で丸める

ここでは、MROUND関数を使って勤務時間を30分単位で丸めます。このとき、30分に満たない時間でも、15分以上会社に滞在していると切り上げられ、15分未満は切り捨てられます。

	A	B	C	D	E	F
1		出社時刻	退社時刻	滞在時間	勤務時間	
2	1日	9:50	17:12	7:22	=MROUND(D2,"0:30")	
3	2日	13:45	17:14	3:29		
4	3日	13:54	17:22	3:28		
5	4日	9:42	12:11	2:29		
6	5日			0:00		
7	6日	18:46	22:36	3:50		
8	7日	13:51	17:08	3:17		
9	8日			0:00		
10	9日	13:44	17:17	3:33		
11	10日			0:00		
12						
13						
14						

＝MROUND（D2,"0:30"）
数値　倍数

❶セルE2にMROUND関数を入力します。引数「数値」にセルD2を指定し、引数「倍数」に"0:30"を指定します。「セルD2に入力されている7時間22分を、30分の倍数に丸める」という意味になります。

	A	B	C	D	E	F
1		出社時刻	退社時刻	滞在時間	勤務時間	
2	1日	9:50	17:12	7:22	7:30	
3	2日	13:45	17:14	3:29		
4	3日	13:54	17:22	3:28		
5	4日	9:42	12:11	2:29		
6	5日			0:00		
7	6日	18:46	22:36	3:50		
8	7日	13:51	17:08	3:17		
9	8日			0:00		
10	9日	13:44	17:17	3:33		
11	10日			0:00		
12						
13						
14						

❷MROUND関数が入力され、計算結果が表示されました。7時間22分を30分の倍数に丸めた結果、7時間30分と表示されました。

MEMO **セルの書式設定**

ここでは<セルの書式設定>ダイアログボックスの<表示形式>タブで、<分類>から<時刻>をクリックし、<種類>を<13:30>に設定しています。

COLUMN

時刻を引数として指定する

引数には時刻を指定することができます。ただし、「1:00」や「0:15」のままでは正しい計算ができません。時刻を文字列として扱う必要があります。時刻を文字列として扱うには、時刻を「"1:00"」のように「"」（ダブルクォーテーション）で囲みます。また、ここではMROUND関数を使いましたが、「=FLOOR（D2,"0:30"）」と入力すると、勤務時間を30分単位で切り捨てることができます。

SECTION 033 数値の計算

AGGREGATE

エラー値を除外して小計と総計を求める

SUM関数やAVERAGE関数の引数に指定されているセル範囲にエラー値があると、計算結果にもエラー値が表示されてしまいます。このような場合、AGGREGATE関数を使うと、エラー値を無視して計算することができます。

	A	B	C	D	E	F	G	H
1	コード	商品名	単価	個数	売上価格			
2	ID001	カナル型イヤホン	1800	120	216,000			
3	ID003	ケース（ハード）	1500	46	69,000			
4	ID005	液晶保護シート	1000	112	112,000			
5		#N/A	#N/A		#N/A			
6		#N/A	#N/A		#N/A			
7				小計	397,000			
8				消費税	428,760			
9				合計	825,760			
10								
11								
12								

セルE7には、計算に使うセルにエラー値が表示されていても計算結果が表示されている

×2007

=AGGREGATE(集計方法,オプション,範囲1,[範囲2],...)

引数

集計方法	必須	計算に使う関数を指定
オプション	必須	計算で無視する値を指定
範囲1	必須	計算に使うセル範囲
範囲2	任意	計算に使うセル範囲

AGGREGATE関数は、指定した集計方法で計算する関数です。オプションを指定することで、エラー値や非表示のセルを除外して計算できます。集計方法とオプションについては、右ページを参照してください。
引数「範囲」は最大253個まで指定できます。
なお、「配列形式」では「=AGGREGATE(集計方法,オプション,配列,[K])」の書式を利用します。集計方法は「14」~「19」を利用します。

▶ 集計方法の一覧

AGGREGATE関数で指定できる集計方法は、次の通りです。

集計方法	動作	同等の関数
1	平均値を求める	AVERAGE
2	数値の個数を求める	COUNT
3	データの個数を求める	COUNTA
4	最大値を求める	MAX
5	最小値を求める	MIN
6	積を求める	PRODUCT
7	不偏標準偏差を求める	STDEV.S
8	標本標準偏差を求める	STDEV.P
9	合計値を求める	SUM
10	不偏分散を求める	VAR.S
11	標本分散を求める	VAR.P
12	中央値を求める	MEDIAN
13	最頻値を求める	MODE.SNGL
14	降順の順位を求める	LARGE
15	昇順の順位を求める	SMALL
16	百分位数を求める	PERCENTILE.INC
17	四分位数を求める	QUARTILE.INC
18	百分位数を求める（0% と 100% を除く）	PERCENTILE.EXC
19	四分位数を求める（0% と 100% を除く）	QUARTILE.EXC

▶ オプションの一覧

AGGREGATE関数で指定できるオプションは、次の通りです。

オプション	動作
0または省略	ネストされたSUBTOTAL関数とAGGREGATE関数を無視
1	0の動作に加えて非表示の行を無視
2	0の動作に加えてエラー値を無視
3	0の動作に加えて非表示の行とエラー値を無視
4	何も無視しない
5	非表示の行を無視
6	エラー値を無視
7	非表示の行とエラー値を無視

» エラー値が表示されているセルを無視して合計を計算する

セルE7には、セル範囲E2:E6の合計を計算するSUM関数が入力されていますが、計算に使っているセルE5とE6にエラー値が表示されているため、計算結果にもエラー値が表示されています。ここでは、AGGREGATE関数を使って、エラー値が表示されているセルを無視して合計を求めます。

	A	B	C	D	E	F
1	コード	商品名	単価	個数	売上価格	
2	ID001	カナル型イヤホン	1800	120	216,000	
3	ID003	ケース（ハード）	1500	46	69,000	
4	ID005	液晶保護シート	1000	112	112,000	
5		#N/A	#N/A		#N/A	
6		#N/A	#N/A		#N/A	
7				小計	#N/A	
8				消費税	#N/A	
9				合計	#N/A	
10						
11						
12						
13						

削除する

❶セルE7をクリックして選択します。SUM関数が入力されているので、Deleteキーを押してセルの内容をクリアします。

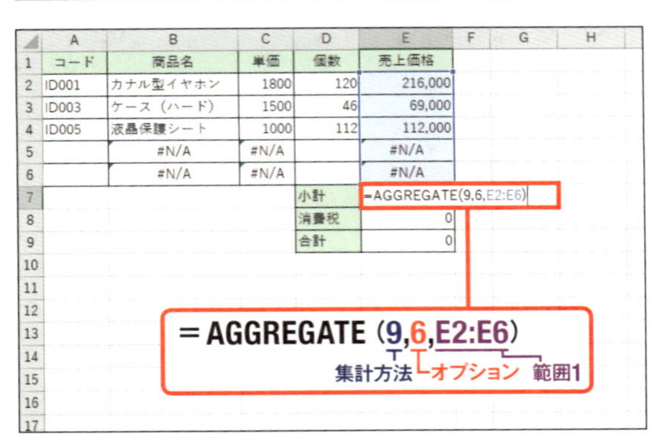

❷セルE7にAGGREGATE関数を入力します。引数「集計方法」に合計を求める「9」、引数「オプション」にエラー値を無視する「6」を指定します。引数「範囲1」には、「E2:E6」を指定します。

	A	B	C	D	E	F
1	コード	商品名	単価	個数	売上価格	
2	ID001	カナル型イヤホン	1800	120	216,000	
3	ID003	ケース（ハード）	1500	46	69,000	
4	ID005	液晶保護シート	1000	112	112,000	
5		#N/A	#N/A		#N/A	
6		#N/A	#N/A		#N/A	
7				小計	397,000	
8				消費税	428,760	
9				合計	825,760	
10						
11						
12						
13						
14						

❸エラー値を無視して合計が計算されました。

第3章

データの分析

SECTION 034 データの分析

数値データが入力されているセルを数える

表の中から数値が入力されているセルの数だけ数えたいときは、COUNT関数を使います。文字列や空白、エラー値などは無視されるので、テストの結果が記録されている人数を数えたりするときに使うと便利です。

	A	B
1	会員名	点数
2	池上雄太	650
3	小川美佐子	585
4	小林浩介	728
5	斉藤雄一郎	620
6	鈴木賢一	467
7	中山千秋	
8	野口温人	486
9	渡辺信二	648
10		
11	会員数	
12	受験者数	7
13	未受験者数	
14		
15		

セルB12には、セル範囲B2:B9のうち点数（数値）が入力されているセルの個数が求められた

=COUNT(値1, [値2], ...)

値1	 必須	1つ目の値、セル参照、セル範囲
値2	 任意	追加の値、セル参照、セル範囲

説明

COUNT関数は、数値が入力されているセルの個数や引数のリストに含まれる値の個数を数える関数です。引数が数値や日付の場合、計算の対象となります。引数が空白のセルやエラー値、論理値、文字列の場合は計算の対象にはなりません。ただし、引数のリストでは、文字列でも"1"のように数値を表す場合や論理値などは計算されます(右ページのCOLUMN参照)。引数「値」は最大255個まで設定できます。

会員のうち受験した人数を数える

セル範囲B2:B9には、会員のうち受験した人だけ点数が入力されています。点数が入力されているセルの個数を計算すれば、受験した会員の数がわかります。

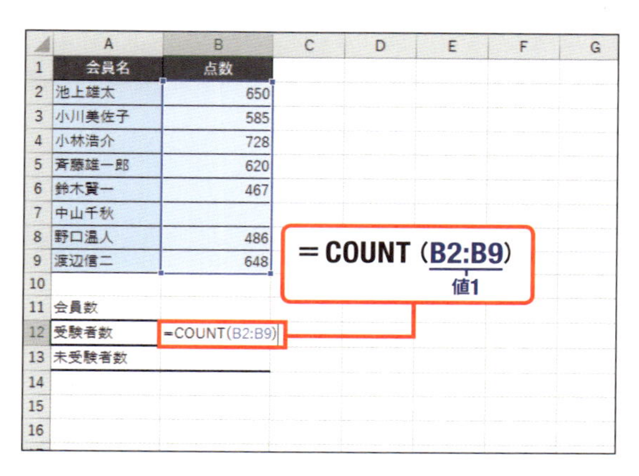

	A	B
1	会員名	点数
2	池上雄太	650
3	小川美佐子	585
4	小林浩介	728
5	斉藤雄一郎	620
6	鈴木賢一	467
7	中山千秋	
8	野口温人	486
9	渡辺信二	648
10		
11	会員数	
12	受験者数	=COUNT(B2:B9)
13	未受験者数	

❶セルB12にCOUNT関数を入力します。引数「値1」には、セル範囲「B2:B9」を指定します。「セル範囲B2:B9から数値が入力されているセルの個数を求める」という意味になります。

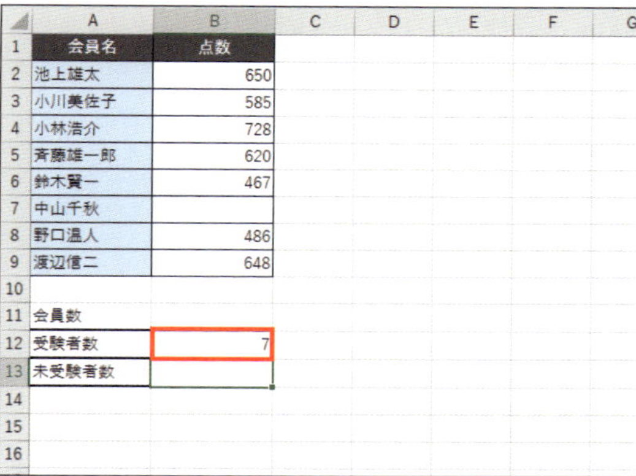

	A	B
1	会員名	点数
2	池上雄太	650
3	小川美佐子	585
4	小林浩介	728
5	斉藤雄一郎	620
6	鈴木賢一	467
7	中山千秋	
8	野口温人	486
9	渡辺信二	648
10		
11	会員数	
12	受験者数	7
13	未受験者数	

❷セル範囲B2:B9の範囲内で数値が入力されているセルの個数が計算され、セルB12には計算結果の「7」が表示されました。受験者数は7名であることがわかります。

MEMO その他のCOUNT系関数

セルの個数を数える関数は、COUNT関数以外に、COUNTA関数（P.104参照）、COUNTBLANK関数（P.106参照）、COUNTIF関数（P.220参照）などがあります。

COLUMN

引数のリストに注意する

COUNT関数では、文字列として扱われている数字や論理値がセルに入力されていても、カウントされません。しかし、これらの値が引数に直接入力されると計算されます。
上記の例でいうと「COUNT（B2：B9,TRUE,"1"）」と入力すると、「TRUE」と「"1"」も数値としてカウントされ、戻り値は「9」となります。
これはCOUNT関数のほか、AVERAGE関数、MAX関数、MIN関数、MEDIAN関数でも同様です（P.108以降を参照）。具体的には、「"1"」のような数値とみなせる文字列、「TRUE」または「FALSE」の論理値、「"2／2"」といった日付とみなせる文字列などが、引数のリストに入力すると数値としてカウントされます。Excelの仕様上の知識として覚えておきましょう。

SECTION **035** データの分析

COUNTA

データが入力されているセルを数える

表の中から、何かしらのデータが入力されているセルの数を数えたいときは、COUNTA関数を使います。COUNT関数の結果と比較して、テストの結果がすべて入力されているか検証するといった用途にも利用できます。

	A	B	C	D	E	F	G
1	会員名	点数					
2	池上雄太	650					
3	小川美佐子	585					
4	小林浩介	728					
5	斉藤雄一郎	620					
6	鈴木賢一	467					
7	中山千秋						
8	野口温人	486					
9	渡辺信二	648					
10							
11	会員数	8					
12	受験者数	7					
13	未受験者数						
14							
15							
16							
17							
18							

セルB11には、セル範囲A2:A9のうちデータが入力されているセルの個数が求められた

書式 =COUNTA(値1, [値2], ...)

引数

値1	 必須	1つ目の値、セル参照、セル範囲
値2	 任意	追加の値、セル参照、セル範囲

説明 COUNTA関数は、空白以外のデータが入力されているセルの個数や引数のリストに含まれるデータの個数を計算する関数です。数値やエラー値、論理値など、すべての種類のデータを含むセルやリストが計算の対象となります。引数「値」は最大255個まで指定できます。

会員数を数える

下記の表のセル範囲A2:A9には、会員の氏名が入力されています。これらのセルの個数を計算すれば、会員の数がわかります。

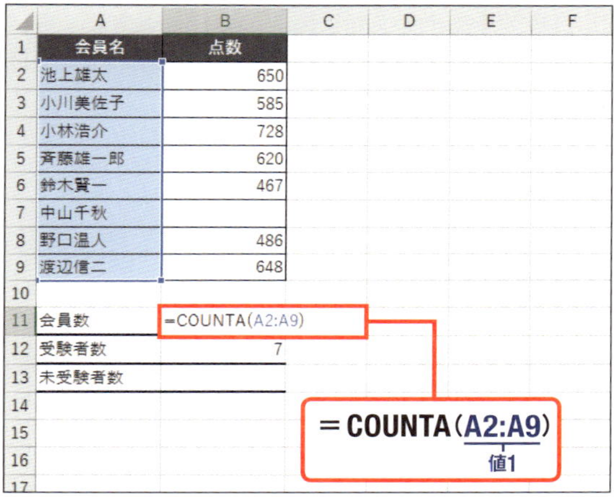

	A	B	C	D	E	F
1	会員名	点数				
2	池上雄太	650				
3	小川美佐子	585				
4	小林浩介	728				
5	斉藤雄一郎	620				
6	鈴木賢一	467				
7	中山千秋					
8	野口温人	486				
9	渡辺信二	648				
10						
11	会員数	=COUNTA(A2:A9)				
12	受験者数	7				
13	未受験者数					
14						
15						
16						
17						

=COUNTA(A2:A9)
値1

❶セルB11にCOUNTA関数を入力します。引数「値1」には、セル範囲「A2:A9」を指定します。「セル範囲A2:A9からデータが入力されているセルの個数を求める」という意味になります。

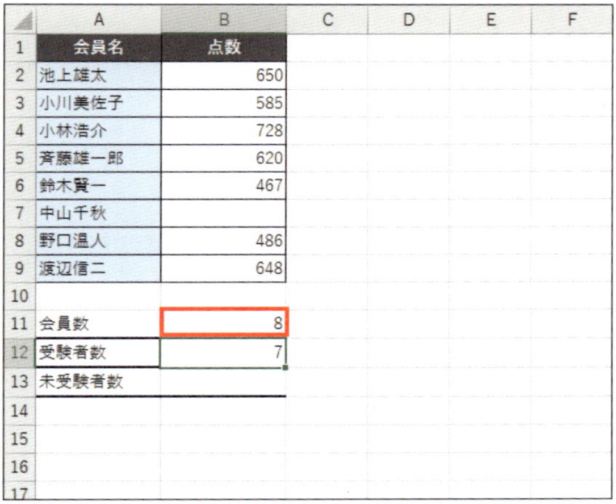

	A	B	C	D	E	F
1	会員名	点数				
2	池上雄太	650				
3	小川美佐子	585				
4	小林浩介	728				
5	斉藤雄一郎	620				
6	鈴木賢一	467				
7	中山千秋					
8	野口温人	486				
9	渡辺信二	648				
10						
11	会員数	8				
12	受験者数	7				
13	未受験者数					
14						
15						
16						
17						

❷セル範囲A2:A9の範囲内でデータが入力されているセルの個数が計算され、セルB11には計算結果の「8」が表示されました。会員数は8名であることがわかります。

COLUMN

COUNTA関数でも空白が数えられることがある

COUNTA関数は、空白のセルを数えません。ただし、数式の計算の結果が空白の文字列「""」である場合や、半角スペースや全角スペースが入力されている場合は、データが入力されているとみなされ、計算の対象になるので注意が必要です。COUNTA関数が数えないのは、まったく何も入力されていないセルだけです。

SECTION 036 データの分析

COUNTBLANK

見た目が空白のセルを数える

COUNT関数やCOUNTA関数とは逆に、表の中にある空白のセルの数を数えたいときはCOUNTBLANK関数が便利です。「試験の成績表から空白のセルを数えて欠席者の人数を数える」「アンケートの未提出者の人数を数える」といった使い方をします。

	A	B	C	D	E	F
1	会員名	点数				
2	池上雄太	650				
3	小川美佐子	585				
4	小林浩介	728				
5	斉藤雄一郎	620				
6	鈴木賢一	467				
7	中山千秋					
8	野口温人	486				
9	渡辺信二	648				
10						
11	会員数	8				
12	受験者数	7				
13	未受験者数	1				
14						
15						
16						
17						

セルB13には、セル範囲B2:B9のうち空白のセルの個数が計算されている

=COUNTBLANK(範囲)

範囲  空白のセルの個数を調べるセル範囲

説明 COUNTBLANK関数は、指定したセル範囲に含まれる空白のセルの個数を計算する関数です。引数に指定できるのは、セル範囲1つだけです。複数のセル範囲を指定することはできません。また、値や数式を直接指定することはできません。

未受験者数を数える

下記の表のセル範囲B2:B9には、試験の点数が入力されています。点数が入力されてないセルの個数を計算すれば、試験を受けていない会員の数がわかります。

	A	B	C	D	E	F
1	会員名	点数				
2	池上雄太	650				
3	小川美佐子	585				
4	小林浩介	728				
5	斉藤雄一郎	620				
6	鈴木賢一	467				
7	中山千秋					
8	野口温人	486				
9	渡辺信二	648				
10						
11	会員数	8				
12	受験者数	7				
13	未受験者数	=COUNTBLANK(B2:B9)				
14						
15						
16						
17						

=COUNTBLANK(B2:B9)
範囲

❶セルB13にCOUNTBLANK関数を入力します。引数「範囲」には、セル範囲「B2:B9」を指定します。「セル範囲B2:B9から空白のセルの個数を求める」という意味になります。

	A	B	C	D	E	F
1	会員名	点数				
2	池上雄太	650				
3	小川美佐子	585				
4	小林浩介	728				
5	斉藤雄一郎	620				
6	鈴木賢一	467				
7	中山千秋					
8	野口温人	486				
9	渡辺信二	648				
10						
11	会員数	8				
12	受験者数	7				
13	未受験者数	1				
14						
15						
16						
17						

❷セル範囲B2:B9の範囲内で空白のセルの個数が計算され、セルB13には計算結果の「1」が表示されました。未受験の会員数は1名であることがわかります。

COLUMN

計算結果の空白は計算される

COUNTBLANK関数は、何も入力されてないセルだけでなく、見た目が空白のセルも計算の対象になります。そのため、空白文字列を返す式が入力されているセルは計算されます。ただし、半角スペースや全角スペースが入力されているセルは計算されません。

SECTION
037 平均値を求める

データの分析

AVERAGE

表に記録されている数値の平均値を求めるには、AVERAGE関数を使います。SUM関数と並んでよく利用する関数の1つです。なお、空白セル以外のすべてのセルの値の平均を求めたい場合は、AVERAGEA関数（P.110参照）を使います。

	A	B	C	D	E	F	G
1	高校生 男子 ハンマー投げ 予選						
2	氏名	年齢	記録（m）				
3	飯塚 健人	17	56.41				
4	玉置 竜也	16	失敗				
5	西山 康明	17	57.33				
6	前田 琢磨	18	54.71				
7	宮田 健	16	57.62				
8	吉岡 翔太	17	58.42				
9	寺田 隆文	17	失敗				
10	高木 智則	18	53.58				
11	伊勢 雄二	16	54.88				
12							
13		平均記録	56.13571429				
14							
15							
16							
17							

セルC13には、セル範囲C3:C11の範囲に入力されている数値の平均が求められた

書式 
=AVERAGE(数値1, [数値2], ...)

数値1	 必須	平均を計算する1つ目の数値やセル参照、またはセル範囲
数値2	 任意	平均を計算する2つ目以降の数値やセル参照、またはセル範囲

説明 AVERAGE関数は、数値の平均を計算する関数です。引数には、数値か、数値を含む名前、セル範囲、またはセル参照を指定できます。0は計算の対象になりますが、文字列や論理値、空白のセルは計算の対象になりません。ただし、引数のリストでは、文字列でも"1"のように数値を表す場合や論理値などは計算されます。引数「数値」は最大255個まで指定できます。

記録の平均値を計算する

下記の表のセル範囲C3:C11には、ハンマー投げの記録が入力されています。AVERAGE関数を使って、これらの平均記録を計算します。

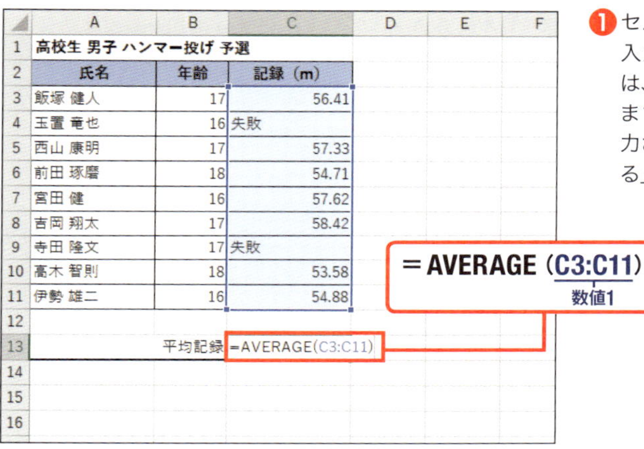

	A	B	C	D	E	F
1	高校生 男子 ハンマー投げ 予選					
2	氏名	年齢	記録（m）			
3	飯塚 健人	17	56.41			
4	玉置 竜也	16	失敗			
5	西山 康明	17	57.33			
6	前田 琢磨	18	54.71			
7	宮田 健	16	57.62			
8	吉岡 翔太	17	58.42			
9	寺田 隆文	17	失敗			
10	高木 智則	18	53.58			
11	伊勢 雄二	16	54.88			
12						
13		平均記録	=AVERAGE(C3:C11)			
14						
15						
16						

❶セルC13にAVERAGE関数を入力します。引数「数値1」には、セル範囲C3:C11を指定します。「セル範囲C3:C11に入力されている数値の平均を求める」という意味になります。

	A	B	C	D	E	F
1	高校生 男子 ハンマー投げ 予選					
2	氏名	年齢	記録（m）			
3	飯塚 健人	17	56.41			
4	玉置 竜也	16	失敗			
5	西山 康明	17	57.33			
6	前田 琢磨	18	54.71			
7	宮田 健	16	57.62			
8	吉岡 翔太	17	58.42			
9	寺田 隆文	17	失敗			
10	高木 智則	18	53.58			
11	伊勢 雄二	16	54.88			
12						
13		平均記録	56.13571429			
14						
15						
16						

❷セル範囲C3:C11に入力されている数値の平均が計算され、セルC13には計算結果が表示されました。「失敗」と入力されているセルのデータは、計算の対象になっていません。

COLUMN

データの中心傾向を求める

AVERAGE関数に似ている関数には、MEDIAN関数（P.128参照）やMODE関数（P.130参照）があります。これらはいずれもデータの中心傾向を求めます。たとえば「2、8、3、2、10」というデータがあったとします。AVERAGE関数の場合は、5個の数値を加算した25を個数の5で割った5を返します。MEDIAN関数の場合は、5個の数値を順に並べて中央にくる3を返します。MODE関数の場合は、5個の中でもっとも頻繁に登場する2を返します。

文字データを0として平均値を求める

数値のほかに文字列や論理値など、空白セル以外のすべてのセルの値の平均を計算するには、AVERAGEA関数を使います。このとき、数値以外のデータが入力されてるセルは0もしくは1として扱われます。

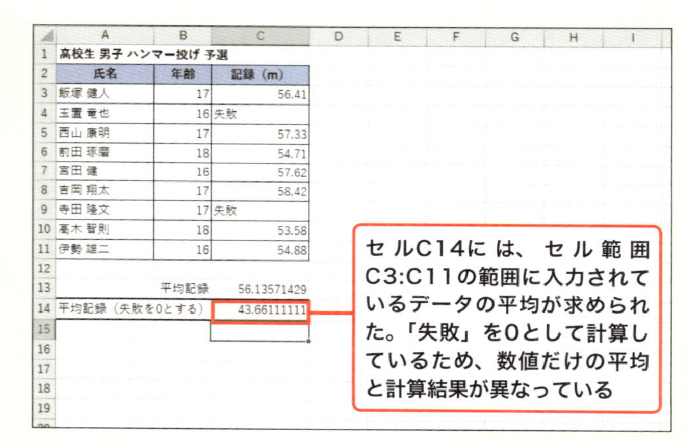

	A	B	C
1	高校生 男子 ハンマー投げ 予選		
2	氏名	年齢	記録（m）
3	飯塚 健人	17	56.41
4	玉置 竜也	16	失敗
5	西山 康明	17	57.33
6	前田 琢磨	18	54.71
7	宮田 健	16	57.62
8	吉岡 翔太	17	58.42
9	寺田 隆文	17	失敗
10	高木 智則	18	53.58
11	伊勢 雄二	16	54.88
12			
13		平均記録	56.13571429
14	平均記録（失敗を0とする）		43.66111111

書式 =AVERAGEA（値1, [値2], ...）

引数

値1	 必須	平均を計算する1つ目の値やセル参照、またはセル範囲
値2	 任意	平均を計算する2つ目以降の値やセル参照、またはセル範囲

説明 AVERAGEA関数は、値の平均を計算する関数です。AVERAGE関数と異なり、数値、数値配列、数値を表す文字列、論理値など、空白を除くすべてのデータも計算の対象になります。このとき、文字列は0とみなされます。論理値の場合は、TRUEが1、FALSEが0とみなされます。空白のセルは計算の対象になりません。
引数「値」は最大で255個まで指定できます。

» 「失敗」を0mとして記録の平均値を計算する

下記の表のセル範囲C3:C11には、ハンマー投げの記録が入力されています。これらの平均記録を計算しますが、「失敗」を0mとして扱います。AVERAGE関数では文字列が計算の対象にならないので、AVERAGEA関数を使います。

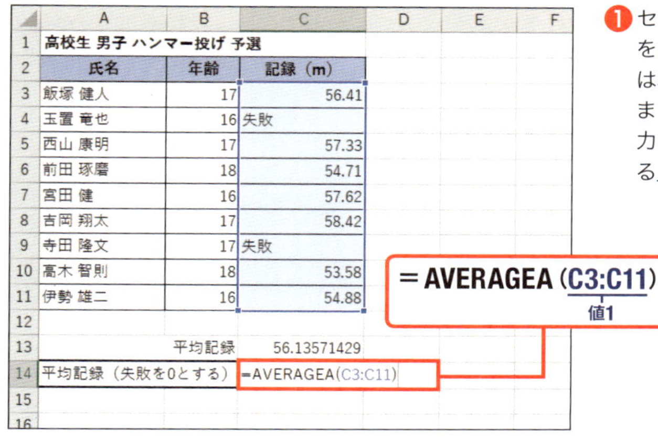

	A	B	C	D	E	F
1	高校生 男子 ハンマー投げ 予選					
2	氏名	年齢	記録（m）			
3	飯塚 健人	17	56.41			
4	玉置 竜也	16	失敗			
5	西山 康明	17	57.33			
6	前田 琢磨	18	54.71			
7	宮田 健	16	57.62			
8	吉岡 翔太	17	58.42			
9	寺田 隆文	17	失敗			
10	高木 智則	18	53.58			
11	伊勢 雄二	16	54.88			
12						
13		平均記録	56.13571429			
14	平均記録（失敗を0とする）		=AVERAGEA(C3:C11)			
15						
16						

❶ セルC14にAVERAGEA関数を入力します。引数「値1」には、セル範囲C3:C11を指定します。「セル範囲C3:C11に入力されている値の平均を求める」という意味になります。

	A	B	C	D	E	F
1	高校生 男子 ハンマー投げ 予選					
2	氏名	年齢	記録（m）			
3	飯塚 健人	17	56.41			
4	玉置 竜也	16	失敗			
5	西山 康明	17	57.33			
6	前田 琢磨	18	54.71			
7	宮田 健	16	57.62			
8	吉岡 翔太	17	58.42			
9	寺田 隆文	17	失敗			
10	高木 智則	18	53.58			
11	伊勢 雄二	16	54.88			
12						
13		平均記録	56.13571429			
14	平均記録（失敗を0とする）		43.66111111			
15						
16						

❷ セル範囲C3:C11に入力されている値の平均が計算され、セルC14には計算結果が表示されました。「失敗」と入力されているセルのデータは、「0」として計算されます。

COLUMN

非表示の0に注意する

AVERAGEまたはAVERAGEA関数を使って平均を計算するときは、0の扱いに注意が必要です。いずれの関数も空白のセルは計算の対象になりません。ただし、＜Excelのオプション＞の＜詳細設定＞にある＜ゼロ値のセルにゼロを表示する＞をオフにしていたり、関数を使ったりすると、セルに入力されている0を非表示にできます。この場合、空白のセルに見えますが、実際には空白のセルではないので計算の対象になります。

SECTION 039 データの分析

データの最大値を求める

MAX
MAXA

年齢やテストの結果、営業成績などの表の中から、いちばん大きな数値を求めたいときは、MAX関数を使います。MAX関数では、数値以外にも日付や時刻のデータも扱うことができます。この場合はもっとも新しい日付・時刻が抽出されます。

	A	B	C	D	E	F	G
1	艦名	就航年	除籍年	全長（m）	全幅（m）	速力	乗員（名）
2	富士	1897	1945	114.0	22.3	18.3	726
3	八島	1897	1905	113.4	22.5	18.3	741
4	筑波	1907	1917	137.1	23.0	20.5	879
5	霧島	1915	1942	222.7	31.0	29.8	1360
6	長門	1920	1945	224.9	34.6	25.0	1368
7	大和	1941	1945	263.0	38.9	27.5	2500
8	武蔵	1942	1945	263.0	38.9	27.5	3300
9	信濃	1944	1945	266.0	38.9	27.0	2400
10							
11		最大全長		266.0			
12		最小全長					

セルD11には、セル範囲D2:D9の範囲に入力されている数値の最大値が求められた

書式 =MAX（数値1, [数値2], ...）

引数

数値1	 必須	最大値を計算する1つ目の数値やセル参照、またはセル範囲
数値2	 任意	最大値を計算する2つ目以降の数値やセル参照、またはセル範囲

説明 MAX関数は、引数に指定した数値の中から、もっとも大きい数値を返す関数です。引数には、数値や数値を含むセル範囲を指定します。指定した配列やセル範囲内に文字列や論理値、空白のセルが含まれている場合、それらは計算の対象になりません。ただし、引数のリストでは、文字列でも"1"のように数値を表す場合や論理値などは計算されます。なお、指定したセル範囲内に数値がない場合、0が返されます。また、指定したセル範囲内にエラー値があると、計算結果もエラーになります。
引数「数値」は最大255個まで指定できます。

一覧の中から最大の数値を計算する

セル範囲D2:D9の中からMAX関数を使って最大値を計算します。

	A	B	C	D	E	F	G	H
1	艦名	就航年	除籍年	全長（m）	全幅（m）	速力	乗員（名）	
2	富士	1897	1945	114.0	22.3	18.3	726	
3	八島	1897	1905	113.4	22.5	18.3	741	
4	筑波	1907	1917	137.1	23.0	20.5	879	
5	霧島	1915	1942	222.7	31.0	29.8	1360	
6	長門	1920	1945	224.9	34.6	25.0	1368	
7	大和	1941	1945	263.0	38.9	27.5	2500	
8	武蔵	1942	1945	263.0	38.9	27.5	3300	
9	信濃	1944	1945	266.0	38.9	27.0	2400	
10								
11		最大全長		=MAX(D2:D9)				
12		最小全長						

=MAX（D2:D9）
数値1

Sheet1

❶セルD11にMAX関数を入力します。引数「数値1」には、セル範囲D2:D9を指定します。「セル範囲D2:D9から最大値を求める」という意味になります。

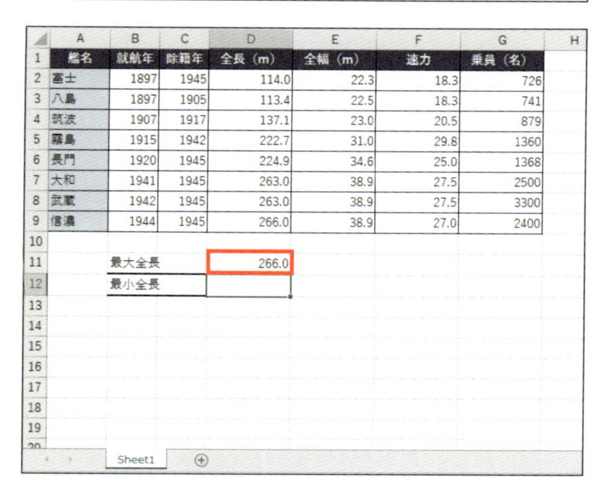

	A	B	C	D	E	F	G	H
1	艦名	就航年	除籍年	全長（m）	全幅（m）	速力	乗員（名）	
2	富士	1897	1945	114.0	22.3	18.3	726	
3	八島	1897	1905	113.4	22.5	18.3	741	
4	筑波	1907	1917	137.1	23.0	20.5	879	
5	霧島	1915	1942	222.7	31.0	29.8	1360	
6	長門	1920	1945	224.9	34.6	25.0	1368	
7	大和	1941	1945	263.0	38.9	27.5	2500	
8	武蔵	1942	1945	263.0	38.9	27.5	3300	
9	信濃	1944	1945	266.0	38.9	27.0	2400	
10								
11		最大全長		266.0				
12		最小全長						

Sheet1

❷セル範囲D2:D9に入力されている数値の中から最大値が計算されました。

COLUMN

MAXA関数

MAXA関数は、数値や文字列、論理値など、すべてのデータの中から最大値を求める関数です。このとき、文字列は0とみなされます。論理値の場合は、TRUEが1、FALSEが0とみなされます。空白のセルは計算の対象になりません。

＝MAXA（値1,［値2］, ...）

SECTION 040 データの分析

対応バージョン 2016 2013

データの最小値を求める

MIN
MINA

MAX関数とは逆に、表の中からいちばん小さい数値を求めたいときもあるでしょう。このようなときは、MIN関数を使います。MIN関数では、数値以外に日付や時刻のデータも扱うことができます。

ポイント

	A	B	C	D	E	F	G	H	I
1	艦名	就航年	除籍年	全長（m）	全幅（m）	速力	乗員（名）		
2	富士	1897	1945	114.0	22.3	18.3	726		
3	八島	1897	1905	113.4	22.5	18.3	741		
4	筑波	1907	1917	137.1	23.0	20.5	879		
5	霧島	1915	1942	222.7	31.0	29.8	1360		
6	長門	1920	1945	224.9	34.6	25.0	1368		
7	大和	1941	1945	263.0	38.9	27.5	2500		
8	武蔵	1942	1945	263.0	38.9	27.5	3300		
9	信濃	1944	1945	266.0	38.9	27.0	2400		
10									
11		最大全長		266.0					
12		最小全長		113.4					
13									
14									
15									
16									
17									
18									
19									

セルD12には、セル範囲D2:D9の範囲に入力されている数値の最小値が求められた

書式 =MIN(数値1, [数値2], ...)

引数

引数		説明
数値1	必須	最小値を計算する1つ目の数値やセル参照、またはセル範囲
数値2	任意	最小値を計算する2つ目以降の数値やセル参照、またはセル範囲

説明 MIN関数は、引数に指定した数値の中から、もっとも小さい数値を返す関数です。引数には、数値や数値を含むセル範囲を指定します。指定した配列やセル範囲内に文字列や論理値、空白のセルが含まれている場合、それらは計算の対象になりません。ただし、引数のリストでは、文字列でも"1"のように数値を表す場合や論理値などは計算されます。なお、指定したセル範囲内に数値がない場合、0が返されます。また、指定したセル範囲内にエラー値があると、計算結果もエラーになります。
引数「数値」は最大255個まで指定できます。

一覧の中から最小の数値を計算する

セル範囲D2:D9の中からMIN関数を使って最小値を計算します。

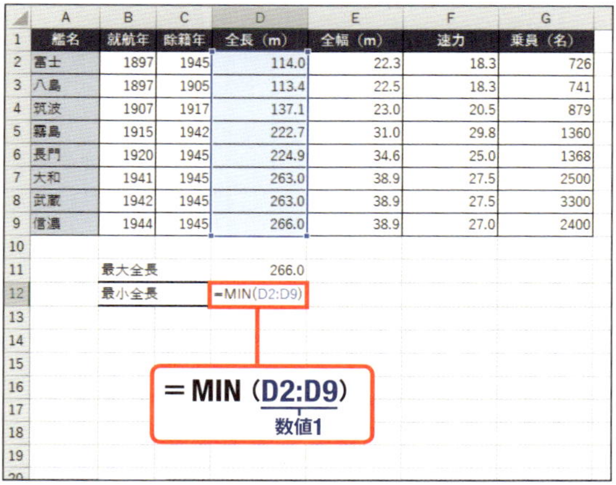

	A	B	C	D	E	F	G
1	艦名	就航年	除籍年	全長（m）	全幅（m）	速力	乗員（名）
2	富士	1897	1945	114.0	22.3	18.3	726
3	八島	1897	1905	113.4	22.5	18.3	741
4	筑波	1907	1917	137.1	23.0	20.5	879
5	霧島	1915	1942	222.7	31.0	29.8	1360
6	長門	1920	1945	224.9	34.6	25.0	1368
7	大和	1941	1945	263.0	38.9	27.5	2500
8	武蔵	1942	1945	263.0	38.9	27.5	3300
9	信濃	1944	1945	266.0	38.9	27.0	2400
10							
11		最大全長		266.0			
12		最小全長		=MIN(D2:D9)			

= MIN（D2:D9）
数値1

❶ セルD12にMIN関数を入力します。引数「数値1」には、セル範囲D2:D9を指定します。「セル範囲D2:D9から最小値を求める」という意味になります。

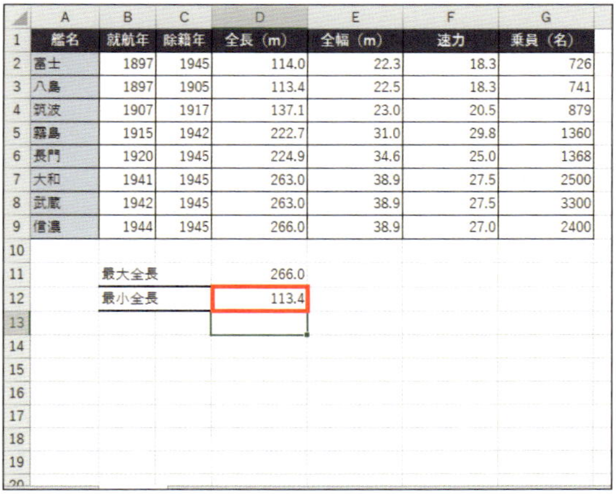

	A	B	C	D	E	F	G
1	艦名	就航年	除籍年	全長（m）	全幅（m）	速力	乗員（名）
2	富士	1897	1945	114.0	22.3	18.3	726
3	八島	1897	1905	113.4	22.5	18.3	741
4	筑波	1907	1917	137.1	23.0	20.5	879
5	霧島	1915	1942	222.7	31.0	29.8	1360
6	長門	1920	1945	224.9	34.6	25.0	1368
7	大和	1941	1945	263.0	38.9	27.5	2500
8	武蔵	1942	1945	263.0	38.9	27.5	3300
9	信濃	1944	1945	266.0	38.9	27.0	2400
10							
11		最大全長		266.0			
12		最小全長		113.4			

❷ セル範囲D2:D9に入力されている数値の中から最小値が計算されました。

COLUMN

MINA関数

MINA関数は、数値や文字列、論理値など、すべてのデータの中から最小値を求める関数です。このとき、文字列は0とみなされます。論理値の場合は、TRUEが1、FALSEが0とみなされます。空白のセルは計算の対象になりません。

= MINA（値1,[値2], ...）

SECTION
041 条件に合う数値の最大値を求める

データの分析

DMAX
DMIN

男性の社員でもっとも売上の大きかった人を調べたい——このように、表の中である条件を満たした数値のリストから最大値／最小値を求めるには、DMAX ／ DMIN関数を使います。この2つの関数は、検索条件に表を使うデータベース関数の一種です。

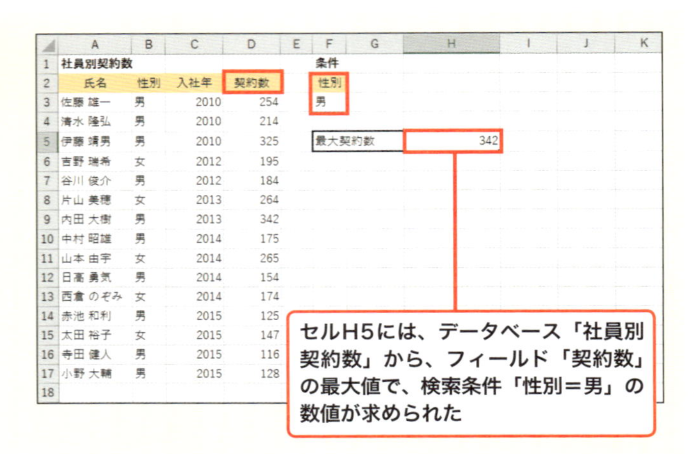

	A	B	C	D	E	F	G	H
1	社員別契約数					条件		
2	氏名	性別	入社年	契約数		性別		
3	佐藤 雄一	男	2010	254		男		
4	清水 隆弘	男	2010	214				
5	伊藤 靖男	男	2010	325		最大契約数		342
6	吉野 瑞希	女	2012	195				
7	谷川 俊介	男	2012	184				
8	片山 美穂	女	2013	264				
9	内田 大樹	男	2013	342				
10	中村 昭雄	男	2014	175				
11	山本 由宇	女	2014	265				
12	日高 勇気	男	2014	154				
13	西倉 のぞみ	女	2014	174				
14	赤池 和利	男	2015	125				
15	太田 裕子	女	2015	147				
16	寺田 健人	男	2015	116				
17	小野 大輔	男	2015	128				
18								

=DMAX(データベース,フィールド,条件)

引数

データベース	必須	データが入力されているリストまたはセル範囲。先頭行には列見出しが必要
フィールド	必須	最大値を求める列。列見出し、またはリストの左端から何番目の列かを番号で指定
条件	必須	見出し行と検索する条件を記したセル範囲

説明

DMAX関数は、条件に一致する数値の最大値を求める関数です。引数「条件」では、表形式で検索の条件を指定します。「データベース」の中から「条件」に一致するデータ(レコード)を検索し、「フィールド」で指定した列の値の最大値を返します。
条件に一致するセルが見つからないときや、条件に一致するセルに数値が1つも入力されていないときには0が返されます。

書式 =DMIN(データベース,フィールド,条件)

引数

データベース	必須	データが入力されているリストまたはセル範囲。先頭行には列見出しが必要
フィールド	必須	最大値を求める列。列見出し、またはリストの左端から何番目の列かを番号で指定
条件	必須	見出し行と検索する条件を記したセル範囲

説明 DMIN関数は、条件に一致する数値の最小値を求める関数です。引数「条件」では、表形式で検索の条件を指定します。「データベース」の中から「条件」に一致するデータ(レコード)を検索し、「フィールド」で指定した列の値の最小値を返します。条件に一致するセルが見つからないときや、条件に一致するセルに数値が1つも入力されていないときには0が返されます。

» 引数「条件」の指定方法

DMAX関数、DMIN関数では、引数「条件」に見出し行と条件を指定した文字列からなる表を指定します。データを取り出す引数「データベース」の表と引数「条件」の表の見出し行には、同じ値が入力されている必要があります。

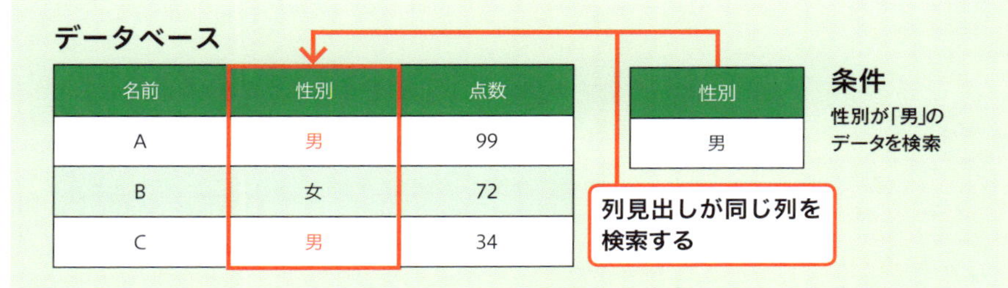

条件の表で複数の検索条件を横方向に並べた場合は「AND条件」となり、すべての条件を満たす数値が検索されます。複数の検索条件を縦方向に並べた場合は「OR条件」となり、いずれかの条件を満たす数値が検索されます。

AND条件で指定

住所	性別
東京	男

「住所」が「東京」で、なおかつ
「性別」が「男」の行を検索

OR条件で指定

住所
東京
大阪

「住所」が「東京」もしくは
「大阪」の行を検索

条件を満たす最大値を計算する

社員別契約数の表の中から、契約数の最大値を計算します。これだけならばMAX関数で計算できます。そこで今回は、社員の性別が男という条件を設定し、DMAX関数で求めます。つまり「男性社員の中での契約数最大値」を求めます。

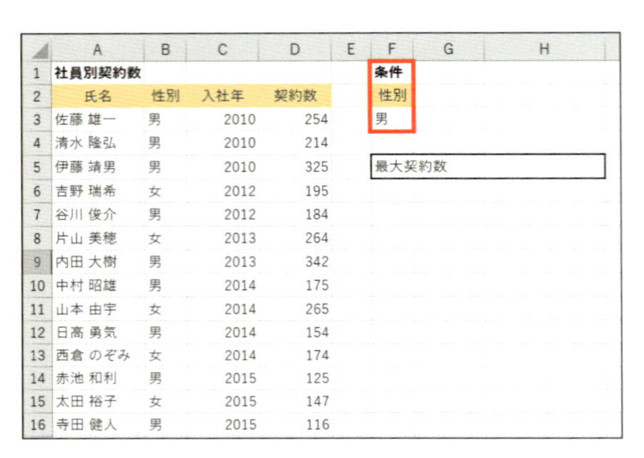

	A	B	C	D	E	F	G	H
1	社員別契約数					条件		
2	氏名	性別	入社年	契約数		性別		
3	佐藤 雄一	男	2010	254		男		
4	清水 隆弘	男	2010	214				
5	伊藤 靖男	男	2010	325		最大契約数		
6	吉野 瑞希	女	2012	195				
7	谷川 俊介	男	2012	184				
8	片山 美穂	女	2013	264				
9	内田 大樹	男	2013	342				
10	中村 昭雄	男	2014	175				
11	山本 由宇	女	2014	265				
12	日高 勇気	男	2014	154				
13	西倉 のぞみ	女	2014	174				
14	赤池 和利	男	2015	125				
15	太田 裕子	女	2015	147				
16	寺田 健人	男	2015	116				

❶引数「検索条件」のための表を作ります。今回は性別が男のデータだけを抽出したいので、列見出しに「性別」、条件に「男」と入力した表を作成しました。

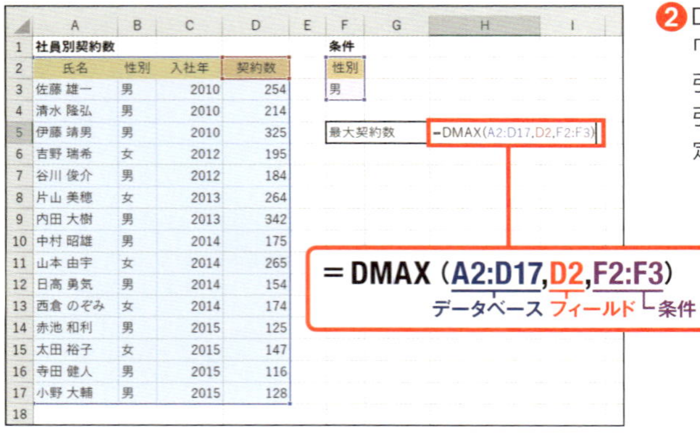

	A	B	C	D	E	F	G	H	I
1	社員別契約数					条件			
2	氏名	性別	入社年	契約数		性別			
3	佐藤 雄一	男	2010	254		男			
4	清水 隆弘	男	2010	214					
5	伊藤 靖男	男	2010	325		最大契約数		=DMAX(A2:D17,D2,F2:F3)	
6	吉野 瑞希	女	2012	195					
7	谷川 俊介	男	2012	184					
8	片山 美穂	女	2013	264					
9	内田 大樹	男	2013	342					
10	中村 昭雄	男	2014	175					
11	山本 由宇	女	2014	265					
12	日高 勇気	男	2014	154					
13	西倉 のぞみ	女	2014	174					
14	赤池 和利	男	2015	125					
15	太田 裕子	女	2015	147					
16	寺田 健人	男	2015	116					
17	小野 大輔	男	2015	128					
18									

❷DMAX関数を入力します。引数「データベース」に「A2:D17」、引数「フィールド」に「D2」、引数「条件」に「F2:F3」を指定します。

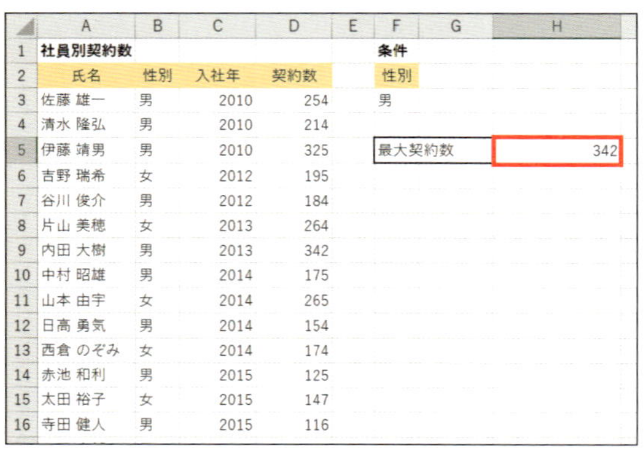

	A	B	C	D	E	F	G	H
1	社員別契約数					条件		
2	氏名	性別	入社年	契約数		性別		
3	佐藤 雄一	男	2010	254		男		
4	清水 隆弘	男	2010	214				
5	伊藤 靖男	男	2010	325		最大契約数		342
6	吉野 瑞希	女	2012	195				
7	谷川 俊介	男	2012	184				
8	片山 美穂	女	2013	264				
9	内田 大樹	男	2013	342				
10	中村 昭雄	男	2014	175				
11	山本 由宇	女	2014	265				
12	日高 勇気	男	2014	154				
13	西倉 のぞみ	女	2014	174				
14	赤池 和利	男	2015	125				
15	太田 裕子	女	2015	147				
16	寺田 健人	男	2015	116				

❸「男性社員の中での契約数最大値」が求められます。

» 複数の条件を満たす最大値を求める

今度は、DMAX関数を使って「入社年が2014年以前かつ男性社員の契約数最大値」を求めます。サンプルでは、2つの条件すべて満たす数値を求めるので、検索条件のセル範囲を横に並べています。いずれかの条件を満たせばよい場合は縦に並べます。

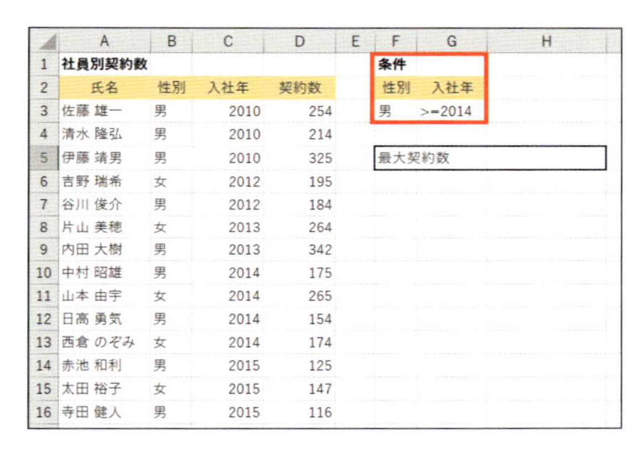

	A	B	C	D	E	F	G	H
1	社員別契約数					条件		
2	氏名	性別	入社年	契約数		性別	入社年	
3	佐藤 雄一	男	2010	254		男	>=2014	
4	清水 隆弘	男	2010	214				
5	伊藤 靖男	男	2010	325		最大契約数		
6	吉野 瑞希	女	2012	195				
7	谷川 俊介	男	2012	184				
8	片山 美穂	女	2013	264				
9	内田 大樹	男	2013	342				
10	中村 昭雄	男	2014	175				
11	山本 由宇	女	2014	265				
12	日高 勇気	男	2014	154				
13	西倉 のぞみ	女	2014	174				
14	赤池 和利	男	2015	125				
15	太田 裕子	女	2015	147				
16	寺田 健人	男	2015	116				

❶引数「検索条件」のための表を作ります。今回は入社年が2014年以前かつ性別が男のデータだけを抽出したいので、列見出しに「性別」「入社年」、条件に「男」「>=2014」と入力した表を作成しました。

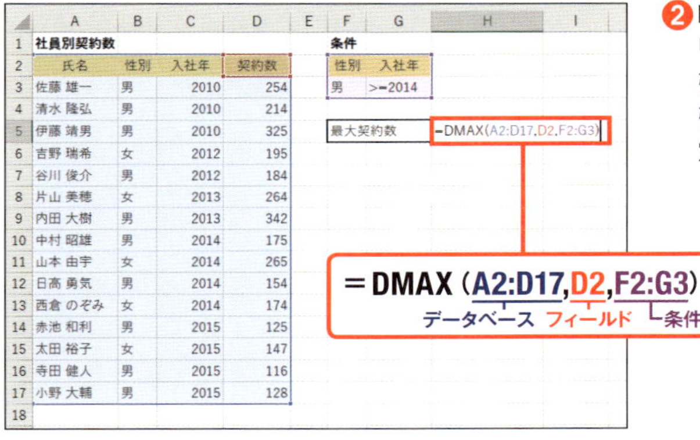

	A	B	C	D	E	F	G	H	I
1	社員別契約数					条件			
2	氏名	性別	入社年	契約数		性別	入社年		
3	佐藤 雄一	男	2010	254		男	>=2014		
4	清水 隆弘	男	2010	214					
5	伊藤 靖男	男	2010	325		最大契約数		=DMAX(A2:D17,D2,F2:G3)	
6	吉野 瑞希	女	2012	195					
7	谷川 俊介	男	2012	184					
8	片山 美穂	女	2013	264					
9	内田 大樹	男	2013	342					
10	中村 昭雄	男	2014	175					
11	山本 由宇	女	2014	265					
12	日高 勇気	男	2014	154					
13	西倉 のぞみ	女	2014	174					
14	赤池 和利	男	2015	125					
15	太田 裕子	女	2015	147					
16	寺田 健人	男	2015	116					
17	小野 大輔	男	2015	128					
18									

❷DMAX関数を入力します。引数「データベース」に「A2:D17」、引数「フィールド」に「D2」、引数「条件」に「F2:G3」を指定します。

	A	B	C	D	E	F	G	H
1	社員別契約数					条件		
2	氏名	性別	入社年	契約数		性別	入社年	
3	佐藤 雄一	男	2010	254		男	>=2014	
4	清水 隆弘	男	2010	214				
5	伊藤 靖男	男	2010	325		最大契約数		175
6	吉野 瑞希	女	2012	195				
7	谷川 俊介	男	2012	184				
8	片山 美穂	女	2013	264				
9	内田 大樹	男	2013	342				
10	中村 昭雄	男	2014	175				
11	山本 由宇	女	2014	265				
12	日高 勇気	男	2014	154				
13	西倉 のぞみ	女	2014	174				
14	赤池 和利	男	2015	125				
15	太田 裕子	女	2015	147				
16	寺田 健人	男	2015	116				

❸「入社年が2014年以前かつ男性社員の契約数最大値」が求められます。

対応バージョン 2016 2013 2010 2007

SECTION 042 データの分析

データの順位を求める

RANK
RANK.EQ

テストの点数や売上成績の一覧で、ある人の数値が全体の何番目に位置するかを知りたい……このようなときはRANK関数を使います。昇順、降順のどちらでも順位を数えることができます。

	A	B	C	D
1	動物名	大きさ	順位	重さ
2	エゾシカ	180	8	100
3	オオカミ	130		45
4	カバ	460		3500
5	キリン	480		900
6	クマ	150		150
7	ゴリラ	180		200
8	シマウマ	240		300
9	シロサイ	500		3600
10	ゾウ	750		7500
11	トラ	330		300
12	ヒト	170		65
13	ライオン	250		250
14				
15				

セルC2には、セル範囲B2:B13の範囲に入力されている数値の中での、セルB2の数値の順位が求められた

書式 =RANK(数値,参照,[順序])

引数

数値	必須	範囲内で順位を調べる数値
参照	必須	数値全体が入力されているセル範囲
順序	任意	順位の調べ方

説明 RANK関数は、指定したセル範囲内における指定した数値の順位を計算する関数です。数値を並べ替えても数値の順位は変わりません。数値が重複している場合は同じ順位とみなされ、以降の順位がずれます。
範囲内に含まれる文字列、論理値、空白のセルは無視されます。引数「順序」は、0または省略すると降順(大きいほうから数える)、1または0以外を指定すると昇順(小さいほうから数える)で計算されます。

» グループ内の数値の順位を計算する

RANK関数を使って、動物の大きさの表から、エゾシカが何番目に大きいのかを計算します。

	A	B	C	D	E	F	G
1	動物名	大きさ	順位	重さ			
2	エゾシカ	180	=RANK(B2,B2:B13)				
3	オオカミ	130		45			
4	カバ	460		3500			
5	キリン	480		900			
6	クマ	150		150			
7	ゴリラ	180		200			
8	シマウマ	240		300			
9	シロサイ	500		3600			
10	ゾウ	750		7500			
11	トラ	330		300			
12	ヒト	170					
13	ライオン	250					
14							
15							
16							

=RANK (B2,B2:B13)
数値　範囲

❶セルC2にRANK関数を入力します。引数「数値」にはセルB2、「範囲」にはセル範囲B2:B13を指定します。「セルB2の数値が、セル範囲B2:B13の中で何番目かを求める」という意味になります。

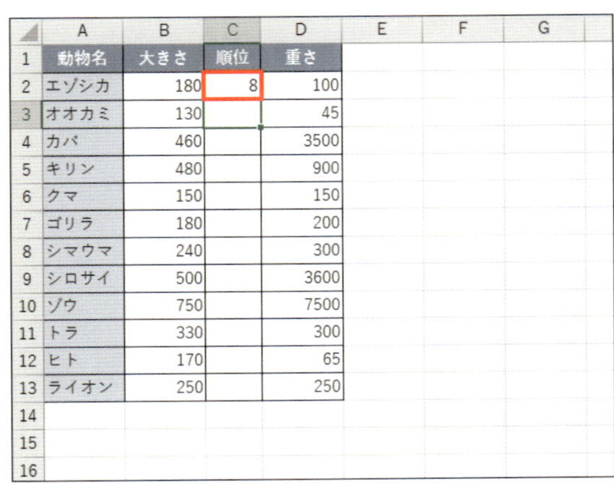

	A	B	C	D	E	F	G
1	動物名	大きさ	順位	重さ			
2	エゾシカ	180	8	100			
3	オオカミ	130		45			
4	カバ	460		3500			
5	キリン	480		900			
6	クマ	150		150			
7	ゴリラ	180		200			
8	シマウマ	240		300			
9	シロサイ	500		3600			
10	ゾウ	750		7500			
11	トラ	330		300			
12	ヒト	170		65			
13	ライオン	250		250			
14							
15							
16							

❷表にある動物の中で、エゾシカの大きさの順位が計算されました。

MEMO 絶対参照に変換する

セルC2の数式をほかのセルにコピーするときは、引数「範囲」のセル参照を絶対参照に変換しておきましょう。コピー時に「範囲」の参照先がずれるため、意図と異なる結果が表示されてしまいます。

COLUMN

RANK.EQ関数

RANK.EQ関数は、Excel 2010以降で使用できる、RANK関数と同じ機能を持つ関数です。RANK関数は互換性のために残されていますが、Excelの将来のバージョンでは利用できなくなる可能性があります。今後は新しい関数を使用することを検討しましょう。

=RANK.EQ(数値 , 参照 ,[順序])

SECTION 043 データの分析

LARGE

大きいほうから数えて何位かを求める

LARGE関数は、指定したセル範囲の数値を大きいほうから数えたときに、特定の順位の数値を求める関数です。最大値を求める場合はMAX関数などを使いますが、LARGE関数を使うと、2番目や3番目に大きい数値を求めることができます。

	A	B	C	D	E	F
1	動物名	大きさ	重さ		大きさ1位	
2	エゾシカ	180	100		大きさ2位	
3	オオカミ	130	45		大きさ3位	480
4	カバ	460	3500			
5	キリン	480	900			
6	クマ	150	150			
7	ゴリラ	180	200			
8	シマウマ	240	300			
9	シロサイ	500	3600			
10	ゾウ	750	7500			
11	トラ	330	300			
12	ヒト	170	65			
13	ライオン	250	250			

セルF3には、セル範囲B2:B13の範囲に入力されている数値の中での、3番目に大きい数値が求められた

=LARGE(配列,順位)

配列  求める数値が入力されているセル範囲または配列

順位  求めたい数値の順位

LARGE関数は、指定されたセル範囲内の数値から、大きいほうから数えて指定された順位の数値を返します。セル範囲内の数値を並べ替えておく必要はありません。セル範囲内にデータが入力されていない場合、エラー値#NUM!が返されます。また、指定した順位が負の数のときやデータの個数よりも大きい場合もエラー値#NUM!が返されます。

3番目に大きい数値を求める

LARGE関数を使って、動物の大きさの数値の中から3番目に大きい数値を計算します。

	A	B	C	D	E	F
1	動物名	大きさ	重さ		大きさ1位	
2	エゾシカ	180	100		大きさ2位	
3	オオカミ	130	45		大きさ3位	=LARGE(B2:B13,3)
4	カバ	460	3500			
5	キリン	480	900			
6	クマ	150	150			
7	ゴリラ	180	200			
8	シマウマ	240	300			
9	シロサイ	500	3600			
10	ゾウ	750	7500			
11	トラ	330	300			
12	ヒト	170	65			
13	ライオン	250	250			

＝LARGE（B2:B13,3）
配列　順位

❶セルF3にLARGE関数を入力します。引数「配列」にはセル範囲B2:B13、「順位」には3を指定します。「セル範囲B2:B13の中で3番目に大きい数値を求める」という意味になります。

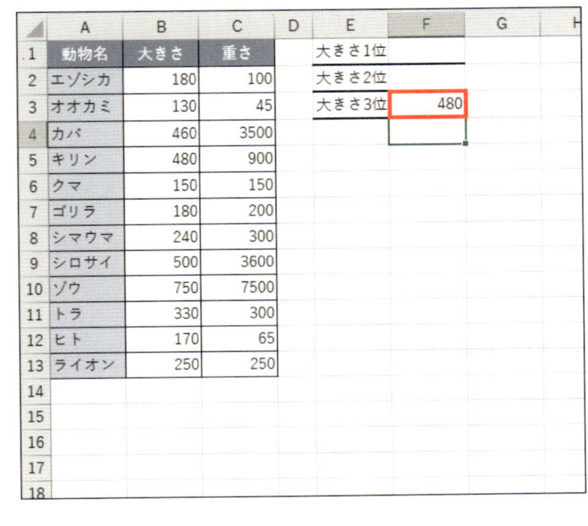

	A	B	C	D	E	F
1	動物名	大きさ	重さ		大きさ1位	
2	エゾシカ	180	100		大きさ2位	
3	オオカミ	130	45		大きさ3位	480
4	カバ	460	3500			
5	キリン	480	900			
6	クマ	150	150			
7	ゴリラ	180	200			
8	シマウマ	240	300			
9	シロサイ	500	3600			
10	ゾウ	750	7500			
11	トラ	330	300			
12	ヒト	170	65			
13	ライオン	250	250			

❷動物の大きさの数値の中で3番目に大きい数値が計算されました。

COLUMN

LARGE関数で最大値、最小値を求める

LARGE関数を使って最大値、最小値を求めることができます。たとえばセル範囲に10個の数値が入力されているとき、＝LARGE（セル範囲,1）は最大値を、＝LARGE（セル範囲,10）は最小値を返します。

SMALL

小さいほうから数えて何位かを求める

SMALLの関数は、指定したセル範囲の数値を小さいほうから数えたときに、特定の順位の数値を求める関数です。最小値を求める場合はMIN関数などを使いますが、SMALL関数を使うと、2番目や3番目に小さい数値を求めることができます。

	A	B	C	D	E	F	G	H
1	第8回　ゴルフコンペ成績							
2	氏名	OUT	IN	TOTAL		第1位		
3	岩田 哲夫	46	50	96		第2位		
4	金田 秀男	45	43	88		第3位	83	
5	亀岡 昭一	39	42	81				
6	桑久保 茂之	46	47	93				
7	後藤 正雄	42	41	83				
8	近藤 憲一	47	46	93				
9	佐藤 宏之	40	41	81				
10	島本 雅和	48	43	91				
11	高橋 博史	44	46	90				
12	中山 光男	51	52	103				
13	堀田 高志	43	46	89				
14	三輪 幸彦	49	50	99				
15	山本 明彦	42	42	84				
16								

セルG4には、セル範囲D3:D15の範囲に入力されている数値の中での、3番目に小さい数値が求められた

=SMALL(配列,順位)

配列	必須	求める数値が入力されているセル範囲
順位	必須	求めたい数値の順位

SMALL関数は、指定されたセル範囲内の数値から、小さいほうから数えて指定された順位の数値を返します。セル範囲内の数値を並べ替えておく必要はありません。セル範囲内にデータが入力されていない場合、エラー値#NUM!が返されます。また、指定した順位が負の数のときやデータの個数よりも大きい場合もエラー値#NUM!が返されます。

3番目に小さい数値を求める

SMALL関数を使って、ゴルフのスコアの中から3番目に小さい数値を計算します。

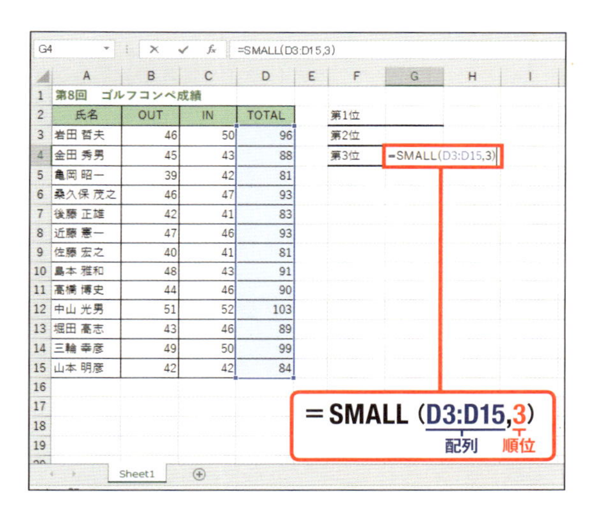

	A	B	C	D	E	F	G
1	第8回　ゴルフコンペ成績						
2	氏名	OUT	IN	TOTAL		第1位	
3	岩田 哲夫	46	50	96		第2位	
4	金田 秀男	45	43	88		第3位	=SMALL(D3:D15,3)
5	亀岡 昭一	39	42	81			
6	桑久保 茂之	46	47	93			
7	後藤 正雄	42	41	83			
8	近藤 憲一	47	46	93			
9	佐藤 宏之	40	41	81			
10	島本 雅和	48	43	91			
11	高橋 博史	44	46	90			
12	中山 光男	51	52	103			
13	堀田 高志	43	46	89			
14	三輪 幸彦	49	50	99			
15	山本 明彦	42	42	84			

❶セルG4にSMALL関数を入力します。引数「配列」にはセル範囲D3:D15、「順位」には3を指定します。「セル範囲D3:D15の中で3番目に小さい数値を求める」という意味になります。

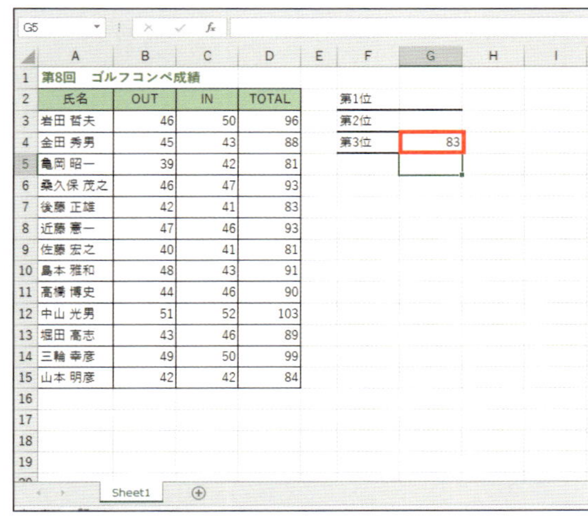

	A	B	C	D	E	F	G
1	第8回　ゴルフコンペ成績						
2	氏名	OUT	IN	TOTAL		第1位	
3	岩田 哲夫	46	50	96		第2位	
4	金田 秀男	45	43	88		第3位	83
5	亀岡 昭一	39	42	81			
6	桑久保 茂之	46	47	93			
7	後藤 正雄	42	41	83			
8	近藤 憲一	47	46	93			
9	佐藤 宏之	40	41	81			
10	島本 雅和	48	43	91			
11	高橋 博史	44	46	90			
12	中山 光男	51	52	103			
13	堀田 高志	43	46	89			
14	三輪 幸彦	49	50	99			
15	山本 明彦	42	42	84			

❷ゴルフのスコアの中で3番目に小さい数値が計算されました。

COLUMN

SMALL関数で最大値、最小値を求める

SMALL関数を使って最大値、最小値を求めることができます。たとえばセル範囲に10個の数値が入力されているとき、＝SMALL（セル範囲,10）は最大値を、＝SMALL（セル範囲,1）は最小値を返します。

SECTION 045 データの分析

指定した範囲に含まれるデータの個数を求める

FREQUENCY

FREQUENCY関数は、セル範囲内の数値のうち、指定した区間内に含まれる数値の個数を返します。たとえば「アンケートの回答者の中から、年齢が20歳から29歳の間に含まれる回答者の人数を求める」といった使い方ができます。

来客者満足度調査結果

来館日	性別	年齢	地域	満足度
6月1日	男	21	東京	4
6月1日	女	21	神奈川	4
6月1日	男	42	東京	5
6月2日	女	36	千葉	3
6月2日	女	39	東京	5
6月3日	男	46	東京	3
6月4日	男	28	東京	4
6月4日	女	27	東京	4
6月4日	男	53	東京	4
6月4日	男	54	東京	3
6月6日	男	66	東京	5
6月8日	女	26	埼玉	4
6月8日	男	28	東京	4
6月9日	男	31	東京	3
6月9日	男	74	東京	4
6月9日	女	78	東京	2

区間	頻度	内訳
9	0	9歳以下
19	0	10-19歳
29	6	20-29歳
39	3	30-39歳
49	2	40-49歳
59	2	50-59歳
	3	60歳以上

セル範囲H3:H9には、満足度調査の表を元に、各年齢の区間に回答者が何人ずつ分布しているかが求められた

=FREQUENCY(データ配列,区間配列)

データ配列  分布を求める数値が入力されているセル範囲または配列

  区間を設定する数値が入力されているセル範囲または配列

FREQUENCY関数は、データの頻度分布を計算し、縦方向の数値の配列を返します。区間配列の数値は昇順に並べておきます。たとえば、区間配列のセル範囲に「10」「20」「30」と入力すると、「10以下」「10より大きく20以下」「20より大きく30以下」「30より大きい」という4つの区間が設定されます。

第1章 第2章 第3章 データの分析 第4章 第5章 第6章 第7章 第8章

年齢の区間ごとの頻度を調べる

満足度調査の回答者の年齢に関して、年齢の区間ごとの人数を求めます。FREQUENCY関数は、配列数式として入力する必要があるので入力方法が少し特殊です。

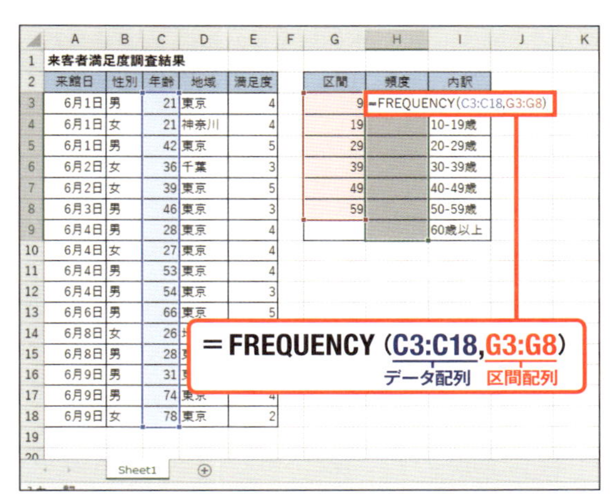

	A	B	C	D	E	F	G	H	I
1	来客者満足度調査結果								
2	来館日	性別	年齢	地域	満足度		区間	頻度	内訳
3	6月1日	男	21	東京	4		9	=FREQUENCY(C3:C18,G3:G8)	
4	6月1日	女	21	神奈川	4		19		10-19歳
5	6月1日	男	42	東京	5		29		20-29歳
6	6月2日	女	36	千葉	3		39		30-39歳
7	6月2日	女	39	東京	5		49		40-49歳
8	6月3日	男	46	東京	3		59		50-59歳
9	6月4日	男	28	東京	4				60歳以上
10	6月4日	女	27	東京	4				
11	6月4日	男	53	東京	4				
12	6月4日	男	54	東京	3				
13	6月6日	男	66	東京	5				
14	6月8日	女	26						
15	6月8日	男	28						
16	6月9日	男	31						
17	6月9日	男	74						
18	6月9日	女	78	東京	2				

❶「配列数式」とは複数のデータを1つのデータとして扱う特殊な数式のことで（P.73参照）、通常の入力方法では正しく表示されません。この場合はセル範囲H3:H9を選択してから「=FREQUENCY(」と入力します。セル範囲C3:C18をドラッグし、「,」を入力して、セル範囲G3:G8をドラッグします。「)」を入力し、Ctrl+Shiftキーを押しながらEnterキーで確定します。すると数式が「{}」で囲まれます。

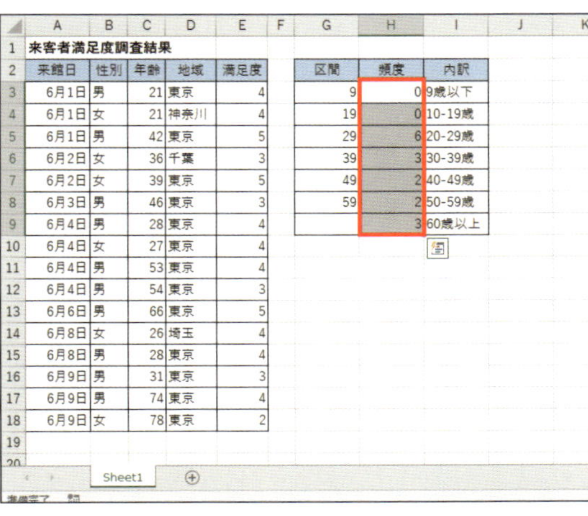

	A	B	C	D	E	F	G	H	I
1	来客者満足度調査結果								
2	来館日	性別	年齢	地域	満足度		区間	頻度	内訳
3	6月1日	男	21	東京	4		9	0	9歳以下
4	6月1日	女	21	神奈川	4		19	0	10-19歳
5	6月1日	男	42	東京	5		29	6	20-29歳
6	6月2日	女	36	千葉	3		39	3	30-39歳
7	6月2日	女	39	東京	5		49	2	40-49歳
8	6月3日	男	46	東京	3		59	2	50-59歳
9	6月4日	男	28	東京	4			3	60歳以上
10	6月4日	女	27	東京	4				
11	6月4日	男	53	東京	4				
12	6月4日	男	54	東京	3				
13	6月6日	男	66	東京	5				
14	6月8日	女	26	埼玉	4				
15	6月8日	男	28	東京	4				
16	6月9日	男	31	東京	3				
17	6月9日	男	74	東京	4				
18	6月9日	女	78	東京	2				

❷年齢の頻度が計算されました。

左記の例でFREQUENCY関数を設定すると、G列に入力した区間内の数値がH列に表示されます。たとえば30歳以上、39歳以下の人は3人いるので、G6の右のH6のセルには「3」と表示されます。

COLUMN

度数分布表とは?

「度数分布表」とは、データを区間に分けたとき、データが各区間にどのくらいの頻度で分布（登場）しているかを示した表のことです。収集したデータを整理することができます。

ここで使ったサンプルでは、FREQUENCY関数を使って各年齢の区間にアンケートの回答者が何人ずつ分布しているかを計算し、度数分布表を作成しています。

SECTION
046
データの分析

データの中央に来る数値(中央値)を求める

MEDIAN

平均値の代わりに中央値を求めたいというときは、MEDIAN関数を使います。データを昇順などで並べ替えた場合に、中央にある数値を返します。極端なデータが含まれている場合でもその影響を受けにくいため、平均の代わりに使われることがあります。

	A	B	C	D	E	F	G	H	I	J	K
1	来客者満足度調査結果										
2	来館日	性別	年齢	地域	満足度		区間	頻度	内訳		
3	6月1日	男	21	東京	4		9	0	9歳以下		
4	6月1日	女	21	神奈川	4		19	0	10-19歳		
5	6月8日	女	26	埼玉	4		29	6	20-29歳		
6	6月4日	女	27	東京	4		39	3	30-39歳		
7	6月4日	男	28	東京	4		49	2	40-49歳		
8	6月8日	男	28	東京	4		59	2	50-59歳		
9	6月9日	男	31	東京	3			3	60歳以上		
10	6月2日	女	36	千葉	3						
11	6月2日	女	39	東京	5		平均年齢		41.875		
12	6月1日	男	42	東京	5		年齢中央値		37.5		
13	6月3日	男	46	東京	3						
14	6月4日	男	53	東京	4						
15	6月4日	男	54	東京	3						
16	6月6日	男	66	東京	5						
17	6月9日	男	74	東京	4						
18	6月9日	女	78	東京	2						

セルI12には、昇順に並べたセル範囲C3:C18の数値の中から中央値が計算されている。セルI11の平均とは少し異なっている

=MEDIAN(数値1,[数値2], ...)

引数		説明
数値1	 必須	中央値を求めたい数値またはセル範囲
数値2	 任意	中央値を求めたい数値またはセル範囲

MEDIAN関数は、指定した数値の中から中央値を求める関数です。数値と数値を含むセル範囲が計算の対象になります。文字列や論理値、空白のセルは計算の対象になりません。ただし、引数のリストでは、文字列でも"1"のように数値を表す場合や論理値などは計算されます。数値の個数が偶数である場合、中央に位置する2つの数値の平均値が中央値として計算されます。

年齢の中央値を求める

MEDIAN関数を使って、年齢の中央値を計算します。年齢は、あらかじめ昇順に並べ替えてあります。

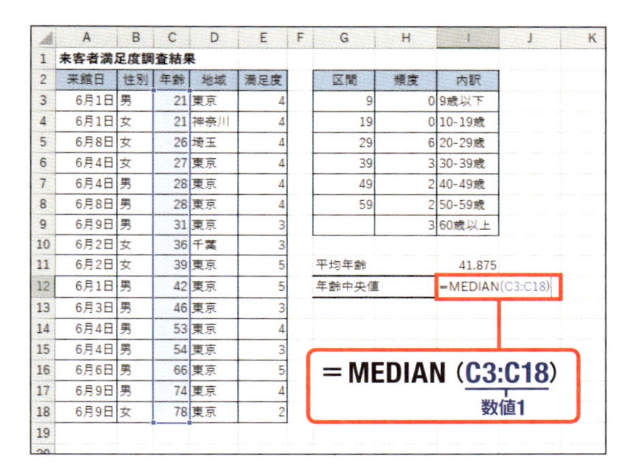

来客者満足度調査結果

来館日	性別	年齢	地域	満足度
6月1日	男	21	東京	4
6月1日	女	21	神奈川	4
6月8日	女	26	埼玉	4
6月4日	女	27	東京	4
6月4日	男	28	東京	4
6月8日	男	28	東京	4
6月9日	男	31	東京	3
6月2日	女	36	千葉	3
6月2日	女	39	東京	5
6月1日	男	42	東京	5
6月3日	男	46	東京	3
6月4日	男	53	東京	4
6月4日	男	54	東京	3
6月6日	男	66	東京	5
6月9日	男	74	東京	4
6月9日	女	78	東京	2

区間	頻度	内訳
9	0	9歳以下
19	0	10-19歳
29	6	20-29歳
39	3	30-39歳
49	2	40-49歳
59	2	50-59歳
	3	60歳以上

平均年齢	41.875
年齢中央値	=MEDIAN(C3:C18)

❶セルI12にMEDIAN関数を入力します。引数「数値1」にはセル範囲C3:C18を指定します。「セル範囲C3:C18の中央に位置する数値を求める」という意味になります。

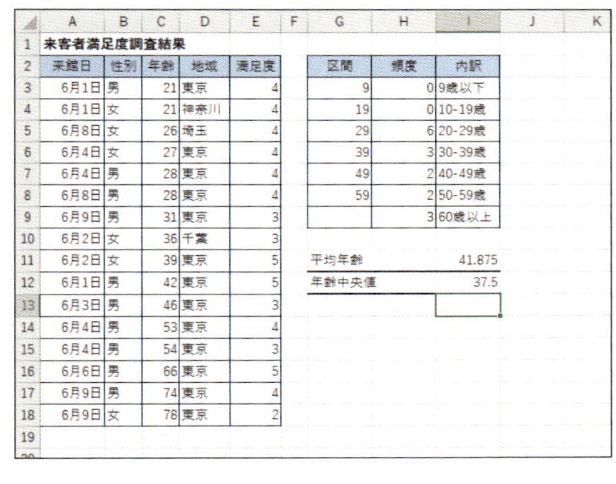

来客者満足度調査結果

来館日	性別	年齢	地域	満足度
6月1日	男	21	東京	4
6月1日	女	21	神奈川	4
6月8日	女	26	埼玉	4
6月4日	女	27	東京	4
6月4日	男	28	東京	4
6月8日	男	28	東京	4
6月9日	男	31	東京	3
6月2日	女	36	千葉	3
6月2日	女	39	東京	5
6月1日	男	42	東京	5
6月3日	男	46	東京	3
6月4日	男	53	東京	4
6月4日	男	54	東京	3
6月6日	男	66	東京	5
6月9日	男	74	東京	4
6月9日	女	78	東京	2

区間	頻度	内訳
9	0	9歳以下
19	0	10-19歳
29	6	20-29歳
39	3	30-39歳
49	2	40-49歳
59	2	50-59歳
	3	60歳以上

平均年齢	41.875
年齢中央値	37.5

❷年齢の中央値が表示されました。

COLUMN

中央値とは

すべての値を大きさの順番に並べたとき、中央に来る数値のことを「中央値」といいます。値の個数が偶数の場合は、中央の順位で隣り合う2つの数の平均値を取ります。「1, 2, 4, 7, 9」なら、4が中央値となります。

平均値は、一部の大きな数値が平均値をつり上げてしまうため、実態とかけ離れてしまうことがあります（年収の平均値と中央値では大きな違いが出るのがよい例です）。このような場合には、中央値を使うほうがより正確な実態を表すと考えられます。

SECTION **047** データの分析

もっとも多く現れる値（最頻値）を求める

MODE
MODE.SNGL

表の中でもっとも多く登場する数値のことを「最頻値」といいます。この最頻値を求めるには、MODE関数を使います。アンケートの結果でもっとも多い回答を調べるときなどに便利な関数です。

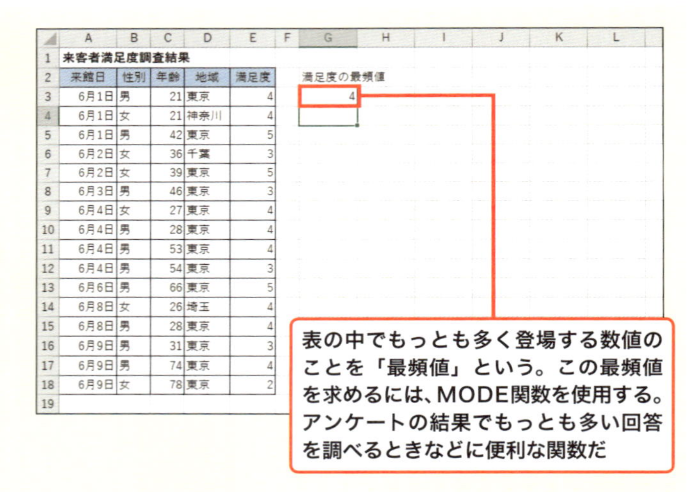

	A	B	C	D	E	F	G
1	来客者満足度調査結果						
2	来館日	性別	年齢	地域	満足度		満足度の最頻値
3	6月1日	男	21	東京	4		4
4	6月1日	女	21	神奈川	4		
5	6月1日	男	42	東京	5		
6	6月2日	女	36	千葉	3		
7	6月2日	女	39	東京	5		
8	6月3日	男	46	東京	3		
9	6月4日	女	27	東京	4		
10	6月4日	男	28	東京	4		
11	6月4日	男	53	東京	4		
12	6月4日	男	54	東京	3		
13	6月6日	男	66	東京	5		
14	6月8日	女	26	埼玉	4		
15	6月8日	男	28	東京	4		
16	6月9日	男	31	東京	3		
17	6月9日	男	74	東京	4		
18	6月9日	女	78	東京	2		
19							

書式 =MODE(数値1, [数値2], ...)

引数

数値1	 必須	最頻値を求めたい数値またはセル範囲
数値2	 任意	最頻値を求めたい数値またはセル範囲

説明 MODE関数は、数値の中からもっとも多く現れる値（最頻値）を求める関数です。数値と数値を含むセル範囲が計算の対象になります。文字列や論理値、空白のセルは計算の対象になりません。最頻値が重複する場合、先に見つかった数値が最頻値として返されます。また、2回以上現れる数値がない場合は、エラー値#N/Aが返されます。
引数「数値」は最大255個まで指定できます。

5段階評価のうちもっとも多い回答を調べる

下記の集計表では、満足度が5段階評価で入力されています。MODE関数を使って最頻値を計算すると、もっとも多い回答結果がわかります。

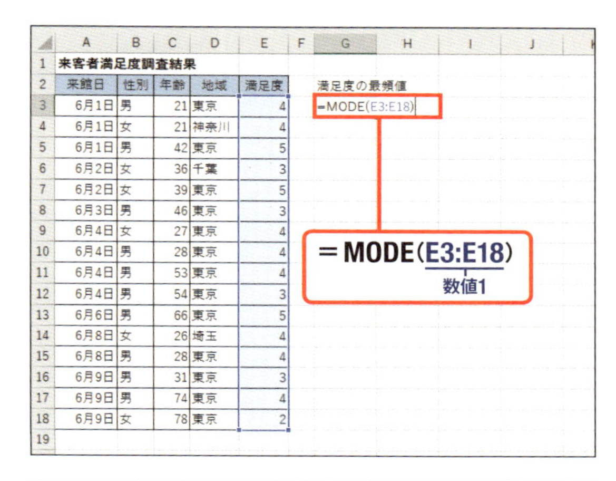

❶セルG3にMODE関数を入力します。引数「数値1」にはセル範囲E3:E18を指定します。「セル範囲E3:E18の中でもっとも多く現れる数値（最頻値）を求める」という意味になります。

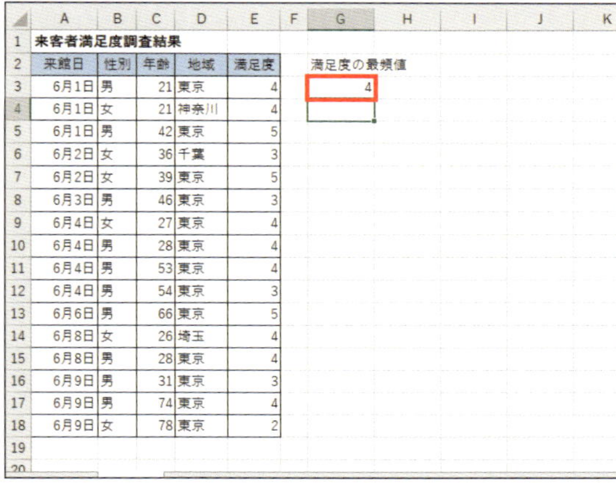

❷最頻値が計算されました。

COLUMN

MODE.SNGL関数

MODE.SNGL関数は、Excel 2010以降で新たに利用できるようになった関数です。機能はMODE関数と同じですが、より精度が高くなっています。MODE関数はExcelの将来のバージョンでは利用できなくなる可能性があります。今後は新しい関数を使用することを検討しましょう。

=MODE.SNGL(数値1,[数値2], ...)

SECTION 048 データの分析

MODE.MULT

もっとも多く現れる値(最頻値)をすべて求める

MODE.MULT関数は、Excel 2010で登場した関数で、MODE関数の上位バージョンです。最頻値が複数ある場合、すべての最頻値を求めることができます。この関数は、配列数式として入力する必要があります。

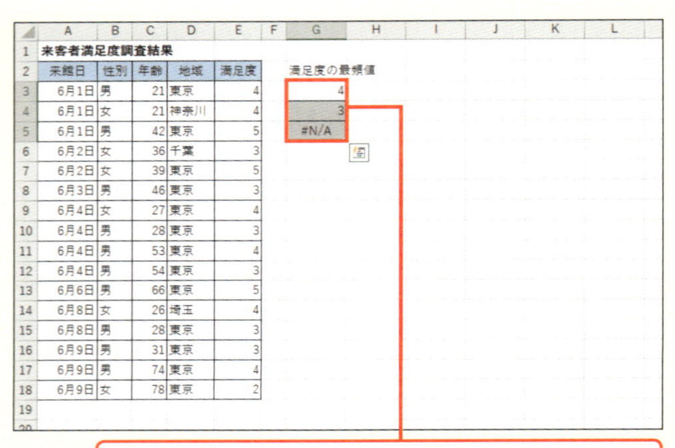

	A	B	C	D	E	F	G
1	来客者満足度調査結果						
2	来館日	性別	年齢	地域	満足度		満足度の最頻値
3	6月1日	男	21	東京	4		4
4	6月1日	女	21	神奈川	4		3
5	6月1日	男	42	東京	5		#N/A
6	6月2日	女	36	千葉	3		
7	6月2日	女	39	東京	5		
8	6月3日	男	46	東京	3		
9	6月4日	女	27	東京	4		
10	6月4日	男	28	東京	3		
11	6月4日	男	53	東京	4		
12	6月4日	男	54	東京	3		
13	6月6日	男	66	東京	5		
14	6月8日	女	26	埼玉	4		
15	6月8日	男	28	東京	3		
16	6月9日	男	31	東京	3		
17	6月9日	男	74	東京	4		
18	6月9日	女	78	東京	2		
19							

セル範囲G3:G5には、満足度の数値のうち、出現回数が同じだった2つの数値が表示されている。ただし、3つ目はなかったのでセルG5にはエラー値が表示されている

×2007

=MODE.MULT(数値1, [数値2], ...)

数値1		最頻値を求めたい数値またはセル範囲
数値2		最頻値を求めたい数値またはセル範囲

MODE.MULTI関数は、指定されたデータの中で、もっとも頻繁に出現するデータ(最頻値)を縦方向の配列で返す関数です。複数の最頻値がある場合、複数の結果が返されます。この関数は値の配列を返すため、配列数式として入力する必要があります。
引数「数値」は最大255個まで指定できます。

複数ある最頻値を求める

5段階評価で入力されている満足度の数値から最頻値を求めます。MODE関数を使っても計算できますが、最頻値が複数ある可能性があるため、MODE.MULT関数を使います。なお、配列数式として入力するので入力方法が少し特殊です。

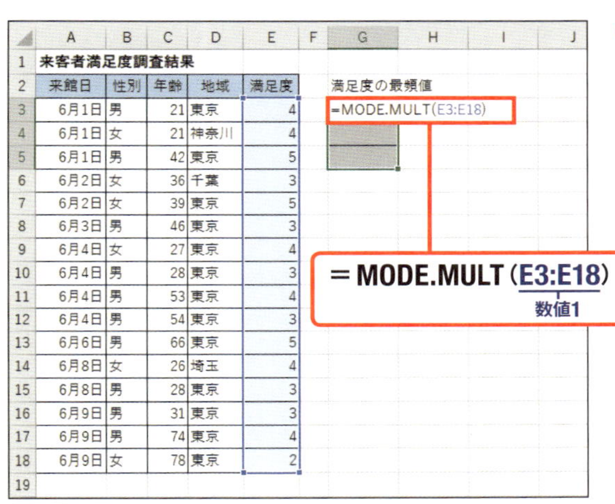

❶セル範囲G3:G5を選択してから「= MODE.MULT (」と入力します。セル範囲E3:E18をドラッグし、「)」を入力して、Ctrl+Shiftキーを押しながらEnterキーで確定します。

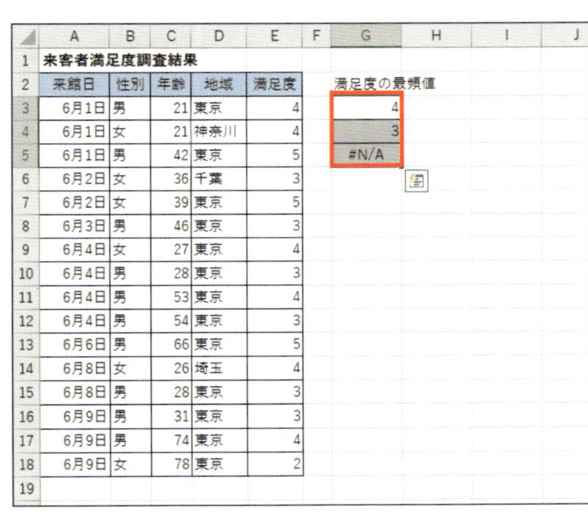

❷最頻値が計算されました。セルG5にはエラー値が表示されています。これは、「4」と「3」という2つの数値が最頻値として同じ回数出現し、3つ目はないことを意味しています。

COLUMN

横方向に最頻値を求める

MODE.MULT関数を横方向に入力したい場合は、「=TRANSPOSE(MODE.MULT(セル範囲))」と入力し、Ctrl+Shiftキーを押しながらEnterキーで入力を確定します。

COLUMN

ステータスバーでセル範囲の合計や平均を確認する

Excelでは、セル範囲を選択すると、セル範囲内に入力されているデータの個数や合計がステータスバーに表示されます。この機能を「オートカルク」といいます。データの合計などをちょっと確認したい場合に便利です。

なお、ステータスバーを右クリックすると表示されるメニューで計算方法を選択し、チェックを付け外しすると、計算方法を追加／削除できます。

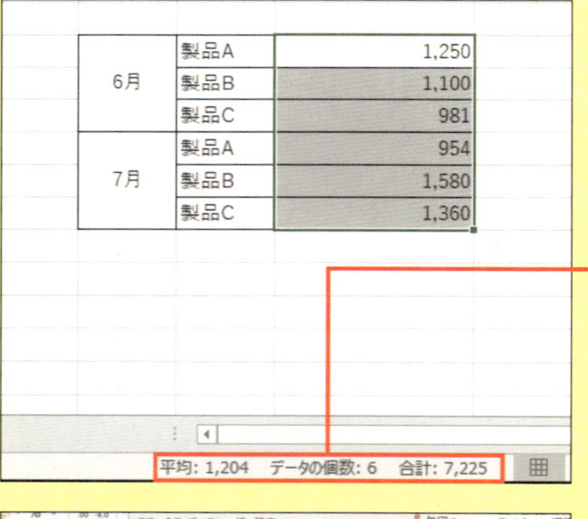

ステータスバーにセル範囲の合計や平均が表示されます

ステータス バーのユーザー設定
セル モード(D)　準備完了
フラッシュ フィルの空白セル(F)
フラッシュ フィルの変更されたセル(F)
署名(G)　オフ
情報管理ポリシー(I)　オフ
アクセス許可(P)　オフ
CapsLock(K)　オフ
NumLock(N)　オン
ScrollLock(R)　オフ
小数点位置の固定(F)　オフ
上書きモード(O)
End モード(E)
マクロの記録(M)　記録停止中
選択モード(L)
ページ番号(P)
平均(A)　1,204
データの個数(C)　6
数値の個数(T)
最小値(I)
最大値(X)　1,580
合計(S)　7,225

ステータスバーを右クリックすると表示されるメニューから、計算方法を選択できる

第4章

日付や時刻の計算

SECTION 049 日付と時刻

日付や時刻を計算する際に注意すること

Excelで日時を扱う場合には、「日付値」として日時を入力します。いったん入力した日付値は、同じ日付や時刻でも「2016/8/14」「8月14日」のように、さまざまな形式で表示することが可能です。

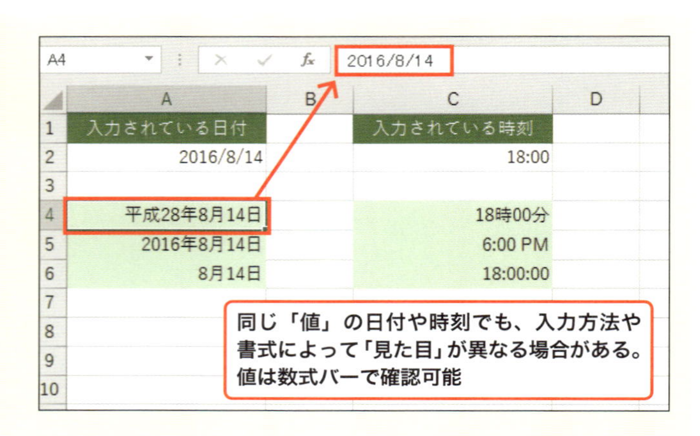

日付値を基準に計算する

Excelでは、日付や時刻をセルに入力した場合、基本的には入力した際の形式に合わせて日時が表示されます。「2016/8/14」と入力すれば「2016/8/14」と表示され、「8月14日」と入力すれば「8月14日」と表示されます。
この2つは、「値」としては同じ「2016年8月14日」を示す「日付としての値(日付値)」として扱われます。演算子や関数を用いて日付や時刻の計算を行う場合には、「見た目で表示されている文字」を基準に行うのではなく、この日付値を基準に計算を行います。

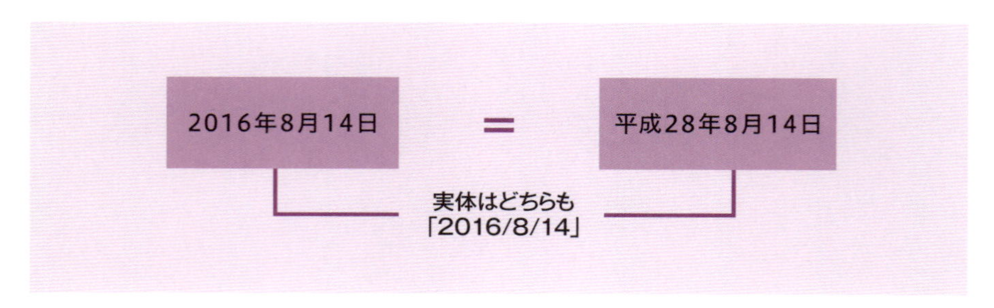

» 2種類の方法で値を入力して比較する

「2016/8/14」、「8月14日」と、2つの方法で日付を入力し、その値を比較してみましょう。「見た目が等しいかどうか」を判定しているのではなく、「日付としての値が等しいかどうか」を判定していることが確認できます。

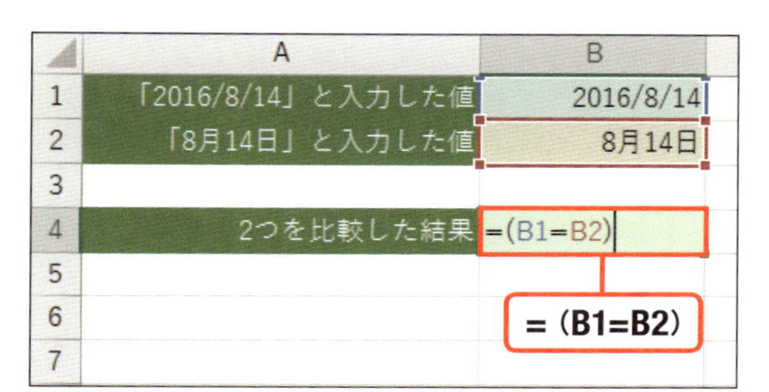

❶セルB1に「2016/8/14」、セルB2に「8月14日」と入力し、見た目を確認したら、セルB4に「=(B1=B2)」と2つのセルを比較する式を入力します。

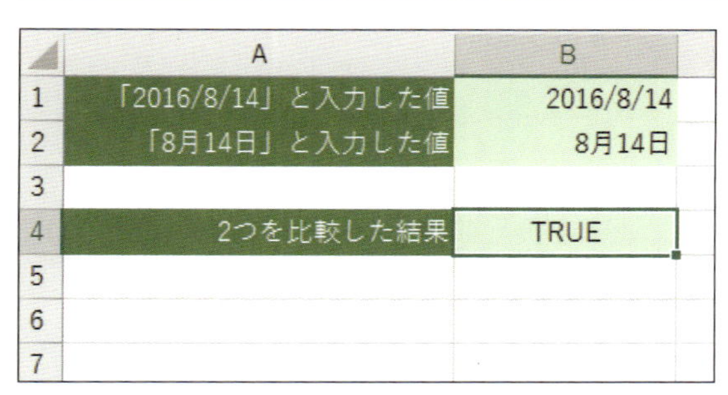

❷2つが同じ「値」として扱われるために、「等しい」ことを表す「TRUE」という結果が表示されます。
このように日付や時刻を計算する場合は、「値」を元に計算が行われます。

第4章 日付と時刻

COLUMN

数式バーで日付値として入力されているかどうかを確認する

Excelでは、書式設定を「文字列」としたり、行頭に「'(アポストロフィ)」を付加したりすることで、「8月14日」という値を、日付ではなく、そのままの文字列として入力することも可能です。セルに入力されているのが、文字列なのか日付値なのかを簡単に見分ける方法は、セルを選択し、数式バーを見ることです。文字列の場合には「8月14日」とそのままの値が表示され、日付値の場合は、「2016/8/17」と、「西暦/月/日」の形式で値が表示されます。

日付値の場合

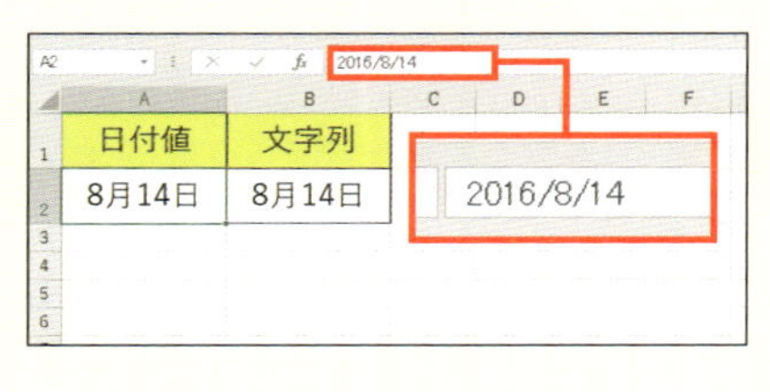

文字列の場合

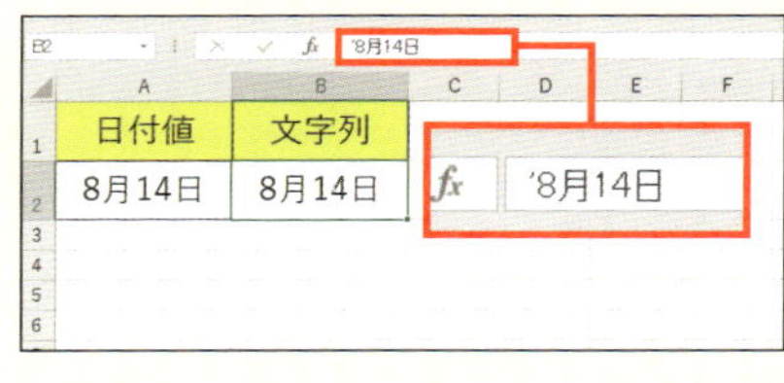

SECTION 050 日付と時刻

日付や時刻の書式記号を理解する

Excelで日付や時刻を扱う場合には、書式設定によって日付値や時刻値から必要な情報をピックアップして表示できます。この書式設定は、既存の書式から選択するほか、プレースホルダーとなる書式記号を組み合わせて独自に作成できます。

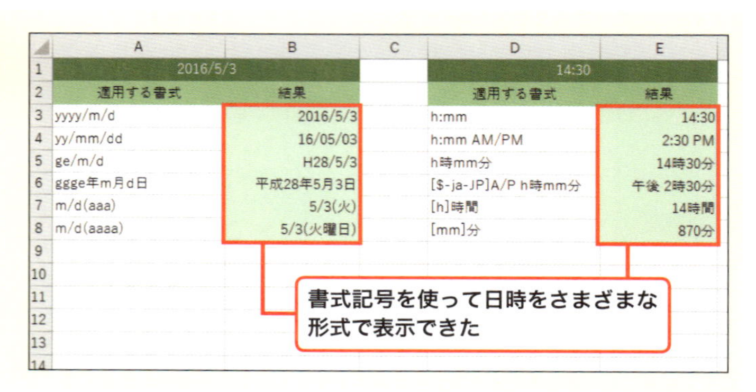

日付や時刻・時間に利用できる書式記号

セルの表示形式を設定すると、日付や時刻が入力されているセルの見た目を変更することができます。表示形式は、<書式設定>ダイアログボックスから選択するほか、書式記号を使って定義します。日付や時刻の表示に利用できる主な書式記号は以下のとおりです。

日付に使える書式記号と意味		例
yy、yyyy	西暦	16、2016
e、ee	年号	28
g、gg、ggg	元号	H、平、平成
m、mm	月	5、05
d、dd	日	3、03
mmm、mmmm、mmmmm	月の英語表記	Jul、July、J
ddd、dddd	曜日の英語表記	Mon、Monday
aaa、aaaa	曜日の漢字表記	月、月曜日

時刻・時間に使える書式記号と意味		例
h、hh	時間	9、09
m、mm	分	6、06
s、ss	秒	8、08
AM/PM、A/P	AM か PM か	2:00 PM、2:00 P

独自の表示形式を設定する

独自の表示形式を設定するには、＜セルの書式設定＞ダイアログボックスを利用し、ユーザー定義の書式を設定します。＜表示形式＞タブの＜分類＞から、＜ユーザー定義＞を選択し、＜種類＞テキストボックスに、表示したい形式を入力します。
このとき、書式記号を利用すると、その部分は、「実際の値をどこに表示するかを仮決めする記号(プレースホルダー)」とみなされ、その部分に日付値の対応する要素が表示されます。

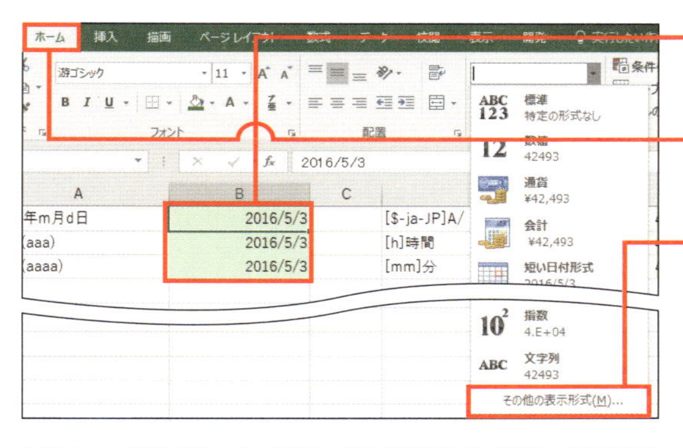

❶日付値が入力されているセルを選択し、

❷＜ホーム＞タブをクリックします。

❸＜数値＞欄の＜表示形式＞ドロップダウンリストから＜その他の表示形式＞を選択し、＜セルの書式設定＞ダイアログボックスを表示します。

❹＜表示形式＞タブの＜分類＞から＜ユーザー定義＞をクリックし、

❺＜種類＞テキストボックスに書式を入力します。たとえば、「ggge年m月d日」と入力すると、「ggg」などの書式記号の部分は、日付値の当てはまる値に置き換えて表示されます。ここでは、「平成28年5月3日」と表示されます。

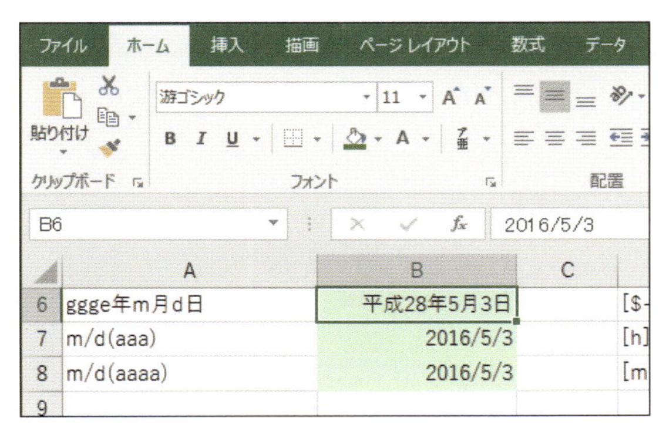

❻「元号・年号・年・月・日」の形式で日付を表示できました。

SECTION 051 日付と時刻

シリアル値を理解する

Excelでは日付値や時刻値を、「シリアル値」という値で管理しています。シリアル値は1900年1月1日を「1」とし、以降、1日経過するごとに「1」ずつ増えていく値です。2016年1月1日は、シリアル値では「42370」となります。

シリアル値とは

Excelに入力された日付値や時刻値は、コンピューターにとって計算がしやすいように、「シリアル値」という値に変換して記録されます。たとえば、「2016/8/1」と入力すると、この日付値は、「1900年1月1日を基準とすると、42583番目の日付」というように捉えられ、その値が記録されます。
この「42583」という値では人間にはわかりづらいため、書式の設定を用いて「2016/8/1」や「8月1日」という形で表示されています。
時刻の場合は、シリアル値の仕組みでは、「1日」の大きさが「1」なので、24時間が「1」となります。12:00は「0.5」、6:00は「0.25」となります。

	A	B	C	D	E	F
1	日付値／時刻値	シリアル値				
2	1900/1/1	1				
3	1900/1/10	10				
4	2016/8/1	42583				
5	2016/8/8	42590				
6	0:00	0				
7	12:00	0.5				
8	18:00	0.75				
9	24:00	1				
10						

日付は「1900年1月1日」を基準とした日数として管理されている

時間は、「1」を「1日(24時間)」とした小数として管理されている

また、日付と時刻のシリアル値は組み合わせることも可能です。日付の部分は整数、時刻の部分は小数で表されます。

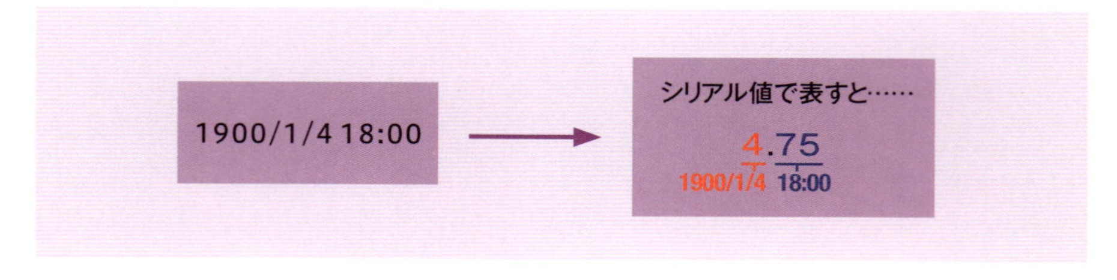

書式を変更してシリアル値での記録を確認する

実際にセルに適当な日付や時刻を入力し、そのセルの書式設定を「標準」や「数値」に変更してみましょう。すると、入力した日付や時刻がシリアル値に変換されて記録されていることが確認できます。このとき、時間まで確認するには、小数点以下まで表示する書式設定に変更してみましょう。

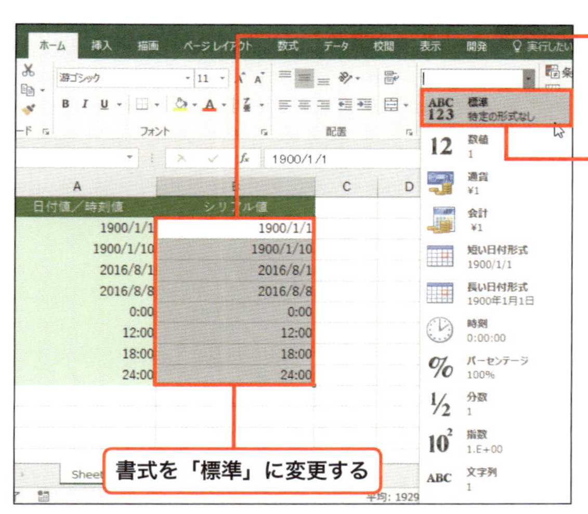

❶ 日付や時刻の入力されているセル（ここではB2:B9）を選択し、

❷ <ホーム>タブの<表示形式>ドロップダウンリストから<標準>をクリックします。

MEMO 書式を細かく設定する

<数値の書式>プルダウンメニューで<その他の表示形式>をクリックすると、<セルの書式設定>ダイアログボックスが表示されます。ここで<数値>をクリックすると、表示させる小数点以下の桁数などを細かく指定できます。

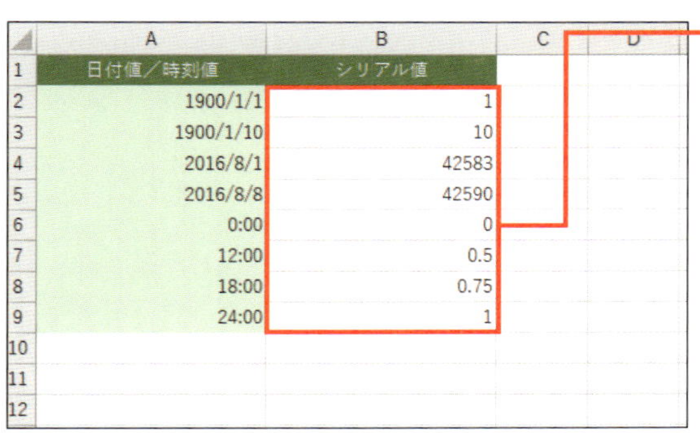

❸ 記録されているシリアル値が確認できます。
時刻の場合は、小数点以下の値も確認できます。

COLUMN

ユーザー定義で書式を設定する

Excelでは時刻を入力した場合、「時刻」の書式が設定されます。この書式は、文字通り「時刻」を表示するため、「24:00」と入力すると、「次の日の0:00」と解釈し、「0:00」という表示となります。「25:00」は「1:00」です。
「25:00」などのように表示したい場合には、書式の設定を行う際に、<セルの書式設定>ダイアログボックスで<ユーザー定義>を選択し、「[h]:mm」と書式を設定しましょう。

日付や時刻からシリアル値を求める

VALUE
TIMEVALUE

日付や時刻を表す形式の値（文字列）を元に、シリアル値を求めるには、VALUE関数やTIMEVALUE関数を利用します。すでに日付形式で入力されている値のシリアル値を別のセルに表示したい場合にも利用可能です。

	A	B	C	D	E
1	対象月	11月			
2	日付	25日			
3					
4	シリアル値	42699			
5	日付形式のシリアル値	2016/11/25			
6					
7					
8					

「11月25日」という日付形式の文字列を元に、シリアル値を算出できた

=VALUE（文字列）

文字列 

日付としてみなせる値（文字列）

VALUE関数は、「数値を表す文字列」を数値に変換します。引数「文字列」に「日付としてみなせる値」を指定すると、シリアル値に変換した値を返します。値は「3月5日」や「3/5」「2016/3/5」のような日付としてみなせる値を指定します。

=TIMEVALUE（時刻文字列）

時刻文字列 

時刻とみなせる値（文字列）

TIMEVALUE関数は、引数として指定した「時刻としてみなせる値」をシリアル値に変換した値を返します。値は「10:30」や、「12:00PM」のような時刻としてみなせる文字列を半角の二重引用符（"）で囲んで指定します。

文字列やセルに入力されている値からシリアル値を算出する

「11月」「25日」といった値は、そのままでは日付を表すシリアル値としては認識されません。そこで、2つの値を&演算子でつなげて「11月25日」と日付として認識できる形式にしたうえで、VALUE関数を使ってシリアル値に変換しましょう。

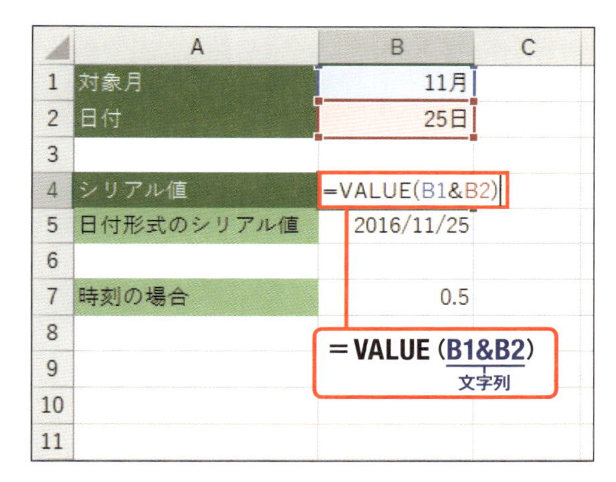

❶セルB4にVALUE関数を入力します。引数「文字列」にセルB1の値とセルB2の値を&演算子で連結した文字列を指定します。

MEMO &演算子

「&（アンパサンド）」は、2つの文字列を半角の「&」でつなぎ、1つの連続した文字列の値として返します。たとえばセルに「="11月"&"25日"」と入力すると、「11月25日」と表示されます。

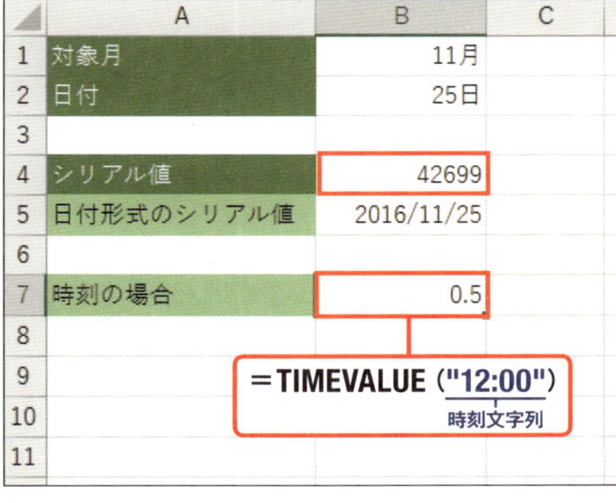

❷引数をシリアル値に変換した値が表示されます。シリアル値の表示されているセルの表示形式を「日付」に変更すると、任意の日付形式での表示も可能です。また、時刻の場合には、TIMEVALUE関数を利用します。

COLUMN すでに入力されている日付値のシリアル値を確認する

「3/5」など、すでに日付値として入力されている値を引数にVALUE関数を利用すると、その値のシリアル値を数値の形式で表示できます。
同じ「3/5」の表示でも、実は「2015/3/5」と「2016/3/5」と異なる日付である場合などでは、この方法でシリアル値を比べてみると違いがはっきりわかります。

SECTION 053 日付と時刻

現在の日付や時刻を表示する

TODAY
NOW

現在の日付や時刻を求めるには、TODAY関数やNOW関数を利用します。この2つの関数は、自動的に再計算を行うため、いったん入力しておけば、シートを操作する際にその時点での日付や時刻を表示することが可能です。

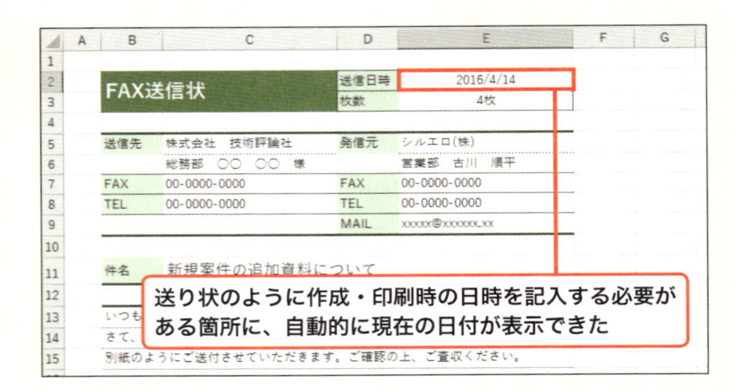

=TODAY()

TODAY関数は、現在の日付に対応するシリアル値を返します。セルの表示形式が「日付」に変更されるので、日付値が表示されます。TODAY関数の書式には引数はありませんが、「()」は必ず指定します。ブックを異なる日に利用した場合には、その日の日付が自動的に表示されます。

=NOW()

NOW関数は、現在の日付と時刻に対応するシリアル値を返します。セルの表示形式が「日付」に変更され、日付と時刻が表示されます。NOW関数の書式には引数がありませんが、「()」は必ず指定します。ブックを異なる日や異なる時間に利用した場合には、その時点での日付と時刻が自動的に表示されます。

その時点での日付や時刻を表示する

FAXの送り状のような、「作業を行った日時を記録する必要がある書類」に、その時点での日時を簡単に表示したい場合には、TODAY関数が便利です。また、時刻まで表示したい場合、あるいは、時刻のみを表示したい場合には、NOW関数を利用し、セルの書式設定で時刻の表示形式の種類を調整しましょう。

	A	B	C
1			
2		送信日時(TODAY関数)	=TODAY()
3		送信日時(NOW関数)	

=TODAY ()

❶ セルにTODAY関数を入力します。引数は必要ありません。

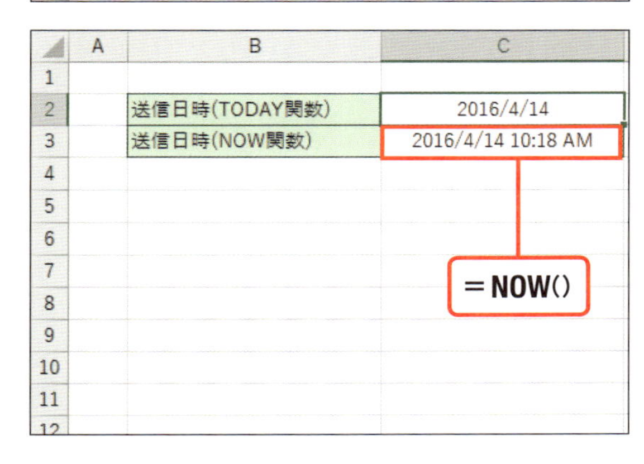

❷ その時点での日付が表示されます。時刻が必要な場合はNOW関数を利用します。

MEMO 日付の更新

＜Excelのオプション＞ダイアログボックスで＜計算方法の設定＞が＜自動＞に設定されている場合、TODAY関数やNOW関数で表示される日時は、ファイルを開いたり、セルに数値や文字を入力したときに更新されます。リアルタイムで時刻が変動するわけではありません。なお、＜Excelのオプション＞ダイアログボックスは、＜ファイル＞タブの＜オプション＞をクリックすると表示できます。

COLUMN

その時点での日時の固定値を入力するには

TODAY関数やNOW関数は、自動的にその時点での日付や日時を表示できます。この日時は自動的に再計算されるようになっているため、異なる日時にブックを操作すれば、その時点のものに変更されます。

では、送信履歴として保存したい場合など、一度入力した日時を変更「したくない」場合にはどうすればよいでしょうか。この場合には、関数ではなく、「その時点での日時を入力する」ショートカットキーを活用します。Ctrl+;キーで日付が、Ctrl+:キーで時刻が入力されます。用途によって使い分けましょう。

SECTION
054 日付から年、月、日を取り出す
日付と時刻

YEAR
MONTH
DAY

日付値から、「年」、「月」、「日」の各部分を取り出すには、それぞれ、YEAR関数、MONTH関数、DAY関数を利用します。日付値が入力されているセルから必要な部分を取り出すことも可能です。

	A	B	C	D	E	F	G	H	I	J
1	名前	年齢	誕生日	年	月	日				
2	手島 奈央	55	1960/5/22	1960	5	22				
3	永田 寿々花	34	1982/1/13	1982	1	13				
4	山野 ひかり	29	1987/2/26	1987	2	26				
5	川越 真一	23	1992/10/9	1992	10	9				
6	沢田 翔子	37	1978/5/19	1978	5	19				
7	上野 信彦	70	1946/2/3	1946	2	3				
8	松澤 寛	30	1985/5/29	1985	5	29				

誕生日の日付値を元に、年、月、日それぞれの値を取り出すことができた

 **=YEAR(シリアル値)**

 シリアル値  日付としてみなせる値

 YEAR関数は、引数として指定したシリアル値から、日付値の「年」の部分の値を1900～9999の範囲の整数で返します。引数にはシリアル値が入力されているセルを指定するほか、「"2016/1/1"」のような日付とみなせる文字列を指定することも可能です。

 **=MONTH(シリアル値)**

 シリアル値  日付としてみなせる値

 MONTH関数は、引数として指定したシリアル値から、日付値の「月」の部分の値を1～12の範囲の整数で返します。引数にはシリアル値が入力されているセルを指定するほか、「"2016/1/1"」のような日付とみなせる文字列を指定することも可能です。

書式 =DAY(シリアル値)

シリアル値 

日付としてみなせる値

DAY関数は、引数として指定したシリアル値から、日付値の「日」の部分の値を1～31の範囲の整数で返します。引数にはシリアル値が入力されているセルを指定するほか、「"2016/1/1"」のような日付とみなせる文字列を指定することも可能です。

日付値から必要な部分を数値として取り出す

セルに入力された日付値を元に、年、月、日の部分を取り出してみましょう。取り出した値は、日付値ではなく数値となります。この数値を元にすれば、特定の年や月の値を持つデータを集計・分析することも可能です。

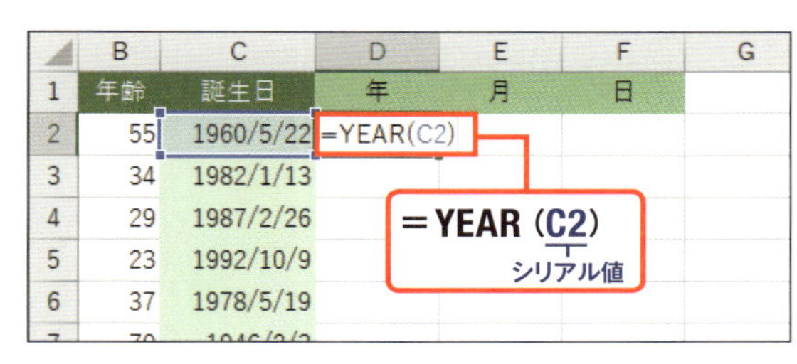

❶セルD2にYEAR関数を入力します。引数「シリアル値」には、すでに日付値が入力されているセルC2を指定します。

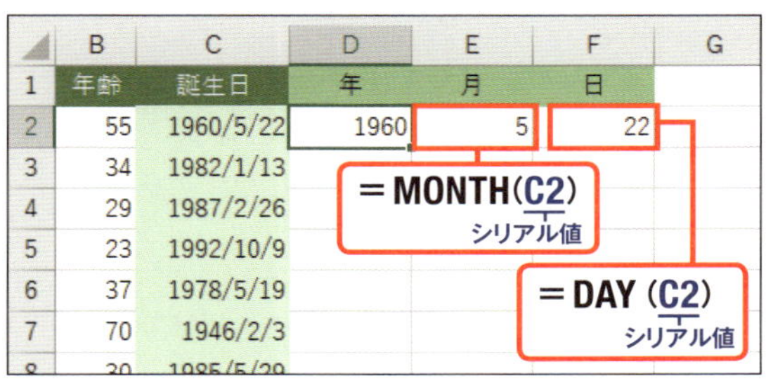

❷日付値の「年」の部分の数値だけを取り出せました。「月」や「日」の部分を取り出すには、MONTH関数とDAY関数を利用します。

COLUMN

日付値の必要な部分を文字列として取り出す

日付値を元に任意の書式を適用した文字列を作成したい場合には、TEXT関数(P.278参照)も利用できます。たとえば、セルA1に「2016/4/1」という日付値が入力してある場合、「=TEXT(A1,"m月d日(aaaa)")」と入力すると、「4月1日(金曜日)」と表示されます(2016年4月1日は金曜日です)。

SECTION 055 日付と時刻

時刻から時、分、秒を取り出す

HOUR MINUTE SECOND

時刻の値から、「時」、「分」、「秒」の各部分を取り出すには、それぞれ、HOUR関数、MINUTE関数、SECOND関数を利用します。時刻の値が入力されているセルから必要な部分を取り出すことも可能です。

	A	B	C	D	E	F	G
1	ID	対象ページ	アクセス日時	時	分	秒	
2	1	アクセス	2016/4/1 4:06:26 AM	4	6	26	
3	2	トップページ	2016/4/1 9:03:33 AM	9	3	33	
4	3	商品案内	2016/4/1 4:00:49 PM	16	0	49	
5	4	トップページ	2016/4/1 4:42:39 PM	16	42	39	
6	5	アクセス	2016/4/1 5:06:40 PM	17	6	40	
7	6	会社概要	2016/4/1 6:30:22 PM	18	30	22	
8	7	会社概要	2016/4/1 11:16:44 PM	23	16	44	
9	8	商品案内	2016/4/2 7:46:54 AM	7	46	54	
10	9	商品案内	2016/4/2 10:48:29 AM	10	48	29	
11	10	商品案内	2016/4/2 3:38:37 PM	15	38	37	
12	11	会社概要	2016/4/2 3:48:42 PM	15	48	42	
13	12	商品案内	2016/4/2 4:24:23 PM	16	24	23	
14	13	商品案内	2016/4/2 5:21:37 PM	17	21	37	
15	14	トップページ	2016/4/2 9:18:15 PM	21	18	15	
16	15	アクセス	2016/4/3 3:22:48 AM	3	22	48	
17	16	会社概要	2016/4/3 4:19:02 AM	4	19	2	
18	17	商品案内	2016/4/3 12:40:28 PM	12	40	28	

時刻のデータを持つ日付値や、時刻の値から、時、分、秒それぞれの値を取り出すことができた

=HOUR(シリアル値)

シリアル値  時刻のデータを持つ値

HOUR関数は、引数として指定した時刻のデータを持つシリアル値から、時刻値の「時」の部分の値を0〜23の範囲の整数で返します。引数には、時刻の値が入力されているセルを指定するほか、「12:34:56」のような時刻とみなせる文字列を半角の二重引用符(")で囲んで指定することも可能です。

書式 **=MINUTE(シリアル値)**

引数 **シリアル値**  必須 時刻のデータを持つ値

説明 MINUTE関数は、引数として指定したシリアル値から、時刻値の「分」の部分の値を0～59の範囲の整数で返します。引数には、シリアル値が入力されているセルを指定するほか、「12:34:56」のような時刻とみなせる文字列を半角の二重引用符(")で囲んで指定することも可能です。

書式 **=SECOND(シリアル値)**

引数 **シリアル値**  必須 時刻のデータを持つ値

説明 SECOND関数は、引数として指定したシリアル値から、時刻値の「秒」の部分の値を返します。引数には、シリアル値が入力されているセルを指定するほか、「12:34:56」のような時刻とみなせる文字列を半角の二重引用符(")で囲んで指定することも可能です。

» 時刻のデータを持つ時刻値から必要な部分を数値として取り出す

セルに入力された時刻のデータを持つ時刻値を元に、時、分、秒の部分を取り出してみましょう。取り出した値は、時刻値ではなく数値となります。この数値を元にすれば、特定の時刻の値を持つデータを集計・分析することも可能です。

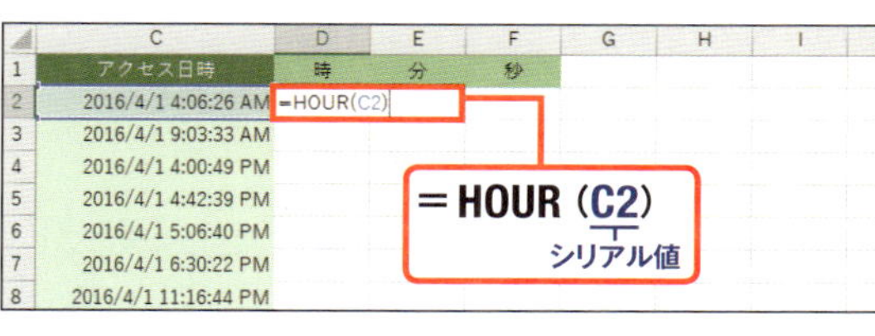

❶セルD2にHOUR関数を入力します。引数「シリアル値」には、時刻のデータを持つ日付値が入力されているセルC2を指定します。

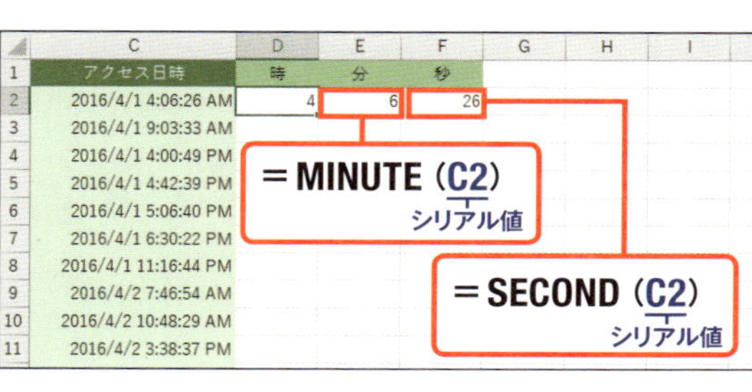

❷日付値の「時」の部分の数値を取り出せました。
「分」や「秒」の部分を取り出すには、MINUTE関数とSECOND関数を利用します。

SECTION
056 日付から曜日を取り出す

日付と時刻

WEEKDAY

日付値を元に、その日付が何曜日なのかを表す値を取り出すには、WEEKDAY関数を利用します。取り出した値は、曜日ごとのデータ分析や、曜日に対応する情報の表示などに活用できます。

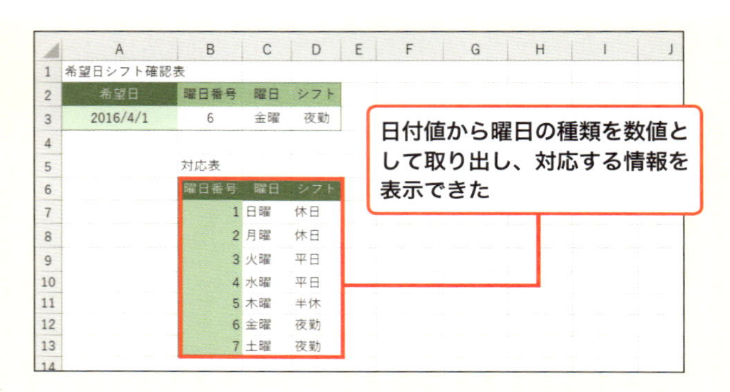

書式 =WEEKDAY(シリアル値,[種類])

引数

シリアル値	必須	日付としてみなせる値
種類	任意	どの曜日を「1」とするかの設定値

説明 WEEKDAY関数は、「シリアル値」に指定した値から、曜日に応じた1~7の数値を返します(引数「種類」により0～6の場合もあり)。
「種類」を省略した場合は、日曜日が「1」となり、土曜日が「7」となります。

引数「種類」による曜日番号の違い

種類	戻り値(曜日との対応)
1(省略時も)	1(日曜)～7(土曜)
2	1(月曜)～7(日曜)
3	0(月曜)～6(日曜)
11	1(月曜)～7(日曜)
12	1(火曜)～7(月曜)

種類	戻り値(曜日との対応)
13	1(水曜)～7(火曜)
14	1(木曜)～7(水曜)
15	1(金曜)～7(木曜)
16	1(土曜)～7(金曜)
17	1(日曜)～7(土曜)

※11以降の番号はExcel 2010以降で使用可能

曜日に対応した情報を表示する

セルに入力された日付値を元に、曜日の値を取り出し、さらにその値に対応する一覧表を用意することで、曜日に応じた情報を表示してみましょう。
下記の表では、WEEKDAY関数で曜日の値を取り出し、その値を元にINDEX関数(P.314参照)を使って、一覧表内から対応する値を表示しています。

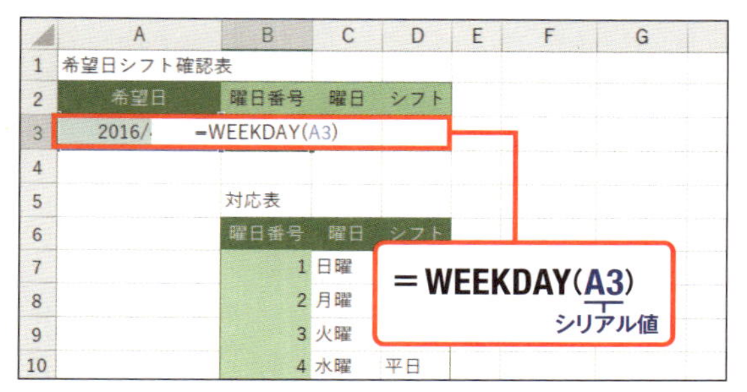

❶セルB3にWEEKDAY関数を入力します。引数「シリアル値」には、日付値が入力されているセルA3を指定します。

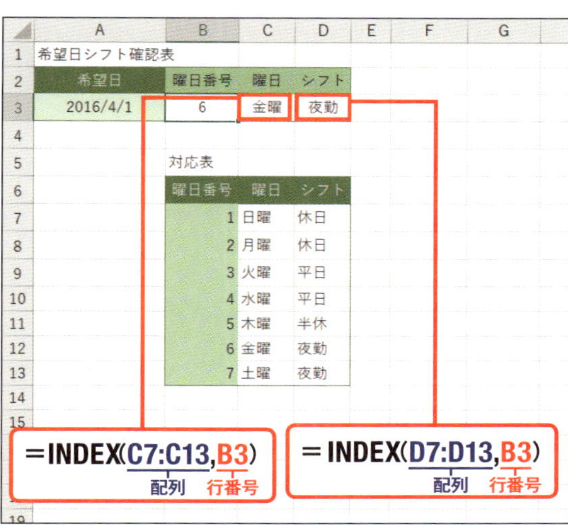

❷「金曜日」に対応する値である「6」が取り出せました。
さらに、INDEX関数（P.314参照）を入力すると、この値に対応する値を、一覧表から表示できます。

COLUMN

書式設定のみで曜日を表示する

単に日付値に対応した曜日を表示したいだけの場合には、日付の入力されているセルの書式設定を、「aaa」や「aaaa」にしてもOKです。前者は「月」、後者は「月曜日」のようにその日付の曜日が表示されます。
ただし、あくまでも日付値に書式を設定しているだけなので、日付が違えば同じ「月曜日」でも、異なる値として扱われます。並べ替えや、ピボットテーブルでの集計などに利用しようとしても、別々の値として集計されるので注意しましょう。

SECTION 057 日付と時刻

日付が何週目かを求める

WEEKNUM
ISOWEEKNUM

任意の日付が、その年の第何週目にあたるかを求めるには、WEEKNUM関数もしくはISOWEEKNUM関数を利用します。WEEKNUM関数では「その年の第1週目」をどのように決定するかは、引数を使って指定することも可能です。

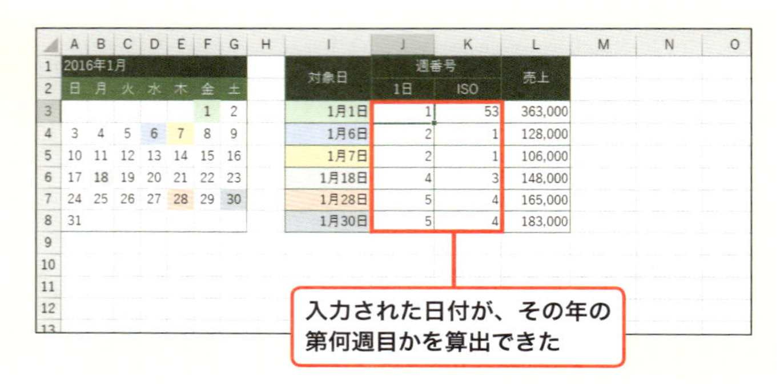

書式 =WEEKNUM(シリアル値,[週の基準])

引数

シリアル値	 必須	日付としてみなせる値
週の基準	 任意	週の始まりの曜日を設定する値

説明 WEEKNUM関数は、「シリアル値」に指定した値が、その年の第何週目であるかの値(週番号)を返します。「週の基準」を省略した場合は、「その年の1月1日を含む週が第1週(週の先頭は日曜日)」となります。

引数「週の基準」による開始曜日の違い

引数	週の始まり
1 (省略時も)	日曜
2	月曜
11	月曜
12	火曜
13	水曜
14	木曜

引数	週の始まり
15	金曜
16	土曜
17	日曜
21	月曜、ヨーロッパ式週番号システム (ISOWEEKNUM関数と同じ計算方法)

※11以降の番号はExcel 2010以降で使用可能

×2010 ×2007

書式 **=ISOWEEKNUM(日付)**

引数 日付  日付としてみなせる値

Excel 2013以降で利用できるISOWEEKNUM関数では、「その年の最初の木曜日を含む週が第1週(週の先頭は日曜日)」として計算を行い、第何週目であるかの値(ISO週番号)を返します。この方式は、「ヨーロッパ式週番号システム」と呼ばれ、ISO8601に規定されている方式です。

日付値から週番号を求める

セルに入力された日付値から週番号を求めてみましょう。WEEKNUM関数では1月1日を含む週を基準として計算を行い、ISOWEEKNUM関数では、その年の最初の木曜日を含む週を基準として計算が行われます。

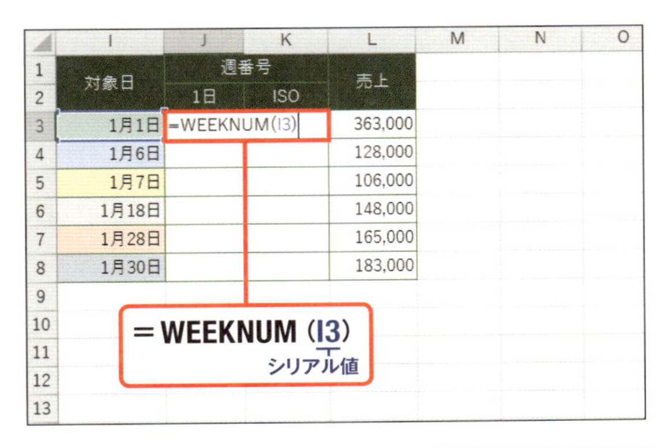

❶ セルJ3にWEEKNUM関数を入力します。引数「シリアル値」には日付値が入力されているセルI3を指定します。

	I	J	K	L
1	対象日	週番号		売上
2		1日	ISO	
3	1月1日	1	53	363,000
4	1月6日	2	1	128,000
5	1月7日	2	1	106,000
6	1月18日	4	3	148,000
7	1月28日	5	4	165,000
8	1月30日	5	4	183,000

=ISOWEEKNUM(I3)
シリアル値

❷ セルK3にISOWEEKNUM関数を入力し、同じくセルI3を引数「シリアル値」に指定します。同じ日付値ですが、計算方式によって第何週目かの計算が異なることが確認できます。

MEMO 1月1日の曜日

2016年1月1日の曜日は金曜日です。そのため、ISOWEEKNUM関数の結果が前年の第53週目として扱われています。

SECTION
058 年、月、日から日付データを作成する

日付と時刻

DATE
DATEVALUE

「年」、「月」、「日」の値から日付を作成するには、DATE関数やDATEVALUE関数を利用します。引数で指定した数値や文字列を元にシリアル値を算出できます。数値から算出する場合にはDATE関数、文字列から算出する場合はDATEVALUE関数と使い分けます。

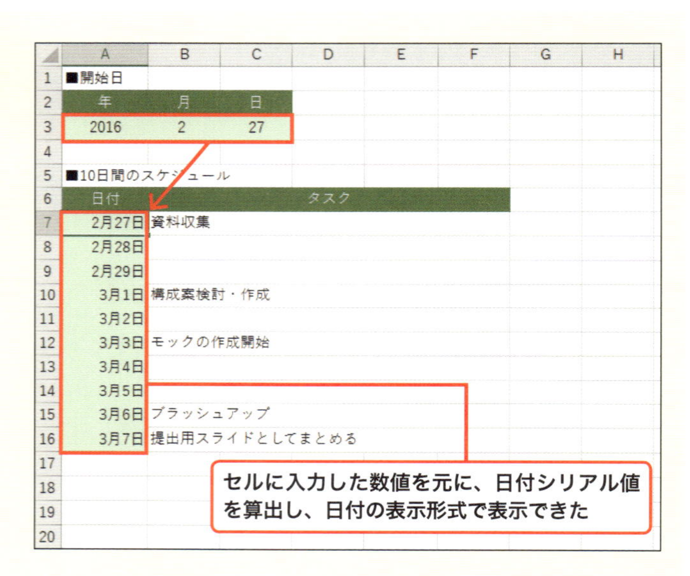

書式 =DATE(年,月,日)

引数

引数		説明
年	必須	日付の「年」部分に対応する値
月	必須	日付の「月」部分に対応する値
日	必須	日付の「日」部分に対応する値

説明 DATE関数は、「年」、「月」、「日」に指定した日付のシリアル値を返します。

書式 

 **日付文字列**  日付とみなせる文字列

 DATEVALUE関数は、引数に指定した文字列が日付と解釈できる場合、その日付シリアル値を返します。解釈できない場合はエラーとなります。

数値を元に10日分の日付を作成する

セルに入力した数値を元に日付を算出し、その日から10日分の日付を算出してみましょう。シリアル値で計算が行えるため、月をまたいだり、うるう年があったりする場合でも正確に10日分の日付の値が得られます。

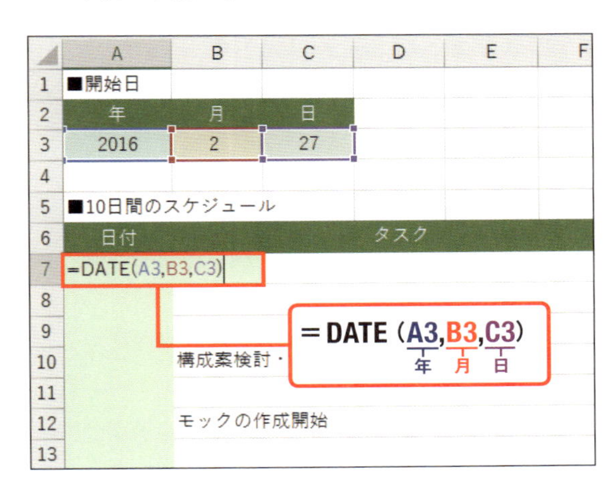

❶セルA7にDATE関数を入力します。引数には、年・月・日の数値が入力されているセルA3・B3・C3を指定します。

MEMO はみ出た場合は繰り上げ

DATE関数では、月や日の数値が「はみ出た」場合には、繰り上がって計算されます。たとえば、「=DATE(2016,1,32)」は、「2016/2/1」のシリアル値を返します。

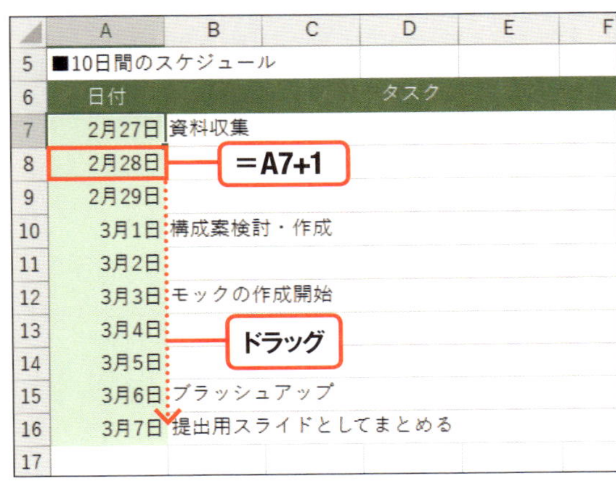

❷シリアル値が得られたら、1つ下のセルに、「= A7+1」と、セルA7のシリアル値に「1」だけ加算する式を入力します。
シリアル値は「1」が「1日」という考え方なので、この式で「次の日」を得ることができます。
以降は、オートフィルで必要な日数分コピーすれば完成です。

SECTION 059 日付と時刻

TIME
TIMEVALUE

時、分、秒から時刻データを作成する

「時」、「分」、「秒」の値から時刻を作成するには、TIME関数やTIMEVALUE関数を利用します。引数で指定した数値や文字列を元にシリアル値の小数を算出できます。数値から算出する場合にはTIME関数、文字列から算出する場合はTIMEVALUE関数と使い分けます。

	A	B	C	D	E	F	G
1	出社時		退社時		勤務時間		
2	時	分	時	分			
3	10	0	14	30	4時間30分		
4							
5							
6							
7							
8							

セルに入力した数値を元に、時刻データを作成し、時間数を計算できた

書式 =TIME(時,分,秒)

引数

時	必須	時刻の「時」部分に対応する値
分	必須	時刻の「分」部分に対応する値
秒	必須	時刻の「秒」部分に対応する値

説明 TIME関数は、「時」、「分」、「秒」に指定した時刻の値を返します。返される値は、引数として指定した数値を、「0:00:00」から「23:59:59」までの時刻に対応したシリアル値の小数に変換した値です。

書式 =TIMEVALUE(時刻文字列)

引数

時刻文字列	必須	時刻とみなせる文字列

説明 TIMEVALUE関数は、引数に指定した文字列が時刻と解釈できる場合、その時刻のシリアル値を返します。解釈できない場合はエラーとなります。

» セルの数値を元に勤務時間数を求める

セルに入力した「数値」を元に2つの時刻の値を作成し、勤務時間数を計算してみましょう。TIME関数を利用して2つの時刻を計算したら、大きいほう（時刻の遅いほう）から小さいほう（時刻の早いほう）を減算すれば、差分の時間数、つまり、勤務時間数が算出できます。

	A	B	C	D	E	F
1	出社時		退社時		勤務時間	
2	時	分	時	分		
3	10	0	14	30	=TIME(C3,D3,0)-TIME(A3,B3,0)	

＝TIME（C3,D3,0）-TIME（A3,B3,0）
（C3：時、D3：分、0：秒／A3：時、B3：分、0：秒）

❶セルE3に、TIME関数を使って、出社時と退社時の2つの時刻の差分を求める式を入力します。引数の時分秒のうち、「時」と「分」はセルの値を利用し、「秒」は「0」を直接指定します。ここでは10時から14時30分までの勤務時間を算出します。

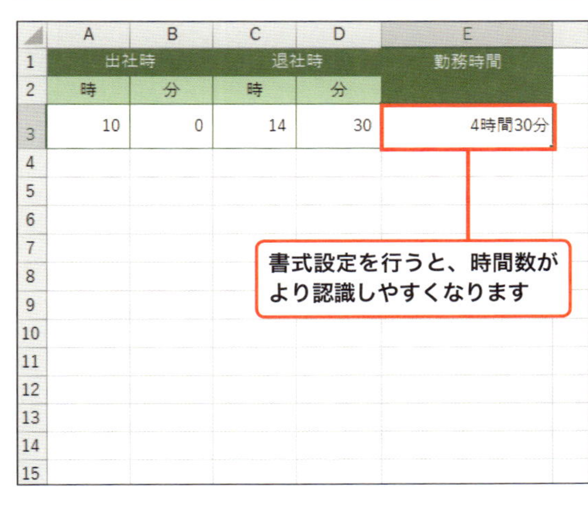

❷差分の勤務時間が算出できました。計算を行う際は、退勤時刻から出勤時刻を減算します。時間数を見やすくしたい場合には、書式の設定を工夫しましょう。

MEMO 時間を見やすくする

ここではユーザー定義で表示形式を設定することで時間数を見やすく設定しています。P.139を参考に<セルの書式設定>ダイアログボックスを表示し、<ユーザー定義>のメニューで「[h]"時間"mm"分"」と設定します。

COLUMN

時刻が「はみ出た場合」は時刻として収まるよう調整される

TIME関数では、分や秒の数値が「はみ出た」場合には、繰り上がって計算されます。「=TIME(0,1,90)」は「0時2分30秒」の値となります。また、1日（24時間）を超える分に関しては、切り捨てて調整されます。「=TIME（25,30,0）」は、「1時30分」の値となります。

SECTION 060 日付と時刻

TIME

勤務時間から「30分」の休憩時間を引く

時刻や時間が入力されているセルから、特定の時間数を引いたり足したりするには、数値をシリアル値に変換する必要があります。TIME関数を利用すると、セルに入力された数値をシリアル値に変換して計算するまでを1つの数式で行えます。

	A	B	C	D	E	F
1	■出勤状況					
2	勤務日	出勤	退勤	勤務時間	休憩(分)	実働時間
3	4月4日(月)	16:00	20:00	4:00	30	3:30
4	4月5日(火)	16:00	18:00	2:00	15	1:45
5	4月6日(水)	16:00	18:00	2:00	15	1:45
6	4月7日(木)	22:00	23:00	1:00	0	1:00
7	4月8日(金)	16:00	20:00	4:00	45	3:15
8						
9						
10						
11						
12						

勤務時間から休憩時間を引いた実働時間が計算できた

» シリアル値から数値を減算した場合

時間を表すシリアル値から「30分」を意図した「30」などの値を減算しても、意図したような計算ができません(『30日』分引いたとみなされ、マイナスの日付となってエラーとなっています)。

	A	B	C	D	E	F	G	H	I	J
2	勤務日	出勤	退勤	勤務時間	休憩(分)	実働時間				
3	4月4日(月)	16:00	20:00	4:00	30	#########				
4	4月5日(火)	16:00	18:00	2:00	15	#########				
5	4月6日(水)	16:00	18:00	2:00	15	#########				
6	4月7日(木)	22:00	23:00	1:00	0	1:00				
7	4月8日(金)	16:00	20:00	4:00	45	#########				
8										

=D3-E3

勤務時間からセルに入力されている数値を引いた時間数を求める

勤務時間として計算済みのシリアル値から、セルに入力されている数値を引いてみましょう。TIME関数の「分」の部分にセルの値を指定して、シリアル値に変換してから、勤務時間数から減算すれば、目的の時間数が求められます。

	D	E	F	G
2	勤務時間	休憩(分)	実働時間	
3	4:00	30	=D3-TIME(0,E3,0)	
4	2:00	15		
5	2:00	15		
6	1:00	0		
7	4:00	45		
8				
9				
10				

=D3-TIME (0,E3,0)
時 分 秒

❶セルD3に入力されているシリアル値から、セルE3に入力されている数値を「分」数として計算する式を、セルF3に入力します。時間を表す数値をシリアル値に変換するには、TIME関数を利用します。ここでは、TIME関数の引数「分」にセルE3を指定しています。

	D	E	F	G
2	勤務時間	休憩(分)	実働時間	
3	4:00	30	3:30	
4	2:00	15	1:45	
5	2:00	15	1:45	
6	1:00	0	1:00	
7	4:00	45	3:15	
8				
9				
10				

❷指定の分数だけ減算した値を求められました。分数に変換する際に、「時」や「秒」などの使用しない引数には「0」を指定しておきましょう。

COLUMN

式に直接時間の値を記述することもできる

時間の値の計算を行う場合には、式に直接時間の値を記述することも可能です。たとえば、「セルD3の値から30分引く」場合には、「=D3-"00:30"」と記述してもOKです。数式的な見た目にも、「30分引く」ことがわかりやすくなります。
この方法の難点は入力が面倒な点です。いろいろな値を手早く入力し、試したい場合には、本文中のようにセルに入力した値をTIME関数で時間の値に変換するテクニックのほうが便利です。ケースによって使い分けましょう。

SECTION 061 日付と時刻

EDATE

○ヶ月後や○ヶ月前の日付を求める

任意の日付を元に、1ヶ月後や1ヶ月前の日付を求めるには、EDATE関数を利用します。シリアル値で計算を行うため、年をまたぐ場合でも、「12月の1ヶ月後は13月」といった、ありえない日付の算出を回避できます。

	A	B	C	D
1	基準日	2016/4/30		
2				
3	1ヶ月後	2016/5/30		
4	1ヶ月前	2016/3/30		
5	6ヶ月前	2015/10/30		
6	2ヶ月前	2016/2/29		
7				
8				
9				
10				
11				
12				

「2016年4月30日」を基準に、1ヶ月後や1ヶ月前などの日付を求めることができた

書式 =EDATE(基準日,月)

引数

基準日	必須	基準となる日付のシリアル値や日付としてみなせる値(文字列)
月	必須	基準となる日付からの月数

説明 EDATE関数は、「基準日」に指定した日付から、「月」に指定した数だけ離れた日付のシリアル値を返します。
「月」に正の数を指定した場合には、○ヶ月後の日付のシリアル値を、負の数を指定した場合は、○ヶ月前の日付のシリアル値を返します。

基準となる日付を元に月単位で日付を計算する

セルに入力した基準となる日付を元に、○ヶ月後や○ヶ月前の日付を求めてみましょう。EDATE関数ではシリアル値で計算を行うため、年をまたいだ場合や、月末日を超えるような日付となる場合にも対応を行ってくれます。

	A	B	C
1	基準日	2016/4/30	
2			
3	1ヶ月後	=EDATE(B1,1)	
4	1ヶ月前		
5	6ヶ月前		
6	2ヶ月前		
7			
8			
9			

=EDATE(B1,1)
基準日 月

❶セルB3にEDATE関数を入力します。引数「基準日」にはセルB1を指定し、「1ヶ月後」の日付を求めるため、引数「月」は「1」を指定します。

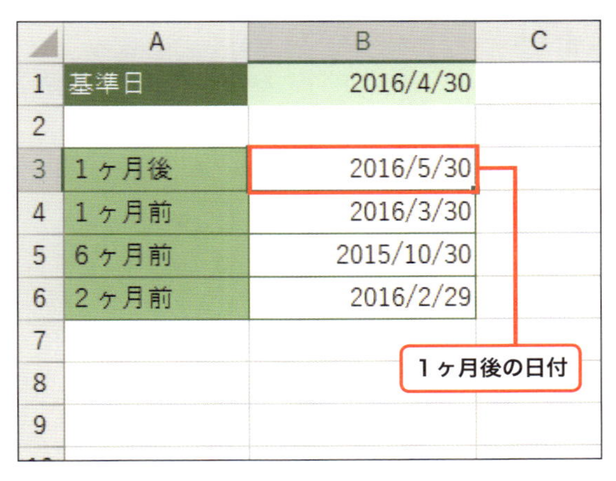

❷目的の日付が計算できました。同じように、「1ヶ月前」「6ヶ月前」「2ヶ月前」の日付を求めます。
この際に指定する月数は、それぞれ「-1」「-6」「-2」と、負の数になります。

COLUMN

基準となる月の日数を超える部分は調整される

上の例のセルB6では「2016年4月30日を基準として、2ヶ月前の日付を求める」式である「=EDATE(B1,-2)」が入力されています。
結果はというと、「2月29日」となります。「4月の2ヶ月前」の「2月」には「30日」はないため、調整されて同月の直近の日付である「29日」となっているわけです。また、2016年はうるう年であるため、「28日」ではなく「29日」に調整されている点も注目しましょう。

SECTION **062** 日付と時刻

○ヶ月後や○ヶ月前の月末を求める

EOMONTH

任意の日付を元に、1ヶ月後や1ヶ月前の月末日を求めるには、EOMONTH関数を利用します。月末日が「30日」の月や「31日」の月、あるいは2月のように「28日か29日」のような場合でも、正確に月末日を求められます。

	A	B	C	D	E	F
1	支払い管理表（月末締め・翌月末払い）					
2	ID	支払先	金額	受領日	支払日	
3	1	矢田部ひつじ牧場	38,400	4月4日	5月31日	
4	2	エクセルブイビーファーム	26,400	4月11日	5月31日	
5	3	忍ノ沢養殖場	72,000	4月11日	5月31日	
6	4	エクセルブイビーファーム	28,200	4月18日	5月31日	
7	5	オムラ青果	5,500	4月19日	5月31日	
8	6	エクセルブイビーファーム	22,400	4月27日	5月31日	
9	7	矢田部ひつじ牧場	39,000	5月2日	6月30日	
10	8	オムラ青果	7,400	5月2日	6月30日	
11	9	エクセルブイビーファーム	27,500	5月10日	6月30日	
12	10	忍ノ沢養殖場	72,000	5月12日	6月30日	
13						

受領日の日付を元に、翌月末の支払日の日付を求めることができた

書式 **=EOMONTH(基準日,月)**

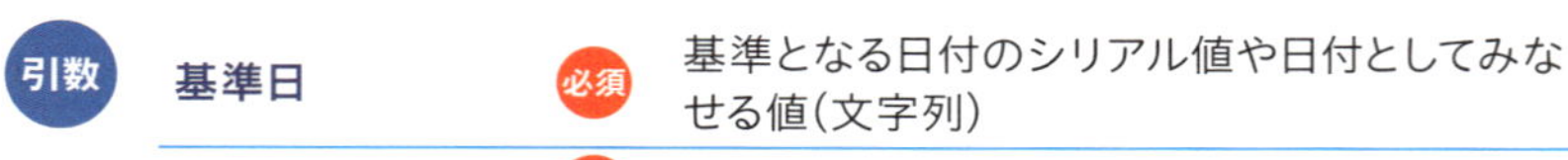

引数

基準日	必須	基準となる日付のシリアル値や日付としてみなせる値(文字列)
月	必須	基準となる日付からの月数

説明 EOMONTH関数は、「基準日」に指定した日付から、「月」に指定した数だけ離れた月の月末日のシリアル値を返します。
「月」に正の数を指定した場合には、○ヶ月後の月末日のシリアル値を、負の数を指定した場合は、○ヶ月前の月末日のシリアル値を返します。

月末に支払う金額を合計する

取引先への支払いルールが「月末締め・翌月末払い」のときの、月ごとの支払総額を求めてみましょう。基準となる日付を元に、EOMONTH関数を利用して、翌月末の支払日が算出できたら、その値を月ごとに集計すれば完成です。

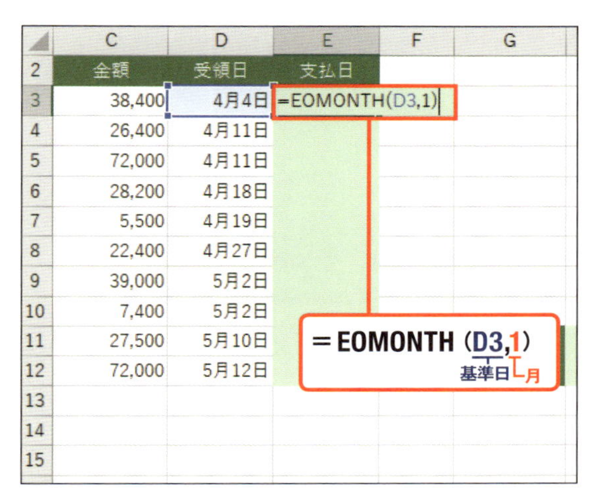

	C	D	E	F	G
2	金額	受領日	支払日		
3	38,400	4月4日	=EOMONTH(D3,1)		
4	26,400	4月11日			
5	72,000	4月11日			
6	28,200	4月18日			
7	5,500	4月19日			
8	22,400	4月27日			
9	39,000	5月2日			
10	7,400	5月2日			
11	27,500	5月10日			
12	72,000	5月12日			
13					
14					
15					

❶セルE3にEOMONTH関数を入力し、引数「基準日」にセルD3を、引数「月」に「1」を指定して、セルD3に入力されている基準となる日付から、「1ヶ月後の月末日」を求めます。

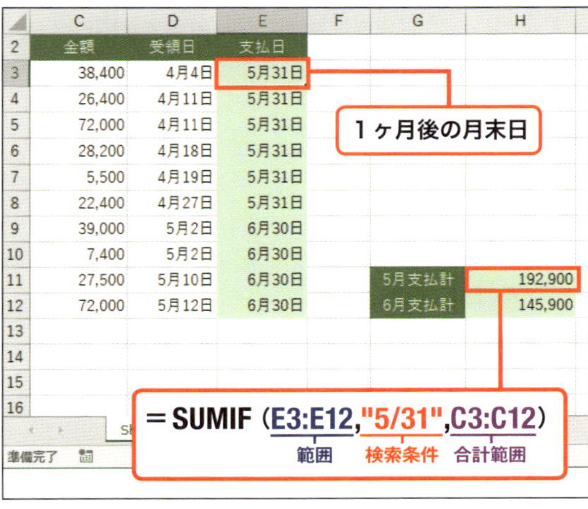

	C	D	E	F	G	H
2	金額	受領日	支払日			
3	38,400	4月4日	5月31日			
4	26,400	4月11日	5月31日			
5	72,000	4月11日	5月31日			
6	28,200	4月18日	5月31日			
7	5,500	4月19日	5月31日			
8	22,400	4月27日	5月31日			
9	39,000	5月2日	6月30日			
10	7,400	5月2日	6月30日			
11	27,500	5月10日	6月30日		5月支払計	192,900
12	72,000	5月12日	6月30日		6月支払計	145,900
13						
14						
15						
16						

❷支払日である翌月の月末日が求められました。同様にほかのデータの支払日も計算します。あとは、各月末日ごとに集計を行えば完成です。ここでは、SUMIF関数などを利用して集計を行っています（P.204参照）。

COLUMN

当月の月末日を求めるには

任意の日付の属する月の月末日を求めるには、EOMONTH関数の引数「月」に、「0」を指定します。「=EOMONTH ("4/10",0)」は「4月30日」を返します。

SECTION 063 日付と時刻

WORKDAY

土日を除いた期日を求める

任意の日付から、土日を除いた営業日ベースでの「翌営業日」「5営業日後」などの期日を求めるには、WORKDAY関数を利用します。また、土日だけでなく任意の祝日を休日として設定し、営業日を算出することも可能です。

	A	B	C	D	E
1	検診期日管理表(3営業日内)				
2	オーダー番号	地域	受付日	検診期日	
3	SK-001-001A	葵区	4月19日	4月22日	
4	SK-001-002A	清水区	4月20日	4月25日	
5	NA-024-018B	葵区	4月25日	4月28日	
6	NA-024-019B	清水区	4月26日	5月2日	
7	SK-001-001C	清水区	4月29日	5月9日	
8					
9	祝日リスト				
10	4月29日				
11	5月3日				
12	5月4日				
13	5月5日				

受付日の日付を元に、「3営業日後」の日付を求めることができた

書式 =WORKDAY(基準日,日数,[祝日])

引数

基準日	必須	基準となる日付のシリアル値や日付としてみなせる値(文字列)
日数	必須	基準となる日付から数えた営業日の日数
祝日	任意	土日以外の祝日(営業日から除外する日付)のリスト

説明 WORKDAY関数は、「基準日」に指定した日付から、「日数」分の営業日(土日を除いた日)だけ離れた日付のシリアル値を返します。
「祝日」に、祝日としたい日付のリストを指定した場合には、土日に加えてその日付も営業日から除外されて計算されます。

» 3営業日後の日付を求める

特定の日付を元に、3営業日後の日付を求めてみましょう。まず、土日以外の祝日のリストをシート上に用意します。次に、WORKDAY関数を入力し、引数「日数」に「3」を指定し、引数「祝日」に祝日リストを入力したセル範囲を指定すれば完成です。

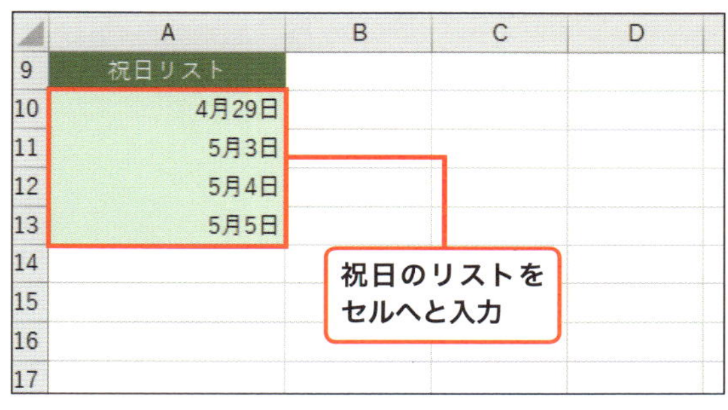

❶セル範囲A10:A13に祝日としたい日付をリスト状に入力しておきます。

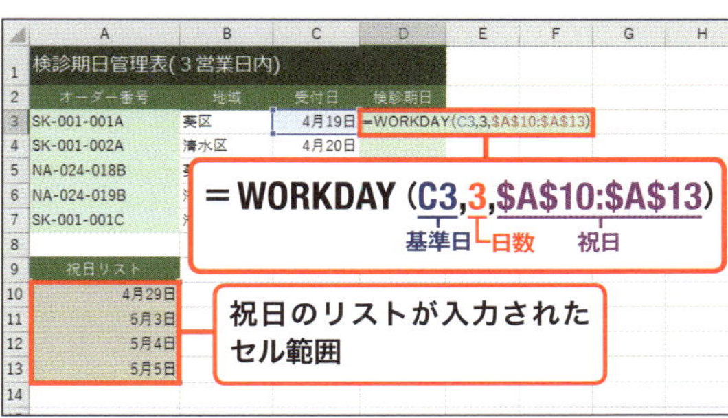

❷セルD3にWORKDAY関数を入力し、引数「日数」に「3」を指定し、セルC3に入力されている日付から、「3日後の営業日」を求めます。3つ目の引数「祝日」には手順❶で用意したセル範囲（A10:A13）を絶対参照（P.41参照）で指定します。

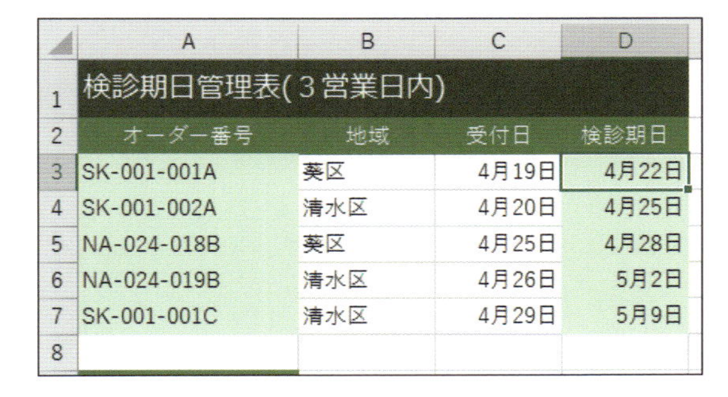

	A	B	C	D
1	検診期日管理表(3営業日内)			
2	オーダー番号	地域	受付日	検診期日
3	SK-001-001A	葵区	4月19日	4月22日
4	SK-001-002A	清水区	4月20日	4月25日
5	NA-024-018B	葵区	4月25日	4月28日
6	NA-024-019B	清水区	4月26日	5月2日
7	SK-001-001C	清水区	4月29日	5月9日
8				

❸3営業日後の日付が求められました。ほかのセルに数式をコピーする場合には、「祝日」部分を絶対参照で作成しておくのが便利です。

COLUMN

祝日のリストは必要なときのみ用意すればよい

本文中では祝日のリストを作成しましたが、単に「土日を除いた営業日」を計算するのであれば、このリストは必要ありません。なお、本書では「祝祭日」をすべて「祝日」と表記しています。

SECTION 064 日付と時刻

WORKDAY.INTL

木曜日と日曜日を定休日として翌営業日を求める

お国柄や営業形態によっては、休日が土日ではない場合があります。このような場合、任意の曜日を「休日」として、任意の営業日後の日付を求めたい場合には、WORKDAY.INTL関数を利用します。

	A	B	C	D
1	検診期日管理表(木・日休み3営業日内)			
2	オーダー番号	地域	受付日	検診期日
3	SK-001-001A	葵区	4月19日	4月23日
4	SK-001-002A	清水区	4月20日	4月25日
5	NA-024-018B	葵区	4月25日	4月29日
6	NA-024-019B	清水区	4月26日	4月30日
7	SK-001-001C	清水区	4月29日	5月3日
8				

受付日の日付を元に、「木・日休みの場合の3営業日後」の日付を求めることができた

×2007

書式 =WORKDAY.INTL(基準日,日数,[週末],[祝日])

引数

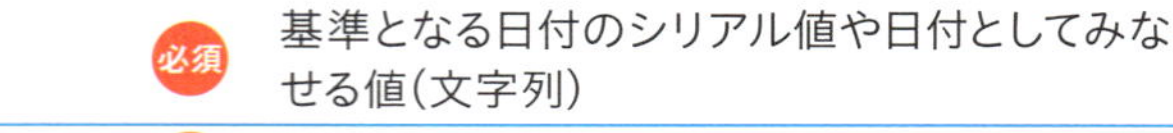

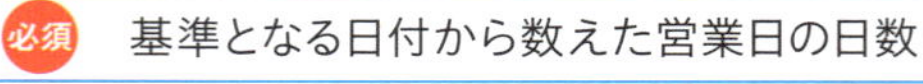

引数		説明
基準日	必須	基準となる日付のシリアル値や日付としてみなせる値(文字列)
日数	必須	基準となる日付から数えた営業日の日数
週末	任意	休日とする週末のパターン
祝日	任意	「週末」以外の祝日(営業日から除外する日付)リスト

説明

WORKDAY.INTL関数は、「基準日」に指定した日付から、「日数」分の営業日だけ離れた日付のシリアル値を返します。
「週末」には、休日としたい曜日を、数値、もしくは7文字の文字列を使って指定できます(右ページのCOLUMN参照)。「祝日」には、「週末」以外にも営業日から除外したい日付のリストを指定できます。

休日ルールを「木曜・日曜」に設定して営業日を計算する

「木曜日と日曜日が定休日」というルールで、「3営業日後」の日付を求めてみましょう。独自の「週末(定休日)」を設定するので、WORKDAY.INTL関数を利用し、営業日と定休日の指定を、0と1からなる文字列で行います。

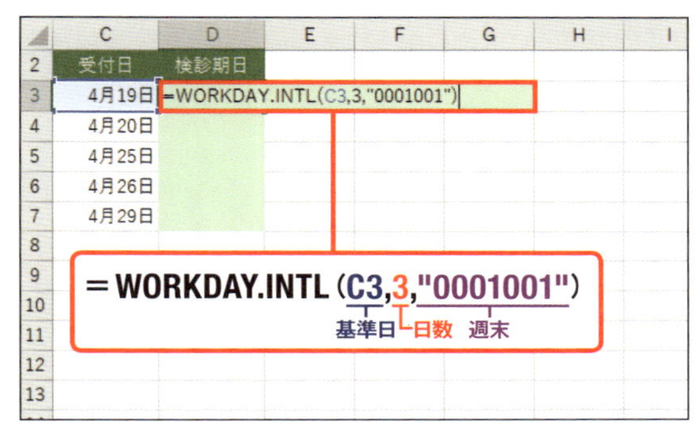

❶セルD3に、WORKDAY.INTL関数を入力します。引数「週末」は「0」と「1」を使った文字列で指定します(COLUMN参照)。

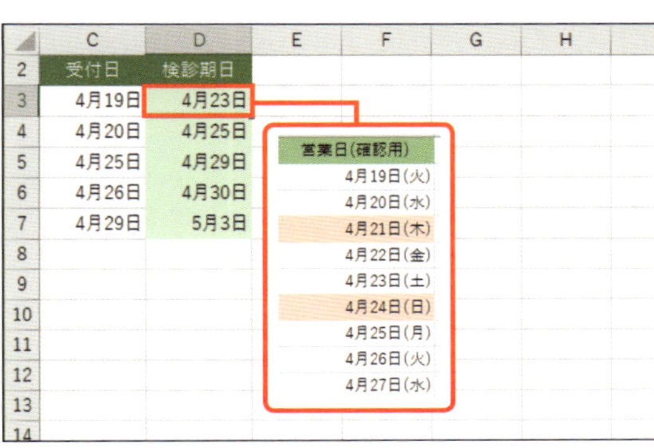

❷「木曜・日曜休み」のルールでの3営業日後の日付が求められました。

COLUMN

WORKDAY.INTL関数の引数「週末」を設定する

WORKDAY.INTL関数の引数「週末」に右表の数値もしくは文字列を指定すると、週末として扱う曜日を自由に設定することができます。

数値	週末	数値	週末
1(省略時も)	土・日	11	日曜のみ
2	日・月	12	月曜のみ
3	月・火	13	火曜のみ
4	火・水	14	水曜のみ
5	水・木	15	木曜のみ
6	木・金	16	金曜のみ
7	金・土	17	土曜のみ
文字列	出勤日を「0」、休日を「1」として、月曜日から順に出勤・休日を表した7文字の文字列。"0000011"は「土日休み」、"0010010"は「水土休み」となる。		

SECTION **065** 日付と時刻

当月の最終営業日を求める

WORKDAY EOMONTH

営業日を求めるWORKDAY関数（P.164参照）と、指定した月の月末の日付を求めるEOMONTH関数（P.162参照）を組み合わせると、当月の最終営業日を求められます。月末が休日の場合でも、自動的に適切な日付を算出可能です。

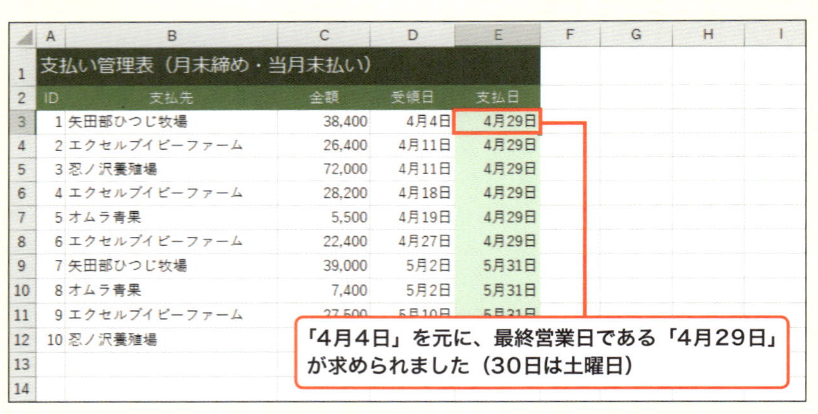

	A	B	C	D	E
1	支払い管理表（月末締め・当月末払い）				
2	ID	支払先	金額	受領日	支払日
3	1	矢田部ひつじ牧場	38,400	4月4日	4月29日
4	2	エクセルブイビーファーム	26,400	4月11日	4月29日
5	3	忍ノ沢養殖場	72,000	4月11日	4月29日
6	4	エクセルブイビーファーム	28,200	4月18日	4月29日
7	5	オムラ青果	5,500	4月19日	4月29日
8	6	エクセルブイビーファーム	22,400	4月27日	4月29日
9	7	矢田部ひつじ牧場	39,000	5月2日	5月31日
10	8	オムラ青果	7,400	5月2日	5月31日
11	9	エクセルブイビーファーム	27,500	5月10日	5月31日
12	10	忍ノ沢養殖場			
13					
14					

	A	B	C
1	■支払い金額集計表		
2	支払日	支払先	合計 / 金額
3	⊟4月29日	エクセルブイビーファーム	77,000
4		オムラ青果	5,500
5		忍ノ沢養殖場	72,000
6		矢田部ひつじ牧場	38,400
7	4月29日 集計		192,900
8			
9	⊟5月31日	エクセルブイビーファーム	27,500
10		オムラ青果	7,400
11		忍ノ沢養殖場	72,000
12		矢田部ひつじ牧場	39,000
13	5月31日 集計		145,900
14			
15	総計		338,800

求められた最終営業日を元にピボットテーブルを作成したところ。各月末ごとに、必要な支払金額が、簡単に把握できます

翌月の1日を計算し、その1営業日前を計算する

当月の最終営業日を求める考え方は、まず、「翌月の1日」を求めます。その日付を元に、「1営業日前」を求めます。「翌月の1日」はEOMONTH関数で、「1営業日前」はWORKDAY関数で求められます。

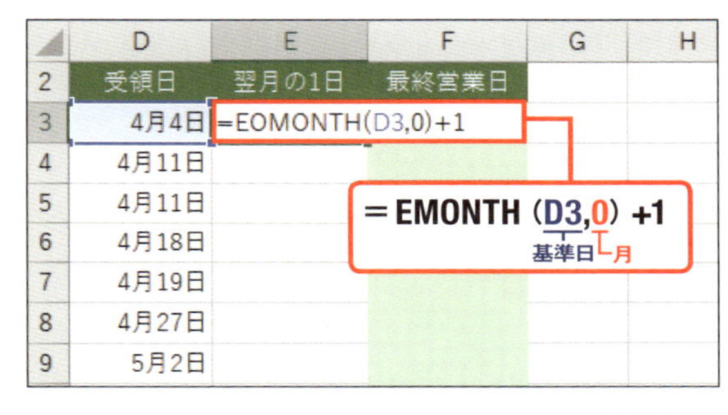

	D	E	F	G	H
2	受領日	翌月の1日	最終営業日		
3	4月4日	=EOMONTH(D3,0)+1			
4	4月11日				
5	4月11日				
6	4月18日				
7	4月19日				
8	4月27日				
9	5月2日				

❶セルE3に、EOMONTH関数を入力し、セルD3の日付を元にした「当月の月末日」を求め、さらに「1日分」だけ加えることで、「翌月の1日」を計算します。

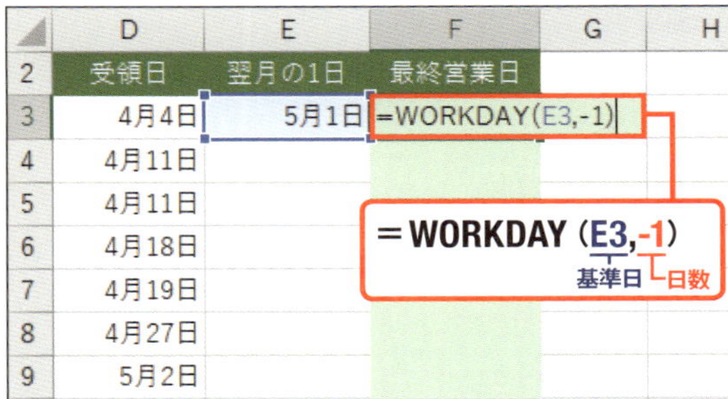

	D	E	F	G	H
2	受領日	翌月の1日	最終営業日		
3	4月4日	5月1日	=WORKDAY(E3,-1)		
4	4月11日				
5	4月11日				
6	4月18日				
7	4月19日				
8	4月27日				
9	5月2日				

❷「翌月の1日」が求められたところで、セルF3にWORKDAY関数を入力し、「1営業日前」を計算します。

MEMO WORKDAY関数の引数

引数「日数」にマイナスの値を指定すると、前の日付を求められます。

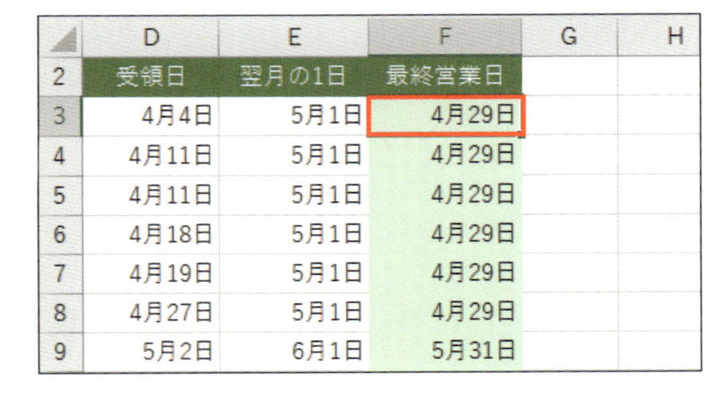

	D	E	F	G	H
2	受領日	翌月の1日	最終営業日		
3	4月4日	5月1日	4月29日		
4	4月11日	5月1日	4月29日		
5	4月11日	5月1日	4月29日		
6	4月18日	5月1日	4月29日		
7	4月19日	5月1日	4月29日		
8	4月27日	5月1日	4月29日		
9	5月2日	6月1日	5月31日		

❸「受領日」を元に、「当月の最終営業日」が求められました。

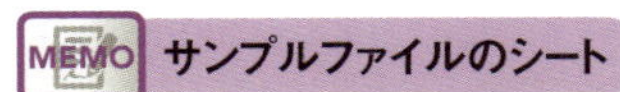

MEMO サンプルファイルのシート

サンプルファイルは、「1つのセルで計算」と「2つのセルで計算」の2つのシートに分かれています。

COLUMN

休日のリストを組み合わせる

WORKDAY関数の3つ目の引数に休日のリストを設定すると、土日だけでなく、休日も除いた「最終営業日」を求めることも可能です（P.165参照）。

SECTION 066 日付と時刻

2つの日付から期間を求める

DAYS
DATEDIF

2つの日付の間の日数を求めるには、DAYS関数を利用します。また、月数や年数など、いろいろな形式での期間を求めたい場合には、DATEDIF関数を利用します。求めたい期間の単位に合わせて、2つの関数を使い分けましょう。

ポイント

2つの日付の間の日数や月数を求められました

	A	B	C	D	E	F
1	調査対象	増加数	開始日	終了日		
2	検体A-001	1,187	5月1日	8月31日		
3						
4	■集計					
5	総日数	月数	増加数/日	増加数/月		
6	122	3	9.73	396		
7						

×2010 ×2007

書式 =DAYS(終了日,開始日)

引数

引数		内容
終了日	必須	期間の終了日の日付のシリアル値や日付としてみなせる値(文字列)
開始日	必須	期間の開始日の日付のシリアル値や日付としてみなせる値(文字列)

説明 DAYS関数は、「開始日」から、「終了日」の期間の日数を返します。

書式 =DATEDIF(開始日,終了日,単位)

引数

引数		内容
開始日	必須	期間の開始日の日付のシリアル値や日付としてみなせる値(文字列)
終了日	必須	期間の終了日の日付のシリアル値や日付としてみなせる値(文字列)
単位	必須	期間の計算方法を指定する文字列

説明 DATEDIF関数は、「開始日」から、「終了日」の期間を、「単位」に指定した方法(右ページのCOLUMN参照)で計算した結果を返します。

2つの日付から指定方法で期間を計算する

2つの日付の期間を、さまざまな計算方法で計算してみましょう。日数を求める際にはDAYS関数を利用し、月数や年数を求める際には、DATEDIF関数を利用します。2つの関数の「開始日」と「終了日」の設定順が逆となっている点に注意しましょう。

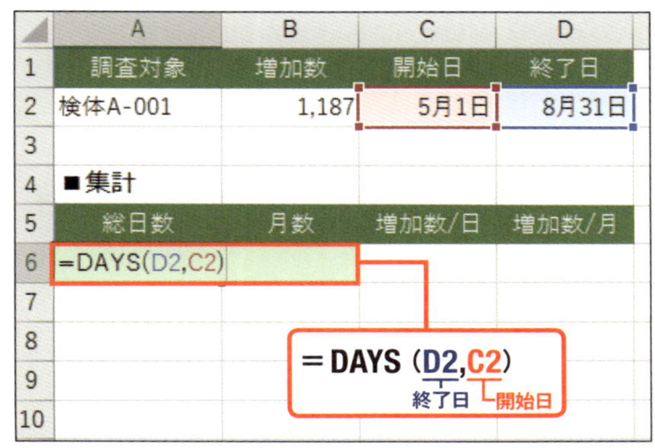

❶セルA6にDAYS関数を入力し、セルC2の日付からセルD2の日付までの日数を計算します。引数は、「終了日」「開始日」の順で指定します。

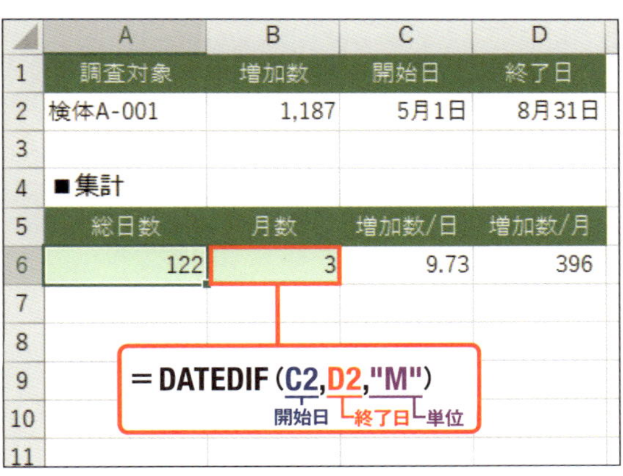

❷「5月1日」から「8月31日」までの日数「122」が求められます。セルB6には、DATEDIF関数を入力し、セルC2の日付からセルD2の日付までの月数を計算します。こちらの引数は、「開始日」「終了日」「単位」の順で指定します。

ここでは、引数「単位」に「"M"」を指定しているので、月数「3」が求められます。

COLUMN

DATEDIF関数の引数「単位」を設定する

DATEDIF関数の引数「単位」に下表の文字列を指定すると、計算する単位を変更して「開始日」と「終了日」の期間を求めます。

単位	計算方法
D	日数
M	月数
Y	年数

単位	計算方法
MD	日数（月数・年数は無視）
YM	月数（日数・年数は無視）
YD	日数（年数は無視）

SECTION 067 日付と時刻

生年月日から年齢を求める

DATEDIF
TODAY

生年月日から現在の年齢を求めるには､2つ日付の期間を求めるDATEDIF関数(P.170参照)と、現在の日付が得られるTODAY関数（P.144参照）を利用します。誕生日を過ぎている場合だけでなく、過ぎていない場合でも正確な年齢の算出が可能です。

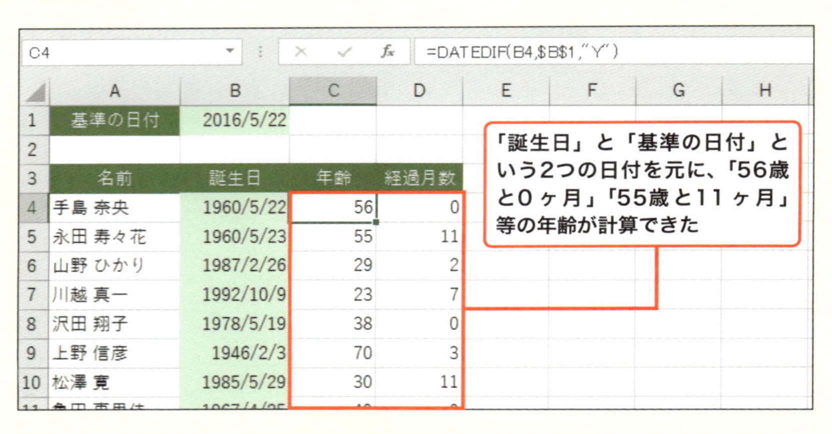

	A	B	C	D
1	基準の日付	2016/5/22		
2				
3	名前	誕生日	年齢	経過月数
4	手島 奈央	1960/5/22	56	0
5	永田 寿々花	1960/5/23	55	11
6	山野 ひかり	1987/2/26	29	2
7	川越 真一	1992/10/9	23	7
8	沢田 翔子	1978/5/19	38	0
9	上野 信彦	1946/2/3	70	3
10	松澤 寛	1985/5/29	30	11

B1 =TODAY()

	A	B	C	D
1	基準の日付	2016/9/8		
2				
3	名前	誕生日	年齢	経過月数
4	手島 奈央	1960/5/22	56	3
5	永田 寿々花	1960/5/23	56	3
6	山野 ひかり	1987/2/26	29	6
7	川越 真一	1992/10/9	23	10
8	沢田 翔子	1978/5/19	38	3
9	上野 信彦	1946/2/3	70	7
10	松澤 寛	1985/5/29	31	3

「基準の日付」にTODAY関数を利用すると、ブックを開いた時点での最新の年齢が確認できる

求める期間を「年数」「月数」の2種類で計算する

2つの日付の間の「年数」を求めるには、DATEDIF関数の引数「単位」の設定に「Y」を指定して計算を行います。また、「単位」の設定を「YM」と指定すると、2つの日付の間の「年数や日数を無視した月数」、つまり、「前回誕生日からの月数」が求められます。

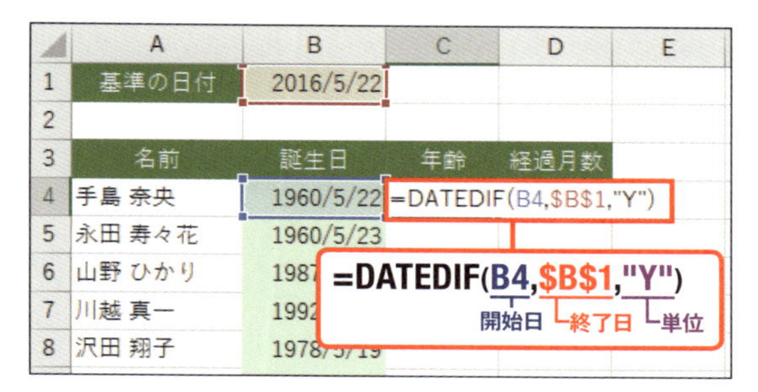

❶セルC4にDATEDIF関数を入力し、引数「開始日」にセルB4を指定し、引数「終了日」にセルB1を絶対参照で指定して、セルB4とセルB1に入力されている日付の期間を、「年数」単位で計算します。引数「単位」に「年数」を表す「Y」を指定します。

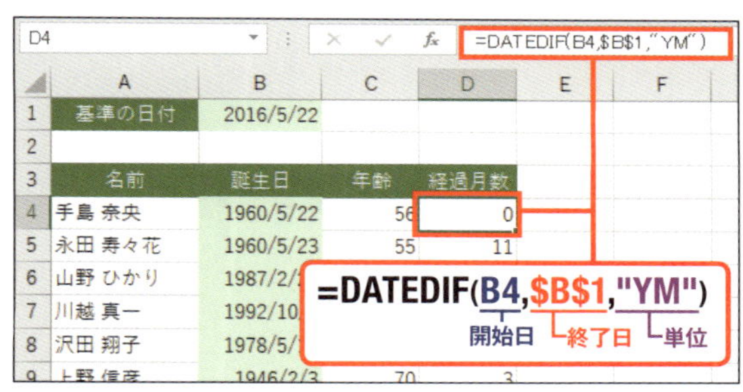

❷セルD4にもDATEDIF関数を入力します。ここでは引数「単位」に「月数」を表す「YM」を指定します。
年齢と、誕生日からの経過月数の2種類の情報が求められました。

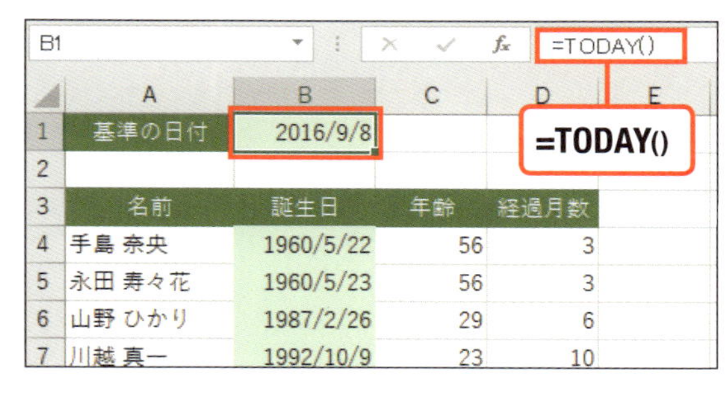

❸計算の基準となる日付のセルにTODAY関数を入力すると、セルが再計算され、ブックを開いた時点での年齢と月数が表示されます。

COLUMN

DATEDIF関数の位置づけとは

DATEDIF関数は、もともとほかの表計算ソフトとの互換性を保つために作成された、いわば「予備的な」関数でした。そのためかどうか、<関数の挿入>メニューの一覧などには記載されない、ちょっと不思議な関数です。しかし、入力すれば利用できる便利な関数ですので、有効に活用していきましょう。

SECTION
068 土日祝日を除いた日数を求める

日付と時刻

NETWORKDAYS

2つの日付の間の期間から、土日や祝日の除いた日数、いわゆる稼働日数を求めるには、NETWORKDAYS関数を利用します。稼働日数にカウントしたくない土日以外の任意の日付がある場合には、その日付を指定することも可能です。

	A	B	C	D	E	F
1	サンプル・システム作成					
2	ID	作業	開始日	終了日	稼働日数	
3	1	打ち合わせ・要件洗い出し	4月20日	5月2日	8	
4	2	設計	5月1日	5月20日	12	
5	3	機材手配	5月10日	5月22日	9	
6	4	コード作成	5月21日	6月20日	21	
7	5	検査	6月21日	6月24日	4	
8						
9	ID	祝日	日付			
10	1	昭和の日	4月29日			
11	2	憲法記念日	5月3日			
12	3	みどりの日	5月4日			
13	4	こどもの日	5月5日			
14	5	創立記念日	6月5日			
15						

開始日と終了日の間の稼働日数を求めることができた

書式 =NETWORKDAYS(開始日,終了日,[祝日])

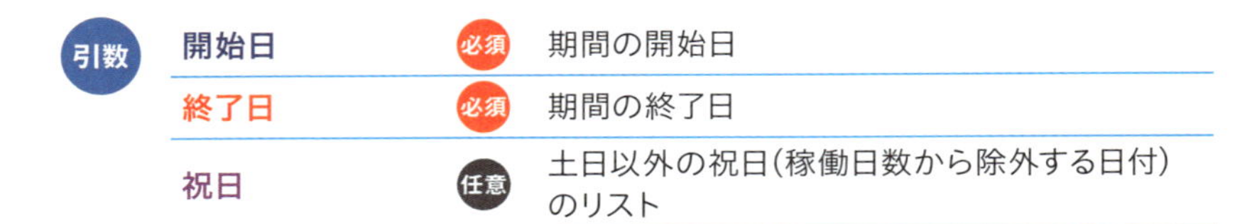

引数

開始日	必須	期間の開始日
終了日	必須	期間の終了日
祝日	任意	土日以外の祝日(稼働日数から除外する日付)のリスト

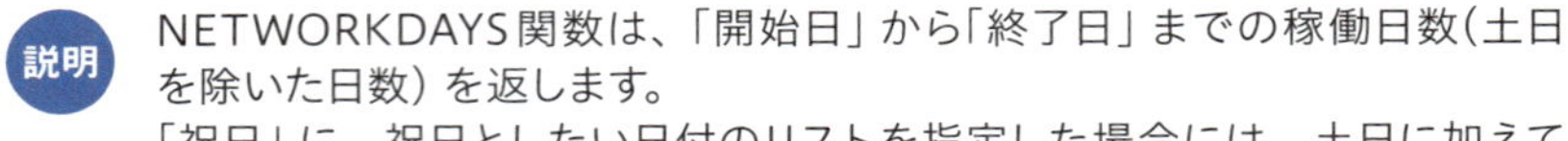

説明 NETWORKDAYS関数は、「開始日」から「終了日」までの稼働日数(土日を除いた日数)を返します。
「祝日」に、祝日としたい日付のリストを指定した場合には、土日に加えてその日付も稼働日数から除外されて計算されます。

期間の開始日・終了日・祝日リストを用意して計算する

特定期間の稼働日を求めるには、期間の開始日と終了日を定め、土日以外の祝日がある場合には、そのリストをシート上に作成しておきます。あとはNETWORKDAYSで3つの要素を引数に指定すれば完成です。

	A	B	C
9	ID	祝日	日付
10	1	昭和の日	4月29日
11	2	憲法記念日	5月3日
12	3	みどりの日	5月4日
13	4	こどもの日	5月5日
14	5	創立記念日	6月5日
15			

❶シート上に祝日のリストを用意します。今回の計算で利用するのは、セル範囲C10：C14に入力された日付のリストです。

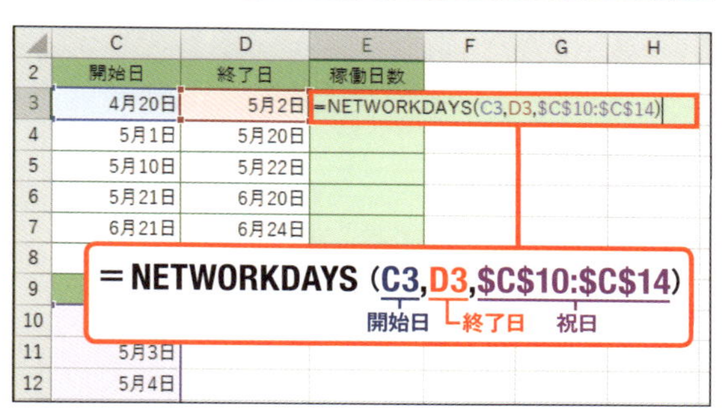

❷セ ルE3に、NETWORKDAYS関数を入力します。引数「開始日」にセルC3、引数「終了日」にセルD3、引数「祝日」にセル範囲C10：C14を絶対参照で指定します。

	C	D	E	F
2	開始日	終了日	稼働日数	
3	4月20日	5月2日	8	
4	5月1日	5月20日	12	
5	5月10日	5月22日	9	
6	5月21日	6月20日	21	
7	6月21日	6月24日	4	
8				

❸稼働日数を求めることができました。

COLUMN

祝日のリストは必要なときのみ用意する

本文中では祝日のリストを作成しましたが、単に「土日を除いた日数」を計算するのであれば、このリストは必要ありません。

SECTION 069 日付と時刻

NETWORKDAYS.INTL

土日休み以外の形態の稼働日数を求める

休日が土日以外である地域や勤務シフトの場合に、休日以外の日数（稼働日数）を求めるには、NETWORKDAYS.INTL関数を利用します。休日の指定は、あらかじめ決められたパターンから選択するほか、独自のルールを指定可能です。

	A	B	C	D	E	F
1	サンプル・システム作成(月～水のみスタッフ用)					
2	ID	作業	開始日	終了日	稼働日数	
3	1	打ち合わせ・要件洗い出し	4月20日	5月2日	5	
4	2	設計	5月1日	5月20日	9	
5	3	機材手配	5月10日	5月22日	5	
6	4	コード作成	5月21日	6月20日	13	
7	5	検査	6月21日	6月24日	2	

「月～水のみ出勤」というルールで、開始日と終了日の間の稼働日数を求めることができた

×2007

書式 =NETWORKDAYS.INTL(開始日,終了日,[週末],[祝日])

引数

引数		説明
開始日	必須	期間の開始日
終了日	必須	期間の終了日
週末	任意	休日とする週末のパターン
祝日	任意	週末以外の祝日(稼働日数から除外する日付)のリスト

説明 NETWORKDAYS.INTL関数は、「開始日」から「終了日」までの稼働日数(「週末」「祝日」を除いた日数)を返します。
「週末」には、休日としたい曜日を、数値、もしくは7文字の文字列を使って指定できます(右ページのCOLUMN参照)。
「祝日」には、「週末」以外にも稼働日数から除外したい日付のリストを指定できます。

月～水のみ出勤するスタッフ用の稼働日数を計算する

「月曜日～水曜日のみ出勤」という勤務スタイルでの稼働日数を求めてみましょう。計算したい期間の開始日と終了日を用意し、NETWORKDAYS.INTL関数を利用します。引数「週末」に、勤務パターンに沿った文字列を指定すれば完成です。

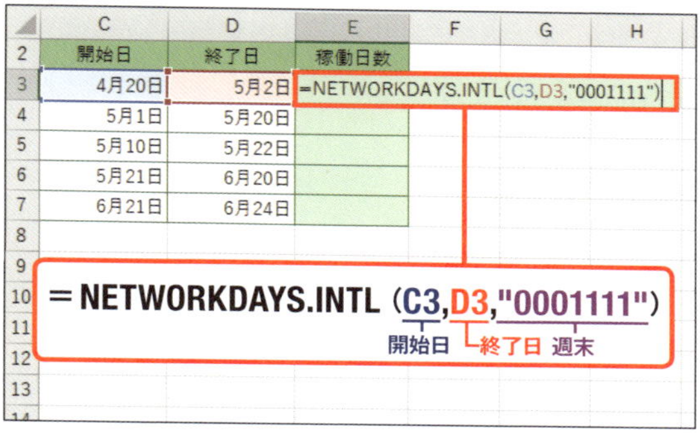

	C	D	E
2	開始日	終了日	稼働日数
3	4月20日	5月2日	=NETWORKDAYS.INTL(C3,D3,"0001111")
4	5月1日	5月20日	
5	5月10日	5月22日	
6	5月21日	6月20日	
7	6月21日	6月24日	

=NETWORKDAYS.INTL（C3,D3,"0001111"）
開始日 終了日 週末

❶セルE3にNETWORKDAYS.INTL関数を入力します。引数「開始日」にセルC3を指定し、引数「終了日」にセルD3を指定して、「週末」に「0001111」という文字列を半角の二重引用符（"）で囲んで指定します。

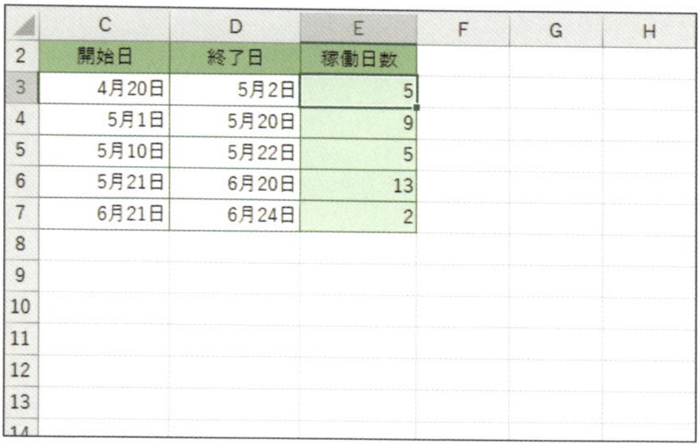

	C	D	E
2	開始日	終了日	稼働日数
3	4月20日	5月2日	5
4	5月1日	5月20日	9
5	5月10日	5月22日	5
6	5月21日	6月20日	13
7	6月21日	6月24日	2

❷「月～水のみ出勤」というルールでの稼働日数が求められました。

COLUMN

NETWORKDAYS.INTL関数の引数「週末」を設定する

NETWORKDAYS.INTL関数の引数「週末」に右表の数値もしくは文字列を指定すると、週末として扱う曜日を自由に設定することができます。

数値	週末	数値	週末
1（省略時も）	土・日	11	日曜のみ
2	日・月	12	月曜のみ
3	月・火	13	火曜のみ
4	火・水	14	水曜のみ
5	水・木	15	木曜のみ
6	木・金	16	金曜のみ
7	金・土	17	土曜のみ
文字列	出勤日を「0」、休日を「1」として、月曜日から順に出勤・休日を表した7文字の文字列。"0000011"は「土日休み」、"0010010"は「水土休み」となる。		

SECTION 070 日付と時刻

今月の日数を求めて日割り計算する

DAY
EOMONTH
ROUND

任意の日付を元にその月の日数を求めるには、EOMONTH関数（P.162参照）を利用して、「その月の最終日」を求めます。さらにDAY関数（P.146参照）で、求めた最終日の「日」の数値を取り出せば、月の日数が算出されます。

	A	B	C	D	E	F	G
1				月次基本料金		40,000	
2							
3	ID	契約番号	解約日	月の日数	日割料金	解約月利用料	
4	1	TTG-025	11月26日	30	1,333	34,658	
5	2	YMZK-019	3月28日	31	1,290	36,120	
6	3	YMGC-024	7月11日	31	1,290	14,190	
7	4	MUR-018	12月25日	31	1,290	32,250	
8	5	RMRZ-080	10月3日	31	1,290	3,870	

解約日の属する月の日数を算出し、その値で基本料金を日割りして、1日あたりの料金を算出できた

	A	B	C	D	E	F	G
1		日当		8,500			
2							
3	作業月	月の日数	必要人数	必要予算			
4	2月	29	10	2,465,000			
5	3月	31	6	1,581,000			
6	4月	30	6	1,530,000			

「作業月」として入力された月の日数を算出し、その値を元に必要予算を算出できた

特定の日付が属する月の日数を計算して日割り計算に利用する

月次契約のサービスを解約した際の、解約月の利用料金を日割り計算してみましょう。解約日の日付を元に、EOMONTH関数の引数「月」に「0」を指定することで、月末日を求めます。この日付からDAY関数で「日」の部分を数値として取り出します。
あとはこの値を元に、基本料金を除算して日割料金を求め、解約日の「日」の値で乗算しましょう。

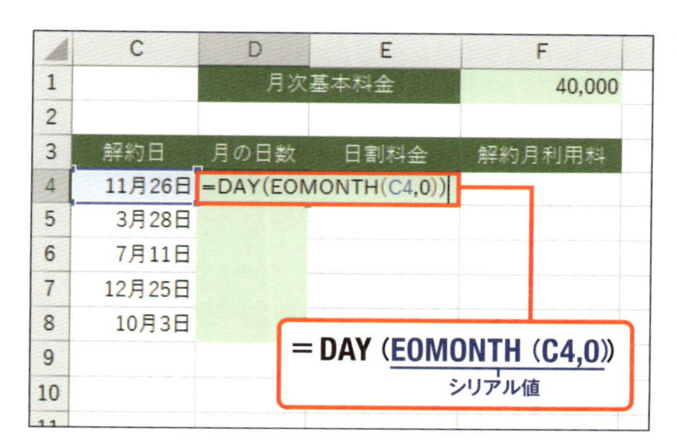

❶セルD4に、EOMONTH関数とDAY関数を組み合わせて、セルC4の日付の月の日数を計算する式を入力します。

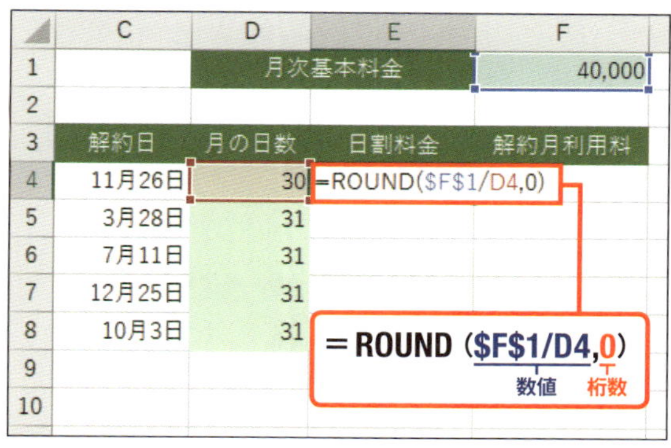

❷セルE4に、セルF1の基本料金を、手順❶で計算した月の日数で割り、日割料金を計算する式を入力します。
0未満の端数はROUND関数（P.86参照）で四捨五入しています。

	C	D	E	F
1		月次基本料金		40,000
2				
3	解約日	月の日数	日割料金	解約月利用料
4	11月26日	30	1,333	34,658
5	3月28日	31	1,290	36,120
6	7月11日	31	1,290	14,190
7	12月25日	31	1,290	32,250
8	10月3日	31	1,290	3,870
9				
10				

＝E4*DAY (C4)
シリアル値

❸セルF4に手順❷で計算した日割料金を、セルC4に入力された「日」部分の数値と乗算すれば、利用料金が算出できます。

COLUMN

日付や時刻の入力時の形式

日付値を入力する場合は、「年」、「月」、「日」の3つの数値を「/(スラッシュ)」、もしくは「-(マイナス)」で区切って入力すると、自動で日付値に変換されて、セルに入力されます。このとき、数値が2つの場合は「月・日」が入力されたとみなし、「入力時現在の年」の、該当日付の値として入力されます。「1-2」などの入力が「1月2日」とみなされるのはこのためです。

また、日本語版Excelでは、「○年○月○日」や「○月○日」という形の入力も、日付値に変換されて入力されます。

時刻の場合には、「時」、「分」、「秒」の3つの数値を「:(コロン)」で区切って入力します。数値が2つの場合は、「時・分」が入力されたとみなされます。日本語版Excelでは、「○時○分○秒」や「○時○秒」という形の入力も、時刻値に変換されて入力されます。

日付や時刻の区切り記号を用いた値をそのまま文字列として表示したい場合は、「入力前に」書式設定を<文字列>に設定したうえで入力するか、または入力時に、行頭に「'(アポストロフィ)」を付加します。たとえば「'8-7」と入力した場合、セルには「8-7」と表示されます。このとき、行頭のアポストロフィは「文字列」を表す記号とみなされ、セルには表示されません。

	A	B	C	D
1	入力する値	「長い日付形式」書式設定列	「文字列」書式設定列	
2	2016/8/7	2016年8月7日	2016/8/7	
3	8/7	2016年8月7日	8/7	
4	2016年8月7日	2016年8月7日	2016年8月7日	
5	8月7日	2016年8月7日	8月7日	
6	2016-8-7	2016年8月7日	2016-8-7	
7	8-7	2016年8月7日	8-7	
8				
9	入力する値	「時刻」書式設定列	「文字列」書式設定列	
10	8:30:20	8:30:20	8:30:20	
11	8時30分20秒	8:30:20	8時30分20秒	
12				
13				
14				
15				
16				

「/」や「:」で日付や時刻を表示

書式を<文字列>に設定して日付や時刻を表示

第 5 章

論理と条件の利用

SECTION
071 条件によって処理を変更する
論理と条件

Excelでは、「ある条件を満たしている場合には、表示する結果を変更したい」というような処理を行うことも可能です。まずはこの条件によって処理を変える仕組みを、「条件を判定する式」と「表示を行う式」に分けて考えてみましょう。

条件分岐の考え方

Excelでは、条件に応じてセルに表示する値を変更する式を作成できます。このような仕組みのことを条件分岐といいます。たとえば、下図の「小計」列は、「『金額』列に値が入力されている場合、『金額』×『数量』の値を表示し、入力されていない場合は、『""(空白)』を表示する」という式が入力されています。

	A	B	C	D	E	F	G	H
1	発注一覧							
2	商品名	金額	数量	小計				
3	A4ノート　A罫	240	10	2,400				
4	A4ノート　B罫							
5								
6								
7								
8								
9								
10								
11								

この「小計」列に入力する式は、「判定式」「結果A」「結果B」という、3種類の式を組み合わせて作成されている

この式は、以下の3つの要素に分けて考えることができます。

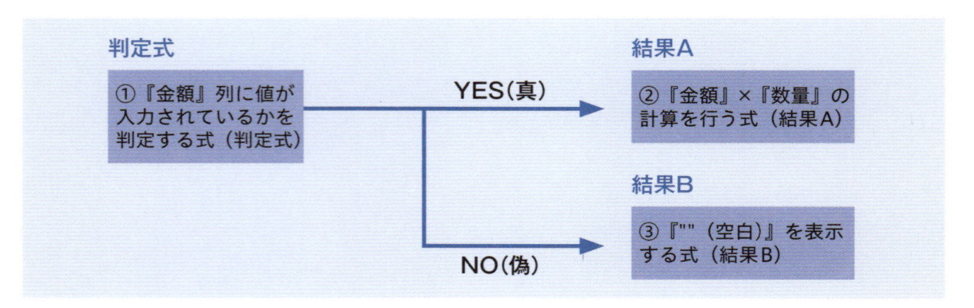

条件によって表示する内容を変更する式を作成する場合には、まず、この3つの式をそれぞれ作成し、すべてが意図したように表示されることを確認してから組み合わせると、複雑な式でもミスなく作成しやすくなります。

真偽について理解する

では、どのようにして「金額」列に値が入力されているかを判定するのでしょうか? これには「=(イコール)」や「<(不等号)」などの演算子を使います。値やセル参照と不等号を組み合わせることで、条件を判定する式を作ります。

Excelで真偽値を返す式に利用できる演算子

演算子	意味	式の例	結果
=	等しい	5=2	偽 (FALSE)
<	小さい	5<2	偽 (FALSE)
>	大きい	5>2	真 (TRUE)
<=	以下	5<=2	偽 (FALSE)
>=	以上	5>=2	真 (TRUE)
<>	等しくない	5<>2	真 (TRUE)

たとえば、セルA1に入力されている文字が「入金済み」であることを確認したいなら「=A1="入金済み"」という式を作ります。セルA1の数値が10より大きいことを確認したいのであれば、式は「=A1>10」となります。このとき、式の条件が満たされることを「真」、式の条件が満たされないことを「偽」といいます。

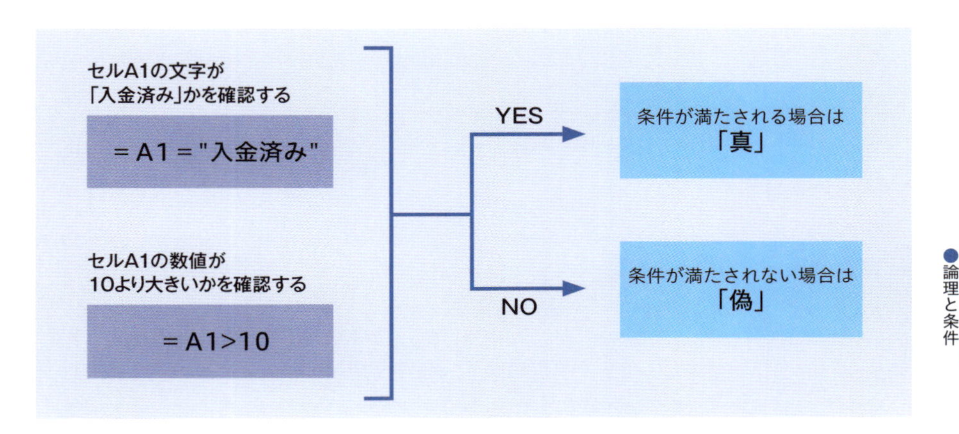

COLUMN

文字列の比較に不等号は使わない

「>」「<」「=>」「<=」の4つの演算子は、文字列にも使用することが可能です。たとえば「="神奈川">"東京"」の数式はFALSE、「="神奈川">"京都"」の数式はTRUEになります。ただし、どちらかが表示されるかは実際に試してみないとわからないので、文字列の比較に不等号は使わないようにしましょう。

真偽値と論理式について理解する

「＝A1＝"入金済み"」などの式を任意のセルに入力してみると、真の場合は「TRUE」、偽の場合は「FALSE」という文字が表示されます。この「TRUE」と「FALSE」のことをまとめて「真偽値」といいます。また、真偽値を返す式のことを「論理式」や「判定式」などと呼びます。IF関数などの条件によって処理を変更する関数は、この真偽値を見てどの処理を実行するかを決定しています。

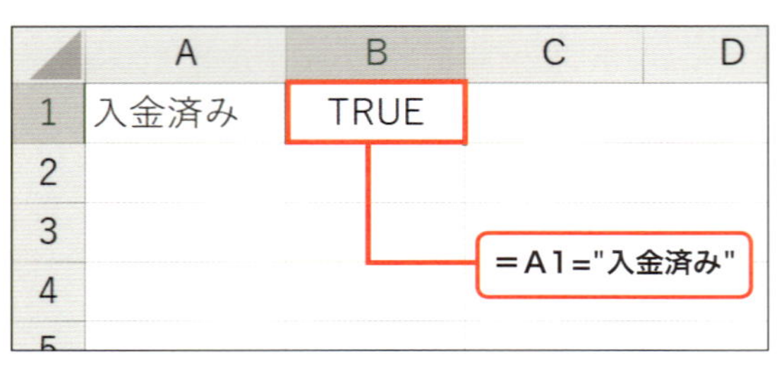

❶セルA1が「入金済み」と入力されているため、数式の結果がTRUEと表示される。

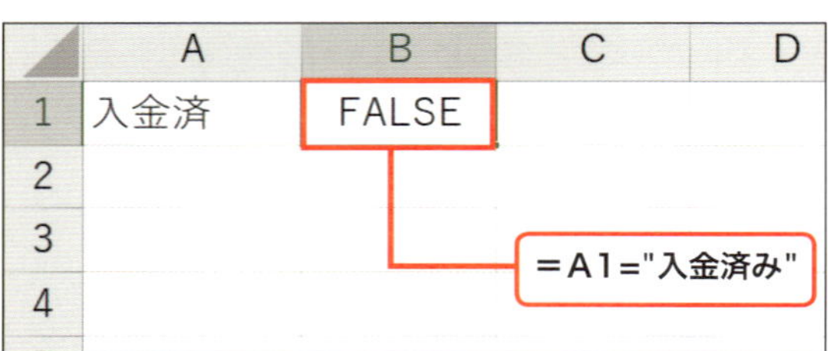

❷セルA1が「入金済み」と入力されているため、数式の結果がFALSEと表示される。

COLUMN

真偽値を返す「IS○○関数」

Excelには、真偽値を返す関数もたくさん用意されており、その多くは「IS」で始まります。「ISBLANK」は引数に指定したセルが空欄のときに真となります。そのほか、セルが数値のときに真となる「ISNUMBER」、セルが文字列のときに真となる「ISTEXT」などがあります。

関数名	TRUEになる場合
ISBLANK	引数が空白セルを参照するときTRUEを返します。
ISERR	引数が#N/Aを除くエラー値を参照するときTRUEを返します。
ISERROR	引数が任意のエラー値（#N/A、#VALUE!、#REF!、#DIV/0!、#NUM!、#NAME?または#NULL!のいずれか）を参照するときTRUEを返します。
ISLOGICAL	引数が論理値を参照するときTRUEを返します。
ISNA	引数がエラー値#N/A（使用する値がない）を参照するときTRUEを返します。
ISNONTEXT	引数が文字列でない項目を参照するときTRUEを返します（引数が空白セルを参照するときもTRUEになります）。
ISNUMBER	引数が数値を参照するときTRUEを返します。
ISREF	引数がセル範囲を参照するときTRUEを返します。
ISTEXT	引数が文字列を参照するときTRUEを返します。

» 真偽値を返す式を作って条件を満たすかどうかを判定する

「セルに値が入力されているかどうか」という判定式と、「セルに数値が入力されているかどうか」という判定式を作成してみましょう。空白判定は「=セル<>""」という式を利用し、数値判定は、ISNUMBER関数を利用します。2つの式は、共に結果を「TRUE」「FALSE」の真偽値で返します。

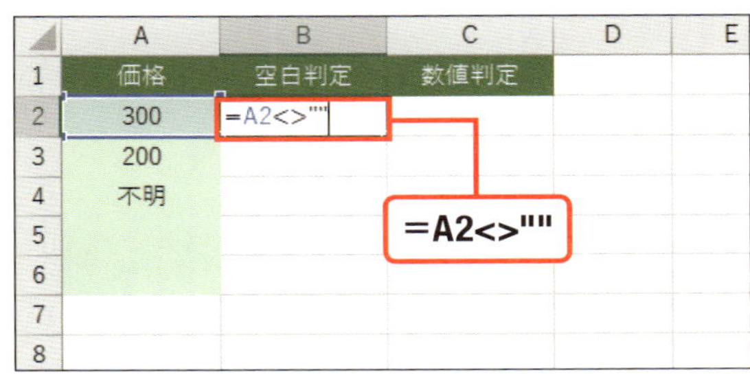

❶ セルB2に、「<>」演算子（P.183参照）を利用して、「セルA2が空白ではない」ことを判定する式を入力します。

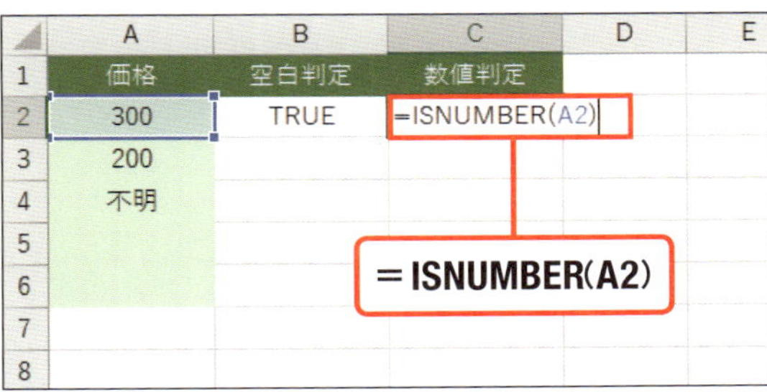

❷ セルC2に、ISNUMBER関数を入力し、「セルA2が数値である」ことを判定する式を入力します。

	A	B	C	D	E
1	価格	空白判定	数値判定		
2	300	TRUE	TRUE		
3	200	TRUE	TRUE		
4	不明	TRUE	FALSE		
5		FALSE	FALSE		
6		FALSE	FALSE		
7					
8					

❸ 式をコピーすると、それぞれの行のA列の値について、判定式に応じた結果がTRUEとFALSEの値で確認できます。

COLUMN

「0」はFALSEとして処理される

真偽値で条件分岐を行う関数では、真偽値の代わりに「数値」や「文字列」を論理式代わりに使うこともできます。数値では「0」、文字列では空白が論理式として指定されている場合はFALSEとして扱われます。論理式に0以外の数値、任意の文字列が指定されている場合はTRUEとして扱われます。

SECTION 072 論理と条件

条件によって処理を振り分ける

任意の条件を表す条件式（P.182参照）がTRUEの場合とFALSEの場合に分けて、異なる結果を表示したい場合には、IF関数を利用します。判定用のセルに値が入力された場合にのみ、計算結果を表示する、といった用途にも利用できます。

	A	B	C	D
1	在庫チェック表			
2	ID	商品	在庫数	状態
3	1	名刺ケース	20	要発注
4	2	卓上メモパッド	30	要発注
5	3	付箋	120	
6	4	ボールペン　黒	40	
7	5	ボールペン　4色	15	要発注
8				
9				
10				
11				
12				

「在庫数」が30以下の場合に、「要発注」と表示することができた

書式 =IF(論理式, [真の場合], [偽の場合])

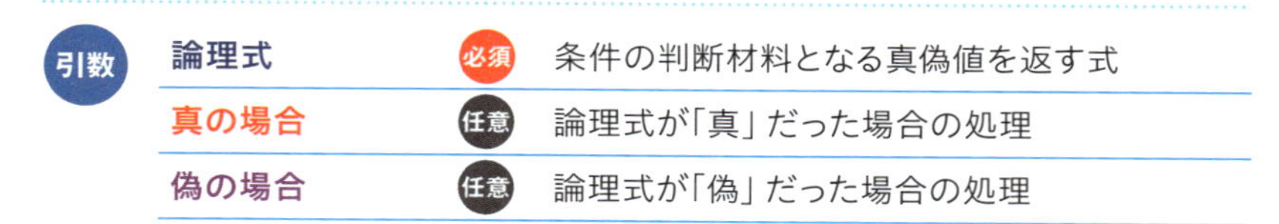

引数

引数		説明
論理式	必須	条件の判断材料となる真偽値を返す式
真の場合	任意	論理式が「真」だった場合の処理
偽の場合	任意	論理式が「偽」だった場合の処理

説明 IF関数は、「論理式」の結果が「真」か「偽」かによって、別の値を表示できます。「真」の場合には、「真の場合」に指定した値や式の結果が、「偽」の場合には、「偽の場合」に指定した値や式の結果が表示されます。

» 条件を判定する式を作成して表示する値を振り分ける

「在庫数が30以下になったら発注を促すテキストを表示する」という仕組みを作成してみましょう。このときの条件式は、「在庫数が30以下かどうか」となり、表示する値は「要発注」と「""(空白)」とします。それぞれをIF関数の引数として入力すれば完成です。

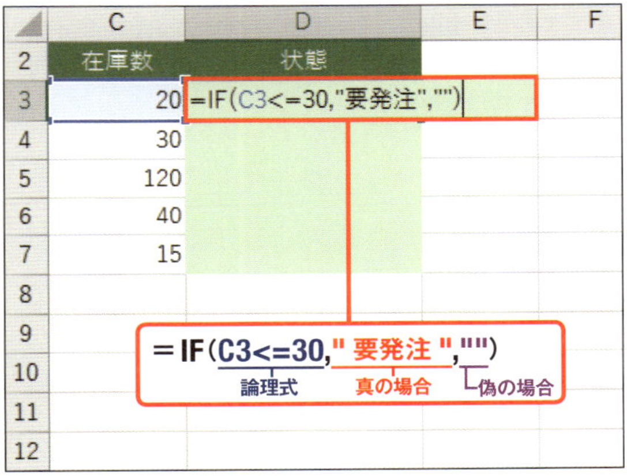

	C	D	E	F
2	在庫数	状態		
3	20	=IF(C3<=30,"要発注","")		
4	30			
5	120			
6	40			
7	15			
8				
9				
10				
11				
12				

=IF(C3<=30," 要発注 ","")
論理式　真の場合　偽の場合

❶セルにD3に、IF関数を使って、セルC2の値に応じて表示する値を切り替える式を入力します。引数「論理式」には、C3<=30を指定し、引数「真の場合」に"要発注"、引数「偽の場合」に""を指定します。

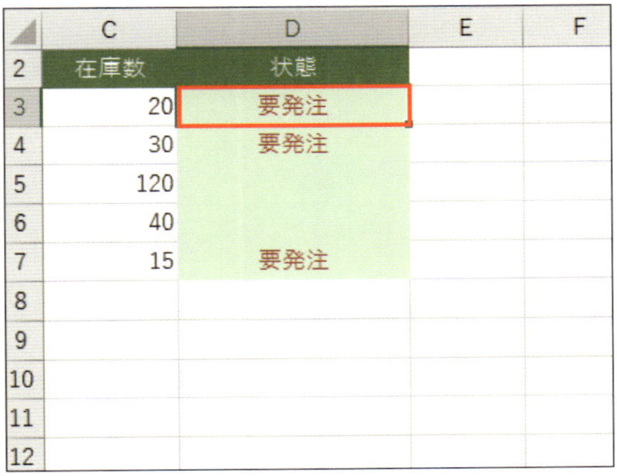

	C	D	E	F
2	在庫数	状態		
3	20	要発注		
4	30	要発注		
5	120			
6	40			
7	15	要発注		
8				
9				
10				
11				
12				

❷値の表示を切り替える仕組みができました。「C3<=30」という論理式の答えによって、「要発注」か「""（空白）」のどちらかが表示されます。

COLUMN

表示するのは値だけでなく式でもOK

IF関数の引数「真の場合」や「偽の場合」には、数値や文字列といった値だけでなく、式を指定することも可能です。たとえば「=IF（C3>0, D3*E3, "発注なし")」と入力すれば、論理式の答えが「TRUE」の場合には、「D3*E3」という式の計算結果が表示されます。
この際に指定する式は、「=D3*E3」ではなく、「D3*E3」となります。先頭に「=」を付加する必要はありません。

複数の条件がすべて成り立つかを確認する

判定を行いたい論理式が複数存在し、そのすべてを満たすかどうかを判定したい場合には、AND関数を利用します。2つ以上の論理式を指定することも可能で、最大で255個まで指定できます。

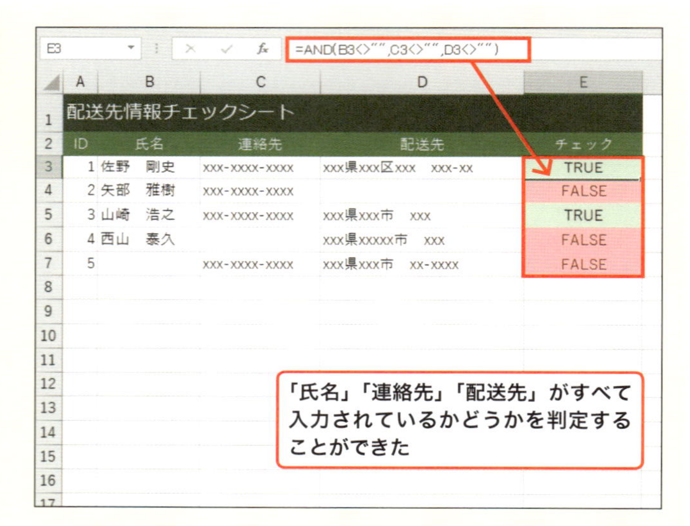

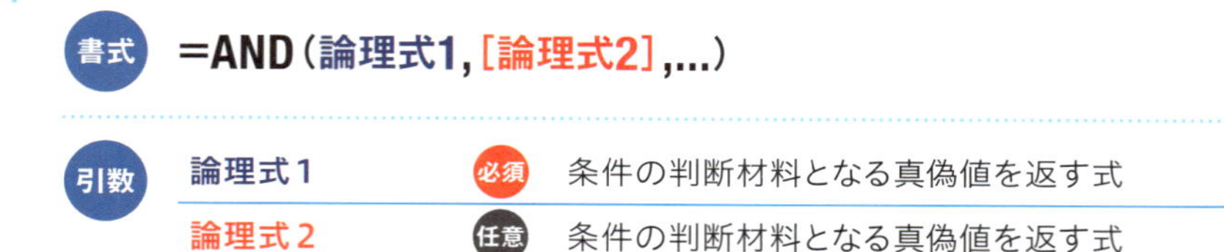

書式 =AND(論理式1, [論理式2] ,...)

引数		
論理式1	必須	条件の判断材料となる真偽値を返す式
論理式2	任意	条件の判断材料となる真偽値を返す式

説明 AND関数は、引数に指定した論理式の結果が、「すべてTRUE」の場合に「TRUE」を返し、「1つでもFALSE」の場合には、「FALSE」を返します。論理式は、複数を指定することも可能です。その場合には、論理式を「,(カンマ)」で区切って追記していきます。論理式は最大で255個まで指定できます。

3つの条件式をすべて満たすかどうかを判定する

「氏名が入力されている」「連絡先が入力されている」「配送先が入力されている」という3つの条件をすべて満たしているかどうかをチェックする式を、AND関数を利用して作成してみましょう。引数に3つの論理式を列記し、「TRUE」が返ってくればすべてを満たしていることが確認できます。

	B	C	D	E	F	G
2	氏名	連絡先	配送先	チェック		
3	佐野　剛史	xxx-xxxx-xxxx	xxx県xxx区xxx　xxx-xx	=AND(B3<>"",C3<>"",D3<>"")		
4	矢部　雅樹	xxx-xxxx-xxxx				
5	山崎　浩之	xxx-xxxx-xxxx	xxx県xxx市　xxx			
6	西山　泰久		xxx県xxxxx市　xxx			
7		xxx-xxxx-xxxx	xxx県xxx市　xx-xxxx			
8						
9						
10						
11						
12						

=AND(B3<>"",C3<>"",D3<>"")
論理式1　論理式2　論理式3

❶セルにE3に、AND関数を入力します。引数に指定する条件式は、「B3<>""」「C3<>""」「D3<>""」の3つです。それぞれの条件式は、B・C・D列について、空白と等しくない、つまり何らかの値が入力されているかどうかを判定しています。

	B	C	D	E	F	G
2	氏名	連絡先	配送先	チェック		
3	佐野　剛史	xxx-xxxx-xxxx	xxx県xxx区xxx　xxx-xx	TRUE		
4	矢部　雅樹	xxx-xxxx-xxxx		FALSE		
5	山崎　浩之	xxx-xxxx-xxxx	xxx県xxx市　xxx	TRUE		
6	西山　泰久		xxx県xxxxx市　xxx	FALSE		
7		xxx-xxxx-xxxx	xxx県xxx市　xx-xxxx	FALSE		
8						
9						
10						
11						

❷3つの条件式をすべて満たすかどうかを判定できました。サンプルではさらに、「条件付き書式」機能を利用して、「FALSE」の表示されているセルを強調表示しています。

COLUMN

IF関数などと組み合わせる

「TRUE」や「FALSE」ではなく、任意の値や式の結果を表示したい場合には、IF関数（P.186参照）などと組み合わせて利用してみましょう。

SECTION 074 論理と条件

OR

複数の条件のいずれかが成り立つかを確認する

判定を行いたい論理式が複数存在し、そのいずれかを満たすかどうかを判定したい場合には、OR関数を利用します。引数に2つ以上の論理式を指定することも可能で、最大255個まで指定できます。

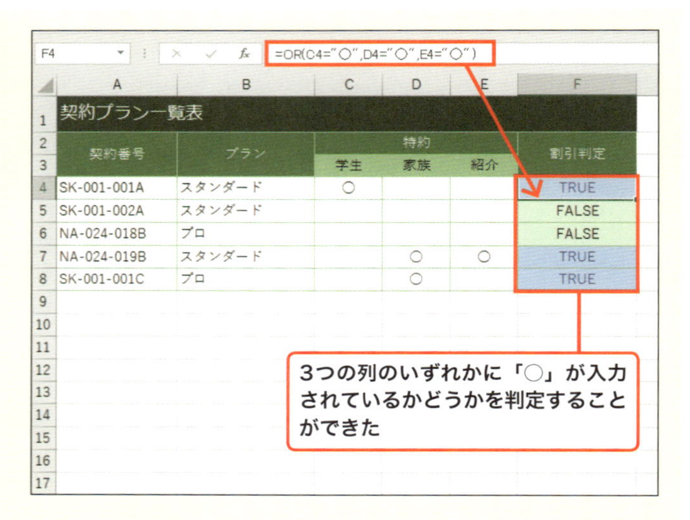

書式 =OR(論理式1,[論理式2],...)

引数

論理式1	必須	条件の判断材料となる真偽値を返す式
論理式2	任意	条件の判断材料となる真偽値を返す式

説明 OR関数は、引数に指定した論理式の結果が、「いずれかがTRUE」の場合に「TRUE」を返し、「すべてFALSE」の場合にのみ、「FALSE」を返します。論理式は、複数を指定することも可能です。その場合には、論理式を「,(カンマ)」で区切って追記していきます。論理式は最大255個まで指定できます。

3つの条件式のいずれかを満たすかどうかを判定する

「C・D・E列のいずれかに『○』が入力されている」という条件を満たしているかどうかをチェックする式を、OR関数を利用して作成してみましょう。引数に3つの論理式を列記し、「TRUE」が返ってくれば、いずれかを満たしていることが確認できます。

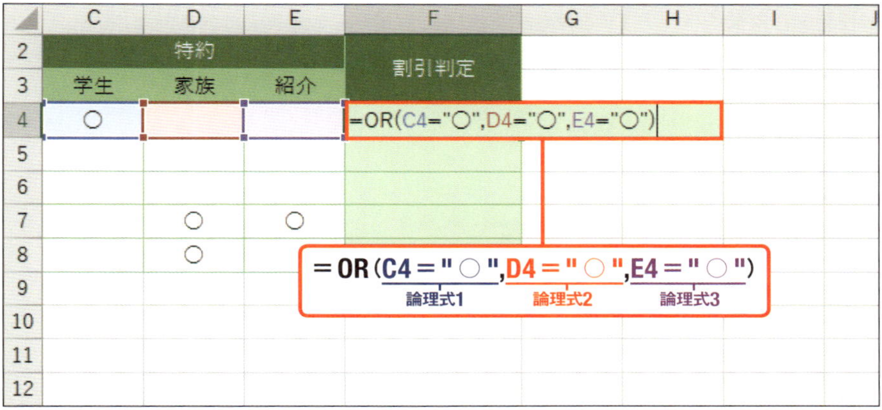

	C	D	E	F	G	H	I
2	特約			割引判定			
3	学生	家族	紹介				
4	○			=OR(C4="○",D4="○",E4="○")			
5							
6							
7		○	○				
8		○					
9							
10							
11							
12							

=OR(C4="○",D4="○",E4="○")
論理式1 論理式2 論理式3

❶ セルにF4に、OR関数を入力します。引数に指定する条件式は、「C4="○"」「D4="○"」「E4="○"」の3つです。それぞれの条件式は、B・C・D列について、「○」と等しい、つまり「○」が入力されているかどうかを判定しています。

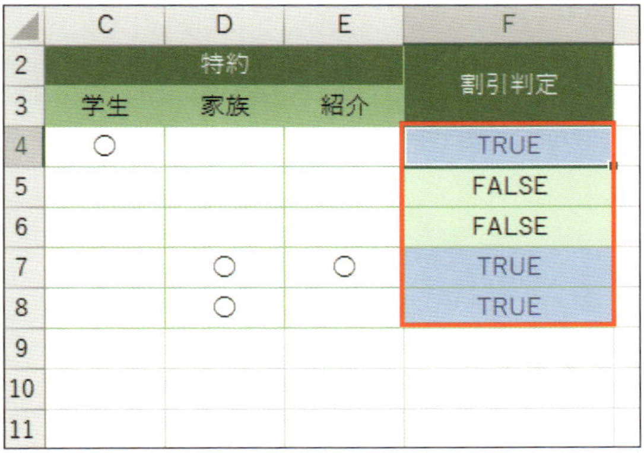

	C	D	E	F
2	特約			割引判定
3	学生	家族	紹介	
4	○			TRUE
5				FALSE
6				FALSE
7		○	○	TRUE
8		○		TRUE
9				
10				
11				

❷ 3つの論理式のいずれかが「TRUE」であるかどうかの判定ができました。

COLUMN

IF関数などと組み合わせる

「TRUE」や「FALSE」ではなく、任意の値や式の結果を表示したい場合には、IF関数（P.186参照）などと組み合わせて利用してみましょう。

SECTION 075 論理と条件

同じ値が入力されているかを調べる

解答と正解に同じ値が入力されると「正解」と表示され、それ以外の場合は何も表示されない仕組みを関数で作成してみましょう。複数条件式を元に結果を分岐させるには、IF関数（P.186参照）と、AND関数（P.188参照）を併用します。

K12

	A	B	C	D	E	F	G
1		問1	問2	問3	問4	問5	
2	解答	織田	斉藤	徳川	北条		
3	正解	織田	豊臣	徳川	武田		
4							
5	判定	正解		正解			
6							
7							

「解答」と「正解」行の値が一致、かつ、「正解」に値が入力されている場合にのみ「正解」とする判定ができた

判定の詳細

正解の値をあらかじめ入力しておき、解答に同じ値が入力されると、最終判定に「正解」と表示されます。解答と正解の値が違っていたり、解答が未入力だと何も表示されません。

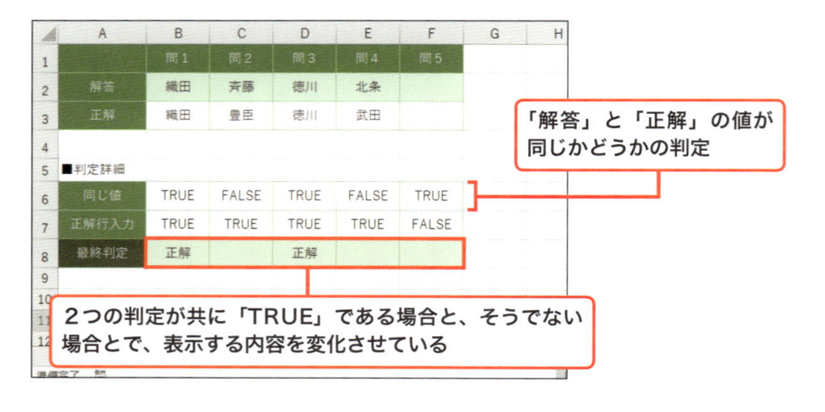

	A	B	C	D	E	F	G	H
1		問1	問2	問3	問4	問5		
2	解答	織田	斉藤	徳川	北条			
3	正解	織田	豊臣	徳川	武田			
4								
5	■判定詳細							
6	同じ値	TRUE	FALSE	TRUE	FALSE	TRUE		
7	正解行入力	TRUE	TRUE	TRUE	TRUE	FALSE		
8	最終判定	正解		正解				

IF関数とAND関数を組み合わせて表示する内容を変化させる

用意しておいた正解と、解答が同じ値であった場合に「正解」と表示する式を作成してみましょう。ただし、正解がわからなくて解答が未入力であることも考慮し、「解答が入力されている」かつ、「正解と解答が同じ値」という2つの条件で判定を行うものとします。

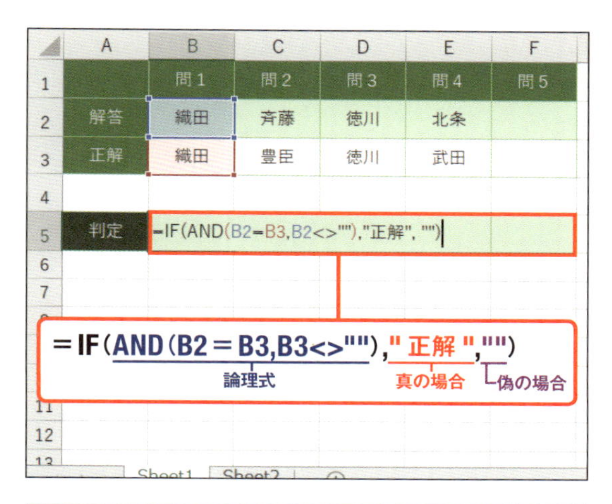

❶セルB5に、IF関数を使って、「正解」と「""」の表示を切り替える式を入力します。
論理式部分にAND関数を利用することで、「2つの条件式を共に満たす場合」にのみ「正解」と表示されるようにします。

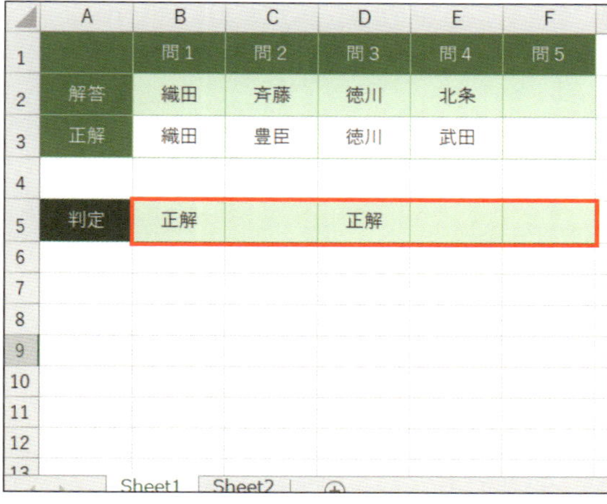

❷正解判定が作成できました。式をコピーして、「解答と正解が同じ値」という条件での判定が行われていることを確認してみましょう。

COLUMN

「特定の値の範囲に含まれるか」を判定する

AND関数を利用すると、「特定の値の範囲に含まれるか」の判定も可能です。「AND（A1>0, A1<=10)」という論理式は、「セルA1の値が1~10に含まれるかどうか」という判定を行えます。

SECTION **076** 論理と条件

条件が成り立たないことを判定する

NOT

「ある条件を満たさない場合」という論理式を作成するには、NOT関数を利用します。すでに論理式を作成済みの場合には、その論理式をNOT関数で包むことで、反対の条件で判定できるようになります。

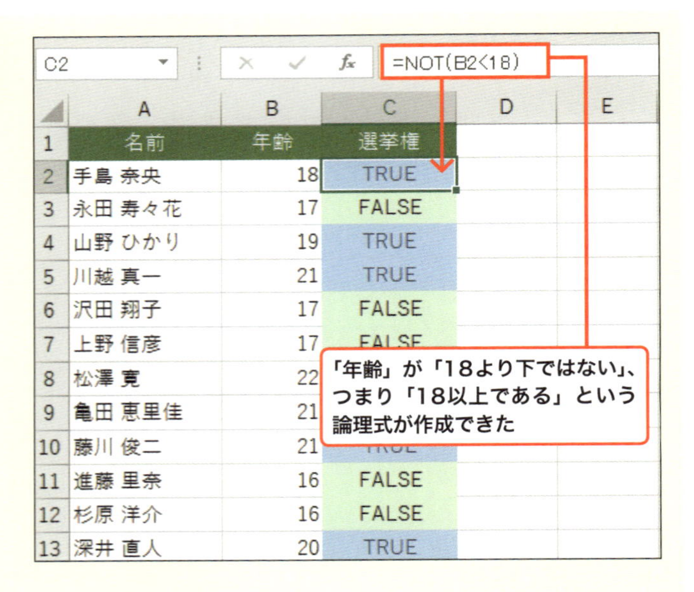

C2 =NOT(B2<18)

	A	B	C	D	E
1	名前	年齢	選挙権		
2	手島 奈央	18	TRUE		
3	永田 寿々花	17	FALSE		
4	山野 ひかり	19	TRUE		
5	川越 真一	21	TRUE		
6	沢田 翔子	17	FALSE		
7	上野 信彦	17	FALSE		
8	松澤 寛	22			
9	亀田 恵里佳	21			
10	藤川 俊二	21	TRUE		
11	進藤 里奈	16	FALSE		
12	杉原 洋介	16	FALSE		
13	深井 直人	20	TRUE		

=NOT(論理式)

論理式 

TRUE、もしくはFALSEを返す式

説明

NOT関数は、「論理式」の結果が「真」の場合は、「FALSE」を返し、「偽」の場合は「TRUE」を返します。つまり、引数の真偽値を反転させた値を返します。
結果として、「引数として指定した条件『ではないかどうか』」を判定できる式が作成できます。

» 2段階の手順で目的の論理式を作成する

「18以上である」ことを判定する論理式を作成してみましょう。まず、「18より下である」ことを判定する論理式を作成します。うまく作成できたら、その式をNOT関数で包めば、逆の式、つまり、「18以上である」ことを判定する式として利用できます。

	A	B	C	D
1	名前	年齢	選挙権	
2	手島 奈央	18	=NOT(B2<18)	
3	永田 寿々花	17		
4	山野 ひかり	19		
5	川越 真一	21		
6	沢田 翔子	17		
7	上野 信彦	17		
8	松澤 寛	22		
9	亀田 恵里佳	21		
10	藤川 俊二	21		
11	進藤 里奈	16		

=NOT(B2<18)
論理式

❶セルC2に、NOT関数を入力します。
引数には、「18より下である」ことを判定する式を指定します。

	A	B	C	D
1	名前	年齢	選挙権	
2	手島 奈央	18	TRUE	
3	永田 寿々花	17	FALSE	
4	山野 ひかり	19	TRUE	
5	川越 真一	21	TRUE	
6	沢田 翔子	17	FALSE	
7	上野 信彦	17	FALSE	
8	松澤 寛	22	TRUE	
9	亀田 恵里佳	21	TRUE	
10	藤川 俊二	21	TRUE	
11	進藤 里奈	16	FALSE	

❷引数に指定した論理式の逆の真偽値が表示されます。
結果として「B列の値が18以上の場合にはTRUEを表示する」式が作成できました。

COLUMN

「<>」演算子と併用する

「セルA1に値が入力されているかどうか」は、「=A1<>""」という論理式で判定可能です。この式は、「=NOT（A1=""）」と置き換えることもできます。「NOT」という単語があることで「空白『ではない』かどうか」を判定しているという意図が見た目に強調されます。このあたりは、好みによって使い分けましょう。

SECTION 077 論理と条件

SWITCH

セルの値に応じて複数パターンの値を表示する

値に応じて複数の結果表示を切り替えたい場合には、SWITCH関数を利用しましょう。商品IDに対応する商品名を表示させたいようなケースにおいて、別のセル範囲に表を作成することなく、対応する値を表示する仕組みが手軽に作成できます。

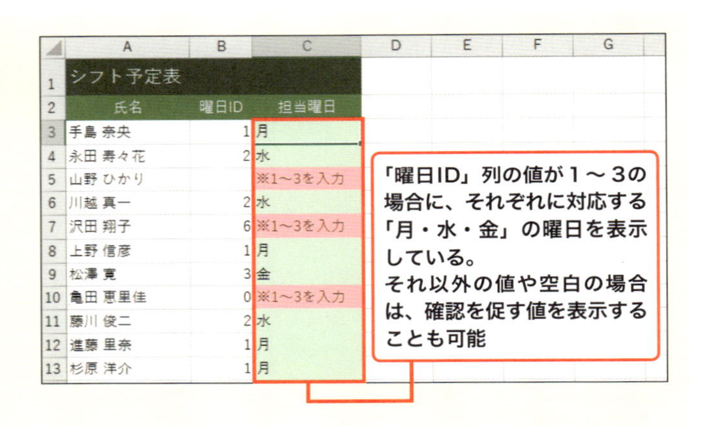

	A	B	C
1	シフト予定表		
2	氏名	曜日ID	担当曜日
3	手島 奈央	1	月
4	永田 寿々花	2	水
5	山野 ひかり		※1～3を入力
6	川越 真一	2	水
7	沢田 翔子	6	※1～3を入力
8	上野 信彦	1	月
9	松澤 寛	3	金
10	亀田 恵里佳	0	※1～3を入力
11	藤川 俊二	2	水
12	進藤 里奈	1	月
13	杉原 洋介	1	月

書式 =SWITCH(式, 値1, 結果1, [値2, 結果2,...], [既定値])

引数

引数		説明
式	必須	判定を行いたい値やセル参照
値1	必須	結果1を表示する場合の値
結果1	必須	式が値1の場合に表示する結果
値2, 結果2	任意	値と結果のペア。126ペアまで追加可能
既定値	任意	どの値にも当てはまらない場合の値

説明 SWITCH関数は引数「式」の値を引数「値1」から順番に評価し、最初に一致した値の結果を返す関数です。たとえば引数「式」の値と引数「値1」を比べて、両者が同じなら引数「結果1」を返します。同じでなければ引数「値2」との比較に進みます。どれにも一致しない場合は引数「既定値」を返します。引数「既定値」が設定されていない場合は、エラーを返します。

別のセル範囲に表を作成せずに簡易的な表引きの仕組みを作る

IDに対応する値を表引きする関数は、VLOOKUP関数（P.292参照）が有名ですが、表引き用の表を、関数式とは別のセル範囲に用意する必要があります。このような場合、SWITCH関数を利用すると、関数式内だけで完結する仕組みを作成できます。
サンプルでは、「1・2・3」の値を持つ「曜日ID」に対応して、「月・水・金」の3種類の値を簡易表引きしています。また、引数「既定値」を指定しておくと、想定外の値が入力された場合や未入力の場合に、それを知らせる値を表示することも可能です。

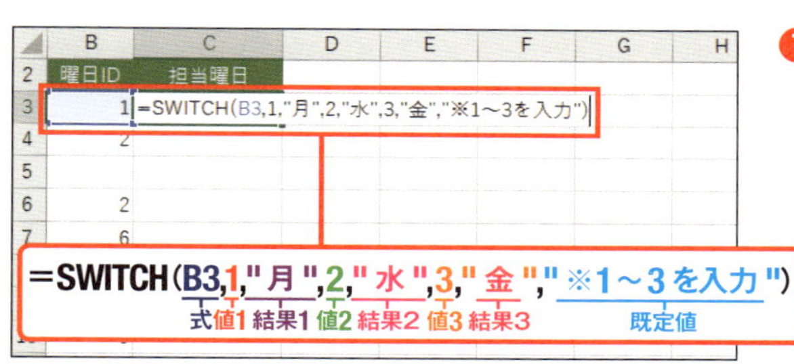

❶セルC3にSWITCH関数を入力します。先頭の引数は、チェックしたい値であるセルB2を指定し、そのあとは、値と結果のペアを指定していきます。

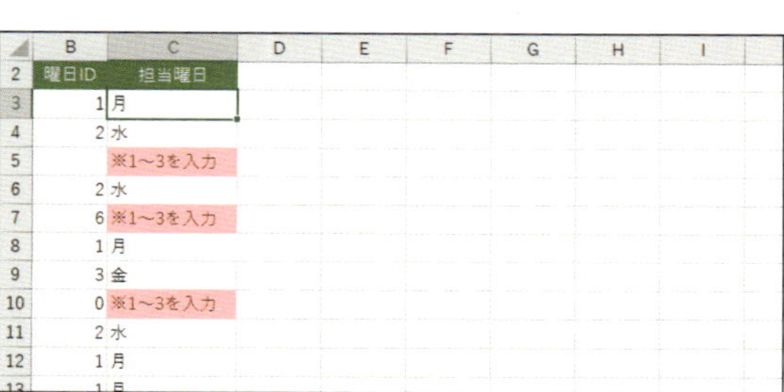

B	C
曜日ID	担当曜日
1	月
2	水
	※1～3を入力
2	水
6	※1～3を入力
1	月
3	金
0	※1～3を入力
2	水
1	月

❷「1・2・3」の曜日IDに応じた「月・水・金」の3種類の値を表示することができました。また、引数「既定値」を指定することで、想定外の値や、未入力の場合には、「※ 1~3を入力」という値を表示できるようになります。

COLUMN

アップデートされているかどうかを確認するには

SWITCH関数は、Office 365サブスクリプションなどの形態でExcel 2016を使用している際に適用されるアップデートにより提供される関数です。購入形態やアップデートの状況を知りたい場合には、<ファイル>→<アカウント>を選択すると確認できます。

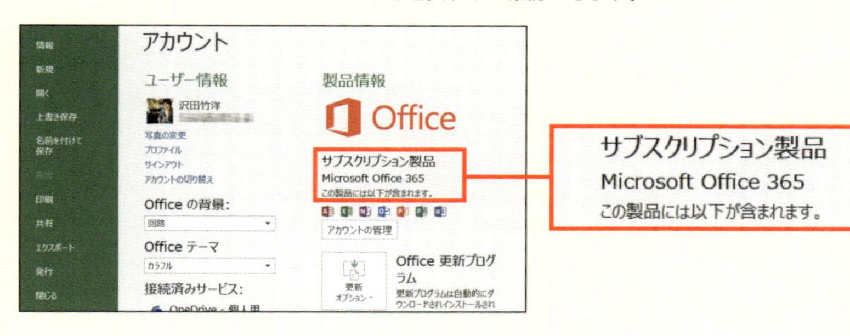

IFS

ある条件が成り立たないときに別の条件を判定する

ある条件が成り立たないときに、別の条件で判定を行いたい場合にはIFS関数を利用します。IFS関数が利用できない環境では、IF関数をネストして作成する必要があった式を、整理して入力できるようになります。Excel 2016をアップデートした環境で利用できます。

	A	B	C	D	E	F
1	成績判定表					
2	名前	得点	判定			
3	手島 奈央	80	優			
4	永田 寿々花	65	良			
5	山野 ひかり	95	優			
6	川越 真一	55	可			
7	沢田 翔子	60	良			
8						
9						
10						
11						
12						

「得点」列が、
「80以上」の場合は「優」、
「60以上」の場合は「良」、
それ以外の場合は「可」
と表示を切り替えることができた

書式 =IFS(論理テスト1, 値が真の場合1,...)

引数

論理テスト1	 必須	判定を行いたい式
値が真の場合1	 必須	論理テスト1の結果がTRUEの場合の値

説明 IFS関数は、「論理テスト1」の値が「TRUE」の場合に、「値が真の場合1」を表示します。「FALSE」の場合、ほかに引数がない場合には「#N/A」を表示します。
続く2つの引数として、「論理テスト2」と「値が真の場合2」のペアが指定されている場合には、その論理テスト2の値が「TRUE」だった場合に「値が真の場合2」を表示します。以下、引数のペア数だけ判定を繰り返します。127ペアまで指定可能です。

得点によって表示する値を切り替える

IFS関数を利用して、「得点が80以上」「得点が60以上」「それ以外」の場合に表示する内容を切り替えてみましょう。3つの条件式と結果のペアを用意し、IFS関数の引数として順番に記述していけば完成です。
このとき末尾にくるペアには、常に「TRUE」を返す式、もしくは「TRUE」そのものと結果のペアを配置しておくと、「それ以前の条件式の結果がFALSEであった場合」、つまり、「既定値」として表示したい値を設定できます。

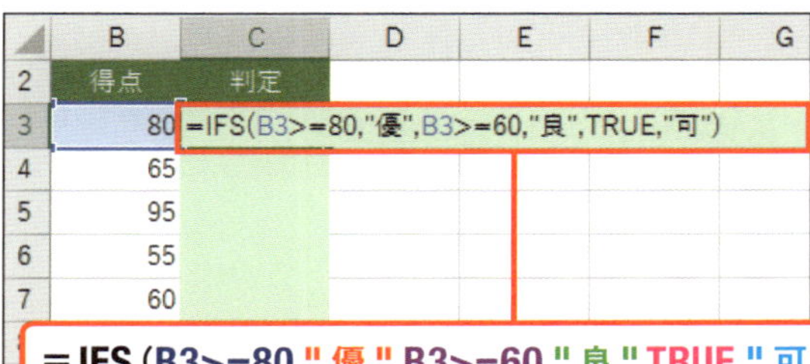

❶セルC3に、IFS関数を入力します。引数には、3つの判定式と結果のペアを列記します。

	B	C	D	E	F
2	得点	判定			
3	80	優			
4	65	良			
5	95	優			
6	55	可			
7	60	良			
8					
9					
10					

❷3つの判定式を順番に判定し、「TRUE」になる場合に対応する結果を表示することができました。

COLUMN

IFS環境がない環境ではIF関数をネストする

IFS関数はExcel 2016をアップデートした環境下でのみ使用できる関数です。使用できない環境下で同様の式を作成するには、IF関数をネストして（入れ子状にして）対応しましょう。本文中の例を再現するには、下記のように記述する必要があります。

=IF(B3>=80,"優",IF(B3>=60,"良","可"))

論理式　真の場合　偽の場合

SECTION 079 論理と条件

IFERROR

データが未入力でもエラーが表示されないようにする

VLOOKUP関数を利用するときによく表示されるエラーが、該当する値がないことを表す「#N/A」です。表にこのエラーを表示させないようにするには、エラーのときだけ指定の処理を行うIFERROR関数（P.202参照）、もしくはIFNA関数を使います。

» すべてのエラーに対処する場合（IFERROR関数）

	A	B	C	D	E
1	注文伝票			5月12日	
2	商品	価格	数量	小計	
3	イワナ	3,200	5	16,000	
4	ヤマメ	2,500	2	5,000	
5	ニジマス	1,400	2	2,800	
6					
7					
8		小計		23,800	
9					
10					
11					
12					
13					
14					
15					

表引きの結果がエラーとなる場合すべてにおいて、空白文字列を表示する。#N/Aエラーだけではなく、計算過程で発生したエラー等も対象としたい場合に有効

» #N/Aエラー（該当データなし）の場合のみ対処する場合（IFNA関数）

	A	B	C	D	E
1	注文伝票			5月12日	
2	商品	価格	数量	小計	
3	イワナ	3,200	5	16,000	
4	ヤマメ	2,500	2	5,000	
5	ニジマス	1,400	2	2,800	
6	アユ				
7	#NAME?	#NAME?			
8		小計		23,800	
9					
10					
11					
12					
13					
14					

「商品」に入力した値が、表引き用のセル範囲に存在しない場合には、空白文字列を表示している。
その他のエラーの場合は、そのままエラーを表示する

※IFNA関数はExcel 2013以降で使用できます

エラーの場合には空白を表示する

B列では、A列の値を元に、VLOOKUP関数を利用した表引きを行っていますが、「該当データがない場合」や「数式にエラー値を参照してしまっている場合」には、エラーが表示されます。
エラーの場合には、空白を表示するには、IFERROR関数を利用します。

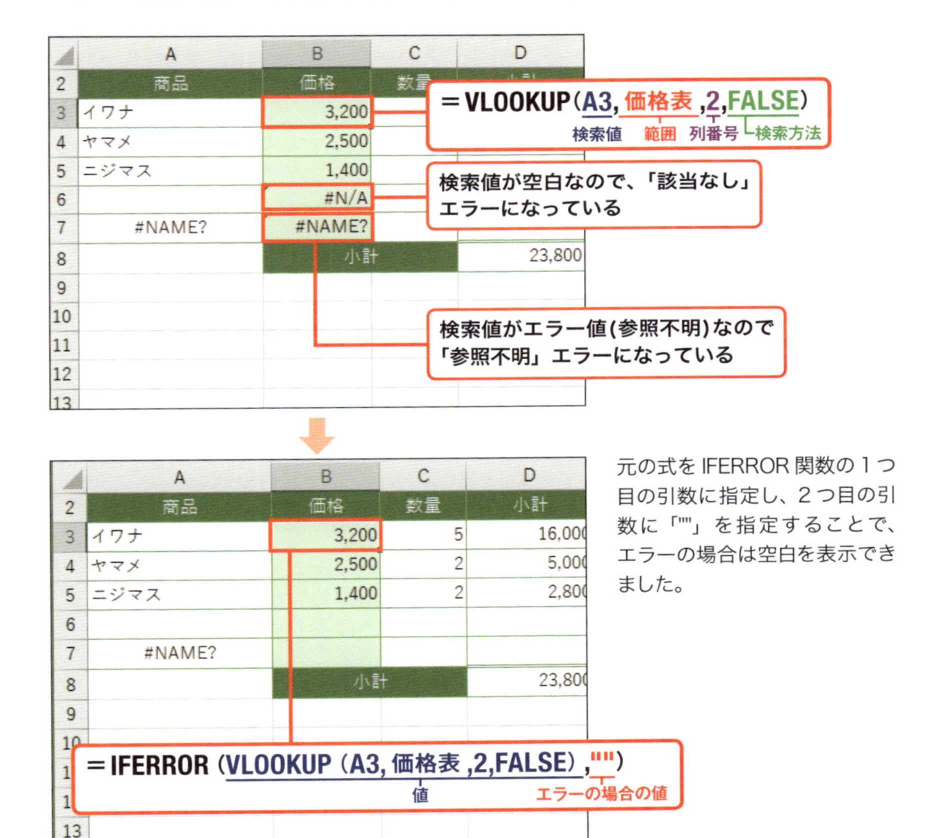

元の式をIFERROR関数の1つ目の引数に指定し、2つ目の引数に「""」を指定することで、エラーの場合は空白を表示できました。

IFNA関数でエラーの原因を絞り込む

IFERROR関数の代わりに、IFNA関数を利用すると、「該当なし」の場合にのみ、空白を表示できます。その他のエラーの場合は、エラー値が表示されます。このため、表引き部分を、エラーの出る式にうっかり変更してしまった場合でも、ミスに気が付きやすくなります。なお、IFNA関数はExcel 2016とExcel 2013で利用できます。

SECTION 080 論理と条件

IFERROR

セルの値がエラーになった場合の処理を設定する

数式の計算結果がエラーになった場合に、特定の値を表示させたい場合には、IFERROR関数を利用します。IFERROR関数では数式の結果がエラーとならない場合には、計算結果がそのまま表示されます。

	A	B	C	D	E
1	発注一覧			2016年2月29日	
2	品名	単価	数量	金額	
3	A4ノート A罫	240	2	480	
4	A4ノート B罫	240	2	480	
5	油性ボールペン（黒）	150	2	300	
6					
7					
8					
9					
10					

「品名」を元にVLOOKUP関数で表引きした単価を表示している。エラーの場合には「""（空白）」を表示している

書式 =IFERROR(値, エラーの場合の値)

引数

引数		説明
値	必須	通常時に表示したい値や式
エラーの場合の値	必須	引数「値」がエラーの場合に表示する値や式

説明 IFERROR関数は、引数「値」で渡された数式や値がエラーの場合に、引数「エラーの場合の値」を表示します。引数「値」がエラーでない場合は、引数「値」をそのまま表示します。
IFERROR関数が認識するエラーは、#N/A、#VALUE!、#REF!、#DIV/0!、#NUM!、#NAME?または#NULL!の7つ。VLOOKUP関数でよく表示されるエラーは「計算や処理の対象となるデータがない」ことを表す#N/Aです。

品名が未入力の場合にエラーが表示されないようにする

A列の「品名」が未入力の場合、VLOOKUP関数(P.292参照) が入力されているB列と、C列とのかけ算が記入されているD列にエラーが表示されます。B列とD列をIFERROR関数を使った数式に修正し、A列が未入力の行に空欄が表示されるようにしてみましょう。

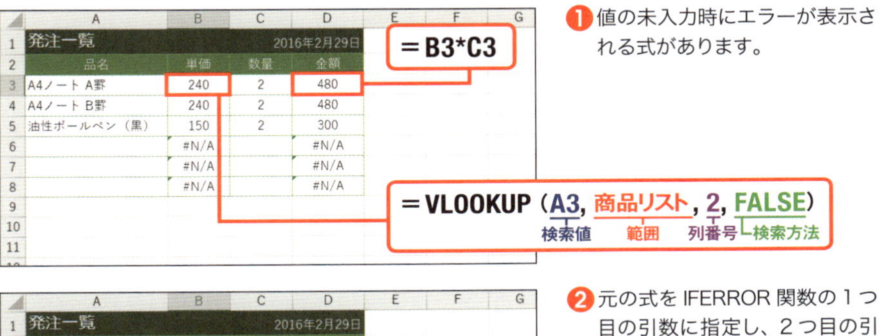

❶値の未入力時にエラーが表示される式があります。

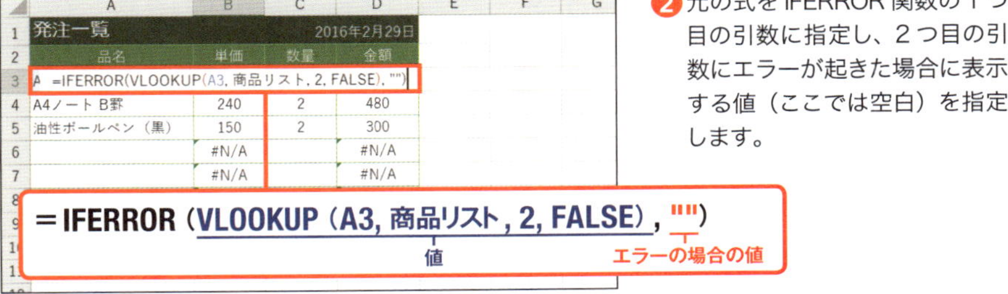

❷元の式をIFERROR関数の1つ目の引数に指定し、2つ目の引数にエラーが起きた場合に表示する値（ここでは空白）を指定します。

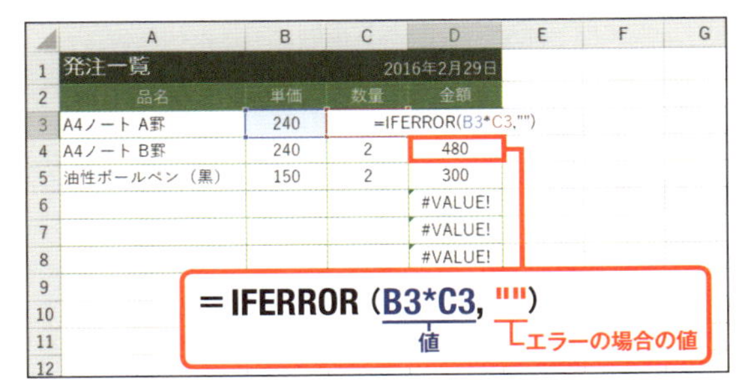

❸同じくD列の式も、IFERROR関数を利用して修正します。エラー時には空欄が表示されるようになりました。

MEMO IFNA関数

Excel 2013以降では、#N/Aエラー対処専用のIFNA関数も利用できます（P.200参照）。

COLUMN

ISERROR関数とIFERROR関数

ExcelにはIFERRORとは別に、エラーの有無を判定するISERROR関数があります。実はIFERROR関数はExcel 2007から登場した比較的新しい関数で、Excel 2003以前はISERROR関数とIF関数を組み合わせて、エラーの処理をしていました。
上記手順のセルD3に入力した数式をIF関数とISERROR関数で記述すると、「=IF(ISERROR(B3*C3),"",B3*C3)」と冗長な数式になります。

SECTION 081 論理と条件

SUMIF

条件に合うデータを合計する

値の合計を求める際に、条件に合うデータのみを対象に計算を行うには、SUMIF関数を利用します。点数が60以上、状態が「納品済み」など、特定の条件を満たす数値のみ集計したい場合に便利な関数です。

	A	B	C	D	E
1	補修対象調査チェックシート				
2	ID	エリア	現時点発見数	進捗	
3	1	酒留川地区	20	確定	
4	2	西部	45	調査中	
5	3	中部	6	調査中	
6	4	東部	30	確定	
7	5	本郷山地区	17	調査中	
8					
9			現時点概算数	うち確定数	
10			118	50	
11					
12					

C列の値のうち、D列の値が「確定」のもののみを対象に集計ができた

書式 =SUMIF(範囲, 検索条件, [合計範囲])

引数

引数		説明
範囲	必須	検索条件としてチェックするセル範囲
検索条件	必須	検索の対象を決める値や条件式
合計範囲	任意	「範囲」と集計したい値が異なる場合の、集計対象とするセル範囲

説明 SUMIF関数は、引数「範囲」のセルの値が、引数「検索条件」に合うもののみを集計します。
また、集計したい値の入力されているセル範囲が、「範囲」とは異なる位置の場合には、3つ目の引数「合計範囲」に、集計対象とするセル範囲を追加指定できます。

「確定」と入力されている行の値のみを集計する

D列に「確定」と入力されている行の、C列の値の集計を行ってみましょう。SUMIF関数を利用し、値をチェックするセル範囲、検索条件、集計したい値が入力されているセル範囲を引数に指定すれば完成です。「検索条件」で検索する列と値を集計する列が異なるので注意が必要です。

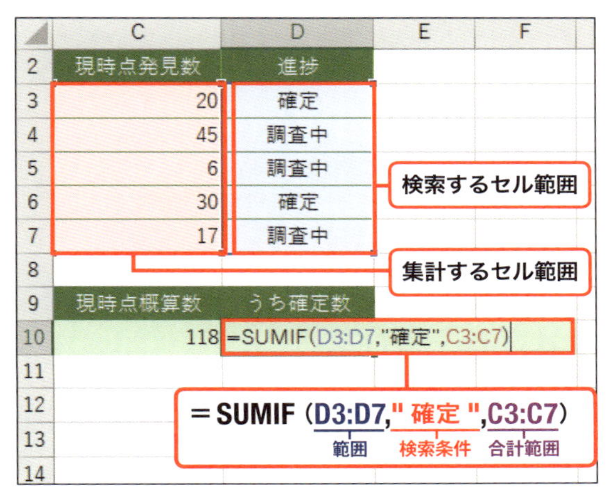

❶セルD10にSUMIF関数を入力します。
引数「範囲」に「D3:D7」、引数「検索条件」に「"確定"」、引数「合計範囲」に「C3:C7」を指定します。

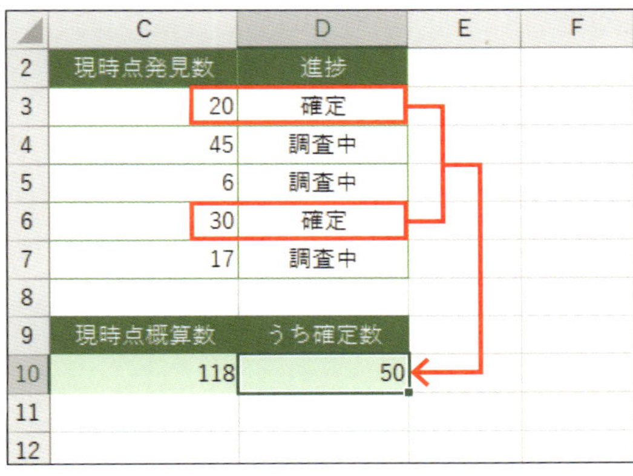

❷指定した検索条件に一致する行のC列の値のみを集計できました。D列に「確定」という文字列がある行（3行目と5行目）のC列の値「20」と「30」の合計が表示されています。

COLUMN

「範囲」と「検索条件」のみを指定した場合

引数「範囲」と「検索条件」のみを指定した場合には、「範囲」の値のうち、「検索条件」を満たすセルのみを集計します。
たとえば、「=SUMIF（A1:A10,100）」は、セル範囲A1:A10の値が、「100」のセルのみを集計します。

SUMIF

ある数値より大きいデータを合計する

SUMIF関数（P.204参照）の検索条件にイコールや不等号を使った演算子を利用した式を指定すると、「ある値より大きいデータ」などの条件で集計が可能となります。ここではSUMIF関数の発展的な使い方を紹介します。

» 条件式を満たす値のみを集計対象として計算する

「販売数」のうち、値が1000を超えるセルのみを対象として集計をしてみましょう。SUMIF関数の引数「検索条件」に、論理式の形で集計対象とするかどうかを判定する式を指定すると、その条件を満たす値のみが集計対象となります。

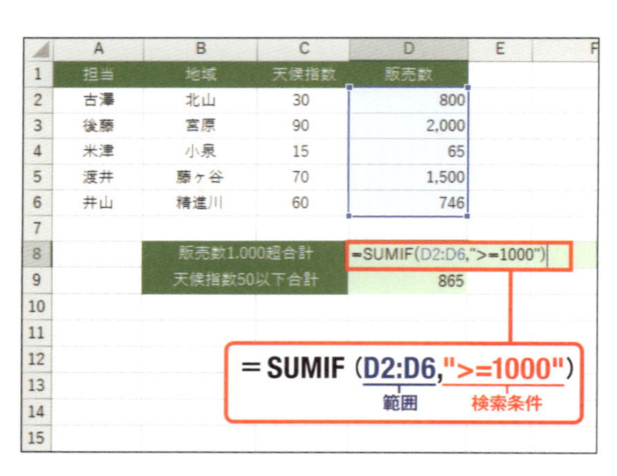

	A	B	C	D	E	F
1	担当	地域	天候指数	販売数		
2	古澤	北山	30	800		
3	後藤	宮原	90	2,000		
4	米津	小泉	15	65		
5	渡井	藤ヶ谷	70	1,500		
6	井山	精進川	60	746		
7						
8		販売数1,000超合計		=SUMIF(D2:D6,">=1000")		
9		天候指数50以下合計		865		

❶ セルD8にSUMIF関数を入力します。引数「セル範囲」に「D2:D6」、引数「検索条件」に「">=1000"」を指定します。

	A	B	C	D	E	F
1	担当	地域	天候指数	販売数		
2	古澤	北山	30	800		
3	後藤	宮原	90	2,000		
4	米津	小泉	15	65		
5	渡井	藤ヶ谷	70	1,500		
6	井山	精進川	60	746		
7						
8		販売数1,000超合計		3,500		
9		天候指数50以下合計		865		

❷ 1000以上の値を対象に集計できました。ここでは、D列の値が「1000以上」の行（3行目と5行目）を抽出し、D列の値の「2,000」と「1,500」を合計しています。

MEMO 日付・時間の比較も可能

引数「検索条件」には、日付や時間を指定することも可能です。「">=2016/2/1"」と記述すると、2月1日以降の行を対象に合計を求めます。

集計対象を、別の列の値を元に条件式で絞り込む

「販売数」のうち、「天候指数」列の数値が50以下の行を対象に「販売数」の集計を行ってみましょう。SUMIF関数の引数「範囲」に「天候指数」列のセル範囲を、引数「検索条件」に集計対象を判定する論理式を指定します。引数「合計範囲」に「販売数」列のセル範囲を指定することで、販売数の数値を集計します。「検索条件」で検索する列と値を集計する列が異なるので注意が必要です。

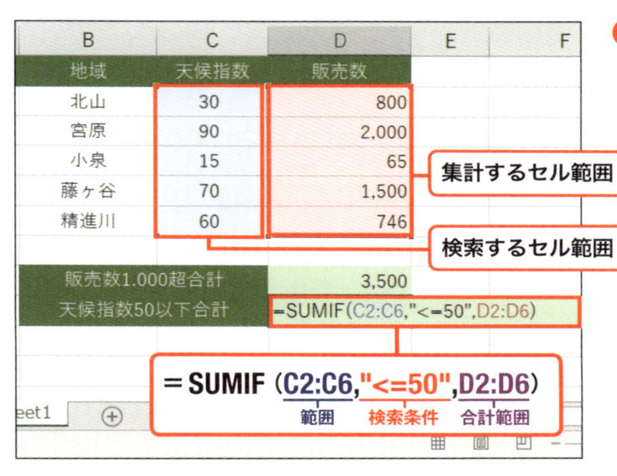

❶ セルD9にSUMIF関数を入力します。引数「セル範囲」に「C2:C6」、引数「検索条件」に「"<=50"」、引数「合計範囲」に「D2:D6」を指定します。

	A	B	C	D
1	担当	地域	天候指数	販売数
2	古澤	北山	30	800
3	後藤	宮原	90	2,000
4	米津	小泉	15	65
5	渡井	藤ヶ谷	70	1,500
6	井山	精進川	60	746
7				
8		販売数1,000超合計		3,500
9		天候指数50以下合計		865
10				
11				

Sheet1

❷「天候指数」列の数値が50以下の販売数を合計することができました。ここではC列の値が「50以下」の行（2行目、4行目）を抽出し、D列の値の「800」と「65」を合計しています。

COLUMN

指定できる条件式は1つだけ

SUMIF関数では、集計対象を絞り込むために使用できる条件式の数は1つだけです。複数の条件をすべて満たす行の合計を求めたいときはSUMIFS関数（P.212参照）を使います。

SECTION 083 論理と条件

平日と土日に分けて勤務時間を合計する

WEEKDAY
SUMIF

WEEKDAY関数によって計算した曜日の情報を元に、SUMIF関数で集計を行うと、特定の曜日区分に応じた集計が作成できます。入力された勤務時間を、平日と土日に分けて集計する、といったことも可能です。

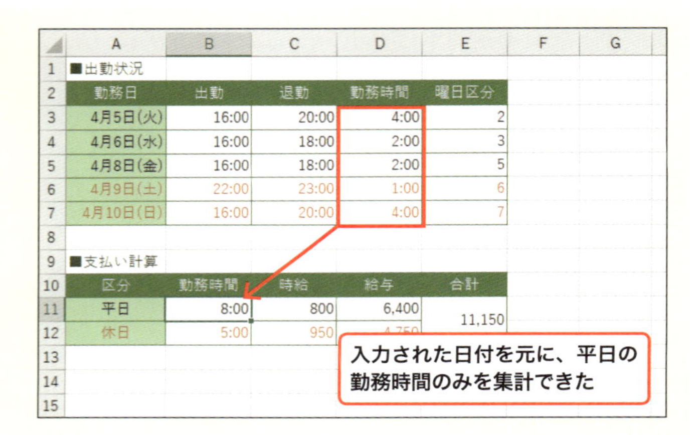

	A	B	C	D	E	F	G
1	■出勤状況						
2	勤務日	出勤	退勤	勤務時間	曜日区分		
3	4月5日(火)	16:00	20:00	4:00	2		
4	4月6日(水)	16:00	18:00	2:00	3		
5	4月8日(金)	16:00	18:00	2:00	5		
6	4月9日(土)	22:00	23:00	1:00	6		
7	4月10日(日)	16:00	20:00	4:00	7		
8							
9	■支払い計算						
10	区分	勤務時間	時給	給与	合計		
11	平日	8:00	800	6,400	11,150		
12	休日	5:00	950	4,750			
13							
14							
15							

» 平日／休日判定ルール（WEEKDAY関数の引数「種類」が「2」の場合）

日付が平日か休日かを判定するには、WEEKDAY関数の戻り値を判定して判断します。引数「種類」が「2」の場合、各曜日の戻り値は下記表のとおりとなります。すなわち、戻り値が6より小さい(1〜5)の場合は平日、6以上(6, 7)の場合は土・日と判定できます。

曜日	関数の戻り値	平日／休日
月	1	平日
火	2	平日
水	3	平日
木	4	平日
金	5	平日
土	6	休日
日	7	休日

平日を判定する論理式
関数の戻り値<6

休日を判定する論理式
関数の戻り値>=6

» 平日と休日が計算しやすいように曜日に応じた値を算出する

平日(月～金)と休日(土・日)に分けて計算したい場合は、WEEKDAY関数の引数「種類」に「2」を指定して「月曜が『1』始まり」の方式で曜日番号を算出します。算出できたら、SUMIF関数を利用し、その番号が「6より小さい場合(平日)」と「6以上の場合(休日)」に分けて集計を行います。

❶セルE3にWEEKDAY関数を入力し、「月曜が1始まり」の形式でセルA3の曜日番号を算出します。セル範囲E4:E7でも同じように曜日番号を算出します。

❷次に、SUMIF関数をセルB11に入力します。
引数「範囲」には、セル範囲E3:E7を、「検索条件」は「<6」、つまり、「月～金の場合」を、「合計範囲」はセル範囲D3:D7を指定します。

	A	B	C	D	E
5	4月8日(金)	16:00	18:00	2:00	5
6	4月9日(土)	22:00	23:00	1:00	6
7	4月10日(日)	16:00	20:00	4:00	7
8					
9	■支払い計算				
10	区分	勤務時間	時給	給与	合計
11	平日	8:00	800	6,400	11,150
12	休日	5:00	950	4,750	

=SUMIF (E3:E7,">=6",D3:D7)
範囲　検索条件　合計範囲

❸セル範囲E3:E7の中で1～5の値が入力されている行のセル範囲D3:D7の値が合計されて、平日の集計ができました。同じように、セルB12にも、「検索条件」を「>=6」、つまり「土・日の場合」の集計を行う関数を入力します。

SECTION 084 論理と条件

SUMIF

文字の一部が同じ行のデータを合計する

SUMIF関数（P.204参照）の検索条件にワイルドカードを使った演算子を利用すると、「ある値を含むデータ」などの条件で集計が可能となります。型番が「ERP-」で始まる製品の売上だけ合計するといった処理も行えます。

ワイルドカードを利用して検索条件を作成する

A列で「Excel」で始まるデータが含まれる行のみを対象に、B列の値を集計してみましょう。SUMIF関数の2番目の引数「検索条件」には、「任意の文字列」を意味するワイルドカードである「*(アスタリスク)」を利用し、「Excel*」という値を指定します。「検索条件」で検索する列と値を集計する列が異なるので注意が必要です。

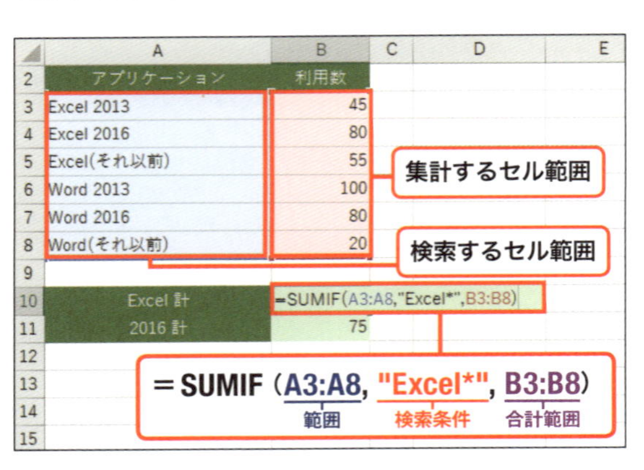

❶セルB10にSUMIF関数を入力します。引数「セル範囲」に「A3:A8」、引数「検索条件」に「"Excel*"」、引数「合計範囲」に「B3:B8」を指定します。

	A	B	C	D	E
2	アプリケーション	利用数			
3	Excel 2013	45			
4	Excel 2016	80			
5	Excel(それ以前)	55			
6	Word 2013	100			
7	Word 2016	80			
8	Word(それ以前)	20			
9					
10	Excel 計	180			
11	2016 計	75			
12					
13					
14					
15					
16					

❷「Excel」で始まるデータのみの利用者数を集計できました。ここでは、A列に「Excel」と表示されている行（3行目～5行目）のB列の値の「45」、「80」、「55」が合計されています。

MEMO &演算子を活用する

文字列を結合する&演算子を使うことで、セル参照とワイルドカードを組み合わせることも可能です。「A1&"*"」のように引数「検索条件」を指定できます。

「それ以前」を含むデータを集計する

A列で「それ以前」を含むデータのみを対象に、B列の値を集計してみましょう。SUMIF関数の引数「検索条件」には、ワイルドカード「*」を利用し、「*それ以前*」という値を指定します。「それ以前」の文字列の前後に「*」を入力します。

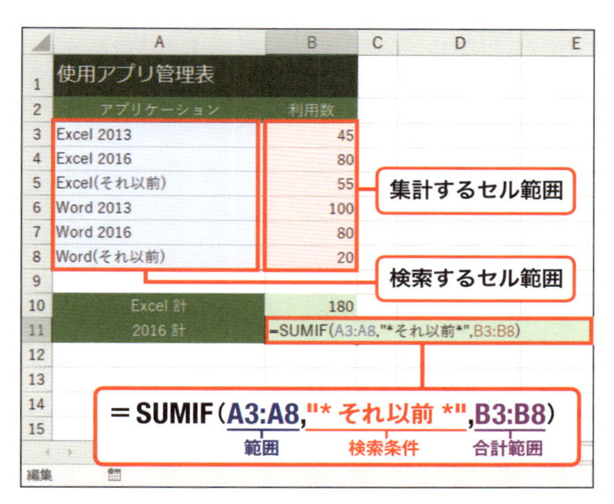

❶セルB11にSUMIF関数を入力します。引数「セル範囲」に「A3:A8」、引数「検索条件」に「"* それ以前 *"」、引数「合計範囲」に「B3:B8」を指定します。

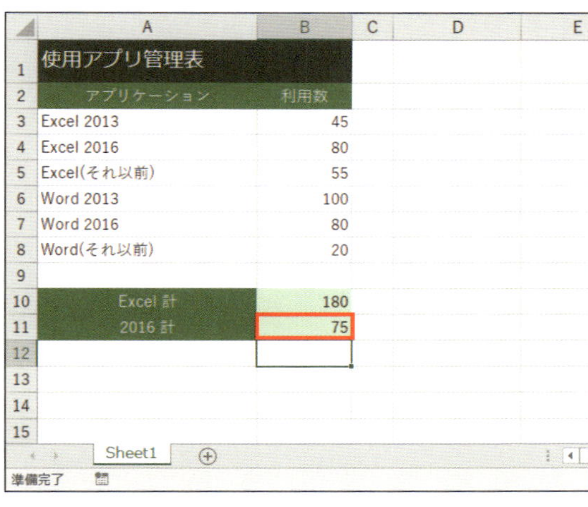

❷「それ以前」を含むデータの利用者数を集計することができました。ここでは、A列に「それ以前」と表示されている行（5行目と8行目）のB列の値の「55」と「20」が合計されています。

COLUMN

ワイルドカードには「?」も利用できる

ワイルドカードには「?」も利用できます。この場合には「任意の1文字」という指定となります。「"Excel??"」という値は、「Excelで始まり、そのあとに2文字が入力されている値」という検索条件となります。

SECTION 085 論理と条件

SUMIFS

複数の条件を満たす行のデータを合計する

複数の条件を満たすデータを合計したい場合には、SUMIFS関数を利用します。複数条件での集計や、特定期間の集計に利用できます。2003以前のExcelでは別の関数を使って集計を行います（COLUMN参照）。

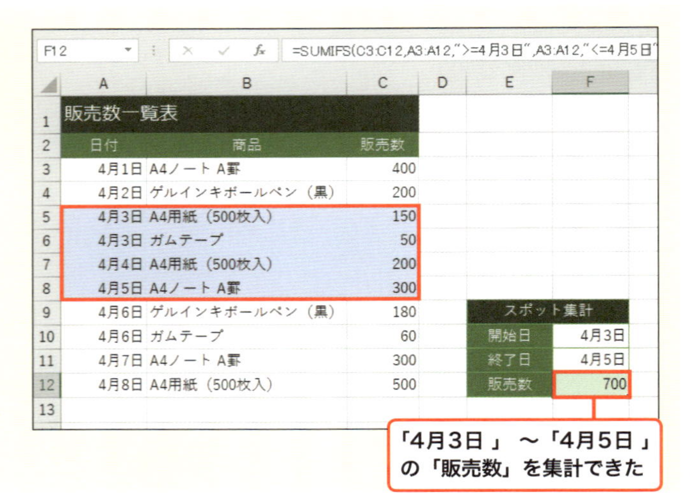

F12　=SUMIFS(C3:C12,A3:A12,">=4月3日",A3:A12,"<=4月5日")

	A	B	C	D	E	F
1	販売数一覧表					
2	日付	商品	販売数			
3	4月1日	A4ノート A罫	400			
4	4月2日	ゲルインキボールペン（黒）	200			
5	4月3日	A4用紙（500枚入）	150			
6	4月3日	ガムテープ	50			
7	4月4日	A4用紙（500枚入）	200			
8	4月5日	A4ノート A罫	300			
9	4月6日	ゲルインキボールペン（黒）	180		スポット集計	
10	4月6日	ガムテープ	60		開始日	4月3日
11	4月7日	A4ノート A罫	300		終了日	4月5日
12	4月8日	A4用紙（500枚入）	500		販売数	700
13						

「4月3日」～「4月5日」の「販売数」を集計できた

書式 =SUMIFS(合計対象範囲, 条件範囲1, 条件1, [条件範囲2, 条件2] ,...)

引数

合計対象範囲	 必須	合計対象となるセル範囲
条件範囲1	 必須	条件1で判定を行うセル範囲
条件1	 必須	合計対象とするかを判定する条件式
条件範囲2, 条件2	 任意	追加の条件範囲と条件式のペア。127ペアまで追加可能。

説明 SUMIFS関数は、「合計対象範囲」に指定したセル範囲の値を、以降に指定する「条件範囲」と「条件」のペアに応じて集計します。
条件範囲と条件のペアは、最低でも1組が必要です。複数のペアを指定した場合には、そのすべてを満たすデータのみが集計の対象となります。

特定期間のデータを集計する

「『日付』列の値が『4月3日』以上」、「『日付』列の値が『4月5日以下』」という2つの条件式を満たすデータ、つまり、「4月3日～4月5日のデータ」の販売数を集計してみましょう。

SUMIFS関数の1つ目の引数に、集計したい範囲を指定したら、そのあとに条件を判定したいセル範囲と判定式のペアを、必要数追加すれば完成です。

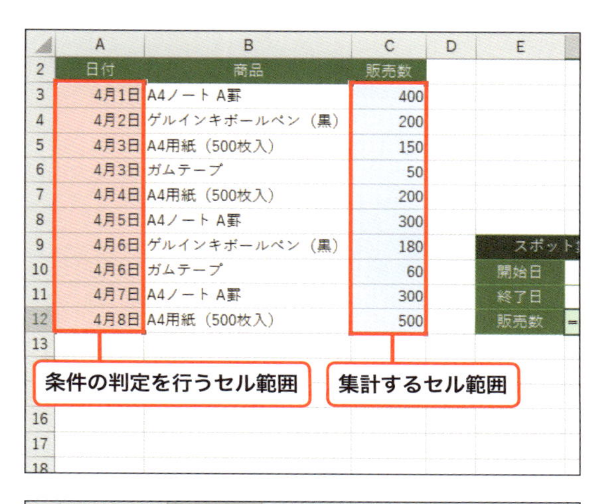

	A	B	C
2	日付	商品	販売数
3	4月1日	A4ノート A罫	400
4	4月2日	ゲルインキボールペン（黒）	200
5	4月3日	A4用紙（500枚入）	150
6	4月3日	ガムテープ	50
7	4月4日	A4用紙（500枚入）	200
8	4月5日	A4ノート A罫	300
9	4月6日	ゲルインキボールペン（黒）	180
10	4月6日	ガムテープ	60
11	4月7日	A4ノート A罫	300
12	4月8日	A4用紙（500枚入）	500

❶集計対象の表は、A列に条件判定の対象とする日付が、C列に集計対象とする値が入力されています。

❷SUMIFS関数に、合計対象範囲と、条件範囲と条件式のペアを指定して集計を行います。

COLUMN

Excel 2003以前ではAND関数を使った作業列を利用する

SUMIFS関数が利用できない環境では、「=AND（A3>=F10,A3<=F11)」など、複数の判定式を満たすかどうかを判定する作業列を用意し、その列の値を元にSUMIF関数などで集計しましょう。

SECTION 086 論理と条件

AVERAGEIF

条件に合うデータの平均値を求める

値の平均を求める際に、条件に合うデータのみを対象に計算を行うには、AVERAGEIF関数を利用します。この関数を使うことで東京都に在住する社員の平均年齢を求めるといった処理が可能になります。

	A	B	C	D	E
1	得点一覧				
2	名前	所属	得点		東京平均
3	手島 奈央	東京	80		65.6
4	永田 寿々花	東京	65		
5	山野 ひかり	横浜	99		
6	川越 真一	東京	55		
7	沢田 翔子	名古屋	0		
8	上野 信彦	横浜	45		
9	松澤 寛	横浜			
10	亀田 恵里佳	東京			
11	藤川 俊二	名古屋	75		
12	進藤 里奈	名古屋	55		
13	杉原 洋介	東京	38		
14	深井 直人	名古屋	50		
15	吉川 幸平	名古屋	30		

「所属」列が「東京」のデータの得点の平均を計算できた

書式 =AVERAGEIF(範囲, 条件, [平均対象範囲])

引数

引数		説明
範囲	必須	条件をチェックするセル範囲
条件	必須	計算の対象を決める値や条件式
平均対象範囲	任意	「範囲」と値を集計するセル範囲が異なる場合の、対象とするセル範囲

説明 AVERAGEIF関数は、引数「範囲」のセルの値が、引数「条件」に合うもののみを対象に平均を求めます。
また、値を集計するセル範囲が、「範囲」とは異なる位置の場合には、3つ目の引数「平均対象範囲」に、対象とするセル範囲を追加指定できます。

特定の値を持つデータのみの平均を求める

B列に入力されている値が「東京」のデータのみから、C列に入力されている得点の平均値を求めてみましょう。AVERAGEIF関数を利用し、範囲にB列、条件を「"東京"」、平均対象範囲をC列にすれば完成です。

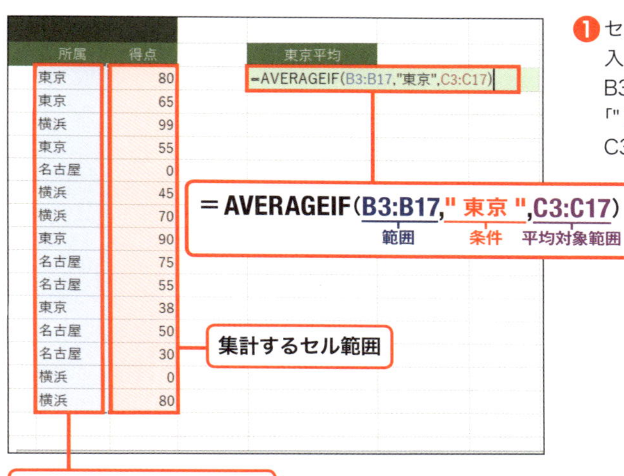

❶ セルE3にAVERAGEIF関数を入力します。引数「範囲」はB3：B17、引数「条件」は「"東京"」、「平均対象範囲」はC3：C17列を指定します。

	A	B	C	D	E
1	得点一覧				
2	名前	所属	得点		東京平均
3	手島 奈央	東京	80		65.6
4	永田 寿々花	東京	65		
5	山野 ひかり	横浜	99		
6	川越 真一	東京	55		
7	沢田 翔子	名古屋	0		
8	上野 信彦	横浜	45		
9	松澤 寛	横浜	70		
10	亀田 恵里佳	東京	90		
11	藤川 俊二	名古屋	75		
12	進藤 里奈	名古屋	55		
13	杉原 洋介	東京	38		
14	深井 直人	名古屋	50		

❷ セル範囲B3：B17の値が「東京」のデータのみを対象にセル範囲C3：C17の得点の平均値を算出できました。

COLUMN

平均対象範囲を指定しない場合

引数「範囲」と「条件」のみを指定した場合には、「範囲」の値のうち、「条件」を満たすもののみから平均値を算出します。たとえば、「=AVERAGEIF（A1:A50,">0"）」は、セル範囲A1:A50のうち、値が「0より上」のデータのみを対象に平均値を求めます。

SECTION 087 論理と条件

AVERAGEIFS

複数の条件を満たすデータの平均値を求める

複数の条件を満たすデータから平均値を求める場合には、AVERAGEIFS関数を利用しましょう。もしも何らかの異常値が検出された場合は別の関数を使って除外することも可能です(次ページのCOLUMN参照)。

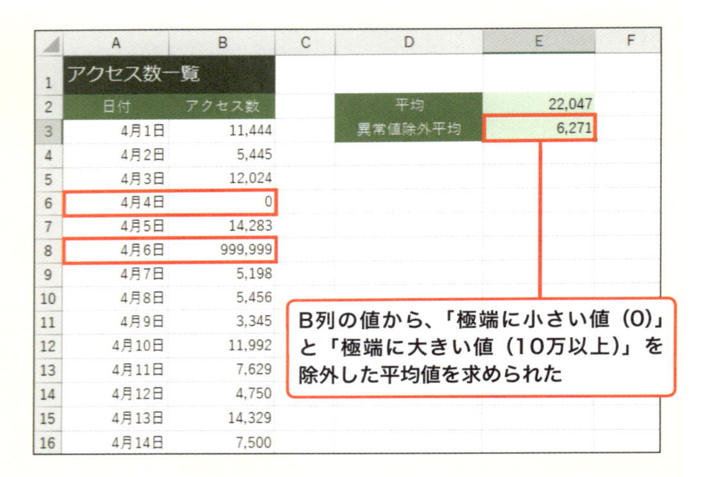

	A	B	C	D	E	F
1	アクセス数一覧					
2	日付	アクセス数		平均	22,047	
3	4月1日	11,444		異常値除外平均	6,271	
4	4月2日	5,445				
5	4月3日	12,024				
6	4月4日	0				
7	4月5日	14,283				
8	4月6日	999,999				
9	4月7日	5,198				
10	4月8日	5,456				
11	4月9日	3,345				
12	4月10日	11,992				
13	4月11日	7,629				
14	4月12日	4,750				
15	4月13日	14,329				
16	4月14日	7,500				

書式 =AVERAGEIFS(平均対象範囲, 条件範囲1, 条件1, [条件範囲2, 条件2],...)

引数

引数		説明
平均対象範囲	必須	平均を計算する対象となるセル範囲
条件範囲1	必須	条件1で判定を行うセル範囲
条件1	必須	計算対象とするかを判定する条件式
条件範囲2, 条件2	任意	条件範囲と条件式のペア。127ペアまで追加可能

説明 AVERAGEIFS関数は、「平均対象範囲」の値のうち、以降に指定する「条件範囲」と「条件」のペアを満たすものの平均を求めます。
条件範囲と条件のセットは、最低でも1組が必要です。複数のセットを指定した場合には、そのすべてを満たすデータのみが対象となります。

≫ 特異な数値のデータを除外して平均値を求める

B列の値のうち、「0より上の値」、「10万以下の値」という2つの条件を満たすデータのみを対象に平均値を求めてみましょう。
AVERAGEIFS関数の1つ目の引数「平均対象範囲」に、集計したい範囲を指定したら、そのあとに条件を判定したいセル範囲と判定式のペアを、必要数追加すれば完成です。

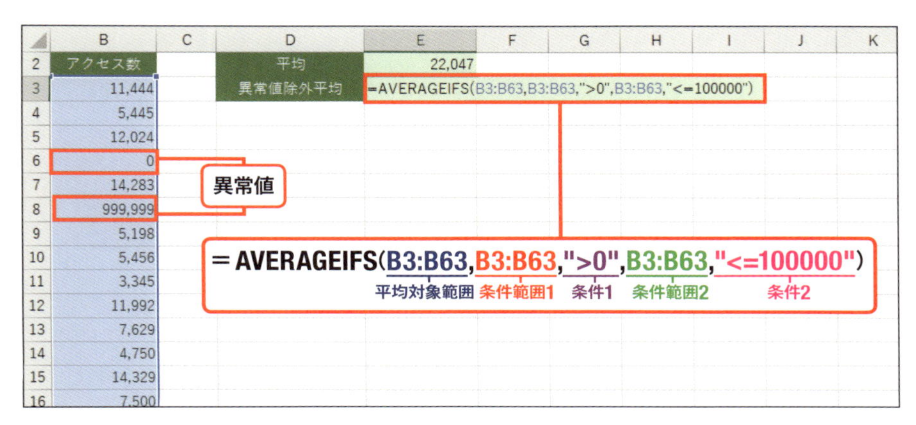

❶ セルE3にAVERAGEIFS関数を入力します。引数「平均対象範囲」に「B3:B63」、引数「条件範囲1」に「B3:B63」、引数「条件1」に「">0"」、引数「条件範囲2」に「B3:B63」、引数「条件2」に「"<=100000"」を指定します。

	D	E	F	G	H	I	J	K	L	M
2	平均	22,047								
3	異常値除外平均	6,271								
4										
5										
6										
7										
8										
9										
10										
11										

❷ セル範囲B3：B63の値が「0より上で103以下」のデータのみを対象に平均値を算出できました。

COLUMN

異常値を除外した平均値を求めるにはTRIMMEAN関数も有効

「異常値を除外した平均値」を求めるには、TRIMMEAN関数も有効です。「=TRIMMEAN(B3:B63,0.1)」は、「セル範囲B3:B63から、上位・下位10%の値を除外した値の平均を求める」という計算を行います。

SECTION **088** 論理と条件

すべての入力欄に数値が入力されているかを調べる

COUNT関数（P.102参照）で取得した数値の入力されているセルの個数を元に、IF関数（P.186参照）で判定を行うと、「すべてのセルに数値が入力されているかどうか」のチェックを行うことができます。

	A	B	C	D	E	F
1		設　問				
2	回答者	A	B	C	D	E
3	佐藤	2	1	1	3	3
4	篠原	1	2	1		1
5	大久保	3		3	3	1
6	源	3	1			
7	佐々木	2	1			
8						
9				設問数		25
10				正規回答数		22
11				状態		要調査
12						
13						
14						
15						

回答数（数値の入力されているセルの個数）をカウントできた

設問数と回答数を比較することで、すべての入力欄に入力が行われているかをチェックできた

COLUMN

セルの総数も数式で求めるには

特定セル範囲内のセルの個数を数式で求めたい場合には、空白セルを数えるCOUNTBLANK関数と、空白以外のセルを数えるCOUNTA関数を併用しましょう。「=COUNTBLANK（B3:F7）+COUNTA（B3:F7）」は、セル範囲B3:B7のセルの個数を返します。

» COUNT関数で計算した個数を元にIF関数で処理を分岐する

特定のセル範囲内のすべてに、数値が入力されているかどうかによって、表示する値を変化させてみましょう。まずCOUNT関数を利用してセル範囲内に数値が入力されているセルの個数を算出します。その値を利用して、IF関数内でセル範囲内のセルの個数と比較し、同じ場合と異なる場合で表示する値を変えれば完成です。

	B	C	D	E	F	G	H
2	A	B	C	D	E		
3	2	1	1	3	3		
4	1	2	1		1		
5	3		3	3	1		
6	3	1	不明	1	1		
7	2	1	1	3	1		
8							
9			設問数		25		
10			正規回答数		=COUNT(B3:F7)		
11			状態				
12							
13							
14							
15							
16							
17							

= COUNT (B3:F7)
値1

❶セルF10にCOUNT関数を入力し、セル範囲B3:F7内で数値の入力されているセルの数を求めます。

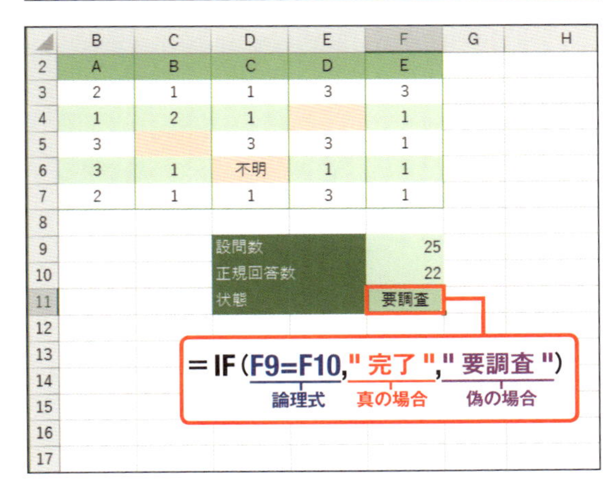

❷IF関数を利用して、セルF9に入力してあるセルの個数と手順❶で得た値を比較し、同じ値であれば「完了」、そうでなければ「要調査」と表示させます。

COLUMN

COUNTA関数ですべての回答数を算出する

COUNTA関数を使えば、「1」や「2」のような数列だけでなく、「不明」や「不在」といった文字列もカウントできます。アンケート調査などで1～5の5段階評価のほか、「備考欄」などに記載された要望も回答としてカウントしたいときなどに役立ちます。

SECTION 089 論理と条件

COUNTIF

条件に合うデータを数える

任意のセル範囲の中から、条件に合う値が入力されているセルの個数をカウントするには、COUNTIF関数を利用します。アンケート調査で「よい」と答えた人が何人いるか簡単に知りたいときなどに使うと便利な関数です。

■アンケート調査結果

ID	氏名	質問1	質問2	質問3	質問4	質問5
1	岡 豊	良い	普通	普通	良い	普通
2	内野 勝久	悪い	良い	悪い	普通	悪い
3	細野 敦	普通	悪い	普通	悪い	普通
4	窪塚 雅美	良い	悪い	普通	普通	良い
5	田口 和之	良い	悪い	普通	良い	悪い
6	上野 信彦	悪い	普通	悪い	普通	普通
7	吉川 幸平	普通	普通	悪い	良い	普通
8	小島 孝雄	良い	普通	普通	良い	良い
9	大熊 大樹	普通	普通	悪い	良い	良い
10	田川 真悠子	悪い	悪い	良い	良い	普通

■集計

良い	15
普通	21
悪い	14

「良い」「普通」「悪い」の3種類の解答数をそれぞれ集計できた

書式 =COUNTIF(範囲, 検索条件)

引数

範囲	必須	条件をチェックするセル範囲
検索条件	必須	カウント対象を決める値や条件式

説明 COUNTIF関数は、引数「範囲」のセルの値が、引数「検索条件」に一致する値が入力されているセルの個数を求めます。
検索条件は、「10」「"東京"」などの値のほかに、「">=10"」などのイコールや不等号を利用した式でも指定可能です。

特定の値を持つセルの個数を数える

C列のうち、特定の値が入力されているセルの個数を求めてみましょう。COUNTIF関数を利用し、チェックを行いたいセル範囲と、チェック内容を指定する値や式を指定すれば完了です。サンプルでは、「セルI10と等しい値」という条件でカウントを行っています。

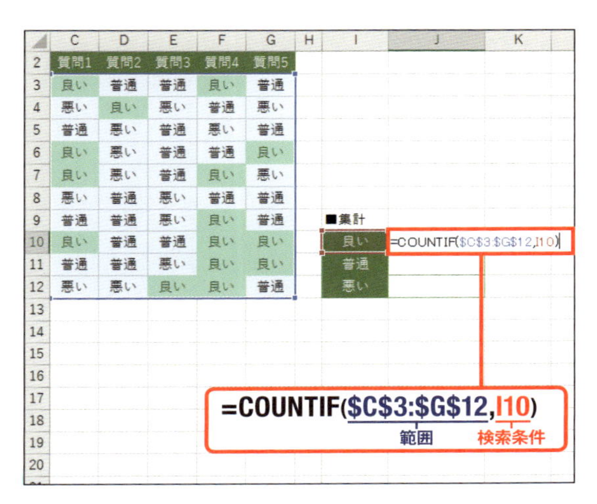

❶セルJ10にCOUNTIF関数を入力します。カウント対象の「範囲」はセルC3:G12を絶対参照で指定し、「検索条件」は、左隣のセルであるセルI10の値（「良い」）を指定します。

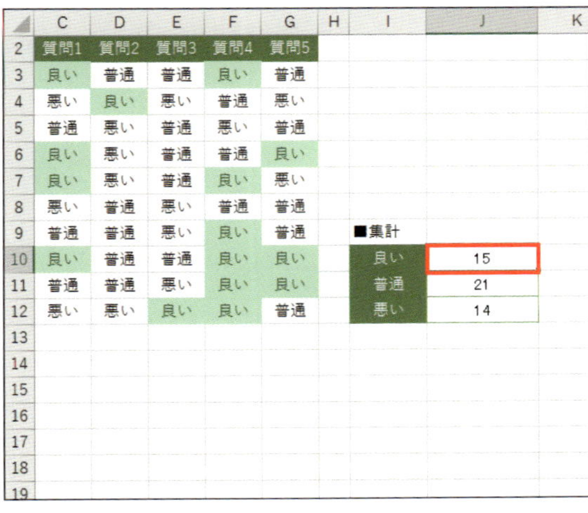

❷「良い」と入力されているセルの個数が求められました。
同様にして、「普通」「悪い」の入力数も求められます。

COLUMN

空白セルの数を数えるには

「空白セル」を数えたい場合には、専用の「COUNTBLANK関数」が利用できます。また、「空白ではないセル」を数えたい場合には、こちらも専用の「COUNTA関数（P.104参照）」が利用できます。

SECTION 090 論理と条件

重複データに「重複」と表示する

IF
COUNTIF

COUNTIF関数（P.220参照）を使って求められる「任意のセル範囲内での特定の値が入力されているセルの個数」をIF関数（P.186参照）で利用すると、表の中に重複した値があるかどうかをチェックすることができます。

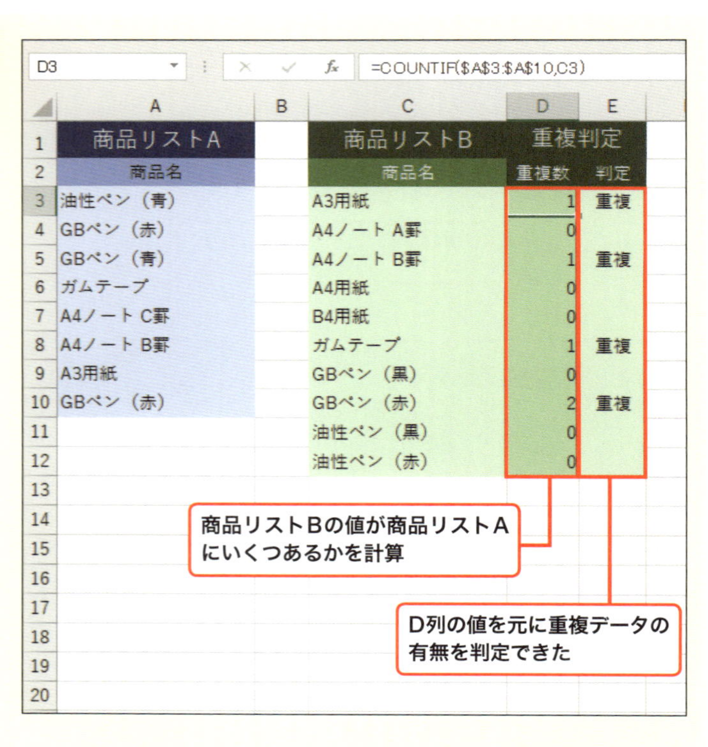

» COUNTIF関数で重複データを検出する

商品リストAの中に、商品リストBと重複する値があるかどうかによって、表示する値を変化させてみましょう。COUNTIF関数を利用して、表内の任意の値が、ほかの表のセル範囲内にいくつあるかを求めます。0個であれば、「重複なし」、1つ以上あれば「重複あり」と判断できます。この結果を元にIF関数で処理を分岐させれば完成です。

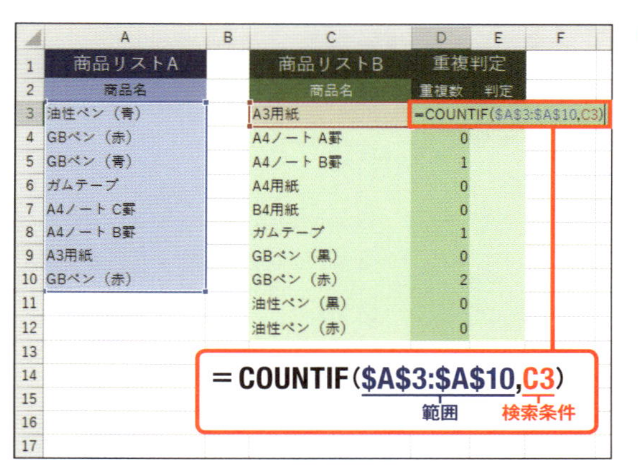

❶セルD3にCOUNTIF関数を入力します。引数「範囲」に「A3:A10」を絶対参照で指定し、引数「検索条件」に「C3」を指定します。

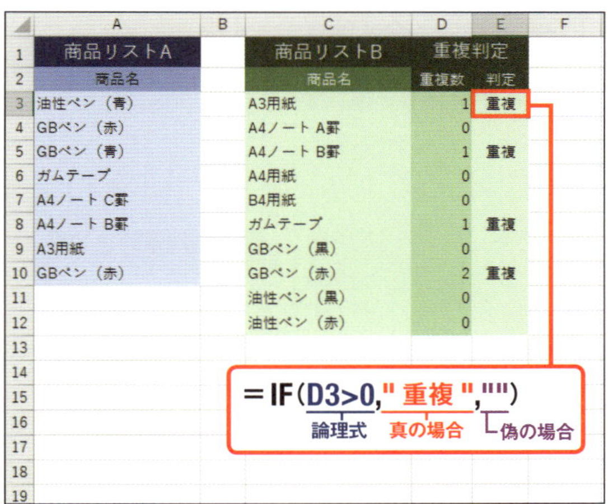

❷セルE3にIF関数を入力し、手順❶で求めた値が「0より大きい」場合は重複があると判定し、「重複」と表示させれば完成です。

自表内の重複をチェックする

自表を対象にCOUNTIF関数を利用すれば、自表の重複チェックも可能です。条件付き書式等でも重複のチェックは可能ですが、関数を利用すると、重複数までも把握することが可能です。

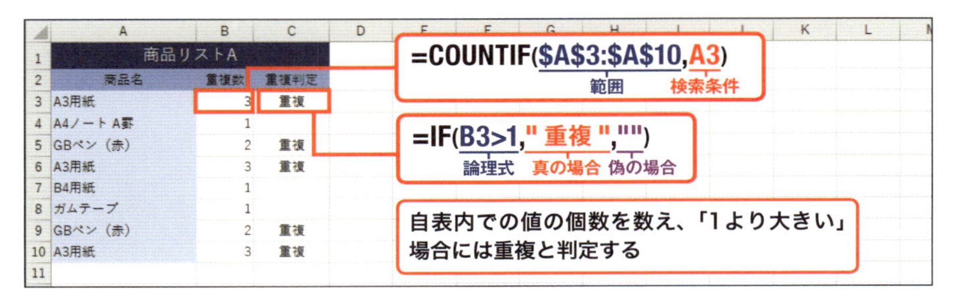

SECTION 091 論理と条件

COUNTIFS

複数の条件を満たすデータを数える

任意のセル範囲内において、複数の条件を満たす値が入力されているセルの個数を数えるには、COUNTIFS関数を利用するとよいでしょう。より条件を絞り込んで目的のデータを得ることができます。

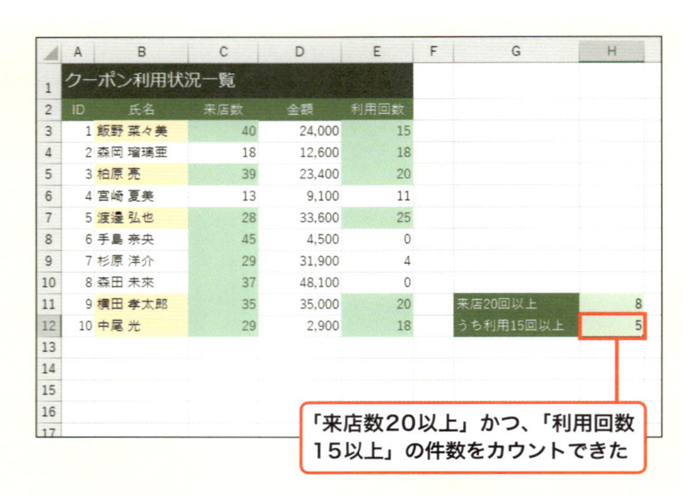

	A	B	C	D	E	F	G	H
1	クーポン利用状況一覧							
2	ID	氏名	来店数	金額	利用回数			
3	1	飯野 菜々美	40	24,000	15			
4	2	森岡 瑠璃亜	18	12,600	18			
5	3	柏原 亮	39	23,400	20			
6	4	宮崎 夏美	13	9,100	11			
7	5	渡邉 弘也	28	33,600	25			
8	6	手島 奈央	45	4,500	0			
9	7	杉原 洋介	29	31,900	4			
10	8	森田 未來	37	48,100	0			
11	9	横田 孝太郎	35	35,000	20		来店20回以上	8
12	10	中尾 光	29	2,900	18		うち利用15回以上	5
13								
14								
15								
16								
17								

書式 =COUNTIFS(検索条件範囲1, 検索条件1, [検索条件範囲2, 検索条件2],...)

引数

引数		説明
検索条件範囲1	必須	検索条件1で判定を行うセル範囲
検索条件1	必須	カウント対象とするかを判定する値や条件式
検索条件範囲2, 検索条件2	 任意	条件範囲と条件式のペア。127ペアまで追加可能

説明 COUNTIFS関数は、「検索条件範囲」と「検索条件」のペアを満たすものの個数を求めます。
検索条件範囲と検索条件のセットは、最低でも1組が必要です。複数のセットを指定した場合には、そのすべてを満たすデータのみが対象となります。

対象範囲と条件のペアを列記してカウント対象を絞り込む

10個のデータのうち、「来店数が20以上」「クーポン利用回数が15回以上」という2つの条件を満たすセルの個数を数えてみましょう。COUNTIFS関数を利用し、2つの検索条件範囲と検索条件のペアを順番に指定していけば完成です。

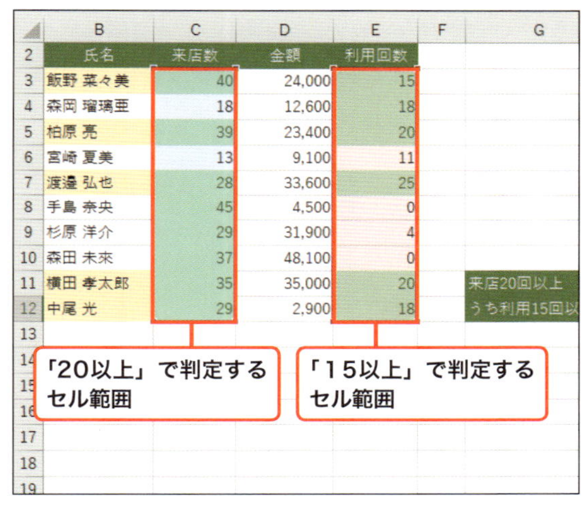

	B	C	D	E	F	G
2	氏名	来店数	金額	利用回数		
3	飯野 菜々美	40	24,000	15		
4	森岡 瑠璃亜	18	12,600	18		
5	柏原 亮	39	23,400	20		
6	宮崎 夏美	13	9,100	11		
7	渡邉 弘也	28	33,600	25		
8	手島 奈央	45	4,500	0		
9	杉原 洋介	29	31,900	4		
10	森田 未来	37	48,100	0		
11	横田 孝太郎	35	35,000	20		来店20回以上
12	中尾 光	29	2,900	18		うち利用15回以

❶集計対象の表から、C列が「20以上」、E列が「15以上」の値が入力されているセルの個数を数えます。

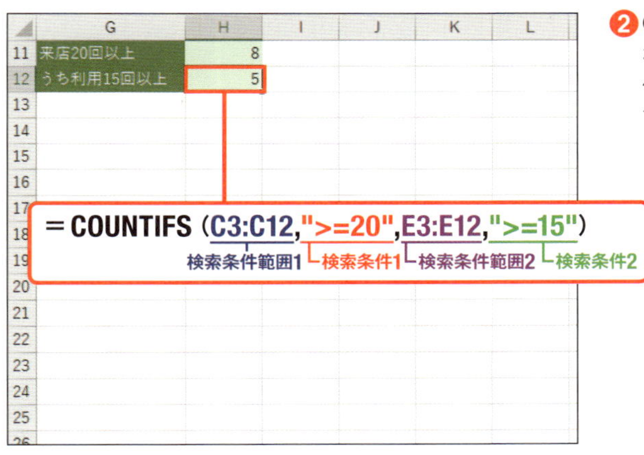

	G	H
11	来店20回以上	8
12	うち利用15回以上	5

❷COUNTIFS関数の引数に、それぞれの検索条件範囲と検索条件のペアを列記すれば完成です。

COLUMN

特定期間の件数のカウント方法

同じセル範囲に対して、異なる条件式を設定することで、「特定範囲・期間のデータ数」をカウントすることも可能です。たとえば、「=CONUTIFS (A1:A10,">=5/1",A1:A10,"<=5/31")」は、A1:A10内の「5月のデータ数」をカウントします。

対応バージョン 2016 2013 2010 2007

SECTION 092 論理と条件

条件表を使った条件書式（データベース関数）

DAVERAGE関数（P.228参照）や、DCOUNT関数などの「データベース関数」では、ワークシート上に作成した「条件表」を使って、集計対象を絞り込みます。この条件表の記述のコツを押さえましょう。

	A	B	C	D	E	F	G	H	I
1	対象テーブル				条件式			結果(DCOUNT関数)	
2	日付	担当	売上		担当			個数	
3	4月3日	宮崎	59,000		=増田			4	
4	4月6日	増田	10,000						
5	4月8日		39,000		担当				
6	4月9日	星野	28,000		=増田			個数	
7	4月11日	星野	73,000		=星野			6	
8	4月12日	増田							
9	4月22日	宮崎	70,000		担当	日付		個数	
10	4月23日	増田	52,000		=増田	=4/23		1	
11	4月23日	宮崎	30,000						
12	4月28日	増田	43,000		日付	日付		個数	
13					>=4/1	<=4/10		4	
14									
15									
16									
17									
18									
19									
20									

条件表を多彩なパターンで作成し、DCOUNT関数で条件を満たすセルの個数を数えた

» 条件表の基本ルール

条件表は、抽出したい内容を、見出しと値を使った表形式で指定します。その際、見出しと値をどのように並べるかで、AND条件やOR条件といったルールが指定可能です。

- 1行目に見出し名を記述する
- 見出しに対する条件式は見出しの縦方向に記述する
- 1つの見出しに対して複数の条件式を列記するとOR条件となる
- 見出しと条件式のセットを横方向に並べるとAND条件となる
- 条件式の基本は「=値」。「<」「>」といった不等号や、ワイルドカードも利用できる

» まずは見出し名を列記し、条件式を追加していく

「担当が『増田』」、かつ「日付が『4/23』」という条件を表す条件表を作成してみましょう。コツとしては、まず、条件式を言葉として書いてみて、その中に出てくる見出し名(フィールド名)を横方向に列記します。次に、各見出しの下に条件式を追加していきます。
このとき、複数条件を同時に満たすものを対象としたい場合には、同じ行に条件式を作成します。複数条件のいずれかを満たすものを対象としたい場合には、異なる行へとずらして記述すれば完成です。

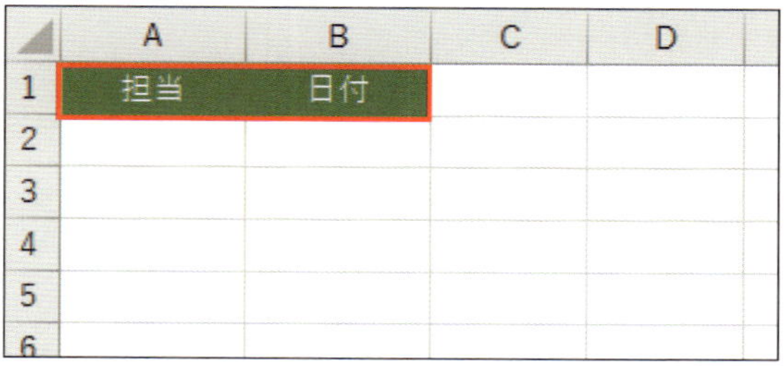

	A	B	C	D
1	担当	日付		
2				
3				
4				
5				
6				

❶「担当」「日付」とチェックしたい値を持つ列名を記入します。

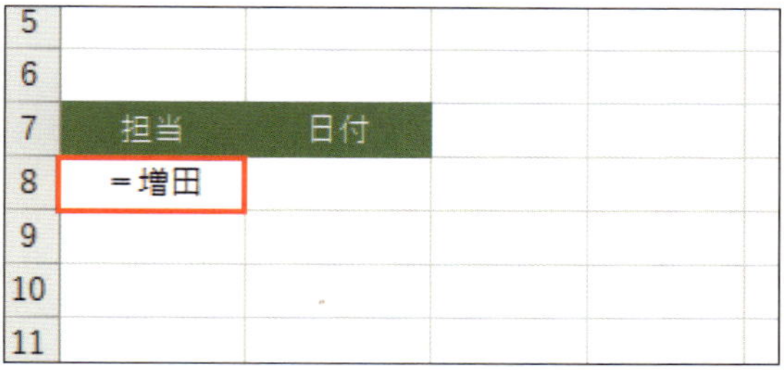

	A	B	C	D
5				
6				
7	担当	日付		
8	=増田			
9				
10				
11				

❷1つ目の列に対する条件式を下方向に記述します。

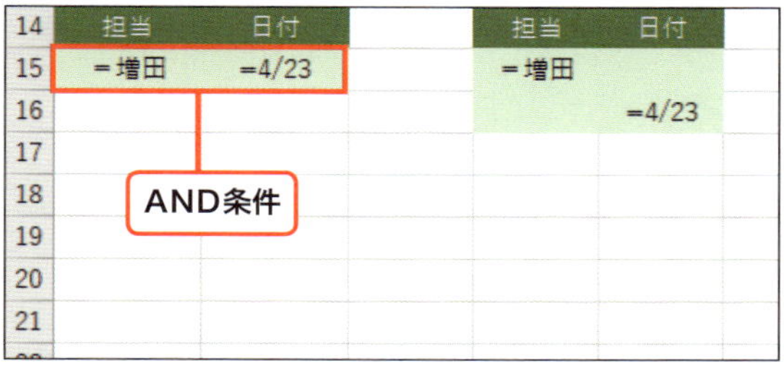

14	担当	日付		担当	日付
15	=増田	=4/23		=増田	
16					=4/23
17					
18					
19					
20					
21					

AND条件

14	担当	日付		担当	日付
15	=増田	=4/23		=増田	
16					=4/23
17					
18					
19					
20					
21					

OR条件

❸次の列に対する条件式を記述します。この入力を繰り返せば完成です。
なお、すべてを満たすものを対象とする「AND条件」にしたい場合には同じ行に入力し、いずれかを満たすものを対象とする「OR条件」にしたい場合には1行ずらして記入します。

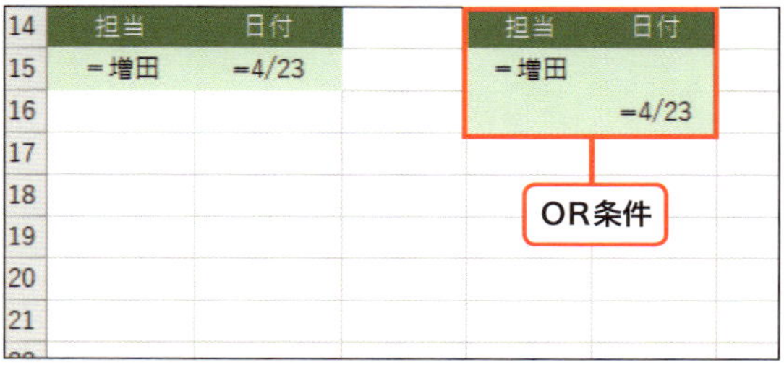

SECTION **093** 論理と条件

条件に合う数値の平均を求める

DAVERAGE

複雑な条件を満たす数値の平均を求めるには、DAVERAGE関数が利用できます。DAVERAGE関数は、ワークシート上に作成した「条件表」を使って、条件を満たすデータを対象に平均値を計算します。引数にデータベースを利用するデータベース関数の1つです。

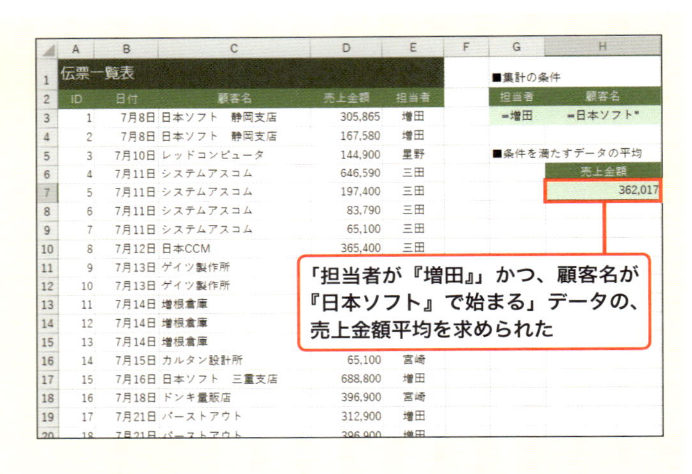

	A	B	C	D	E	F	G	H
1	伝票一覧表						■集計の条件	
2	ID	日付	顧客名	売上金額	担当者		担当者	顧客名
3	1	7月8日	日本ソフト　静岡支店	305,865	増田		=増田	=日本ソフト*
4	2	7月8日	日本ソフト　静岡支店	167,580	増田			
5	3	7月10日	レッドコンピュータ	144,900	星野		■条件を満たすデータの平均	
6	4	7月11日	システムアスコム	646,590	三田			売上金額
7	5	7月11日	システムアスコム	197,400	三田			362,017
8	6	7月11日	システムアスコム	83,790	三田			
9	7	7月11日	システムアスコム	65,100	三田			
10	8	7月12日	日本CCM	365,400	三田			
11	9	7月13日	ゲイツ製作所					
12	10	7月13日	ゲイツ製作所					
13	11	7月14日	増根倉庫					
14	12	7月14日	増根倉庫					
15	13	7月14日	増根倉庫					
16	14	7月15日	カルタン設計所	65,100	宮崎			
17	15	7月16日	日本ソフト　三重支店	688,800	増田			
18	16	7月18日	ドンキ量販店	396,900	宮崎			
19	17	7月21日	パーストアウト	312,900	増田			
20	18	7月21日	パーストアウト	396,900	増田			

書式 =DAVERAGE(データベース, フィールド, 条件)

引数

引数		説明
データベース	必須	計算の対象とする表形式のセル範囲
フィールド	必須	平均値を求める値が入力されている列の列見出し、もしくは、列の順番を表す数値
条件	必須	計算対象を絞り込むための条件が記入されているセル範囲

説明 DAVERAGE関数は、「データベース」の中から「条件」に一致するデータを検索し、「フィールド」で指定した列の値の平均値を求めます。該当データがない場合は、「#DIV/0!」エラーとなります。
対象を判断する「条件」は、ワークシート上に表形式で記述し、そのセル範囲を指定します。

条件表に記述した条件を満たす列の平均を求める

表形式のセル範囲内の「売上金額」列のうち、「担当者が『増田』」「顧客名が『日本ソフト』で始まる」データのみの平均を求めてみましょう。
DAVERAGE関数を利用し、表形式の範囲、平均を求めたい列の見出し文字列、集計条件の記述されているセル範囲を指定すれば完成です。なお、集計条件の記述ルールは、P.226を参照してください。

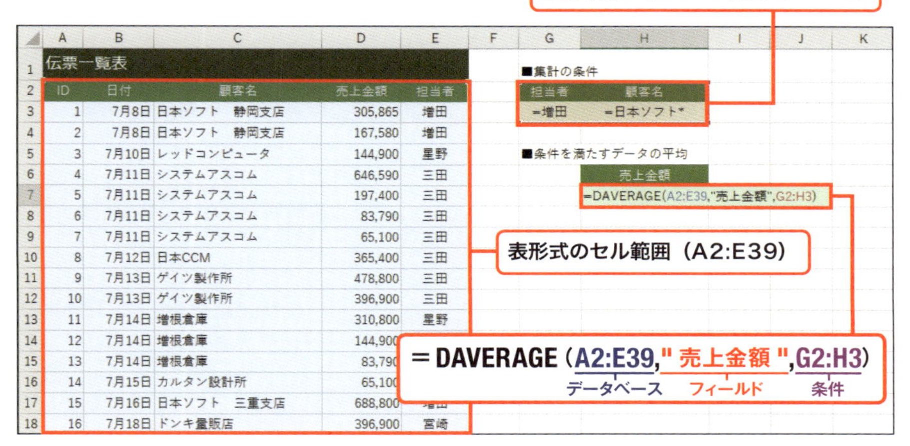

	A	B	C	D	E
1	伝票一覧表				
2	ID	日付	顧客名	売上金額	担当者
3	1	7月8日	日本ソフト　静岡支店	305,865	増田
4	2	7月8日	日本ソフト　静岡支店	167,580	増田
5	3	7月10日	レッドコンピュータ	144,900	星野
6	4	7月11日	システムアスコム	646,590	三田
7	5	7月11日	システムアスコム	197,400	三田
8	6	7月11日	システムアスコム	83,790	三田
9	7	7月11日	システムアスコム	65,100	三田
10	8	7月12日	日本CCM	365,400	三田
11	9	7月13日	ゲイツ製作所	478,800	三田
12	10	7月13日	ゲイツ製作所	396,900	三田
13	11	7月14日	増根倉庫	310,800	星野
14	12	7月14日	増根倉庫	144,900	
15	13	7月14日	増根倉庫	83,790	
16	14	7月15日	カルタン設計所	65,100	
17	15	7月16日	日本ソフト　三重支店	688,800	
18	16	7月18日	ドンキ量販店	396,900	宮崎

❶セルH7にDAVERAGE関数を入力します。引数「データベース」に「A2:E39」、引数「フィールド」に「" 売上金額 "」、引数「条件」に「G2:H3」を指定します。

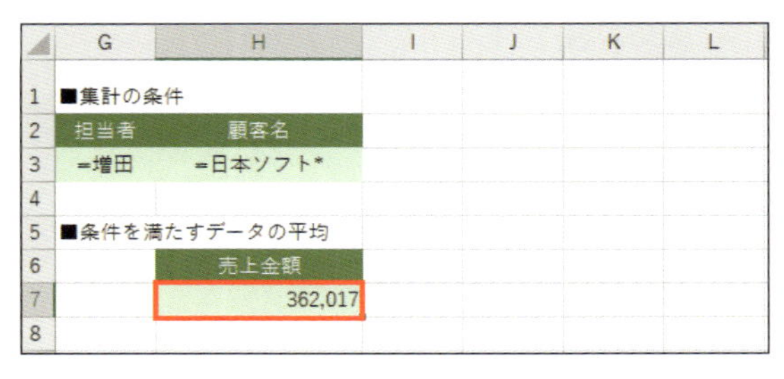

	G	H
1	■集計の条件	
2	担当者	顧客名
3	=増田	=日本ソフト*
4		
5	■条件を満たすデータの平均	
6		売上金額
7		362,017
8		

❷条件を満たすデータの平均が求められました。

COLUMN

フィールドの引数は何列目かの数字で指定してもOK

フィールドの引数（この場合は"売上金額"）は、「いちばん左の列から数えて何番目」というように数字を入力しても指定可能です。たとえば、「=DAVERAGE（A2:E39,4,G2:H3)」は、セル範囲A2:E39内での4列目を対象に計算を行います。

見出し名と条件のペアを縦方向に記述して条件を作成する

条件の指定方法の基本は、「見出し名を記述し、その下方向に条件式を記述していく」形式です。この条件式には、不等号やワイルドカードを利用することが可能です。また、条件式を列方向に列記すると、OR条件とみなされ、「いずれかを満たす」データが対象となります。

条件式の記述例

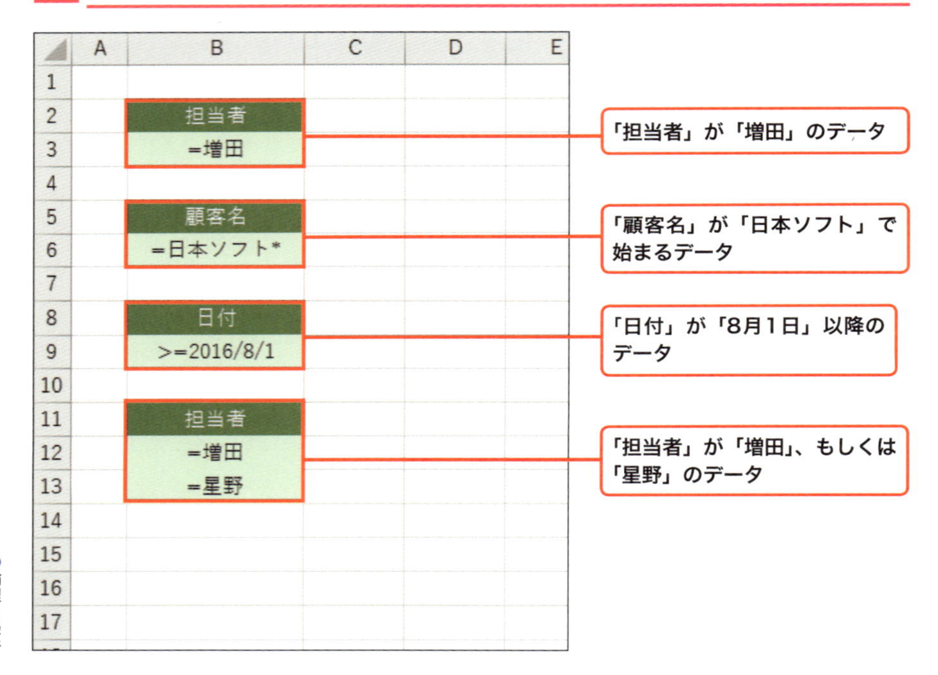

条件式は基本的に「=」で始めますが、そのままイコールから入力すると、数式とみなされてしまうので、「'=」と、アポストロフィを付けるなどの方法で、文字列として入力しましょう。

COLUMN

イコールから始めない場合は「○○で始まる値」の指定となる

条件式は「=増田」ではなく、「増田」のようにイコールを付けないで作成することも可能です。ただし、この場合の条件は、「『増田』という値」ではなく、「『増田』で始まる値」とみなされます。「増田タロウ」「増田ジロウ」という値があった場合には、双方が対象となります。
同じ値で始まるデータがない場合には、上記のルールを踏まえた上で、「増田」とのみ記入してもよいでしょう。

複数の条件を横方向につなげてAND条件を作成する

見出しと条件式のペアを横方向に並べると、「すべてを満たす」データのみを集計対象とする、AND条件とみなされます。縦方向はOR、横方向はANDというルールで条件式を追加してくと、より複雑な条件での集計が可能となります。

AND条件式の記述例

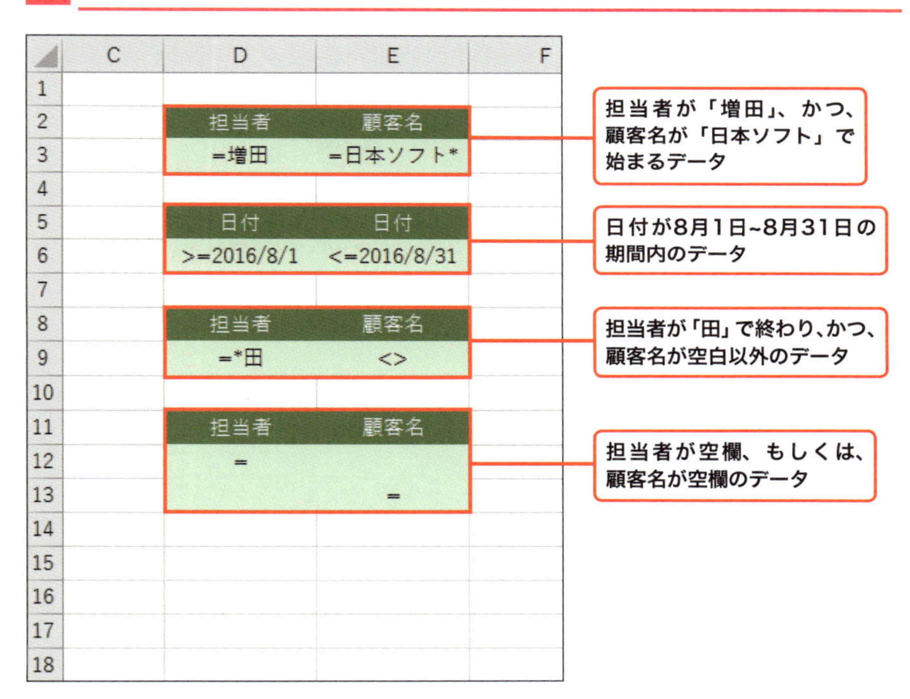

「日付が8月1日~8月31日のデータ」など、「特定の範囲内のデータ」を対象にしたい場合には、AND条件形式で、同じフィールドに対して異なる条件式を指定します。また、「何らかの値が入力されてるデータ」の指定は、「<>」で行い、「空白のデータ」の指定は「'=」とだけ入力します。ちなみに、AND条件を作成する際に空欄となるセルの箇所は「どんな値でもOK」という、特に抽出条件には影響を与えない設定となります。

COLUMN

「データベース関数」は同じ仕組みで利用できる

セルに作成した条件式を元に集計する関数は、「データベース関数」と分類されています。データベース関数は複数用意されていますが、いずれも本ページのような抽出条件を作成して利用する仕組みとなっています。

SECTION **094** 論理と条件

条件に合うセルの個数を求める

DCOUNTA
DCOUNT

複雑な条件を満たす値が入力されているセルの個数を求めるには、DCOUNTA関数やDCOUNTを利用するとよいでしょう。2つの関数は共に、ワークシート上に作成した「条件表」を使って、条件を満たす値が入力されているセルの個数を数えます。

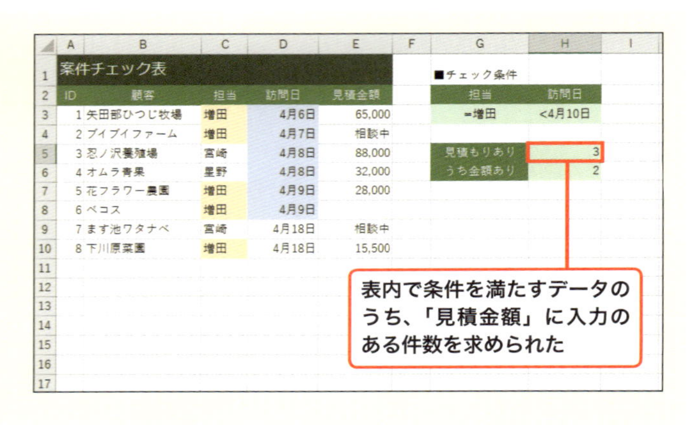

ID	顧客	担当	訪問日	見積金額
1	矢田部ひつじ牧場	増田	4月6日	65,000
2	ブイブイファーム	増田	4月7日	相談中
3	忍ノ沢養殖場	宮崎	4月8日	88,000
4	オムラ青果	星野	4月8日	32,000
5	花フラワー農園	増田	4月9日	28,000
6	ベコス	増田	4月9日	
7	ます池ワタナベ	宮崎	4月18日	相談中
8	下川原菜園	増田	4月18日	15,500

担当	訪問日
=増田	<4月10日

見積もりあり	3
うち金額あり	2

書式

=DCOUNTA(データベース, [フィールド], 条件)

引数

引数		説明
データベース	必須	計算の対象とする表形式のセル範囲
フィールド	任意	カウント対象列の列見出し、もしくは、列の順番を表す数値。省略した場合はデータベースから条件を満たすレコードがすべてカウントされます
条件	必須	計算対象を絞り込むための条件が記入されているセル範囲

説明

DCOUNTA関数は、「データベース」の中から「条件」に一致するデータを検索し、「フィールド」で指定した列の値が入力されているセルの個数を求めます。該当データがない場合は、「#DIV/0!」エラーとなります。
対象を判断する「条件」は、ワークシート上に表形式で記述し、そのセル範囲を指定します。

条件表に記述した条件を満たすデータの個数を求める

表形式のセル範囲内のうち、「担当者が『増田』」「訪問日が『4月10日より前』」のデータについて、「見積金額」列に値が入力されているセルの個数を求めてみましょう。
DCOUNTA関数を利用し、表形式の範囲、個数を求めたい列の見出し文字列、条件の記述されているセル範囲を指定すれば完成です。なお、条件の記述ルールは、次ページで詳しく解説します。

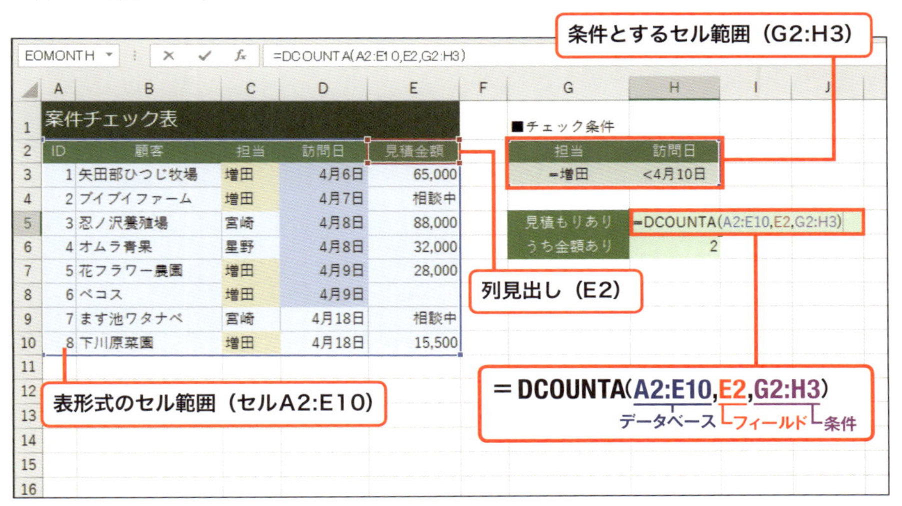

❶セルH5にDCOUNTA関数を入力します。引数「データベース」に「A2:E10」、引数「フィールド」に「E2」、引数「条件」に「G2:H3」を指定します。

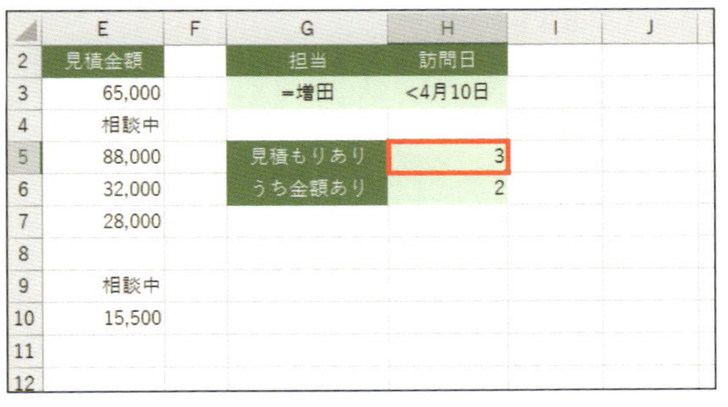

❷条件を満たす値が入力されているセルの個数が求められました。
「担当者」が「増田」で「訪問日」が「4月10日」より前のデータは、3行目、4行目、7行目、8行目なので、E列に値が入力されているセルは「3」となります。

COLUMN

DCOUNT関数との違い

「A」の付かないDCOUNT関数を利用すると、対象列の「数値が入力されている件数（文字列などは対象外）」がカウントされます。

見出し名と条件のペアを縦方向に記述して条件を作成する

条件の指定方法の基本は、「見出し名を記述し、その下方向に条件式を記述していく」形式です。この条件式には、不等号やワイルドカードを利用することが可能です。また、条件式を列方向に列記すると、OR条件とみなされ、「いずれかを満たす」データが対象となります。

	A	B	C	D	E
1	氏名	ふりがな	所属		「か」行の数
2	大畑　浩吏	おおはた　ひろし	経理部		7
3	清家　信貴子	きよか　のきこ	経理部		
4	神島　資次	こうしま　すけつぐ	経理部		ふりがな
5	八重島　範義	やえしま　のりよし	経理部		=か*
6	安住　清十郎	あずみ　せいじゅうろう	マーケティング部		=き*
7	岩貝　智晶	いわがい　ともあき	マーケティング部		=く*
8	戎谷　友則	えびすたに　とものり	マーケティング部		=け*
9	管野　万城子	かんの　まきこ	マーケティング部		=こ*
10	木佐谷　菊次郎	きさたに　きくじろう	マーケティング部		=が*
11	清原　彩	きよはら　あや	マーケティング部		=ぎ*
12	八馬　統吾	はちま　とうご	マーケティング部		=ぐ*
13	葭葉　公美	よしば　きみ	マーケティング部		=げ*
14	蒲生　小麦	がもう　こむぎ	総務部		=ご*
15	郡楽　清由	ごうら　きよう	総務部		
16	大河内　太一	おおこうち　たいち	企画運		
17	成岡　恵里佳	なるおか　えりか	企画運		
18	薬師寺　功記	やくしじ　よしのり	企画運営本部		

=DCOUNTA (A1:C31,B1,E4:E14)
データベース　フィールド　条件

縦方向に条件式を並べ「か行のデータ」の数を数える条件を作成します。

COLUMN

範囲に名前を付けて引数をわかりやすくする

Excelでは、セルを選択した状態で名前ボックスに文字列を入力して Enter キーを押すと、セル範囲に任意の名前を設定できます。セル参照の代わりにこの名前を関数の引数に設定することも可能です。引数に名前を利用することで、関数でどのような処理をしたいかわかりやすくなります。

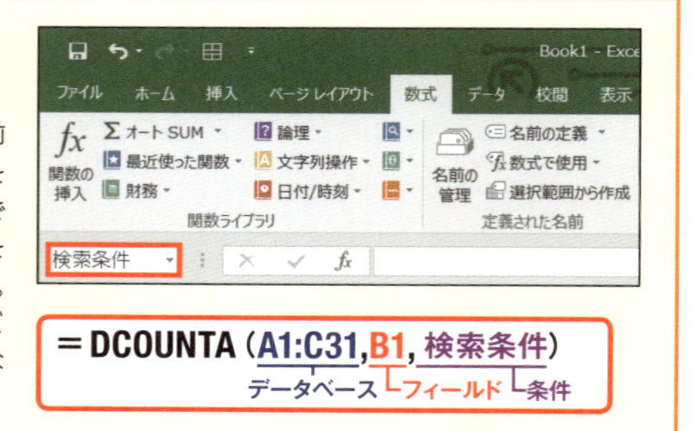

複数の条件を横方向につなげてAND条件を作成する

見出しと条件式のペアを横方向に並べると、「すべてを満たす」データのみを集計対象とする、AND条件とみなされます。縦方向はOR、横方向はANDというルールで条件式を追加してくと、より複雑な条件での集計が可能となります。

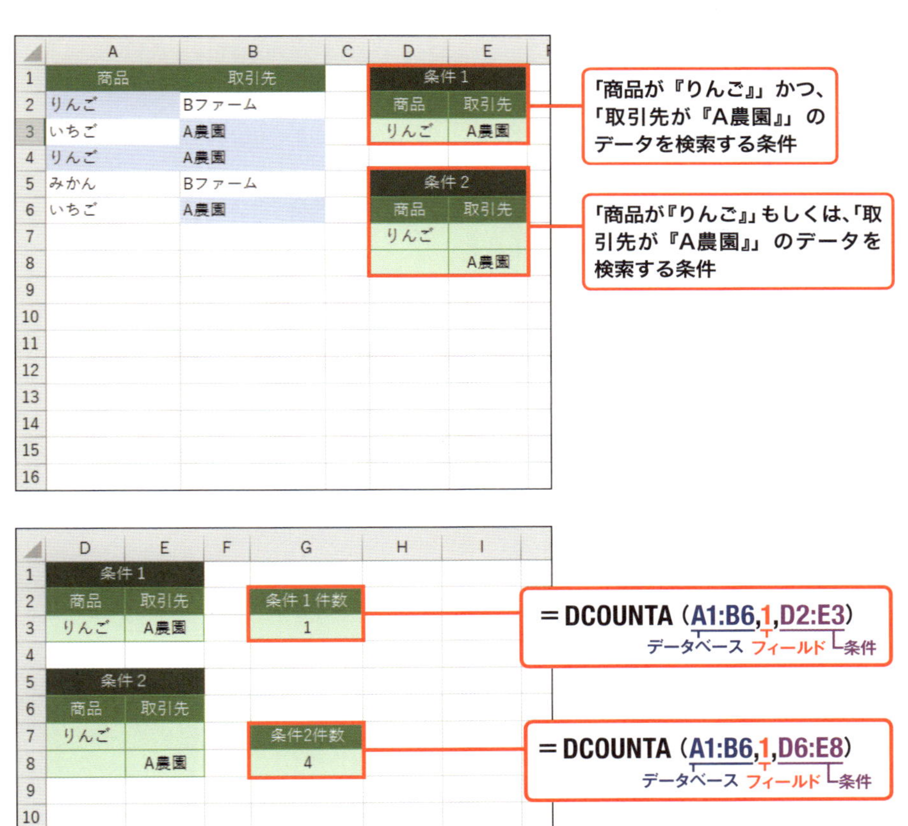

2番目の引数を省略した場合

2番目の引数「フィールド」を省略した場合は、「指定フィールドに値が入力されているかどうか」のチェックは省かれ、純粋に「条件」を満たすデータが入力されているセルの個数をカウントします。

COLUMN

論理値を数値として扱っている場合もある

Excelのワークシート上では、真偽値を数式内の数値計算の値として直接使用すると、「TRUE」は「1」、「FALSE」は「0」とみなされる、という仕組みがあります。

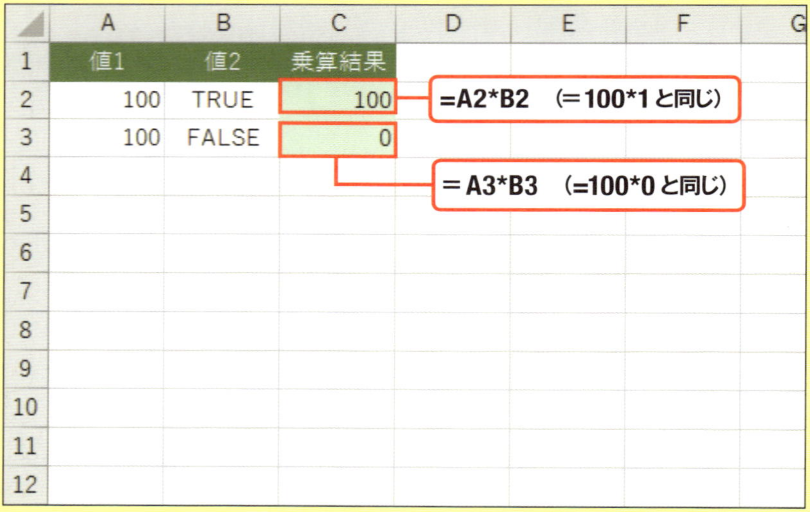

	A	B	C	D	E	F	G
1	値1	値2	乗算結果				
2	100	TRUE	100				
3	100	FALSE	0				
4							
5							
6							
7							
8							
9							
10							
11							
12							

=A2*B2 (=100*1と同じ)

＝A3*B3 (=100*0と同じ)

この仕組みを利用して、「論理値が真の場合だけ計算する」という意図で数式を作成することも可能です。たとえば、「セルA2が10より大きければ『100』を表示し、そうでなければ『0』を表示」という式は、「=100*(A2>10)」という式となります。また、「=SUM(条件式1, 条件式2, 条件式3)と記述すれば、「3つの条件式を満たしている数」が計算できます。

うまく利用すれば、複雑な数式を短くできる反面、ひと目見ただけでは数式の意図がわかりにくい、というデメリットもあります。自分では使用しない場合でも、ほかの人が作成したシート上でこのような式を見かけたら、「この部分は『0』か『1』かという意図で計算を行っているんだな」と、判断できるようにしておきましょう。

第6章

文字列の処理

SECTION 095 文字列の処理

文字列とは

Excelは表計算を行うアプリですが、計算に使用する数値・日付や数式のほかにも、文字列を入力できます。文字列を効果的に配置することで、数値・計算の意味や表の用途などをわかりやすく伝えることができます。

文字列として処理される値

Excelは、基本的に数値を使った表計算を行うアプリですが、文字列を扱うことも可能です。セルに何らかの値を入力すると、下記のルールで処理されます。

1. 値が式(数式や関数)として解釈できる場合は式として扱う
2. 値が数値や日付として解釈できる場合は数値やシリアル値(P.140参照)として扱う
3. それ以外の場合は入力したままのテキスト(文字列)として扱う

Excelには、文字列からさまざまな情報を取り出すための関数も多数用意されています。またセルに入力した値を、そのまま文字列として扱いたい(表示したい)場合には、右ページの2種類の方法が用意されています。

	A	B	C	D
1	入力する値	結果(自動解釈)	注釈	
2	１０	10	数値の10	
3	=10*2	20	式の計算結果	
4	5月2日	5月2日	シリアル値「5月2日」	
5	5-2	5月2日	シリアル値「5月2日」	
6	東京都	東京都	文字列	
7	1/2	1月2日	シリアル値「1月2日」	
8	1/2	1/2	数値の0.5(分数の「2分の1」と解釈)	
9	2 1/2	2 1/2	数値の2.5(分数の「2と2分の1」と解釈)	
10	10:5	10:05	時刻の10時05分	
11	'10	10	文字列の10	
12	'=10*2	=10*2	イコールから始まる文字列	
13				

Excelでは、計算に使用する数値・日付や数式のほか、文字列を入力できる。文字列を効果的に配置することで、数値・計算の意味や表の用途などをわかりやすく伝えることができる

»「'(アポストロフィ)」を付けて入力する

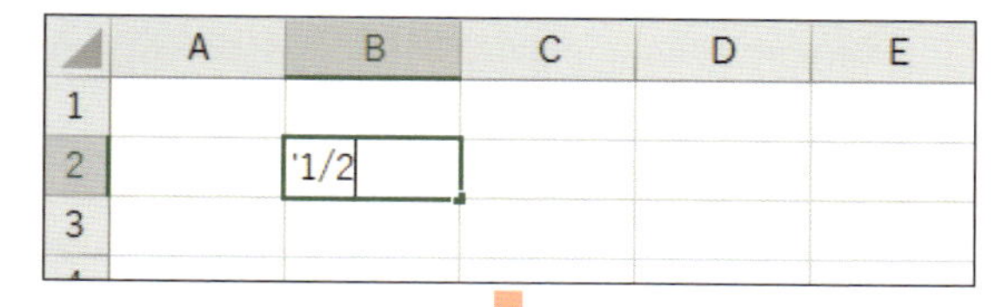

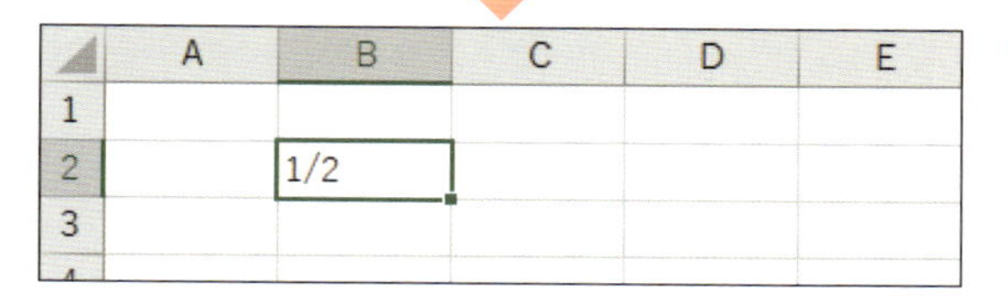

❶ Shift +7キーを押してセルの先頭に「'」を入力し、続けて文字列として表示したい内容を入力します。

❷「'」以降の値のみが文字列として表示されます。関数などで演算する際には、「'」を除いた文字列部分のみが対象となります。

»書式を「文字列」に設定してから入力する

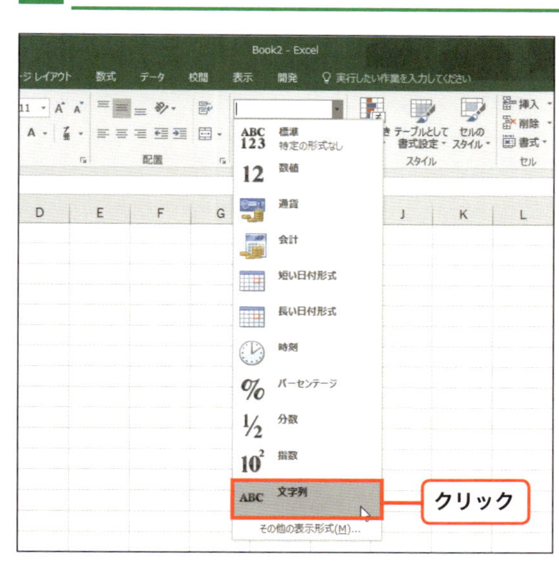

❶入力したテキストをそのまま表示したいセル範囲や列全体を選択し、<ホーム>タブの<数値の書式>ドロップダウンリストをクリックし、<文字列>を選択します。
書式を「文字列」としたセル範囲は、入力したテキストがそのまま表示されます。

COLUMN

書式の設定は入力前に行う

自動変換されてしまった値の書式を、あとから「文字列」に変更しても、値は入力時の状態に戻りません。たとえば「1/2」が「1月2日」と変換されたあとに「文字列」としても、「42371」というシリアル値を文字として表示した値となるだけです。あくまでも、入力前に設定を行う必要があります。

SECTION 096 文字列の処理

文字数とバイト数の違い

文字には大きく分けて「1バイト文字」と「2バイト文字」の2種類に分類できます。このため、「文字の長さ（大きさ）」を計算する場合には、2種類の考え方が存在し、対応する計算手段（関数）が用意されています。

ポイント

	A	B	C	D	E
1	文字列	長さ			
2		文字数	バイト数		
3	ｱｲｳｴｵ	5	5		
4	アイウエオ	5	10		
5	ABC	3	3		
6	ＡＢＣ	3	6		
7	Excelの関数	8	11		
8					
9					
10					
11					
12					

文字の「長さ」の単位には、「文字数」と「バイト数」の2種類の考え方が存在する

バイトとは

パソコンの世界では、「バイト」という単位で情報を扱う仕組みがあります。「1バイト」では2の8乗の「256種類」の情報を、「2バイト」では2の16乗の「65536種類」の情報を管理できます。
その昔、パソコンで扱える文字の種類は1バイト分(256種類) しか用意されていませんでした。主に半角の英数字や一部の記号などです。しかし、性能の進化により、2バイト分(65536種類) まで利用できるようになりました。これにより、全角英数字やひらがな、漢字といった文字も扱えるようになりました。
上記のような経緯から、文字を「1バイト文字」と「2バイト文字」という区分で区別することがあります。

1バイト文字と2バイト文字の定義

バイト数での分類	説明
1バイト文字	1バイトの範囲で表せる文字 半角の英数字や記号など
2バイト文字	2バイトの範囲で表せる文字 全角の英数字や記号、ひらがな、全角カタカナ、漢字など

2つの文字数の数え方

文字の長さを数える場合、1バイト文字と2バイト文字のどちらも1文字と数える方法と、1バイト文字を1文字、2バイト文字を2文字として数える方法があります。前者を「文字数」、後者を「バイト数」といいます。
文字列を処理する関数の中には、同じ機能でも文字数を扱うものとバイト数を扱うものの2種類が用意されているものがあります。たとえば文字列の長さを調べる関数には、文字数を返す「LEN関数」と、バイト数を返す「LENB関数」があります。バイト数を扱う関数は、関数名の末尾にバイト(Byte)の「B」が入ります。
ただし、バイト数を扱う関数では文字数の計算がやや煩雑になるため、特別な事情がない限り文字数を扱う関数を使用することをおすすめします。

文字数とバイト数を扱う関数

関数の機能	文字数	バイト数	解説ページ
文字列の長さを数える	LEN 関数	LENB 関数	P.242
検索文字列が対象の何文字目にあるかを検索する	FIND 関数	FINDB 関数	P.252
検索文字列が対象の何文字目にあるかを検索する	SEARCH 関数	SEARCHB 関数	P.254
指定した位置から対象の文字列を置換する	REPLACE 関数	REPLACEB 関数	P.260
対象の文字列の左端から指定した文字数分を取り出す	LEFT 関数	LEFTB 関数	P.266
対象の文字列の右端から指定した文字数分を取り出す	RIGHT 関数	RIGHTB 関数	P.268
対象の文字列から指定した文字数分を取り出す	MID 関数	MIDB 関数	P.270

バイト数を応用して文字数を計算する

バイト数は和英の単語が混在する文章の文字数を数えるときに便利です。たとえば「エクセル2016」という文字列の文字数には、以下の3パターンの数え方があります。
1番目の8文字は、半角英数字と全角カタカナを区別せず1文字と数えた場合の文字数です。一方で2番目のように半角英数字は1文字、全角カタカナは2文字として数えたい場合もあるでしょう。この場合はバイト数を求めます。3番目のように半角英数字は0.5文字、全角カタカナは1文字として数えたいなら、バイト数を2で割り算すればよいわけです。

エクセル2016 は何文字？

①半角英数字と全角カタカナを区別せず1文字と数えた場合……………8文字

②半角英数字は1文字、全角カタカナは2文字として数えた場合……… 12文字

③半角英数字は0.5文字、全角カタカナは1文字として数えた場合…… 6文字

SECTION 097 文字列の処理

文字列の長さを調べる

LEN
LENB

名前の長さやパスワードの文字数など、文字列の長さを調べる場合や、文字数を調べたい場合にはLEN関数を利用します。対象文字列のバイト数を調べたい場合には、LENB関数を利用します。

	A	B	C	D	E	F
1	希望パスワードチェック表					
2	ID	氏名	希望パスワード	文字数	バイト数	
3	1	牧野　英雄	password1993BA	14	14	
4	2	小笠原　伸次郎	GOROU１０１	8	11	
5	3	酒井　和	zukaikasa	9	9	
6	4	只野　人志	タダノZ	4	7	
7	5	林沖	hyoushitou	10	10	
8						
9						
10						

セルに入力した文字列の文字数とバイト数を求められた

書式 =LEN(文字列)

引数 文字列　**必須**　文字数を調べたい文字列

説明 LEN関数は、引数「文字列」に指定した文字列の文字数を返します。

書式 =LENB(文字列)

引数 文字列　**必須**　バイト数を調べたい文字列

説明 LENB関数は、引数「文字列」に指定した文字列のバイト数を返します。

文字列の2つの「長さ」を求める

C列には、「10文字・10バイト以内」というルールで作成するパスワード文字列の候補が入力されています。この文字列の「文字数」と「バイト数」を求めてみましょう。文字数を得るにはLEN関数を利用し、バイト数を得るにはLENB関数を利用します。

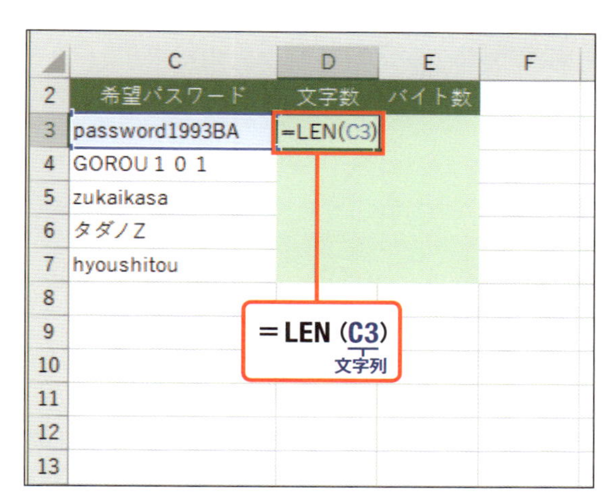

	C	D	E	F
2	希望パスワード	文字数	バイト数	
3	password1993BA	=LEN(C3)		
4	GOROU１０１			
5	zukaikasa			
6	タダノZ			
7	hyoushitou			

❶セルD3にLEN関数を入力します。引数にはセルC3を指定します。

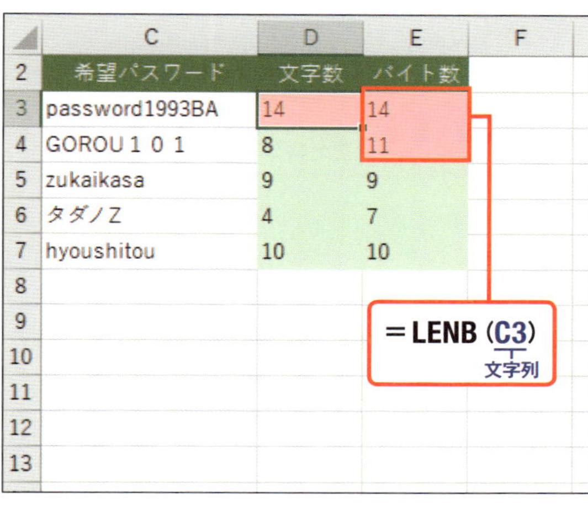

	C	D	E	F
2	希望パスワード	文字数	バイト数	
3	password1993BA	14	14	
4	GOROU１０１	8	11	
5	zukaikasa	9	9	
6	タダノZ	4	7	
7	hyoushitou	10	10	

❷文字数が求められました。同じようにE列にLENB関数を入力すると、バイト数を求めることも可能です。
4行目の「GOROU101」は、文字数は「8」で、バイト数は「11」となっています。「1」、「0」、「1」が全角数字なのでそれぞれ2バイトとして計算し、「101」は6バイトになります。サンプルでは、「10より上」の値を「条件付き書式」機能で強調表示しています。

COLUMN

スペースやセル内改行文字も「1文字」としてカウントされる

セルに入力されている値に、全角・半角のスペースが入力されていたり、セル内改行がされている場合には、スペースや「改行」も「スペースを表す1文字」「改行を表す1文字」としてカウントされます。

SECTION
098
文字列の処理

REPT

同じ文字を繰り返す

特定の文字列を繰り返して表示したい場合には、REPT関数を利用します。同じ文字列を表示する回数を調整することで、簡易的なグラフや、文字数の目安となる目盛りが簡単に作成できます。

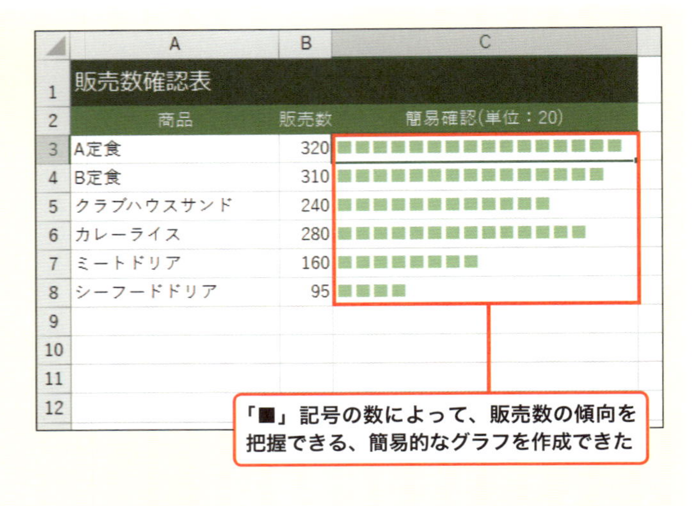

	A	B	C
1	販売数確認表		
2	商品	販売数	簡易確認(単位：20)
3	A定食	320	■■■■■■■■■■■■■■■■
4	B定食	310	■■■■■■■■■■■■■■■
5	クラブハウスサンド	240	■■■■■■■■■■■■
6	カレーライス	280	■■■■■■■■■■■■■■
7	ミートドリア	160	■■■■■■■■
8	シーフードドリア	95	■■■■
9			
10			
11			
12			

書式 =REPT(文字列, 繰り返し回数)

引数

文字列	必須	繰り返し表示したい文字列
繰り返し回数	必須	「文字列」を繰り返す回数

説明 REPT関数は、引数「文字列」に指定した文字列を、「繰り返し回数」分だけ繰り返した値を返します。
「繰り返し回数」に「0」を指定した場合には、「""(空白文字列)」が返され、「1.5」のような小数が指定された場合には、小数点以下の値は無視(切り捨て)されます。

記号の個数で傾向を把握する簡易グラフを作成する

「グラフを作成するまでもないが、値の傾向を把握したい」という場合には、REPT関数を利用した簡易グラフを作成します。REPT関数を入力し、引数「文字列」に「■」を指定して、引数「繰り返し回数」に、「『販売数』列を適当な基準値で除算した値」を指定すれば完成です。

	B	C	D
2	販売数	簡易確認(単位：20)	
3	320	=REPT("■",B3/20)	
4	310		
5	240		
6	280		
7	160		
8	95		
9			
10			
11			
12			
13			

=REPT("■",B3/20)
文字列　繰り返し回数

❶セルC3に、REPT関数を入力します。「■」を、セルB3を20で割った数だけ表示させます。

	B	C	D
2	販売数	簡易確認(単位：20)	
3	320	■■■■■■■■■■■■■■■■	
4	310	■■■■■■■■■■■■■■■	
5	240	■■■■■■■■■■■■	
6	280	■■■■■■■■■■■■■■	
7	160	■■■■■■■■	
8	95	■■■■	
9			
10			
11			
12			
13			

❷B列の値に応じて「■」を表示できました。B列の値を除算する値（サンプルでは「20」）を変えることで、表示される簡易グラフのスケールを調整できます。

COLUMN

文字列を繰り返すことも可能

サンプルでは1文字の記号を繰り返し表示していますが、引数「文字列」に文字列を指定すれば、その文字列を指定回数だけ繰り返し表示します。

SECTION 099 文字列の処理

EXACT

文字列が同じかどうかを確認する

2つの文字列が一致しているかどうか確認するには「=」演算子を使いますが、この演算子はアルファベットの大文字・小文字の区別ができません。大文字・小文字の違いも含めて完全に一致しているかどうかを確認するには、EXACT関数を利用します。

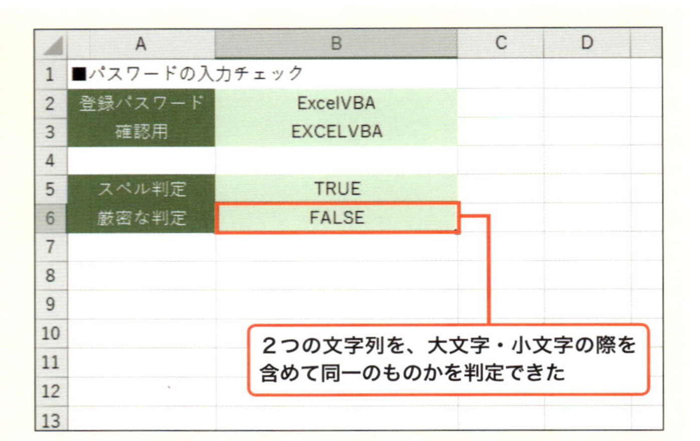

	A	B	C	D
1	■パスワードの入力チェック			
2	登録パスワード	ExcelVBA		
3	確認用	EXCELVBA		
4				
5	スペル判定	TRUE		
6	厳密な判定	FALSE		

書式 =EXACT(文字列1, 文字列2)

引数		
文字列1	必須	判定を行う文字列その1
文字列2	必須	判定を行う文字列その2

説明 EXACT関数は、「文字列1」と「文字列2」が、大文字・小文字も含めて完全に一致している場合にはTRUEを返し、そうでない場合にはFALSEを返します。
ちなみに、「=」演算子で文字列を比較した場合には、大文字・小文字の違いは考慮されずに、スペルが同じであればTRUEを返し、そうでない場合はFALSEを返します。

» 2つの文字列を大文字・小文字の違いまで含めて判定する

2つのセルに入力された文字列を比較する際、「=セル1=セル2」という式では、アルファベットの大文字・小文字の違いを考慮しません。スペル的に同じであれば、「同じ値」とみなして「TRUE」を返します。大文字・小文字の違いまでを含めて判定するには、EXACT関数を利用します。

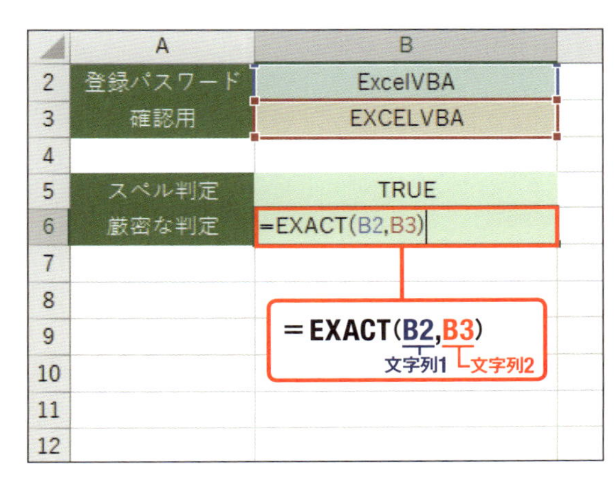

❶ セルB6に、EXACT関数を入力します。引数には、スペルは同じであるものの、大文字・小文字の表記が異なるセルB2とセルB3を指定します。

	A	B
2	登録パスワード	ExcelVBA
3	確認用	EXCELVBA
4		
5	スペル判定	TRUE
6	厳密な判定	FALSE
7		
8		
9		
10		
11		
12		

❷ 2つのセルの文字列が、厳密に判定すると異なる（FALSEである）ことが判定できました。ちなみに、単に「=」で比較した場合には、セルB5のように「TRUE」と判定されます。

COLUMN

「すべて大文字」や「すべて小文字」の判定

任意の値が「すべて大文字」または「すべて小文字」なのかどうかを判定したい場合には、大文字に変換するUPPER関数と小文字に変換するLOWER関数を併用します。
たとえば、「=EXACT(UPPER(A1),A1)」は、「セルA1の値がすべて大文字」の場合はTRUEを返し、そうでなければFALSEを返します。

SECTION 100 文字列の処理

文字列をつなげる

CONCATENATE
CONCAT
TEXTJOIN

複数のセルに入力されている値を連結して、1つの文字列を作成したいときはCONCATENATE関数を利用します。また、Excel 2016以降では、CONCAT関数やTEXTJOIN関数も利用できます。

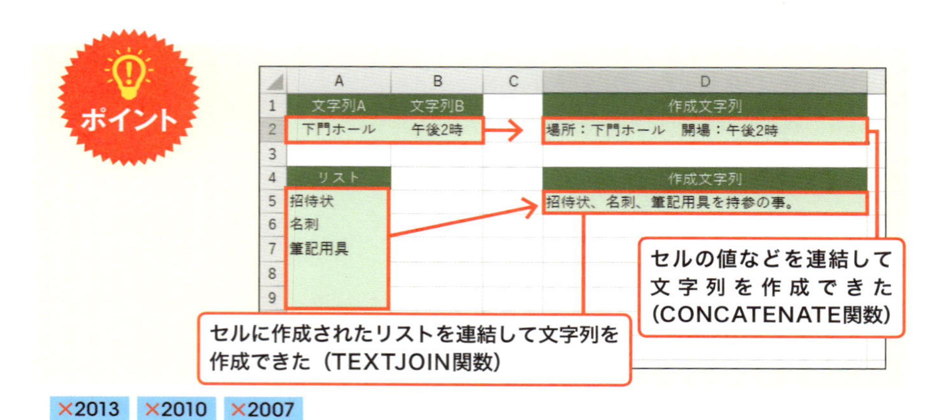

×2013 ×2010 ×2007

書式 =TEXTJOIN(区切り文字, 空のセルは無視, テキスト1, [テキスト2], ...)

引数

引数		説明
区切り文字	必須	テキストを結合する際にテキスト間に挿入する文字。空の文字列("") を指定することも可能
空のセルは無視	必須	真偽値を指定。 TRUEを指定すると空欄のセルは無視される
テキスト1	必須	結合する文字列またはセル範囲
テキスト2	任意	追加で結合する文字列、またはセル範囲。 最大252のテキスト引数を設定できる

説明 TEXTJOIN関数は、引数「テキスト」で指定した範囲や文字列を結合する関数です。結合する文字列の間には、引数「区切り文字」で指定した文字が挿入されます。引数「空のセルは無視」にFALSEを指定すると、空欄のセルは空文字("")として扱われ、区切り文字が連続で挿入されます。TRUEを指定すると、空欄は存在しないものとして扱われます。なお、TEXTJOIN関数はOffice 365などで最新のExcel 2016にアップデートしている場合でのみ使用できます。

書式 =CONCATENATE(文字列1,[文字列2],...)

引数

文字列1	必須	連結の先頭となる文字列やセル参照
文字列2,...	任意	文字列1に続けて連結したい文字列やセル参照

説明 CONCATENATE関数は、引数に指定した文字列を、すべて連結した文字列を返します。Excel 2016以降では、CONCATNATE関数と同じ機能を持つ、CONCAT関数が用意されました。各引数には、セルの範囲などの文字列の配列を指定できます。

» セルの値を元に文字列を作成する

セルの値をつなげた文字列を作成してみましょう。文字列を連結するには、CONCATENATE関数を利用し、引数に連結したい値を順番に指定します。

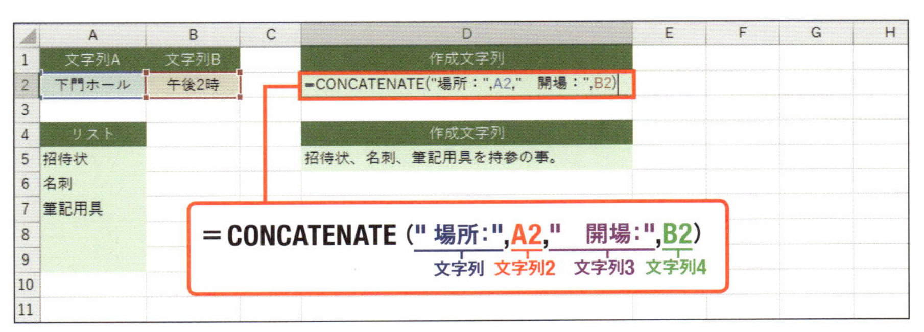

❶ セルD2にCONCATENATE関数を入力します。引数には、連結したい文字列や、セル参照を順番に指定します。

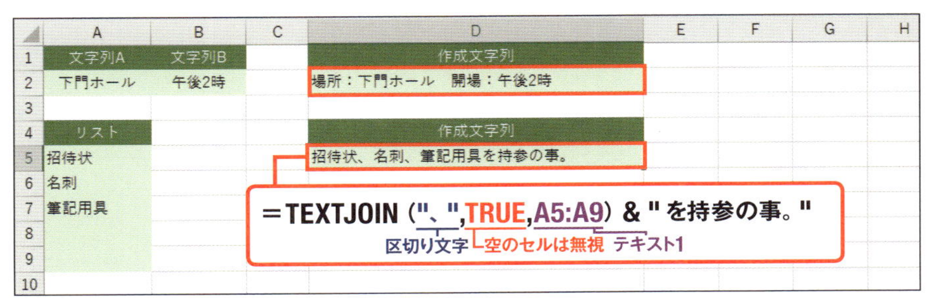

❷ 文字列を連結した結果を表示できました。個々のセルを指定して値を連結するのではなく、セル範囲を指定して、そのセル範囲内の値を連結したい場合には、TEXTJOIN関数も利用できます。上の例では、&演算子（P.143のMEMO参照）を使って文字列を連結しています。

SECTION 101 文字列の処理

ワイルドカードを利用する

文字列を扱う場合、「ワイルドカード」という仕組みを知っておくと、処理の対象としたい文字列の指定方法が広がります。「Excel 2016」と「Excel 2013」のように、一部が異なる文字列をまとめて数えたいときなどに使うと便利な機能です。

数式内で利用できるワイルドカード

ワイルドカードとはもともと、トランプでどのカードの代用にもできるカード(いわゆるジョーカー)のことを意味する言葉です。コンピューターでは、任意の文字に置き換え可能な特殊文字のことをワイルドカードと呼び、Excelでは「*」「?」の記号がワイルドカードとして使用できます。

ワイルドカード	意味	説明
*（半角アスタリスク）	任意の文字列	一部の関数では、文字列を指定する際に「*」「?」を「任意の文字列」「任意の１文字」という意味で利用可能。 「任意」とは、「何でもよい」という意味。
?（半角クエスチョンマーク）	任意の１文字	

なおExcelでは、ワイルドカードで文字列を指定できる関数として、SEARCH・SUMIF・COUNTIF・AVERAGEIF・SUMIFS・COUNTIFS・AVERAGEIFS・MATCH・VLOOKUP・HLOOKUPが用意されています。

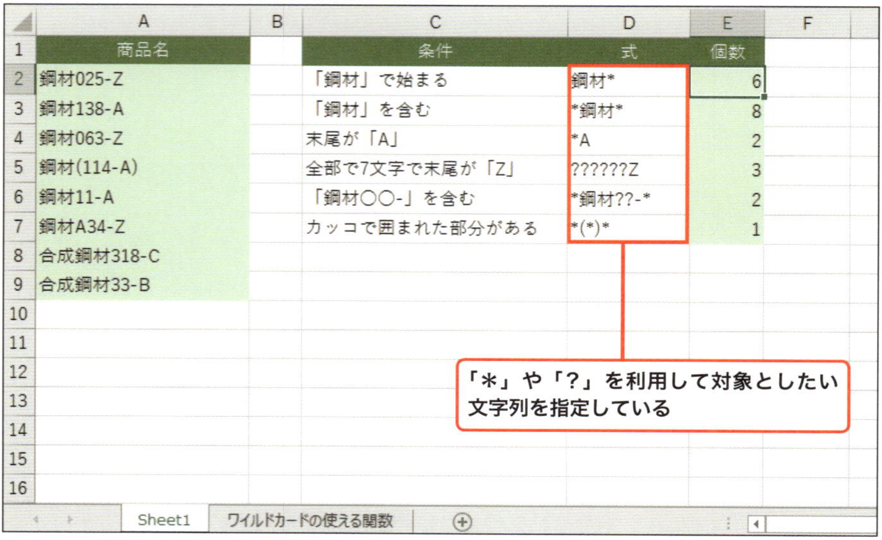

	A	B	C	D	E	F
1	商品名		条件	式	個数	
2	鋼材025-Z		「鋼材」で始まる	鋼材*	6	
3	鋼材138-A		「鋼材」を含む	*鋼材*	8	
4	鋼材063-Z		末尾が「A」	*A	2	
5	鋼材(114-A)		全部で7文字で末尾が「Z」	??????Z	3	
6	鋼材11-A		「鋼材○○-」を含む	*鋼材??-*	2	
7	鋼材A34-Z		カッコで囲まれた部分がある	*(*)*	1	
8	合成鋼材318-C					
9	合成鋼材33-B					
10						
11						
12						
13						
14						
15						
16						

Sheet1　ワイルドカードの使える関数

「*」や「?」を利用して対象としたい文字列を指定している

» あいまいな条件で対象文字列を指定する

D列に入力されたワイルドカードを使った、「あいまいな条件で指定された文字列」を満たす、A列内の対象文字列が入力されているセルの個数を数えてみましょう。ワイルドカードを利用してセルの個数を数えるには、COUNTIF関数（P.220参照）を利用します。

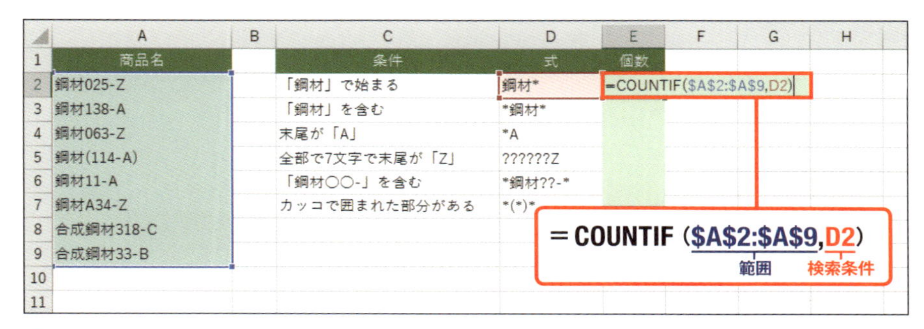

	A	B	C	D	E	F	G	H
1	商品名		条件	式	個数			
2	鋼材025-Z		「鋼材」で始まる	鋼材*	=COUNTIF($A$2:$A$9,D2)			
3	鋼材138-A		「鋼材」を含む	*鋼材*				
4	鋼材063-Z		末尾が「A」	*A				
5	鋼材(114-A)		全部で7文字で末尾が「Z」	??????Z				
6	鋼材11-A		「鋼材○○-」を含む	*鋼材??-*				
7	鋼材A34-Z		カッコで囲まれた部分がある	*(*)*				
8	合成鋼材318-C							
9	合成鋼材33-B							
10								
11								

❶ セルE2にCOUNTIF関数を入力します。対象の範囲はA2:A9を絶対参照で指定し、検索条件は左隣のセルであるセルD2を指定します。

	A	B	C	D	E	F	G	H
1	商品名		条件	式	個数			
2	鋼材025-Z		「鋼材」で始まる	鋼材*	6			
3	鋼材138-A		「鋼材」を含む	*鋼材*	8			
4	鋼材063-Z		末尾が「A」	*A	2			
5	鋼材(114-A)		全部で7文字で末尾が「Z」	??????Z	3			
6	鋼材11-A		「鋼材○○-」を含む	*鋼材??-*	2			
7	鋼材A34-Z		カッコで囲まれた部分がある	*(*)*	1			
8	合成鋼材318-C							
9	合成鋼材33-B							
10								

❷ ワイルドカードを利用した、あいまいな条件での対象指定ができました。セルE3以降も同様に入力し、結果を確認してみましょう。

COLUMN

IF関数でワイルドカードを利用する

「=」演算子を使う論理式でワイルドカードを使うと、「*」や「?」は単なる文字列として扱われてしまいます。そのため、IF関数の引数「論理式」で「A1="Excel*"」と記述しても、「Excel*」という文字列と等しいときにしか真になりません。
IF関数でワイルドカードを利用するには、論理式にCOUNTIF関数を使い、下記のように式を作ります。COUNTIF関数が1を返す場合は真となり、0を返す場合は偽となります。

=IF (COUNTIF (A1,"Excel*"),"真","偽")

論理式　真の場合　偽の場合

SECTION 102 文字列の処理

文字列を検索する

FIND
FINDB

ある文字列内に、任意の文字列が含まれている位置を検索するには、FIND関数を利用します。FIND関数では、大文字・小文字の違いを含め、厳密に判定を行います。REPLACE関数（P.260参照）やLEFT関数（P.266参照）と組み合わせて、文字数を指定する用途にも使えます。

	A	B	C	D
1	アクセスページ一覧表			
2	文字列	「Book」の位置	「Book」を含むか	
3	book/2016/excelBook07-12	16	TRUE	
4	book/2016/BOOKLIST.html	#VALUE!	FALSE	
5	book/2016/123-45	#VALUE!	FALSE	
6	magazine/2016/CookBook.html	19	TRUE	
7	magazine/2016/123-45	#VALUE!	FALSE	
8				
9				
10				
11				
12				
13				
14				
15				

A列に「Book」が含まれているかどうかの判定と、含まれている場合にはその位置を求めることができた

書式 =FIND(検索文字列, 対象, [開始位置])

引数

検索文字列	必須	検索したい文字列
対象	必須	「検索文字列」を探す対象となる文字列やセル参照
開始位置	任意	検索を開始する位置

説明 FIND関数は、「対象」を「検索文字列」で検索し、その文字列が左から数えて何文字目にあるかという数値を返します。見つからない場合は#VALUE！エラーを返します。
「開始位置」を利用すると、「対象」の何文字目から検索を開始するかを指定可能です。省略した場合は「1(先頭から)」という指定となります。

特定の単語を含むかどうかをチェックする

A列の値が、「Book」という単語を含むかどうかをチェックしてみましょう。FIND関数を利用してチェックを行い、「Book」の位置を求めます。エラーとならずに位置を求められたら「『Book』を含む」、エラーであれば「『Book』を含まない」と判断できます。

❶セルB3にFIND関数を入力します。引数「検索文字列」は「Book」、引数「対象」はA3を指定し、引数「開始位置」は省略します。

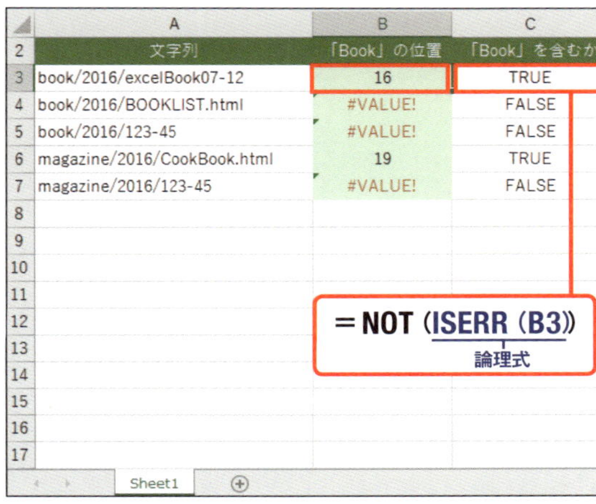

❷「Book」の文字位置を求められました。また、手順❶の式が「エラーかどうか」で、「Bookを含むかどうか」を判断することもできます。

COLUMN

何バイト目にあるかを知るにはFINDB関数を利用する

検索文字列が、「何文字目」にあるかではなく、「何バイト目」にあるかを知りたい場合には、FIND関数の代わりにFINDB関数を利用します。

対応バージョン 2016 2013 2010 2007

SECTION **103** 文字列の処理

ワイルドカードを使って文字列を検索する

SEARCH
SEARCHB

ある文字列内に、任意の文字列が含まれている位置を、ややあいまいな条件で検索するには、SEARCH関数を利用します。SEARCH関数では、大文字・小文字を区別せず、ワイルドカードを使った判定も利用可能です。SEARCHB関数は、文字列の位置をバイト数で返します。

	A	B	C
1	文字列	「(*)」の位置	「excel*(*)」の位置
2	標準Excelコース(基本操作・関数)	11	5
3	中級EXCELコース(関数・マクロ)	11	5
4	標準Wordコース(基本操作・作表)	10	#VALUE!
5	中級Wordコース(文章構成)	10	#VALUE!
6	標準PowerPointコース（基本操作）	#VALUE!	#VALUE!
7	中級PowerPointコース	#VALUE!	#VALUE!
8			
9			
10			
11			
12			
13			
14			
15			

A列の「半角カッコで囲まれている」部分と、「Excel○○（○○)」という部分の位置を求めることができた（ない場合はエラーとなっている）

書式 =SEARCH(検索文字列, 対象, [開始位置])

引数		
検索文字列	必須	検索したい文字列。ワイルドカードを使用可能。
対象	必須	「検索文字列」を探す対象となる文字列やセル参照
開始位置	任意	検索を開始する位置

説明 SEARCH関数は、「対象」を「検索文字列」で検索し、その文字列が左から数えて何文字目にあるかという数値を返します。見つからない場合は#VALUE！エラーを返します。
「開始位置」を利用すると、「対象」の何文字目から検索を開始するかを指定可能です。省略した場合は「1(先頭から)」という指定となります。
SEARCHB関数を利用すると、同じ引数の設定で検索文字列が何バイト目にあるかを返します。

あいまいな条件で単語が含まれるかどうかをチェックする

A列の値が、「カッコで囲まれた部分」という単語を含むどうかをチェックしてみましょう。SEARCH関数を利用してチェックを行い、ワイルドカードを利用した検索条件文字列「(*)」の位置を求めます。エラーとならずに位置を求められたら「単語を含む」、エラーであれば「単語を含まない」と判断できます。

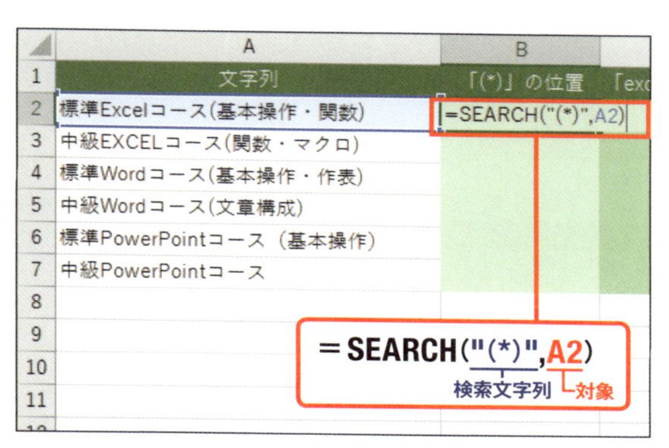

❶セルB2にSEARCH関数を入力します。引数「検索文字列」は「(*)」、引数「対象」はA2を指定します。

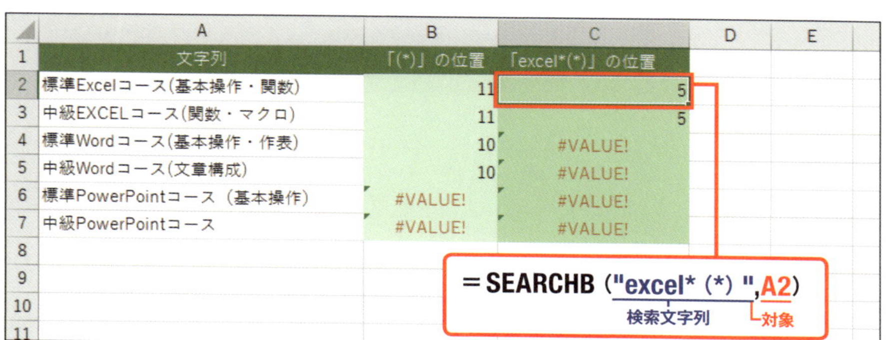

	A	B	C
1	文字列	「(*)」の位置	「excel*(*)」の位置
2	標準Excelコース(基本操作・関数)	11	5
3	中級EXCELコース(関数・マクロ)	11	5
4	標準Wordコース(基本操作・作表)	10	#VALUE!
5	中級Wordコース(文章構成)	10	#VALUE!
6	標準PowerPointコース（基本操作）	#VALUE!	#VALUE!
7	中級PowerPointコース	#VALUE!	#VALUE!

❷あいまいな条件で文字列の位置を求められました。❶の式が「エラーかどうか」で、「excel (*)を含むかどうか」を判断することもできます。また、SEARCHB関数を利用すると、バイト数単位で検索文字列の位置を求めることも可能です。
SEARCH関数・SEARCHB関数は、大文字・小文字を区別せずにワイルドカードも使用できるので、FIND関数（P.252参照）よりも、あいまいな条件での検索に向いています。

COLUMN

全角・半角の違いに注意する

同じ文字でも、全角文字と半角文字は、異なるものと判断されます。たとえば、サンプルの6行目のデータは「半角カッコ」ではなく「全角カッコ」を使って入力されているため、対象から外れています。

SECTION 104 文字列の処理

SUBSTITUTE

検索した文字列を置換する

文字列の一部を置換するには、SUBSTITUTE関数を利用します。置き換えたい文字列と置き換え後の文字列を指定することで、文字列の任意の部分だけを変更できます。ただし、表示形式で設定した単位を置換することはできません。

	A	B	C	D	E	F	G
1	ID	型番	修正後				
2	1	C-77-635	C77-635				
3	2	C-38-175	C38-175				
4	3	B-69-646	B69-646				
5	4	B-82-581	B82-581				
6	5	A-63-082	A63-082				
7	6	C-39-205	C39-205				
8	7	B-12-236	B12-236				
9	8	B-22-441	B22-441				
10	9	A-38-7					
11	10	A-53-2					
12	11	B-59-8					
13	12	B-32-521	B32-521				
14	13	B-58-292	B58-292				

B列の文字列から、1つ目の「-（ハイフン）」のみを「""（空白）」に置換した値を取得できた

書式 =SUBSTITUTE(文字列,検索文字列, 置換文字列, [置換対象])

引数

文字列	必須	「検索文字列」を探す対象となる文字列やセル参照
検索文字列	必須	置き換え対象とする文字列
置換文字列	必須	置き換え後に表示する文字列
置換対象	任意	対象が複数ある場合の対象を指定する数値

説明 SUBSTITUTE関数は、「文字列」を「検索文字列」で検索し、その文字列を「置換文字列」へと置き換えます。
「文字列」に当てはまる対象が複数ある場合、いずれかのみを置換したい場合には「置換対象」に数値を指定します。「1」を指定すると、1つ目の検索文字列だけ置換し、「2」を指定すると2つ目だけ置換されます。省略した場合はすべてが置換されます。

» 1つ目のハイフンのみを取り除く

B列の値から、1つ目の「-(ハイフン)」のみを取り除いた文字列を求めてみましょう。SUBSTITUTE関数を利用し、「-」を「""」に置換します。この際、4つ目の引数「置換対象」に「1」を指定することで、1つ目のみを置換します。

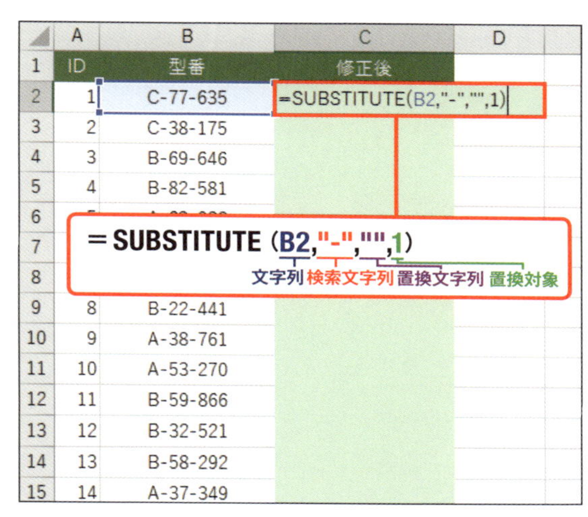

❶ セルC2にSUBSTITUTE関数を入力します。引数「文字列」はセルB2、引数「検索文字列」は「-」、引数「置換文字列」は「""」、引数「置換対象」は「1」を指定します。

	A	B	C	D
1	ID	型番	修正後	
2	1	C-77-635	C77-635	
3	2	C-38-175	C38-175	
4	3	B-69-646	B69-646	
5	4	B-82-581	B82-581	
6	5	A-63-082	A63-082	
7	6	C-39-205	C39-205	
8	7	B-12-236	B12-236	
9	8	B-22-441	B22-441	
10	9	A-38-761	A38-761	
11	10	A-53-270	A53-270	
12	11	B-59-866	B59-866	
13	12	B-32-521	B32-521	
14	13	B-58-292	B58-292	

❷ 1つ目のハイフンのみを取り除いた文字列を求められました。引数「置換対象」を省略すると、すべてのハイフンを一括して置換できます。

COLUMN

ワイルドカードによる指定はできない

SUBSTITUTE関数の引数「検索文字列」には、ワイルドカードによる指定はできません。「*」と「?」は単なる文字列として扱われます。

対応バージョン 2016 2013 2010 2007

SECTION
105
文字列の処理

不要なスペース（空白）を削除する

SUBSTITUTE
TRIM

文字列中の不要なスペース（空白）を削除するには、SUBSTITUTE関数（P.256参照）とTRIM関数を組み合わせて利用します。まずSUBSTITUTE関数でスペースの種類を統一し、TRIM関数で不要なスペースをまとめて削除します。

ポイント

	A	B	C
1	名前	スペース削除	スペース整理
2	手島　 奈央	手島 奈央	手島 奈央
3	永田 寿々花	永田 寿々花	永田 寿々花
4	山野 ひかり	山野 ひかり	山野 ひかり
5	川越　真一	川越 真一	川越 真一
6	沢田　 翔子	沢田 翔子	沢田 翔子
7	上野　　 信彦	上野 信彦	上野 信彦
8			
9			
10			
11			
12			
13			
14			
15			
16			

A列の文字列から、不要なスペースを削除した文字列を求めることができた

書式 **=TRIM（文字列）**

引数 文字列  余分なスペースや改行などの削除したい文字列やセル参照

TRIM関数は、改行と不要なスペースを削除する関数です。全角スペース・半角スペースのどちらも削除されますが、全角や半角にかかわらず、先頭のスペースが1つだけ残ります。
引数「文字列」の冒頭・最後尾にあるスペースはすべて削除されますが、各単語間のスペースは1つだけ残されます。

全角スペースと半角スペースを統一してから一括置換する

A列に入力されている文字列には、余分なスペースがあります。これを一括して消去した値を求めてみましょう。スペースには全角・半角の2種類があるので、まずは、SUBSTITUTE関数を利用して半角へと統一します。その上で、TRIM関数を利用して不要なスペースを削除すれば完成です。

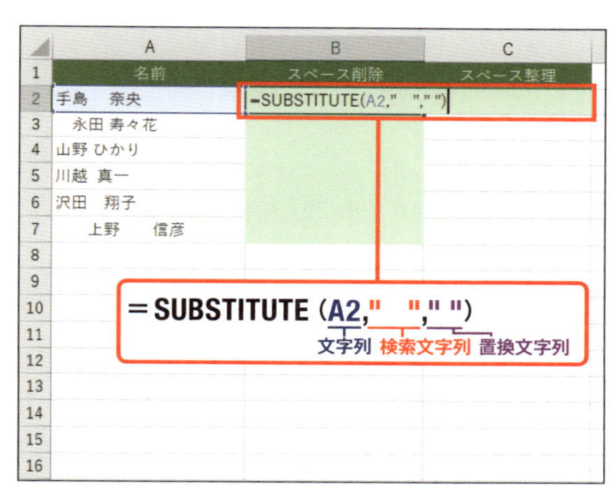

❶セルB2にSUBSTITUTE関数を入力します。引数「文字列」にセルA2を、引数「検索文字列」に全角スペース、引数「置換文字列」に半角スペースを指定し、スペースの種類を半角に統一します。

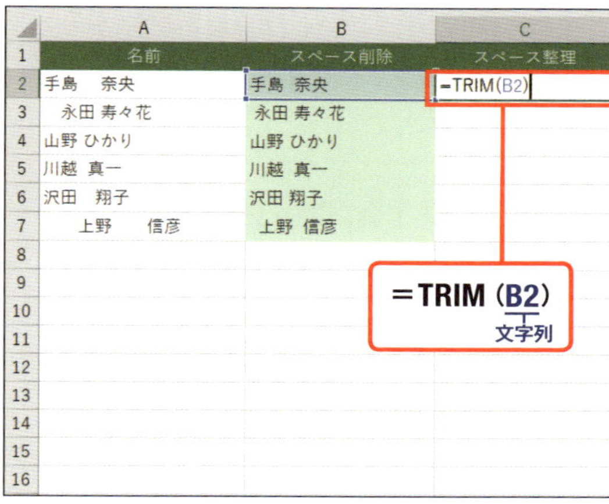

❷セルC2にTRIM関数を入力します。引数にセルB2を指定すると、不要なスペースがすべて削除されます。

「姓」と「名」の間に半角スペースが1つだけ残ります。

COLUMN

改行はCLEAN関数でも削除できる

Alt + Enter キーで入力できるセル内の改行は、CLEAN関数（P.282参照）を使って削除することもできます。ただしTRIM関数とは異なり、半角スペースや全角スペースは削除されません。

SECTION 106 文字列の処理

開始位置を指定して文字列を置換する

REPLACE
REPLACEB

文字列中から、任意の位置の一部の文字列を置換したい場合には、REPLACE関数を利用します。FIND関数やSEARCH関数で位置や文字数を求めることで、SUBSTITUTE関数より柔軟な置換処理が行えます。位置をバイト数で指定したい場合には、REPLACEB関数を利用します。

	A	B	C	D	E
1	対象文字列	カッコの位置		置換え後	
2		開始	文字数		
3	メモ帳(2)	4	3	メモ帳(20)	
4	ボールペン(12)	6	4	ボールペン(20)	
5	油性マジック(3)	7	3	油性マジック(20)	
6	軍手(5)	3	3	軍手(20)	
7	ポリ袋(108)	4	5	ポリ袋(20)	
8	非常食(12)	4	4	非常食(20)	
9	飲料水ボトル(4)	7	3	飲料水ボトル(20)	
10					
11					
12					
13					
14					
15					

A列の文字列のカッコに囲まれた位置の文字列を、一括で「(20)」に置換できた

書式 =REPLACE(文字列, 開始位置, 文字数, 置換文字列)

引数

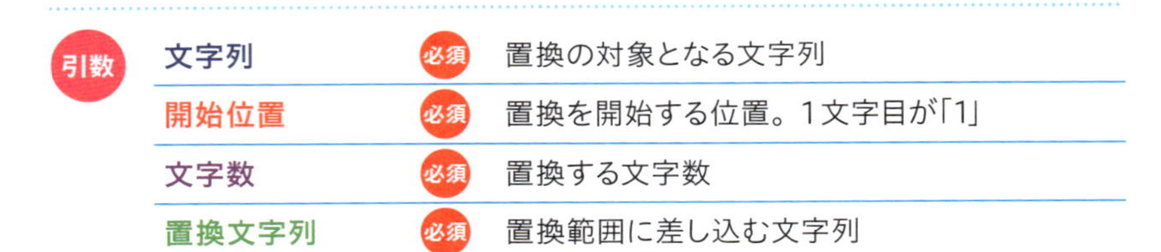

引数		説明
文字列	必須	置換の対象となる文字列
開始位置	必須	置換を開始する位置。1文字目が「1」
文字数	必須	置換する文字数
置換文字列	必須	置換範囲に差し込む文字列

説明 REPLACE関数は、「文字列」内の「開始位置」から「文字数」分だけの範囲を、「置換文字列」へと置換します。
「文字数」に「0」を指定した場合には、「開始位置」の直前の位置に「置換文字列」が差し込まれます。
REPLACEB関数では、引数「文字数」の代わりに、引数「バイト数」を指定します。

» カッコに囲まれた部分の文字列を置換する

A列の文字列から、カッコに囲まれた部分を置換してみましょう。まず、FIND関数（P.252参照）を利用するなどの方法で、カッコに囲まれた部分の位置と長さを計算・入力します。得られた値を引数として、REPLACE関数を入力すれば完成です。

	A	B	C	D
1	対象文字列	カッコの位置		置換え後
2		開始	文字数	
3	メモ帳(2)	4	3	=REPLACE(A3,B3,C3,"(20)")
4	ボールペン(12)	6	4	
5	油性マジック(3)	7	3	
6	軍手(5)	3	3	
7	ポリ袋(108)	4	5	
8	非常食(12)	4	4	
9	飲料水ボトル(4)	7	3	

❶セルD3にREPLACE関数を入力します。引数は、セルA3（対象の文字列）、セルB3（開始位置）、セルC3（文字数）、そして置換文字列として「"(20)"」を指定します。

	A	B	C	D
1	対象文字列	カッコの位置		置換え後
2		開始	文字数	
3	メモ帳(2)	4	3	メモ帳(20)
4	ボールペン(12)	6	4	ボールペン(20)
5	油性マジック(3)	7	3	油性マジック(20)
6	軍手(5)	3	3	軍手(20)
7	ポリ袋(108)	4	5	ポリ袋(20)
8	非常食(12)	4	4	非常食(20)
9	飲料水ボトル(4)	7	3	飲料水ボトル(20)

=FIND("(",A3)
文字列　対象

=FIND(")",A3)-B3+1
文字列　対象

❷指定位置の文字列を「(20)」へと置換できました。また、カッコの開始位置や文字数は、直接入力するだけでなく、サンプルのようにFIND関数を利用して計算で求めることも可能です。

COLUMN

「開始位置」と「終了位置」ではない点に注意する

引数に指定するのは、開始位置と「（開始位置からの）文字数」です。「終了位置」ではない点に注意しましょう。

SECTION 107 文字列の処理

市外局番をカッコで囲む

SUBSTITUTE
REPLACE

ハイフンで区切った形で入力されている電話番号を表す文字列の市外局番部分をカッコで囲んでみましょう。SUBSTITUTE関数（P.256参照）とREPLACE関数（P.260参照）を組み合わせて利用します。

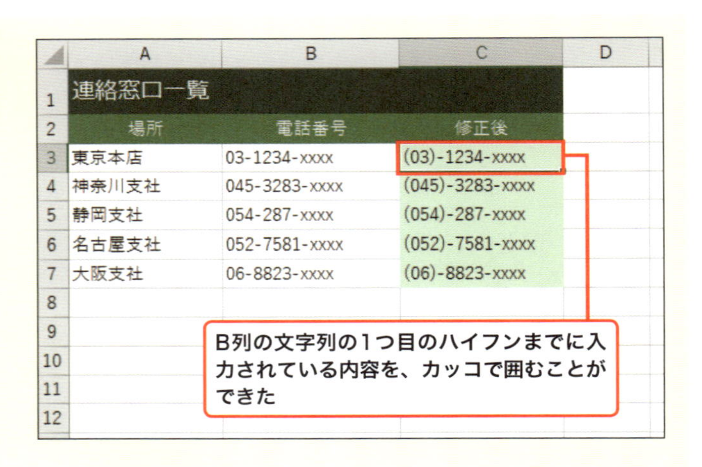

	A	B	C	D
1	連絡窓口一覧			
2	場所	電話番号	修正後	
3	東京本店	03-1234-xxxx	(03)-1234-xxxx	
4	神奈川支社	045-3283-xxxx	(045)-3283-xxxx	
5	静岡支社	054-287-xxxx	(054)-287-xxxx	
6	名古屋支社	052-7581-xxxx	(052)-7581-xxxx	
7	大阪支社	06-8823-xxxx	(06)-8823-xxxx	
8				
9				
10				
11				
12				

分割して入力する場合

電話番号の市外局番部分をカッコで囲むという処理を、「先頭に『(』を入れる」と「1つ目のハイフンの前に『)』を入れる」の2つに分割して考えてみましょう。
下の図では、C列でSUBSTITUTE関数を使って、B列の電話番号の1つ目のハイフンを「)-」に置き換え、D列でC列の電話番号の先頭に「(」を挿入しています。このように、複数の処理を別々のセルに分けて行うと、処理のしくみがわかりやすくなります。

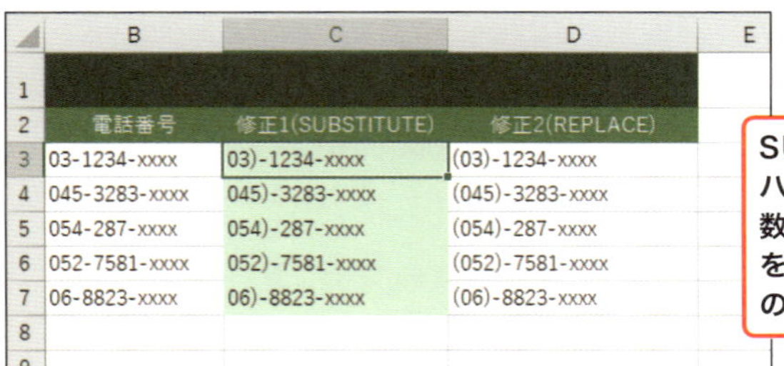

	B	C	D	E
1				
2	電話番号	修正1(SUBSTITUTE)	修正2(REPLACE)	
3	03-1234-xxxx	03)-1234-xxxx	(03)-1234-xxxx	
4	045-3283-xxxx	045)-3283-xxxx	(045)-3283-xxxx	
5	054-287-xxxx	054)-287-xxxx	(054)-287-xxxx	
6	052-7581-xxxx	052)-7581-xxxx	(052)-7581-xxxx	
7	06-8823-xxxx	06)-8823-xxxx	(06)-8823-xxxx	
8				

SUBSTITUTE関数による1つ目のハイフンの置換と、REPLACE関数による先頭位置へのカッコの挿入を別のセルで行っている。処理を別々のセルに分けるとわかりやすくなる

置換と挿入の２つの仕組みで文字列を修正する

左ページで解説した２つの処理を組み合わせて、１つの処理でカッコを加えてみましょう。「1つ目のハイフンを『)-』に置き換える」SUBSTITUTE関数と、「先頭に『(』を挿入する」REPLACE関数を組み合わせて、B列の電話番号にカッコを加えます。

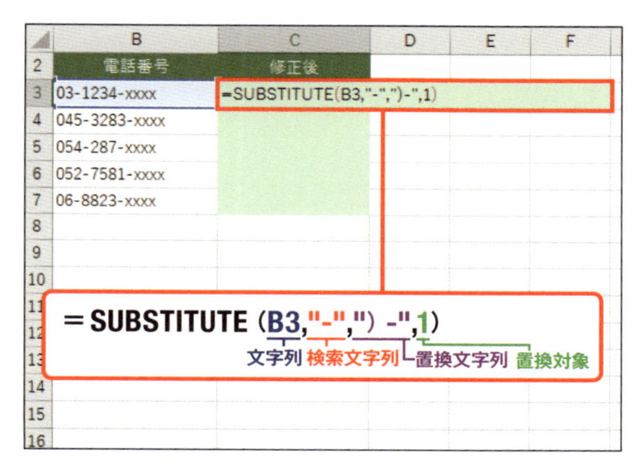

❶セルC3にSUBSTITUTE関数を入力します。1つ目のハイフンのみを「)-」へと置換するよう引数を指定します。

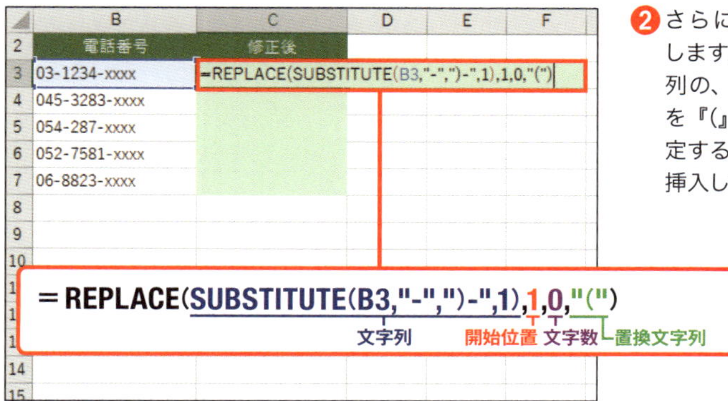

❷さらにREPLACE関数を入力します。手順❶で作成した文字列の、「1文字目から0文字分を『(』に置換」するように指定することで、先頭に文字列を挿入します。

	B	C	D	E	F
2	電話番号	修正後			
3	03-1234-xxxx	(03)-1234-xxxx			
4	045-3283-xxxx	(045)-3283-xxxx			
5	054-287-xxxx	(054)-287-xxxx			
6	052-7581-xxxx	(052)-7581-xxxx			
7	06-8823-xxxx	(06)-8823-xxxx			

❸市外局番部分をカッコで囲むことができました。

対応バージョン 2016 2013 2010 2007

SECTION 108 文字列の処理

文字列を逆順から検索する

SUBSTITUTE LEN FIND RIGHT

文字列中から任意の文字を検索する際、文字列の末尾の方から逆順に検索するには、FIND関数（P.252参照）に加え、SUBSTITUTE関数（P.256参照）、LEN関数（P.242参照）、RIGHT関数（P.268参照）を組み合わせて利用します。

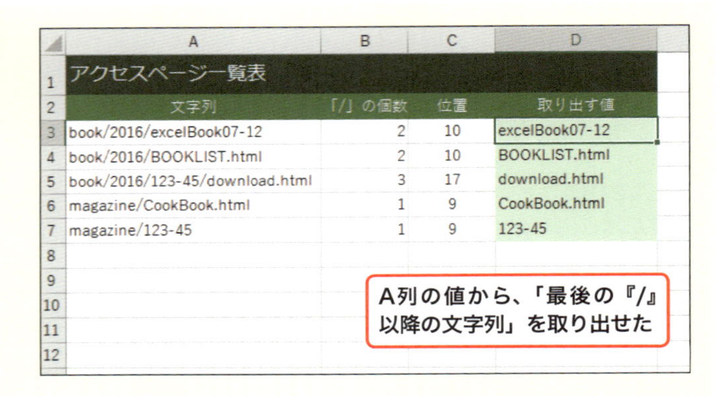

	A	B	C	D
1	アクセスページ一覧表			
2	文字列	「/」の個数	位置	取り出す値
3	book/2016/excelBook07-12	2	10	excelBook07-12
4	book/2016/BOOKLIST.html	2	10	BOOKLIST.html
5	book/2016/123-45/download.html	3	17	download.html
6	magazine/CookBook.html	1	9	CookBook.html
7	magazine/123-45	1	9	123-45

最後の「/」の位置を検索する2つの計算

文字列から「最後の『/』以降の値」を取り出すには、まず最後の「/」がどこにあるのかを把握する必要があります。そこで、文字列内の「/」の個数を計算し、その値を元に最後の「/」を「@」に置換することで位置を計算します。

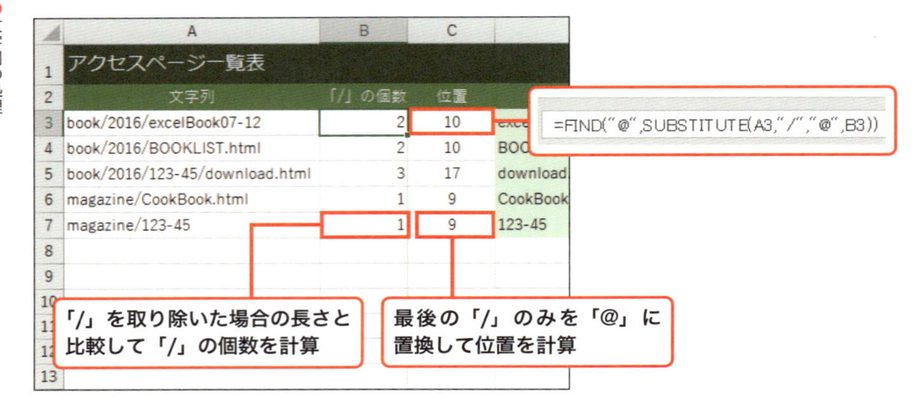

	A	B	C
1	アクセスページ一覧表		
2	文字列	「/」の個数	位置
3	book/2016/excelBook07-12	2	10
4	book/2016/BOOKLIST.html	2	10
5	book/2016/123-45/download.html	3	17
6	magazine/CookBook.html	1	9
7	magazine/123-45	1	9

逆順から検索する際の手順

左ページで解説した2つの処理を使って、A列の文字列から、「最後の『/』以降の値」を取り出してみましょう。3つの関数を組み合わせて計算を行います。

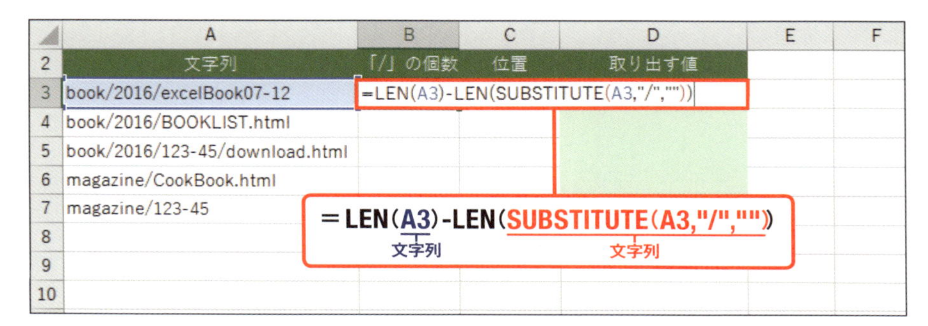

❶対象とする文字列である「/」がいくつ含まれるかを計算します。SUBSTITUTE関数で「/」を消去した場合の文字数と、元の文字数を比較して「/」の個数を求めます。

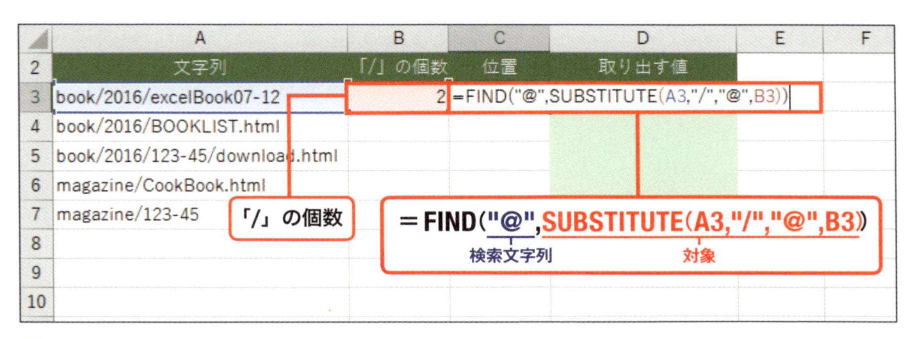

❷手順❶で得た値を利用して、「/」の最後の1つだけを、適当な目印となる文字（ここでは「@」）へ置き換え、その位置をFIND関数で取得します。

	A	B	C	D	E	F
2	文字列	「/」の個数	位置	取り出す値		
3	book/2016/excelBook07-12	2	10	excelBook07-12		
4	book/2016/BOOKLIST.html	2	10	BOOKLIST.html		
5	book/2016/123-45/download.html	3	17	download.html		
6	magazine/CookBook.html	1	9	CookBook.html		
7	magazine/123-45	1	9	123-45		
8						
9						
10						

最後の「/」の位置

=RIGHT (A3,LEN (A3) -C3)

文字列　文字数

❸最後の「/」の位置が求められました。得た値を利用して、RIGHT関数（P.268参照）などを利用すれば、結果的に文字列を逆順に検索して、目的の文字列が取り出せます。

SECTION 109 文字列の処理

左側から指定した文字数分だけ取り出す

LEFT
LEFTB

文字列の左側（先頭）から、指定した文字数分だけを取り出したい場合には、LEFT関数を利用します。住所から都道府県名を取り出したいときなどに便利です。文字数ではなく、バイト数で指定したい場合はLEFTB関数を利用します。

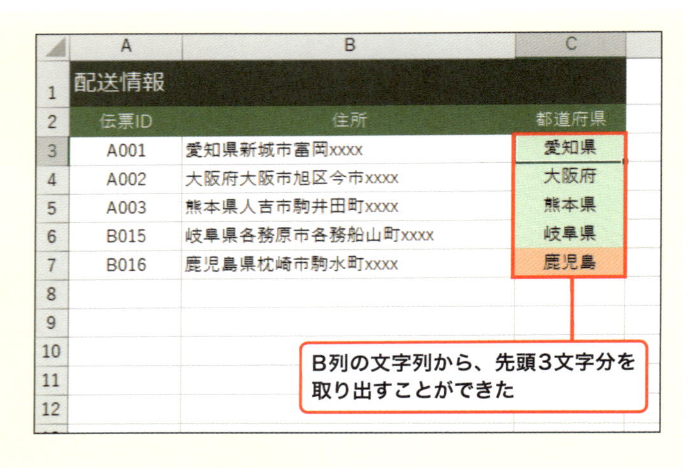

書式 =LEFT(文字列, [文字数])

引数

文字列	必須	対象となる文字列
文字数	任意	取り出す文字数。省略すると先頭1文字を取得

説明 LEFT関数は、「文字列」に指定した文字列の先頭から、「文字数」に指定した文字数分だけの文字列を取り出します。
LEFTB関数では、引数「文字数」の代わりに、引数「バイト数」で取り出したい文字の長さを指定します。

入力された住所から先頭3文字を取り出す

都道県の情報までを持つ住所の文字列から、先頭の3文字を取り出してみましょう。都道府県名は多くが3文字なので、ざっくりと都道府県名を取り出せます。LEFT関数を利用し、住所から取り出す文字数に「3」を指定すれば完成です。

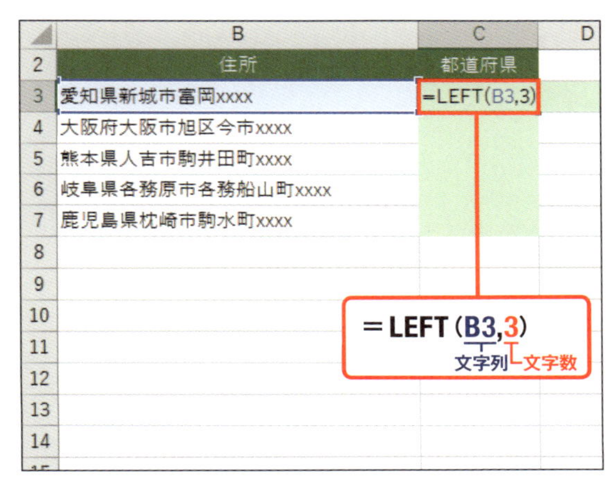

❶ セルC3にLEFT関数を入力します。対象文字列は「B3」、取り出す文字数は「3」を指定します。

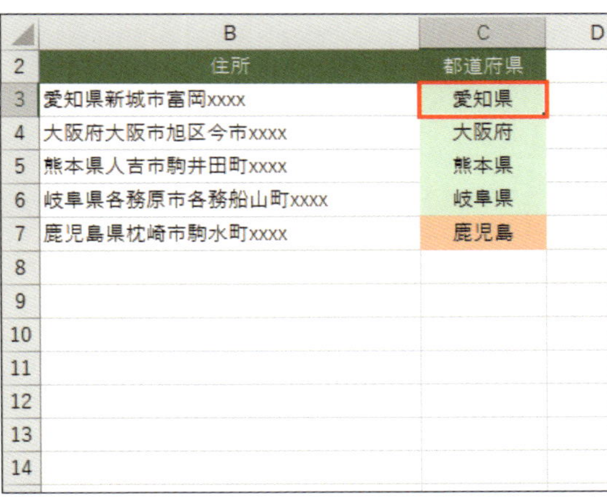

❷ セルB3に入力されている文字列から、先頭3文字分を取り出せました。

MEMO 都道府県名を取り出す

正確な都道府県名を取り出す方法については、P.272を参照してください。

COLUMN

値をチェックする仕組みを用意する

文字列を取り出す式を作成した場合には、「取り出した値をチェックするための仕組み」をセットで用意しておくと、取り出した値が目的通りの内容なのかを把握しやすくなります。サンプルでは、条件付き書式を使って「取り出した値の末尾が『都道府県』のいずれでもない場合」には背景色を変更しています。

SECTION
110
文字列の処理

右側から指定した文字数分だけ取り出す

RIGHT
RIGHTB

文字列の右側（末尾）から、指定した文字数分だけを取り出したい場合には、RIGHT関数を利用します。文字数ではなく、バイト数で取り出す長さ指定したい場合はRIGHTB関数を利用します。

	A	B	C	D	E
1	商品一覧表				
2	商品名：商品番号	商品番号			
3	A4ノート A罫：0501	0501			
4	A4ノート B罫：0502	0502			
5	A4ノート C罫：0501	0501			
6	油性ボールペン（黒）：0031	0031			
7	油性ボールペン（赤）：0032	0032			
8	油性ボールペン（青）：0033	0033			
9	ゲルインキボールペン（黒）：0057	0057			
10	ゲルインキボールペン（赤）：0058	0058			
11	ゲルインキボールペン（青）：0059	0059			
12	ガムテープ：0323	0323			
13	A3用紙（500枚入）：0401	0401			
14	A4用紙（500枚入）：0402	0402			
15	B4用紙（500枚入）：0403	0403			

A列の文字列から、末尾4文字分を取り出すことができた

書式 =RIGHT(文字列, [文字数])

引数

文字列	必須	対象となる文字列
文字数	任意	取り出す文字数。省略すると末尾1文字を取得

説明 RIGHT関数は、「文字列」に指定した文字列の末尾から、「文字数」に指定した文字数分だけの文字列を取り出します。
RIGHTB関数では、引数「文字数」の代わりに、引数「バイト数」で取り出したい文字の長さを指定します。

» 末尾4文字の商品番号を取り出す

末尾に4桁の商品番号を持つ文字列から、商品番号のみを取り出してみましょう。RIGHT関数を利用し、文字列から取り出す文字数に「4」を指定すれば完成です。

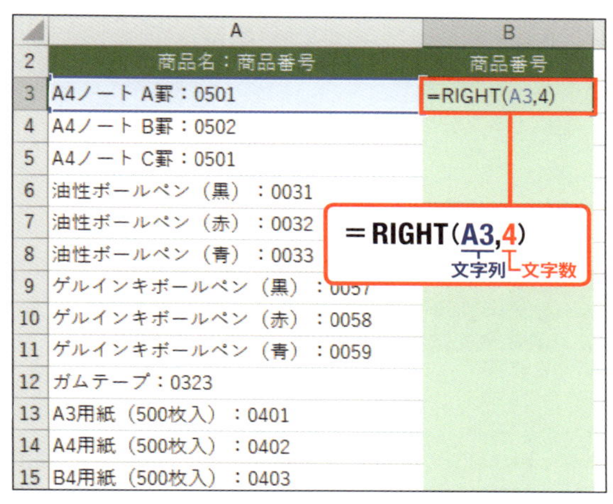

	A	B
2	商品名：商品番号	商品番号
3	A4ノート A罫：0501	=RIGHT(A3,4)
4	A4ノート B罫：0502	
5	A4ノート C罫：0501	
6	油性ボールペン（黒）：0031	
7	油性ボールペン（赤）：0032	
8	油性ボールペン（青）：0033	
9	ゲルインキボールペン（黒）：0057	
10	ゲルインキボールペン（赤）：0058	
11	ゲルインキボールペン（青）：0059	
12	ガムテープ：0323	
13	A3用紙（500枚入）：0401	
14	A4用紙（500枚入）：0402	
15	B4用紙（500枚入）：0403	

❶セルB3にRIGHT関数を入力します。対象文字列は「A3」、取り出す文字数は「4」を指定します。

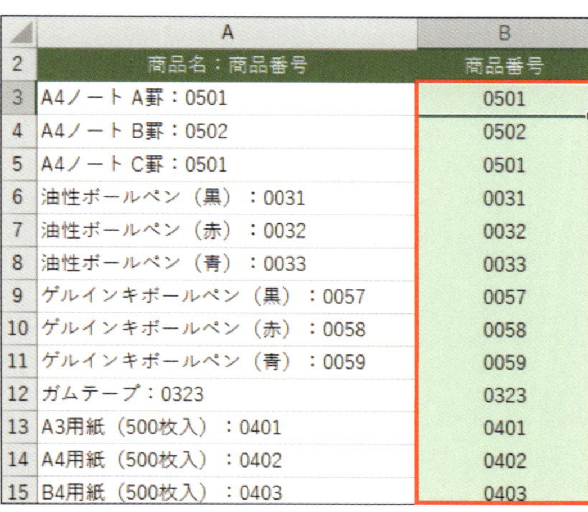

	A	B
2	商品名：商品番号	商品番号
3	A4ノート A罫：0501	0501
4	A4ノート B罫：0502	0502
5	A4ノート C罫：0501	0501
6	油性ボールペン（黒）：0031	0031
7	油性ボールペン（赤）：0032	0032
8	油性ボールペン（青）：0033	0033
9	ゲルインキボールペン（黒）：0057	0057
10	ゲルインキボールペン（赤）：0058	0058
11	ゲルインキボールペン（青）：0059	0059
12	ガムテープ：0323	0323
13	A3用紙（500枚入）：0401	0401
14	A4用紙（500枚入）：0402	0402
15	B4用紙（500枚入）：0403	0403

❷A列に入力されている文字列の末尾から4文字を取り出すことができました。

COLUMN

取り出した値は文字列として扱われる

RIGHT関数やLEFT関数で取り出した値は、数値やシリアル値としてみなせる値でも、文字列として扱われます。取り出した文字列を数値やシリアル値として扱いたい場合はVALUE関数（P.142参照）やDATEVALUE関数（P.154参照）を使います。

SECTION 111 文字列の処理

文字の途中から指定した文字数分だけ取り出す

文字列の任意の位置から、指定した文字数分だけを取り出したい場合には、MID関数を利用します。取り出す文字の長さを文字数ではなく、バイト数で指定したい場合はMIDB関数を利用します。

	A	B	C	D
1	固定長形式データ解析			
2	元のデータ	ID	日付	金額
3	001 2016-07-08 305865	001	2016/7/8	305,865
4	001 2016-07-09 167580	001	2016/7/9	167,580
5	002 2016-07-10 144900	002	2016/7/10	144,900
6	003 2016-07-11 646590	003	2016/7/11	646,590
7	003 2016-07-12 197400	003	2016/7/12	197,400
8	003 2016-07-13 083790	003	2016/7/13	83,790
9	003 2016-07-14 065100	003	2016/7/14	65,100
10				
11				
12				

A列の文字列から、「5文字目から10文字分」の文字列を取り出して、日付に変換できた

書式 =MID(文字列,開始位置,文字数)

引数

文字列	必須	対象となる文字列
開始位置	必須	取り出す位置。先頭文字が「1」
文字数	必須	取り出す文字数

説明 MID関数は、「文字列」に指定した文字列から、「開始位置」の文字から、「文字数」に指定した文字数分だけの文字列を取り出します。
MIDB関数では、引数「文字数」の代わりに、引数「バイト数」で取り出す文字の長さを指定します。引数「開始位置」も同様にバイト数で指定します。

》 固定長形式のデータから10文字分の日付データを抜き出す

A列のデータには、「5文字目から14文字目の間の10文字分」に、日付のデータが入力されています。この日付のデータを取り出してみましょう。MID関数を利用して目的の範囲の文字列を取り出したら、DATEVALUE関数（P.154参照）で日付シリアル値に変換すれば完成です。

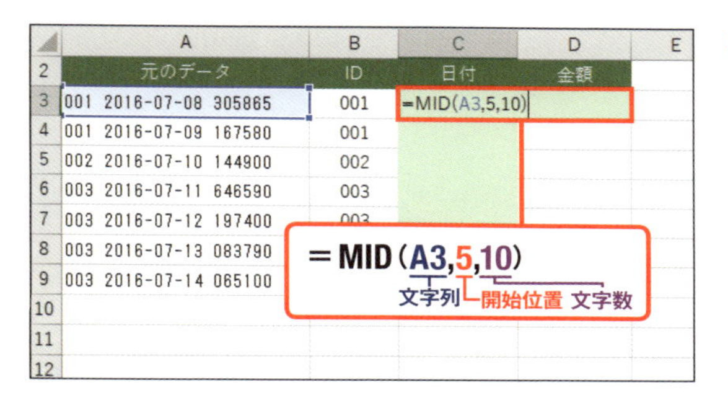

❶ セルC3にMID関数を入力します。対象文字列は「A3」、取り出す内容は「5」文字目から「10」文字分を指定します。

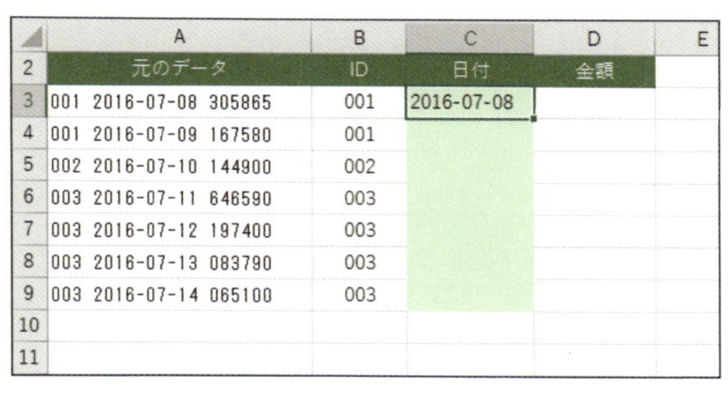

❷ 目的の部分が取り出せました。しかし、このままでは「文字列」扱いで日付としては利用できません。

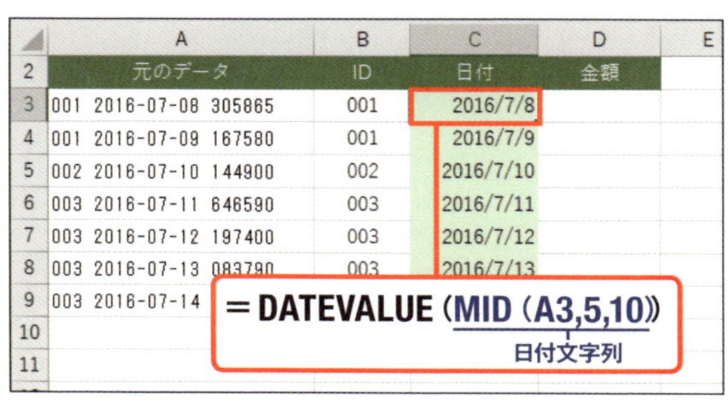

❸ そこで、DATEVALUE関数（P.154参照）で手順❶の式を囲みます。日付シリアル値に変換できました。

COLUMN

シリアル値に変換した場合には書式も変更する

シリアル値に変換した値を日付や時刻として扱うには、<ホーム>タブの<数値の書式>ダイアログボックスをクリックし、<短い日付形式>や<時刻>を選択して、表示形式を変更します。

SECTION 112 文字列の処理

住所から都道府県名を取り出す

住所の入力されている文字列から、都道府県名を取り出してみましょう。県名のルールを考えてIF関数（P.186参照）やMID関数（P.270参照）を組み合わせることで、取り出す文字数を変化させます。

	A	B	C	D	E
1	住所	都道府県			
2	東京都千代田区神田美土代町xxxx	東京都			
3	愛知県新城市富岡xxxx	愛知県			
4	鹿児島県枕崎市駒水町xxxx	鹿児島県			
5	熊本県人吉市駒井田町xxxx	熊本県			
6	岐阜県各務原市各務船山町xxxx	岐阜県			
7	和歌山県東牟婁郡那智勝浦町那智山xxxx	和歌山県			
8	大阪府大阪市旭区今市xxxx	大阪府			
9	名護市安和xxxx	名護市			
10	沖縄県中頭郡北中城村仲順xxxx	沖縄県			
11	神奈川県横須賀市阿部倉xxxx	神奈川県			

A列の文字列から、都道府県名部分を抜き出すことができた

》 4文字目が「県」かどうかで取り出す文字数を分岐する

都道府県名を取り出す場合のルールを考えてみましょう。都道府県名は、「神奈川県」「和歌山県」「鹿児島県」を除くと、すべて3文字です。つまり、4文字の県以外は、LEFT関数で先頭3文字を取り出せばよいこととなります。ここでは、「4文字目が『県』かどうか」というルールで、取り出す文字数を分岐しています。

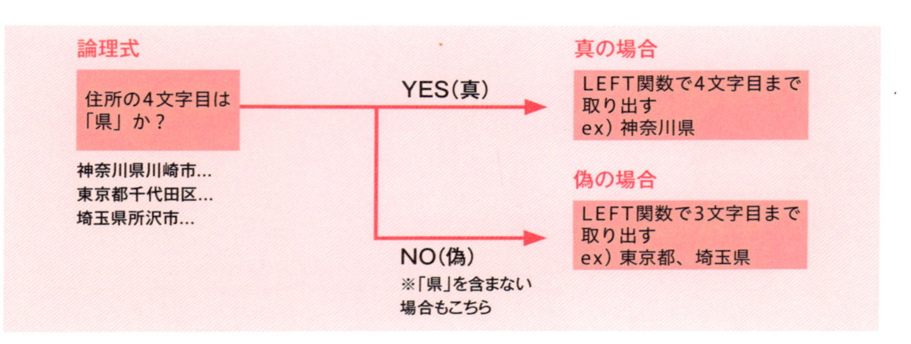

	A	B	C	D	E	F
1	住所	都道府県	チェック用			
2	東京都千代田区神田美土代町xxxx	=IF(MID(A2,4,1)="県",LEFT(A2,4),LEFT(A2,3))				
3	愛知県新城市富岡xxxx					
4	鹿児島県枕崎市駒水町xxxx					
5	熊本県人吉市駒井田町xxxx					
6	岐阜県各務原市各務船山町xxxx					
7	和歌山県東牟婁郡那智勝浦町					
8	大阪府大阪市旭区今市xxxx					
9	名護市安和xxxx					
10	沖縄県中頭郡北中城村仲順xxxx					

=IF(MID(A2,4,1)="県",LEFT(A2,4),LEFT(A2,3))
論理式　真の場合　偽の場合

❶ セルB2にIF関数を利用して4文字・3文字のいずれかを取り出す関数式を入力します。条件式はMID関数で先頭の4文字目から1文字分を取り出し、その文字が「県」と同じかどうかを判定し、真の場合は先頭から4文字分、偽の場合は3文字分をLEFT関数で取り出しています。

	A	B	C	D	E	F
1	住所	都道府県	チェック用			
2	東京都千代田区神田美土代町xxxx	東京都				
3	愛知県新城市富岡xxxx	愛知県				
4	鹿児島県枕崎市駒水町xxxx	鹿児島県				
5	熊本県人吉市駒井田町xxxx	熊本県				
6	岐阜県各務原市各務船山町xxxx	岐阜県				
7	和歌山県東牟婁郡那智勝浦町那智山xxxx	和歌山県				
8	大阪府大阪市旭区今市xxxx	大阪府				
9	名護市安和xxxx	名護市				
10	沖縄県中頭郡北中城村仲順xxxx	沖縄県				

❷ 都道府県名を取り出すことができました。

COLUMN

取り出した値をチェックする

元の住所に都道府県名が含まれていない場合には、当たり前ですが都道府県名を取り出すことはできません。このようなケースまでチェックしたい場合には、FIND関数などを利用してみましょう。下図のサンプルでは、「=ISERR（FIND（RIGHT（B2）,"都道府県"））」という式で「セルB2の末尾1文字が『都道府県』のいずれかに当てはまるか」をチェックしています。含まれる場合はTRUE、含まれない場合はFALSEが表示されます。

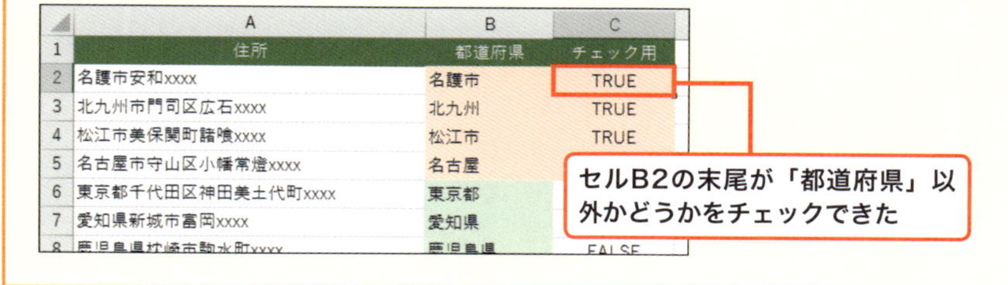

	A	B	C
1	住所	都道府県	チェック用
2	名護市安和xxxx	名護市	TRUE
3	北九州市門司区広石xxxx	北九州	TRUE
4	松江市美保関町諸喰xxxx	松江市	TRUE
5	名古屋市守山区小幡常燈xxxx	名古屋	
6	東京都千代田区神田美土代町xxxx	東京都	
7	愛知県新城市富岡xxxx	愛知県	
8	鹿児島県枕崎市駒水町xxxx	鹿児島県	FALSE

SECTION 113 文字列の処理

ASC

全角文字を半角文字に変更する

全角と半角が入り交じる英数字を、すべて半角文字に変換するには、ASC関数を利用します。日本語の文字列に対して使うと、全角カタカナや全角記号なども半角文字に変換されてしまうので、注意が必要です。

	A	B
1	修正前	統一後
2	上面パネル合板　C77（635）	上面ﾊﾟﾈﾙ合板 C77(635)
3	上面パネル合板　C77(635)	上面ﾊﾟﾈﾙ合板 C77(635)
4	上面ﾊﾟﾈﾙ合板　C77（635）	上面ﾊﾟﾈﾙ合板 C77(635)
5	上面パネル合板Ｃ７７（６３５）	上面ﾊﾟﾈﾙ合板 C77(635)
6	上面パネル合板　Ｃ７７(６３５)	上面ﾊﾟﾈﾙ合板 C77(635)
7		
8		
9		
10		
11		
12		
13		

A列の文字列の、全角・半角の設定を、半角文字列に統一できた

書式 =ASC(文字列)

引数 文字列  対象となる文字列

説明 ASC関数は、「文字列」に指定した文字列のうち、半角に変換できる文字を、すべて半角に変換した結果を返します。変換の対象は全角英数字、全角カタカナ、半角文字のある全角記号です。目で見ただけでは判別のしにくい、スペースやカッコといった文字も、一括して半角に統一されます。
漢字やひらがななどの、全角文字しか存在しない文字は、変換されずにそのまま表示されます。

英数字・カタカナ・スペース・カッコを半角に統一する

A列の5つの値は、すべて同じ商品を意図して入力したものですが、全角・半角の入力がバラバラです。この状態では、ピボットテーブルなどで集計を行っても、別の商品として扱われてしまいます。そこで、ASC関数を利用して、「すべて半角」というルールで統一してみましょう。ASC関数の引数に、A列を指定するだけで統一完了です。

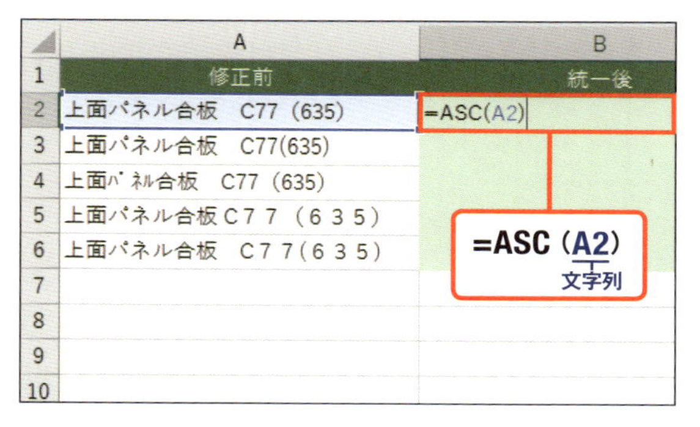

❶セルB2にASC関数を入力します。引数はセルA2を指定します。

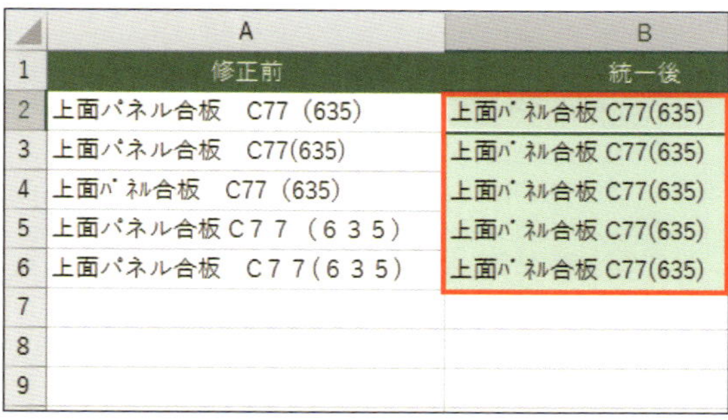

❷A列の文字列を半角に統一できました。

COLUMN

カタカナだけは全角にしたい場合は

「英数字は半角に、カタカナは全角のまま」のようにしたい場合には、関数のみでは変換できません。この場合は、「ふりがなの設定を『全角カタカナ』にした場合、半角カタカナのふりがなは全角で表示される」という仕組みを利用します。まず、ASC関数ですべて半角に変換した文字列を、別の列に「値のみ貼り付け」を行います。そのセルを引数に、PHONETIC関数（P.284参照）を利用すると、目的の値が得られます。

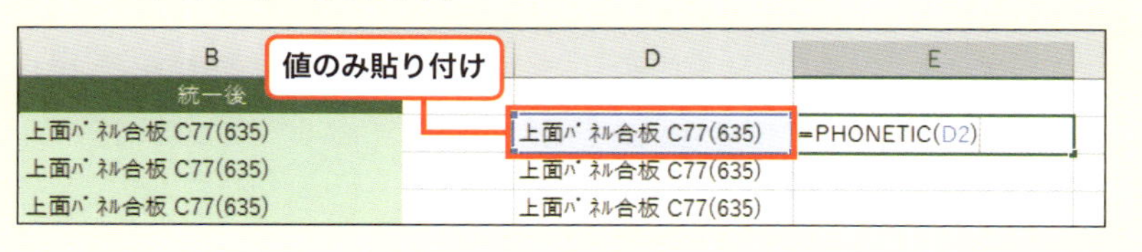

第1章
第2章
第3章
第4章
第5章
第6章
第7章
第8章
文字列の処理

SECTION 114 文字列の処理

半角文字を全角文字に変更する

全角と半角が入り交じる英数字やカタカナをまとめて全角文字に変換するには、JIS関数を使います。なお、この関数で扱える文字数は最大で255文字まで、それ以上長い文字列を引数に設定すると「#VALUE!」エラーが表示されます。

	A	B	C
1	元の文字列	変換後	
2	ｴｸｾﾙ関数	エクセル関数	
3	エクセル関数	エクセル関数	
4	Excel2016	Ｅｘｃｅｌ２０１６	
5	Ｅｘｃｅｌ2016	Ｅｘｃｅｌ２０１６	
6	Excel２０１６	Ｅｘｃｅｌ２０１６	
7			
8			
9			
10			
11			
12			

A列の文字列の、全角・半角の設定を、全角文字列に統一できた

書式 =JIS(文字列)

引数 文字列  対象となる文字列

JIS関数は、「文字列」に指定した文字列のうち、全角に変換できる文字を、すべて全角に変換した結果を返します。変換の対象は半角英数字、半角カタカナ、全角文字のある半角記号です。
目で見ただけでは判別のしにくい、スペースやカッコといった文字列も、一括して全角に統一されます。

すべての文字列を全角に統一する

A列に入力されている文字列は、全角・半角が混在しています。この文字列をすべて全角に統一するには、JIS関数の引数にA列の文字列を指定すれば完成です。

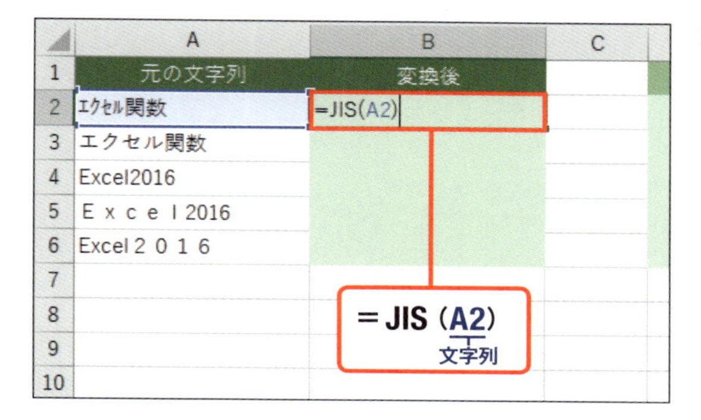

	A	B	C
1	元の文字列	変換後	
2	ｴｸｾﾙ関数	=JIS(A2)	
3	エクセル関数		
4	Excel2016		
5	Ｅｘｃｅｌ2016		
6	Excel２０１６		
7			
8			
9			
10			

❶ セルB2にJIS関数を入力します。引数はセルA2を指定します。

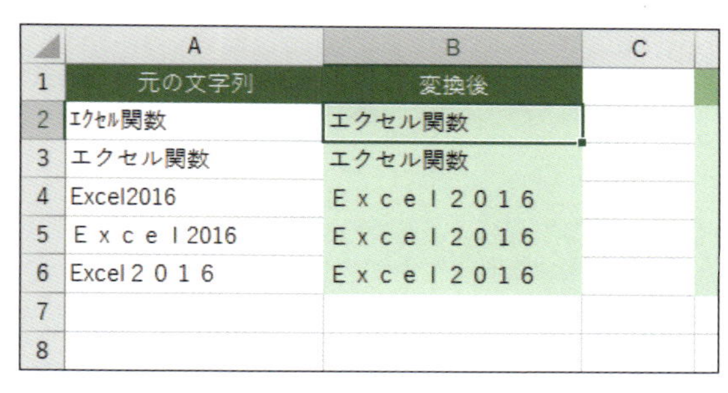

	A	B	C
1	元の文字列	変換後	
2	ｴｸｾﾙ関数	エクセル関数	
3	エクセル関数	エクセル関数	
4	Excel2016	Ｅｘｃｅｌ２０１６	
5	Ｅｘｃｅｌ2016	Ｅｘｃｅｌ２０１６	
6	Excel２０１６	Ｅｘｃｅｌ２０１６	
7			
8			

❷ すべて全角文字に統一できました。

COLUMN

変換前と変換後のバイト数を比較した判定

JIS関数で変換した文字列のバイト数が、変換前のバイト数と等しいかどうかを比較すると、「元の文字列がすべて全角で入力されていたかどうか」を判定できます。
「=LENB（A2）=LENB（JIS（B2））」という式がTRUEの場合は、「すべて全角」、FALSEの場合は「すべて全角ではない」と判断できます。「すべて半角」かどうかを判定したい場合には、ASC関数（P.274参照）を利用します。

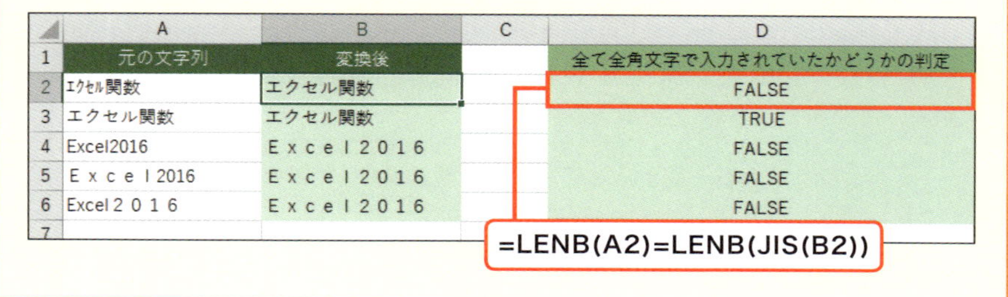

	A	B	C	D
1	元の文字列	変換後		全て全角文字で入力されていたかどうかの判定
2	ｴｸｾﾙ関数	エクセル関数		FALSE
3	エクセル関数	エクセル関数		TRUE
4	Excel2016	Ｅｘｃｅｌ２０１６		FALSE
5	Ｅｘｃｅｌ2016	Ｅｘｃｅｌ２０１６		FALSE
6	Excel２０１６	Ｅｘｃｅｌ２０１６		FALSE
7				

SECTION 115 文字列の処理

TEXT

数値を指定した表示形式の文字列に変換する

数値やシリアル値を、任意の表示形式を適用した文字列に変換したい場合には、TEXT関数を利用します。2つの数値にそれぞれ表示形式を設定し、「&」演算子で結合して1つのセルに表示するといった処理も、TEXT関数を複数組み合わせることで実現できます。

	A	B	C	D	E
1	元の数値	表示形式			
2		0000	#,###円	00月00日	
3	1231	1231	1,231円	12月31日	
4	525	0525	525円	05月25日	
5	908	0908	908円	09月08日	
6	1030	1030	1,030円	10月30日	
7	11	0011	11円	00月11日	

A列の数値を元に、いろいろな表示形式を適用した結果を表示できた

書式 =TEXT(値,表示形式)

引数

値	必須	対象となる数値、数式、セル参照
表示形式	必須	適用する表示形式

説明 TEXT関数は、「値」に指定した数値に「表示形式」で指定した表示形式を適用した結果を、文字列として返します。
表示形式は、セルの「書式設定」機能と同じように各種のプレースホルダー（数値や年月日を表示する場所を指定する文字）を利用した文字列で指定します。
使用できるプレースホルダーの種類と意味は、P.138を参照してください。

数値をさまざまな形式で表示する

A列に入力された数値に対して、さまざまな表示形式を適用した結果を求めてみましょう。TEXT関数の引数に、表示形式を表す文字列を指定すれば完成です。

	A	B	C	D
2		0000	#,###円	00月00日
3	1231	=TEXT(A3,"0000")		
4	525			
5	908			
6	1030			
7	11			
8				
9				
10				

=TEXT(A3,"0000")
文字列　表示形式

❶セルB3にTEXT関数を入力します。引数「値」はセルA3を指定し、引数「表示形式」は「桁数」を指定するためのプレースホルダー「0」を4つ並べて「4桁表示」の文字列とします。

	A	B	C	D
2		0000	#,###円	00月00日
3	1231	1231		
4	525	0525		
5	908	0908		
6	1030	1030		
7	11	0011		
8				

❷セルA3の値を4桁表示の数値として変換した結果の文字列を得られました。

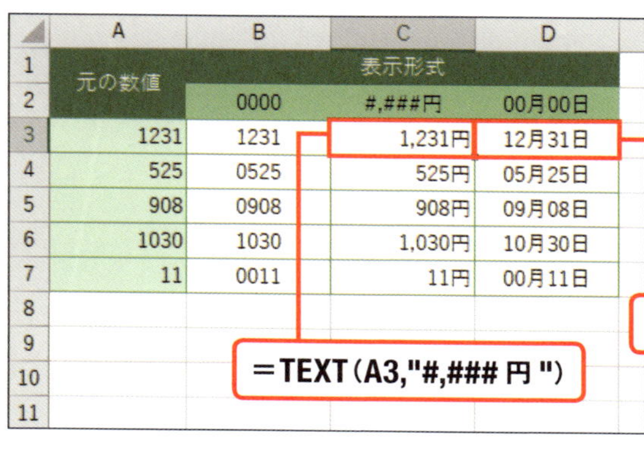

	A	B	C	D
1	元の数値	表示形式		
2		0000	#,###円	00月00日
3	1231	1231	1,231円	12月31日
4	525	0525	525円	05月25日
5	908	0908	908円	09月08日
6	1030	1030	1,030円	10月30日
7	11	0011	11円	00月11日

❸指定する表示形式によって、同じ値をさまざまな形式に変換できます。

COLUMN

戻り値は文字列扱い

TEXT関数の戻り値は「文字列」です。D列のように「見かけ上、日付に見える値」は、そのまま日付シリアル値として扱えるわけではありません。このため、「00月11日」のような、日付としてはありえない表示もできてしまいます。

SECTION 116 文字列の処理

VALUE

数値を表す文字列を数値に変更する

数値を表す文字列を、明示的に数値に変換したい場合には、VALUE関数を使用します。RIGHT関数などで取り出した文字列を明示的に数値に変換したい場合や、日付や時刻から時間を計算したい場合に利用できます。

	A	B	C	D	E
1	商品番号	取り出した枝番	数値変換		
2	XL-015	015	15		
3	XL-117	117	117		
4	WD-068	068	68		
5	WD-108	108	108		
6	PP-023	023	23		
7	PP-157	157	157		
8					
9					
10					
11					
12					

B列の文字列を、数値に変換できた

書式 **=VALUE(文字列)**

引数 文字列  必須 数値に変換したい文字列

説明 VALUE関数は、「文字列」に指定した文字列が数値にみなせる場合、その数値を返します。数値とみなせない場合には、「#VALUE!」エラーを返します。
数値とみなせる文字列には、「¥1,000」などの円記号を利用した値や「50%」などの表記も含まれます。
また、日付表記の文字列に対して利用すると、その日付のシリアル値を返します(P.140参照)。

» RIGHT関数で取り出した文字列を数値に変換する

B列には、A列の末尾の3文字をRIGHT関数(P.268参照)で取り出した文字列が表示されています。この文字列を数値として変換するには、VALUE関数の引数に、B列を指定すれば完成です。

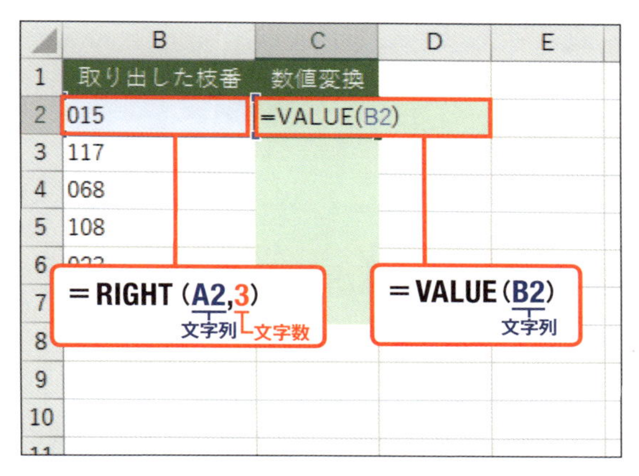

❶ セルC2にVALUE関数を入力します。引数はセルB2を指定します。

	B	C	D	E
1	取り出した枝番	数値変換		
2	015	15		
3	117	117		
4	068	68		
5	108	108		
6	023	23		
7	157	157		
8				
9				
10				

❷ セルB2の文字列を数値に変換できました。変換後の値は、桁区切り表記や通貨表記など、数値としての書式設定が適用できるようになります。

COLUMN

VALUE関数で書式の自動切り替えを防ぐ

「1時間半」を意図した「1:30」を、時給計算のために「1.5」に変換したい場合は、時刻シリアル値の「0.0625」に24を乗算すればよいのですが、「=時刻のセル*24」とすると、結果は、「12:00」と、元のセルの時刻表記を引き継いだ書式に自動変換されてしまいます(書式を「標準」などに戻せば「1.5」と表示されます)。

このようなケースでは、「=VALUE(時刻のセル*24)」とすれば、最初から書式の自動変換を防いで「1.5」という値が得られます。

SECTION 117 文字列の処理

セル内の改行を削除する

CLEAN
TRIM
SUBSTITUTE
CHAR

セル内改行を削除したい場合には、CLEAN関数やTRIM関数（P.258参照）を利用します。また、セル内改行を任意の文字列に置き換えたい場合には、SUBSTITUTE関数（P.256参照）も利用できます。

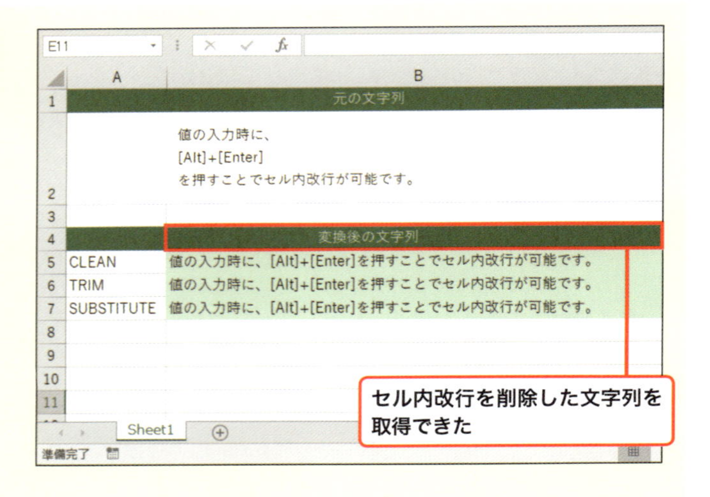

=CLEAN(文字列)

文字列 

セル内改行など印刷できない文字を含む文字列

CLEAN関数は、「文字列」に指定した文字列から、印刷できない文字（7ビットASCIIコードの先頭32文字）を文字列からすべて削除します。
この中に、セル内改行の文字列（LF・ラインフィード）も含まれるため、セル内改行を削除する用途にも利用できます。
ただしTRIM関数とは異なり、半角スペースや全角スペースは削除されません。

=CHAR(数値)

 数値  1～255の範囲内の数値

 CHAR関数は、1～255の範囲内の数値を文字に変換します。 文字は、コンピューターで使用されている文字セットから返されます。

改行を取り除いた1列の文字列を求める

セルA2には、セル内改行を含む文字列が入力されています。この文字列から改行を削除した文字列を求めるには、CLEAN関数を利用します。

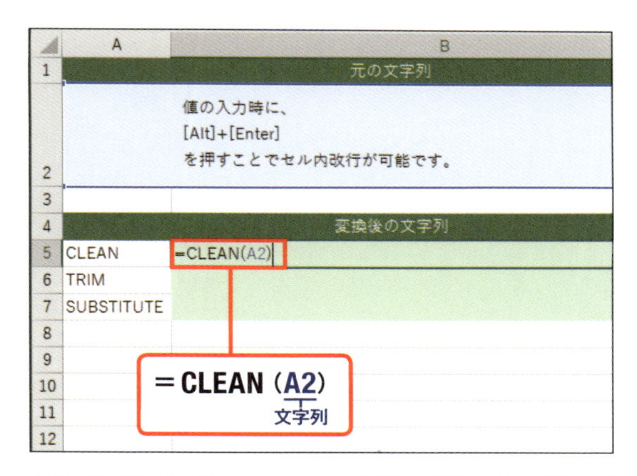

❶セルB5にCLEAN関数を入力します。引数は、セル内改行を含む文字列が入力されているセルA2を指定します。

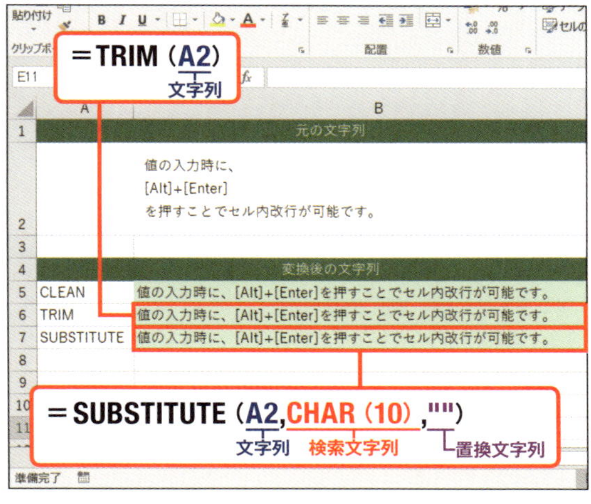

❷セル内改行を取り除いた結果が求められました。
TRIM関数を利用しても、同じようにセル内改行を削除した結果が得られます。

MEMO 「CHAR(10)」を置換

改行文字を削除するのではなく、ほかの文字列に置換したい場合には、SUBSTITUTE関数（P.256参照）を利用して、「CHAR（10）」（ラインフィード）を置換します。サンプルでは、CHAR（10）を「""」に置換しています。

SECTION 118 文字列の処理

PHONETIC

ふりがなを自動的に表示する

セルに入力された値が、ふりがなの情報を持っている場合、その値を別のセルに表示するには、PHONETIC関数を利用します。ふりがなの情報を持っていない部分は、そのままの文字列を表示します。

	A	B	C
1	対象文字列	フリガナ	メモ
2	東京都	トウキョウト	フリガナ情報あり
3	東京都	ヒガシキョウト	フリガナ情報あり
4	東京都	東京都	フリガナ情報なし
5	Excel関数	Excelカンスウ	フリガナ情報一部あり
6	ﾊﾟﾈﾙ合板 C77-A	パネル合板 C77-A	フリガナ情報なし
7			
8			
9			
10			
11			
12			
13			

A列のふりがな情報を表示できた

書式 =PHONETIC(参照)

引数 参照  ふりがな情報を取得したいセル参照

説明 PHONETIC関数は、「参照」に指定したセルのふりがなを表示します。
表示されるふりがなの値は、セルに値を入力したときの情報を元に作成されます。
表示形式は、参照セルのふりがなの設定に準じます。<ホーム>タブをクリックして<ふりがなの表示/非表示>から<ふりがなの設定>をクリックすると、ふりがなの設定を変更できます。「ひらがな」の場合はひらがなで、「カタカナ」の場合はカタカナで表示されます。
ふりがな情報を持たない文字の場合は、そのままの文字が表示されます。

ふりがな情報を表示する

Excelでは、セルに文字を入力したときの情報を「ふりがな」として記憶しています。A列に入力されている文字列のふりがな情報をB列に表示してみましょう。PHONETIC関数の引数にA列を指定すれば完成です。
ふりがなの値は、セルに文字列を入力した状態によって変わります。たとえば同じ「東京都」でも「トウキョウト」と入力、「ヒガシキョウト」と入力、ほかのテキストなどからコピーして入力(ふりがな情報なし)した場合には、それぞれ「トウキョウト」「ヒガシキョウト」「東京都」が表示されます。

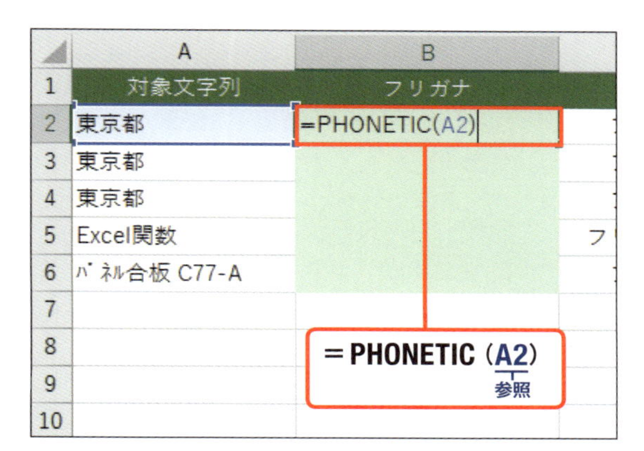

❶セルB2にPHONETIC関数を入力します。引数は、セルA2を指定します。

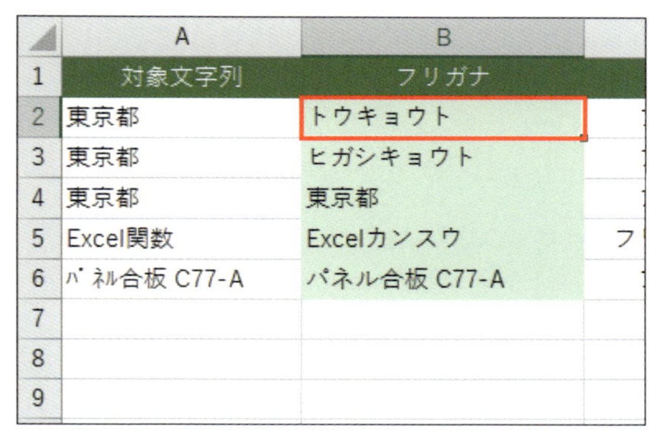

❷セルA2のふりがな情報を表示できました。表示されるふりがなは、元のセルの値や形式に準じます。

MEMO ふりがなをセルに表示

<ホーム>タブの<ふりがなの表示/非表示>から<ふりがなの表示>をクリックすると、記憶されているふりがなをセル内に表示できます。

COLUMN

半角カタカナのみを全角に変換する

PHONETIC関数で半角カタカナのふりがなを求めた場合には、元のセルのふりがな設定に準じた値が取得できます。この仕組みを利用して、ふりがな表記が「全角カタカナ」に設定されたセルに入力された「半角カタカナを含む文字列」のふりがなを取得すると、「半角カナのみを全角に変換した値」が得られます(サンプルのセルA6とセルB6参照)。

対応バージョン 2016 2013 2010 2007

SECTION 119 文字列の処理

大文字を小文字に、小文字を大文字に変更する

LOWER UPPER PROPER

セルに入力された英数字の大文字・小文字を統一したい場合には、UPPER関数やLOWER関数を利用します。また、単語の先頭のみを大文字に変更したい場合には、PROPER関数を利用します。

	A	B	C	D	E
1	元の文字列	小文字	大文字	整形	
2	Excel word	excel word	EXCEL WORD	Excel Word	
3	eXcEL	excel	EXCEL	Excel	
4	this is a pen.	this is a pen.	THIS IS A PEN.	This Is A Pen.	
5	ｅｘｃｅｌ関数	ｅｘｃｅｌ関数	ＥＸＣＥＬ関数	Ｅｘｃｅｌ関数	
6	ＡＢＣ	ａｂｃ	ＡＢＣ	Ａｂｃ	

A列の文字列を指定した表記に統一できた

書式 =LOWER(文字列)

引数 文字列 必須 表記を統一したい文字列やセル参照

説明 LOWER関数は、「文字列」に指定した文字列の大文字を、小文字に変換した結果を返します。全角・半角の文字列どちらにも利用できます。大文字以外は、元の値のままとなります。

書式 =UPPER(文字列)

引数 文字列 必須 表記を統一したい文字列やセル参照

説明 UPPER関数は、「文字列」に指定した文字列の小文字を、大文字に変換した結果を返します。全角・半角の文字列のどちらにも利用できます。小文字以外は、元の値のままとなります。

書式 **=PROPER(文字列)**

引数 **文字列**  必須　表記を統一したい文字列やセル参照

説明 PROPER関数は、「文字列」に指定した文字列内の英字を、単語の1文字目を大文字、残りを小文字に統一した結果を返します。全角・半角の文字列のどちらにも利用できます。該当するもの以外は元の値のままとなります。

A列の値の大文字・小文字を統一する

A列に入力された値の大文字・小文字を統一してみましょう。小文字に統一するには、LOWER関数を利用します。同様に、大文字に統一するには、UPPER関数を利用します。「単語の1文字目だけを大文字」にする場合には、PROPER関数を利用します。また、3つの関数による表記の統一は、全角・半角の違いを問わずに行われます。

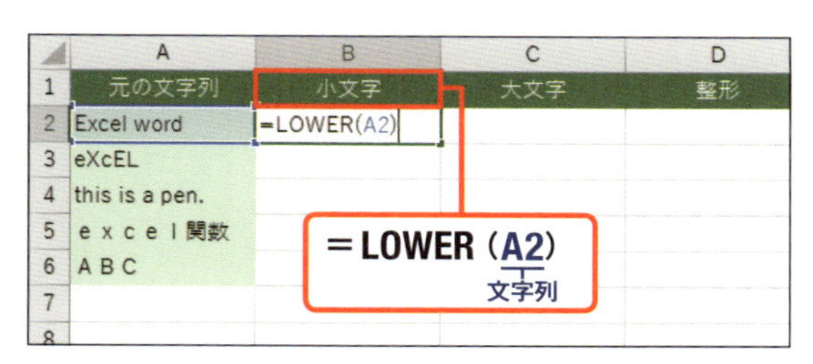

❶セルB2にLOWER関数を入力します。引数は、セルA2を指定します。

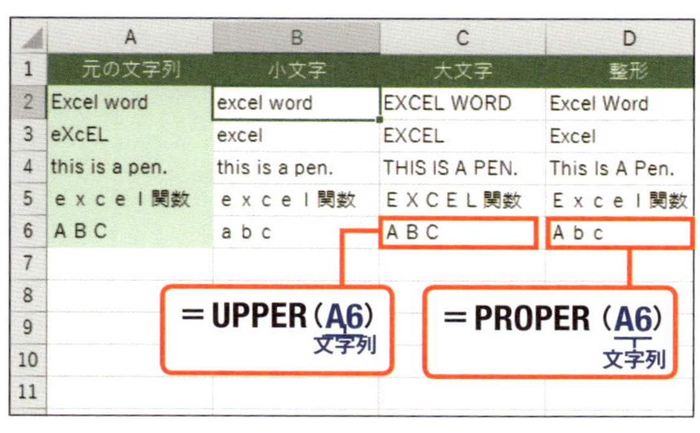

❷表記を小文字に統一できました。UPPER関数、PROPER関数を利用すると、「大文字」「単語の先頭だけ大文字」に表記を統一できます。

COLUMN

引数に文字列を指定するには

LOWER関数、UPPER関数、PROPER関数の引数にセル参照ではなく文字列を指定する場合は、「=LOWER("ABC")のように文字列を半角の二重引用符（"）で囲んで指定します。

COLUMN

関数と数式の簡易入力

Excelでは、ほかの表計算ソフトとの操作方法の互換性を保つための仕組みがいくつか用意されています。
そのうちの1つが、「『@』で入力を始めると、関数式とみなす」というルールです。たとえば、セルに「@su」まで入力すると、「SU」で始まる関数の一覧が入力候補として表示されます。

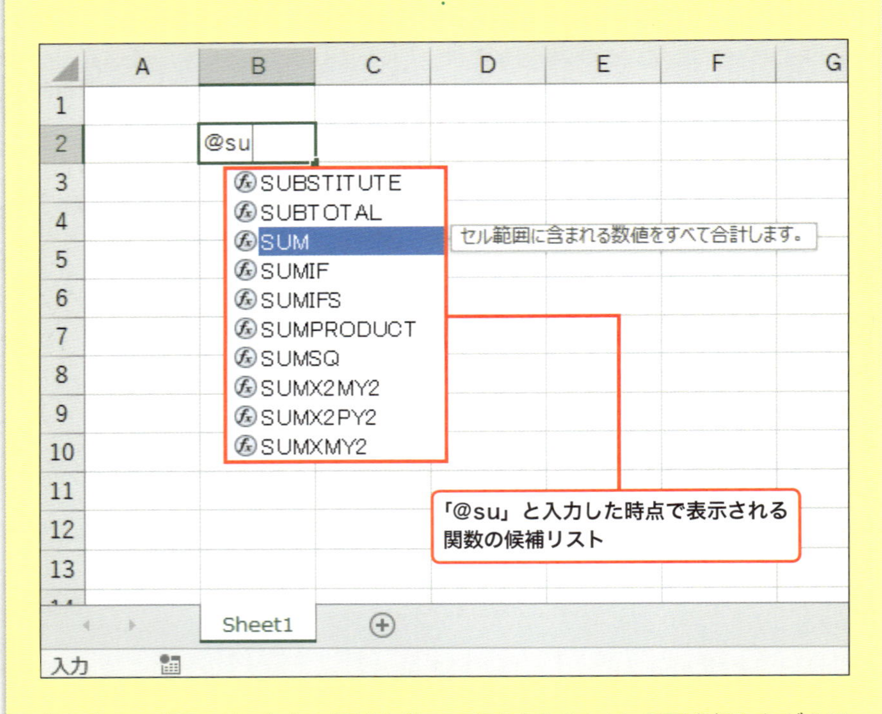

矢印キーの上下でリスト内の候補を選択し、Tabキーを押すと、「=SUM(」と、関数名と最初のカッコまでが入力されます。この状態で、セル範囲を指定し、「=SUM(A:A3」まで入力された時点で、Enterキーを押せば、関数の入力が完了します。
関数式に必要な、「=」や「(」、「)」を入力するためには、Shiftを押しながらほかのキーを押さなくてはならないため、少々手間がかかりますが、この方法を利用すれば、関数式を簡単に入力することができます。
なお、この機能を利用したい場合には、日本語入力をオフにした状態で「@」からの入力を始めてください。

第7章

データの抽出と集計

SECTION 120 抽出と集計

検索／行列関数の基礎

「検索／行列関数」とは、表の中から特定のデータを探して表示する関数です。「製品番号を入力して製品名や価格を表示する」といった、いわゆる「表引き」を行う際に使われます。ここでは検索／行列関数の基本的な使い方と用語を押さえておきましょう。

表引きとは

検索／行列関数を利用した「表引き」は、「売上表」などの大量のデータ入力に力を発揮します。売上表に商品名や価格を何度も入力するのは手間がかかるだけでなく、入力ミスによって正しく集計できなくなる恐れもあります。検索／行列関数を使えば、製品番号を入力するだけで、商品名や価格を自動的にセルに表示できます。
表形式で記述してあるデータの中から、目的のものを取り出す「表引き」を行う際の基本的な考え方は、

1. 検索対象の列（キー列）を決定
2. キー列の値を検索し目的のデータがある行を決定
3. 目的のデータを取り出す

という流れになります。キー列は、列方向（タテ方向）でなく、行方向（タテ方向）の場合もあります。
キー列のデータは、「ほかのデータと区別が付く、重複しない値」であるのが望ましいです。この「重複しない値」は、「一意（いちい）の値」や「ユニークな値」という呼び方をします。

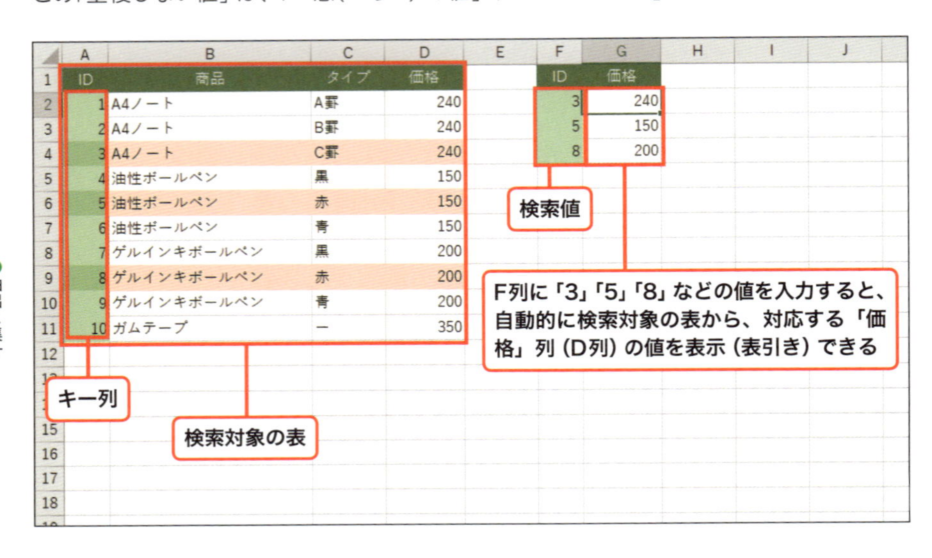

表引きのパターン3種類

表引きの対象となる表の形によって、利用する関数や組み合わせ方が変わります。典型的なものは、次に挙げる3パターンです。

左端、もしくは上端の行・列のデータを元に表引きする

表の先頭行／先頭列をキーに表引きしたい場合は、VLOOKUP関数(P.292参照) やHLOOKUP関数を利用します(P.306参照)。

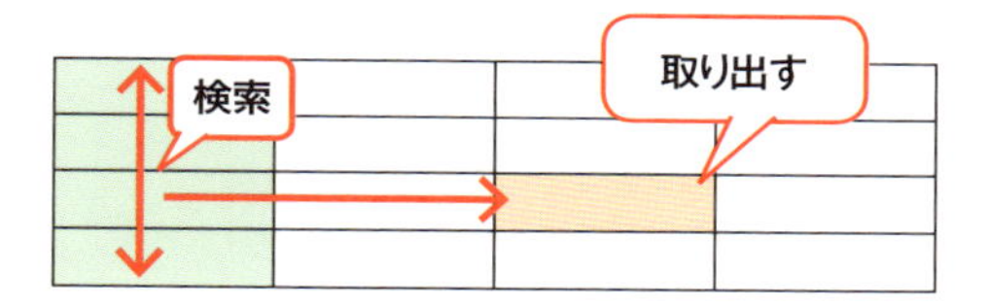

任意の行・列のデータを元に表引きする

先頭以外の任意の行／列をキーに表引きしたい場合は、INDEX関数とMATCH関数を組み合わせて利用します(P.316参照)。

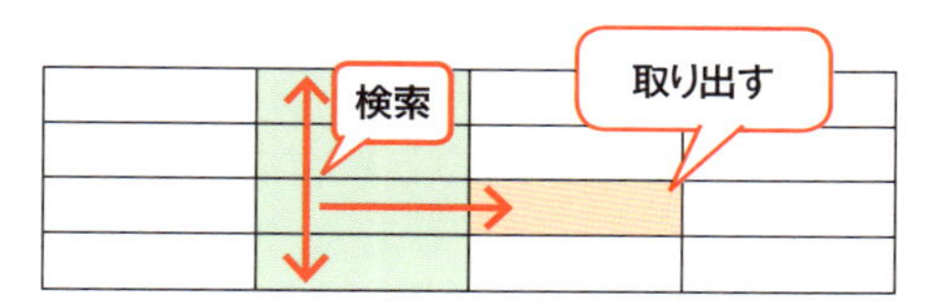

任意の行・列が交差する位置のデータを表引きする

表内の任意の行・列が交差する位置のデータを取り出すには、INDEX関数を利用します(P.314参照)。

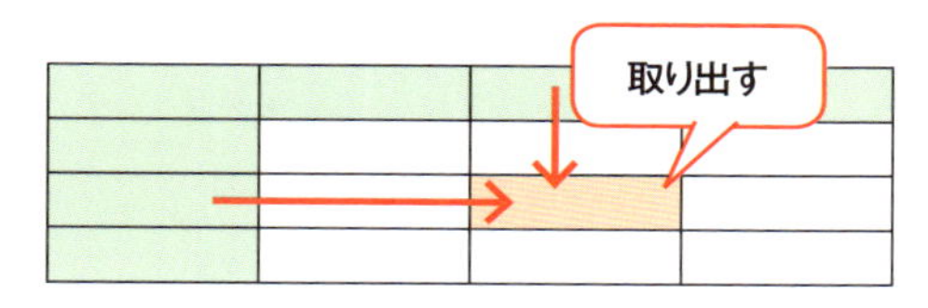

COLUMN

フィルター機能や条件付き書式機能との使い分け

関数を利用した表引きは、1つのセルに1つの値しか表示できません。「任意の値を持つデータすべてを見つけたい」というような場合には、フィルター機能や条件付き機能、ピボットテーブル機能などを利用しましょう。

対応バージョン 2016 2013 2010 2007

SECTION 121 抽出と集計

商品IDから価格を求める

VLOOKUP

表引きを行う際の基本的な関数がVLOOKUP関数です。まずは、任意の商品IDの価格を、一覧表から検索して表示する仕組みを作成してみましょう。

	A	B	C	D	E	F	G
1	ID	商品	タイプ	価格		商品ID「5」の価格	
2	1	A4ノート	A罫	240		150	
3	2	A4ノート	B罫	240			
4	3	A4ノート	C罫	240			
5	4	油性ボールペン	黒	150			
6	5	油性ボールペン	赤	150			
7	6	油性ボールペン	青	150			
8	7	ゲルインキボールペン	黒	200			
9	8	ゲルインキボールペン	赤	200			
10	9	ゲルインキボールペン	青	200			
11	10	ガムテープ	ー	350			
12							
13							
14							
15							

一覧表の中から、「ID」列の値が「5」の行の、「価格」列の値を、表引きして表示

書式 =VLOOKUP(検索値,範囲,列番号,[検索方法])

引数

検索値	必須	検索のキーとなる値やセル参照
範囲	必須	先頭列が検索用のキー列となっている表
列番号	必須	取り出したいデータの入力されている列番号
検索方法	任意	検索する際のルールを指定する真偽値

説明 VLOOKUP関数は、表形式でデータが入力されている、「範囲」のセル範囲の先頭列から、「検索値」の値を検索し、対応する「列番号」の値を取り出します。
「列番号」は、表内の先頭列が「1」となります。
「検索方法」には、2種類用意されている検索ルールのどちらを利用するかを、真偽値で指定します。TRUEは、「もっとも近い値(直近下位)」というルール、FALSEは「完全に一致する値」というルールとなります。省略した場合は、TRUEのルールが適用されます。

検索用の表を作成する

表引きを行うには、まず、元となる一覧表を作成します。この際、「どの行の値を表引きするのか」というキーとなる値を持つキー列を、いちばん先頭（左端）に用意しておきます。表引きを行いたいセルに、VLOOKUP関数を入力し、「検索値」と「範囲（用意した表のセル範囲）」を指定し、さらに、「対象行の何列目のデータを表引きするのか」を指定する「列番号」を指定し、最後に「検索方法」に「FALSE」を指定すれば完成です。サンプルでは、「ID」が「5」の行の、「4列目」つまり、「価格」の値を表引きしています。

	A	B	C	D	E	F	G	H	I
1	ID	商品	タイプ	価格		商品ID「5」の価格			
2	1	A4ノート	A罫	240		=VLOOKUP(5,A1:D11,4,FALSE)			
3	2	A4ノート	B罫	240					
4	3	A4ノート	C罫	240					
5	4	油性ボールペン	黒	150					
6	5	油性ボールペン	赤	150					
7	6	油性ボールペン	青	150					
8	7	ゲルインキボールペン	黒	200					
9	8	ゲルインキボールペン	赤	200					
10	9	ゲルインキボールペン	青	200					
11	10	ガムテープ	ー	350					
12									

=VLOOKUP(5,A1:D11,4,FALSE)
検索値 範囲 列番号 検索方法

❶ セルF2にVLOOKUP関数を入力します。「検索値」に「5」、「範囲」に「A1:D11」、「列番号」に「4」、「検索方法」に「FALSE」を指定します。

	A	B	C	D	E	F	G	H	I
1	ID	商品	タイプ	価格		商品ID「5」の価格			
2	1	A4ノート	A罫	240		150			
3	2	A4ノート	B罫	240					
4	3	A4ノート	C罫	240					
5	4	油性ボールペン	黒	150					
6	5	油性ボールペン	赤	150					
7	6	油性ボールペン	青	150					
8	7	ゲルインキボールペン	黒	200					
9	8	ゲルインキボールペン	赤	200					
10	9	ゲルインキボールペン	青	200					
11	10	ガムテープ	ー	350					
12									

❷「ID」列が「5」の行の、「価格」列の値を表引きできました。

COLUMN

異なる列の値を表引きしたい場合には

異なる列の値を表引きするには、3番目の引数「列番号」を変更します。サンプルの例では、「タイプ」列を表引きするには、「列番号」に「3」を指定します。結果は「赤」と表示されます。

検索値からデータを取り出す

前セクションで作成したVLOOKUP関数を使った表を改良し、任意のセルに商品IDを入力すると、対応した価格まで自動的に表示する仕組みを作成してみましょう。

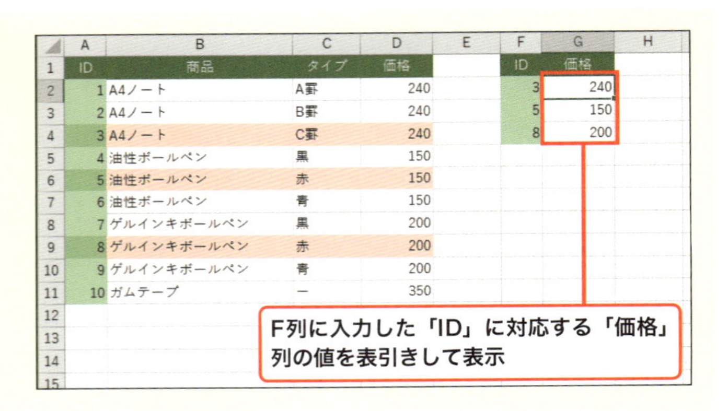

	A	B	C	D	E	F	G	H
1	ID	商品	タイプ	価格		ID	価格	
2	1	A4ノート	A罫	240		3	240	
3	2	A4ノート	B罫	240		5	150	
4	3	A4ノート	C罫	240		8	200	
5	4	油性ボールペン	黒	150				
6	5	油性ボールペン	赤	150				
7	6	油性ボールペン	青	150				
8	7	ゲルインキボールペン	黒	200				
9	8	ゲルインキボールペン	赤	200				
10	9	ゲルインキボールペン	青	200				
11	10	ガムテープ	―	350				
12								
13								
14								
15								

商品IDを入力すると対応する価格が表示されるようにする

P.292のサンプルでは、「商品ID」列が「5」の場合の表引きを行っていました。この「5」の部分に、別のセルへの参照を指定することで、任意のセルに入力された「商品ID」の値を表引きする仕組みを作成してみましょう。

E	F	G	H
	ID	価格	
	3	240	
	5	150	
	8	200	

→

E	F	G	H
	ID	価格	
	4	150	
	7	200	
	10	350	

F列の値(ID)を変更すると、G列の値(価格)も自動的に対応する値に変更される仕組みを作成する

» セルに入力された商品IDから価格を求める

F列に入力した「商品ID」を表引きして、対応する「価格」を、G列に表示してみましょう。VLOOKUP関数の1番目の引数「検索値」に、F列のセルを指定して作成すれば完成です。また、引数「範囲」を絶対参照で指定しておくと、関数式をコピーした際でも、表の範囲がずれずに再利用できます。

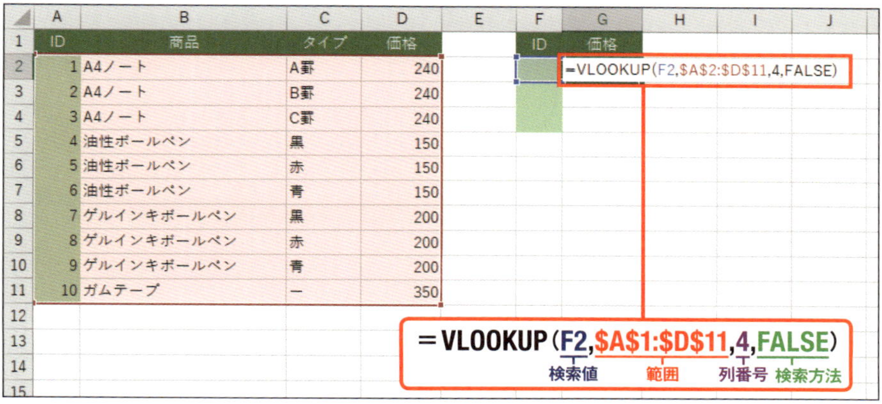

	A	B	C	D	E	F	G	H	I	J
1	ID	商品	タイプ	価格		ID	価格			
2	1	A4ノート	A罫	240			=VLOOKUP(F2,$A$2:$D$11,4,FALSE)			
3	2	A4ノート	B罫	240						
4	3	A4ノート	C罫	240						
5	4	油性ボールペン	黒	150						
6	5	油性ボールペン	赤	150						
7	6	油性ボールペン	青	150						
8	7	ゲルインキボールペン	黒	200						
9	8	ゲルインキボールペン	赤	200						
10	9	ゲルインキボールペン	青	200						
11	10	ガムテープ	ー	350						

=VLOOKUP(F2,$A$1:$D$11,4,FALSE)

検索値　範囲　列番号　検索方法

❶ セルG2にVLOOKUP関数を入力します。「検索値」に「セルF2」、「範囲」に「セルA1:D11」、「列番号」に「4」、「検索方法」に「FALSE」を指定します。

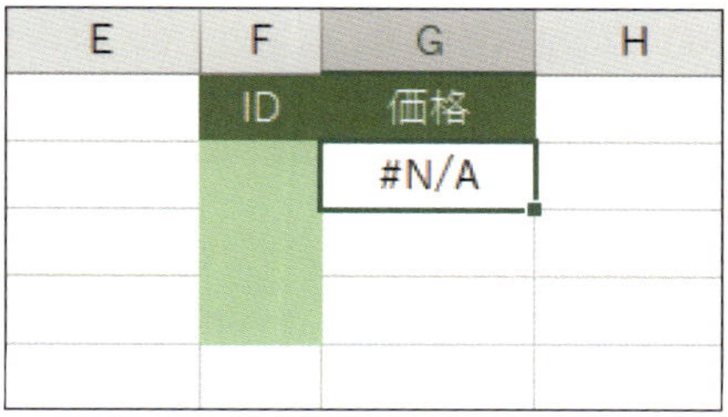

E	F	G	H
	ID	価格	
		#N/A	

E	F	G	H
	ID	価格	
	5	150	
	7	200	
	10	350	

❷ 関数入力直後には、エラー値「#N/A」が表示されます。
これは、セルF2の値が空白のためです。

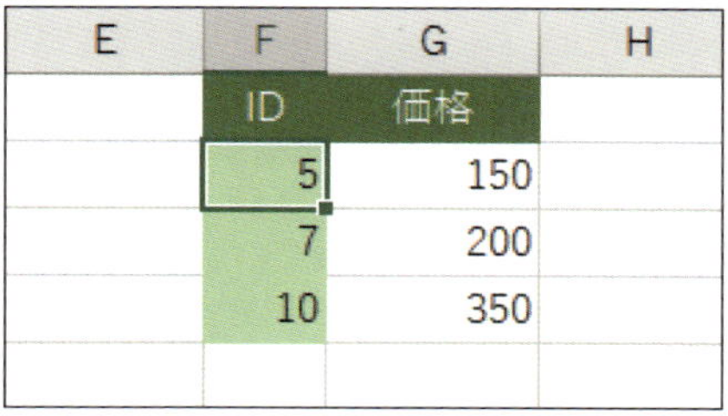

❸ あらためてセルF2に「5」を入力すると、入力したIDに対応する「価格」の値が表示されます。IDを入力するだけで、価格まで表示する仕組みが作成できました。

COLUMN

エラー値「#N/A」

エラー値「# N/A」は、表引きを行う際に「検索値が元の表に見つからない」場合に表示されるエラーです。「検索値」となるセルが空白の場合でも、このエラーを表示させたくない場合には、P.200のテクニックを利用します。

SECTION 123 抽出と集計

VLOOKUP

表の先頭列を検索して データを取り出す

VLOOKUP関数を利用して、「商品IDを入力すると、対応する商品名や単価を自動的に表引き入力する」伝票画面を作成してみましょう。表引きを行う表は、関数を入力するシートとは別のシートの表を利用することもできます。

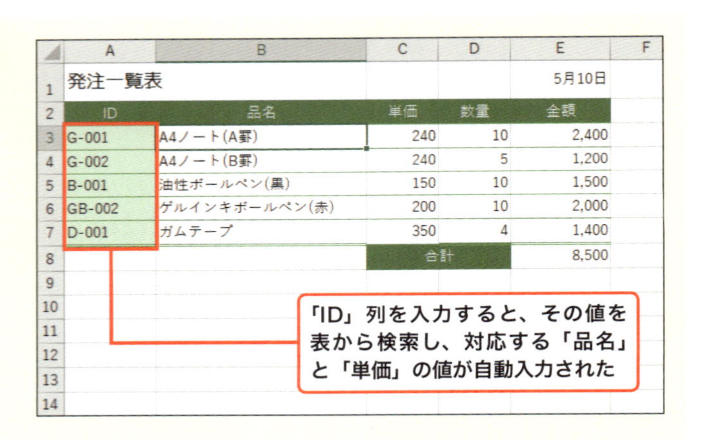

4つ目の引数「検索方法」には「FALSE」を指定する

VLOOKUP関数を利用して、商品ID等を利用した表引きを行う際には、4つ目の引数「検索方法」に「FALSE」を指定します。これは、「検索値と完全に一致する行を検索する」というルールでの検索になります。
なお、「TRUE」を指定した場合には、「検索値に最も近い、検索値以下の値」というルールで検索を行います。こちらのルールを指定する際には、キー列の値を昇順（小さい順）に並べ替えておく必要があります。

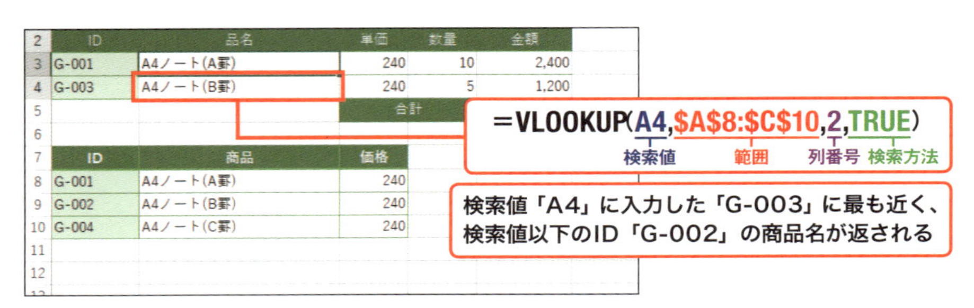

商品IDを入力するだけで商品名と価格も表引き入力する

A列に入力されている商品IDに対応する、品名と単価を自動表示してみましょう。VLOOKUP関数を利用すると、あらかじめ作成しておいた表の先頭列からA列の値を検索し、対応する列の値を取り出せます。

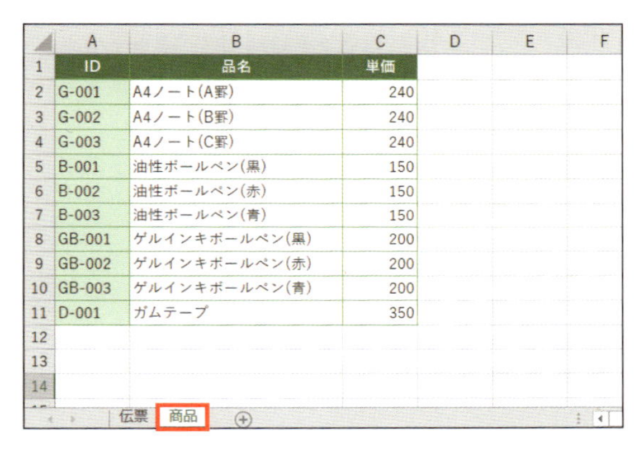

ID	品名	単価
G-001	A4ノート(A罫)	240
G-002	A4ノート(B罫)	240
G-003	A4ノート(C罫)	240
B-001	油性ボールペン(黒)	150
B-002	油性ボールペン(赤)	150
B-003	油性ボールペン(青)	150
GB-001	ゲルインキボールペン(黒)	200
GB-002	ゲルインキボールペン(赤)	200
GB-003	ゲルインキボールペン(青)	200
D-001	ガムテープ	350

❶表引きの元となる表を作成します。サンプルでは、「商品」シートのセル範囲A1:C11に作成しています。
この際、検索のキーとなる値を持つ列を、先頭列（ここではA列）に用意しておきます。

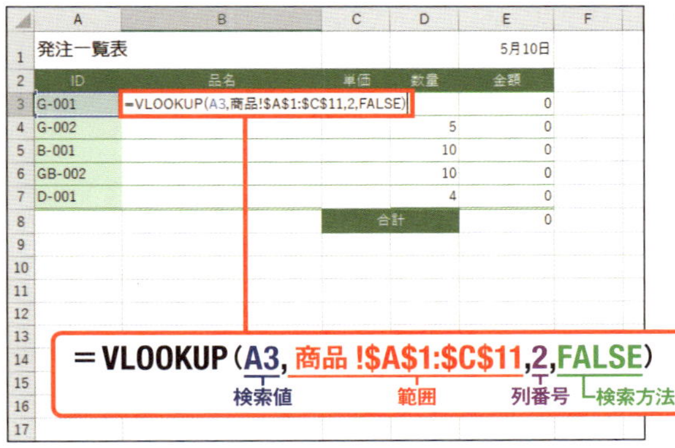

発注一覧表　5月10日

ID	品名	単価	数量	金額
G-001	=VLOOKUP(A3,商品!$A$1:$C$11,2,FALSE)			0
G-002			5	0
B-001			10	0
GB-002			10	0
D-001			4	0
		合計		0

❷「伝票」シートのセルB3にVLOOKUP関数を入力します。検索値はセルA3、範囲は手順❶で用意した表のセル範囲を絶対参照で指定し、列番号は「2」、検索方法は「FALSE」を指定します。
ここで「FALSE」を指定しないと意図した結果になりません。

発注一覧表　5月

ID	品名	単価	数量	金額
G-001	A4ノート(A罫)	240	10	
G-002	A4ノート(B罫)	240	5	
B-001	油性ボールペン(黒)	150	10	
GB-002	ゲルインキボールペン(赤)	200	10	
D-001	ガムテープ	350	4	
		合計		

=VLOOKUP(A3,商品!$A$1:$C$11,3,FALSE)
検索値　範囲　列番号　検索方法

❸表からセルA3に入力された「ID」列の値に対応する、「2」列目の値（「商品」シートのB列の値）を取り出せました。
さらに、C列に、「3」列目の「単価」が取り出せるように、手順❷の式の列番号のみを「3」に変更した式を入力すれば完成です。

SECTION 124 抽出と集計

検索条件に近いデータを取り出す

VLOOKUP

「考課点が80～100の間であれば、対応する『A』という値を取り出したい」というように、検索値に幅を持たせて表引きをしたい場合には、VLOOKUP関数の検索設定を「直近下位」ルールに設定した上で利用します。

ポイント

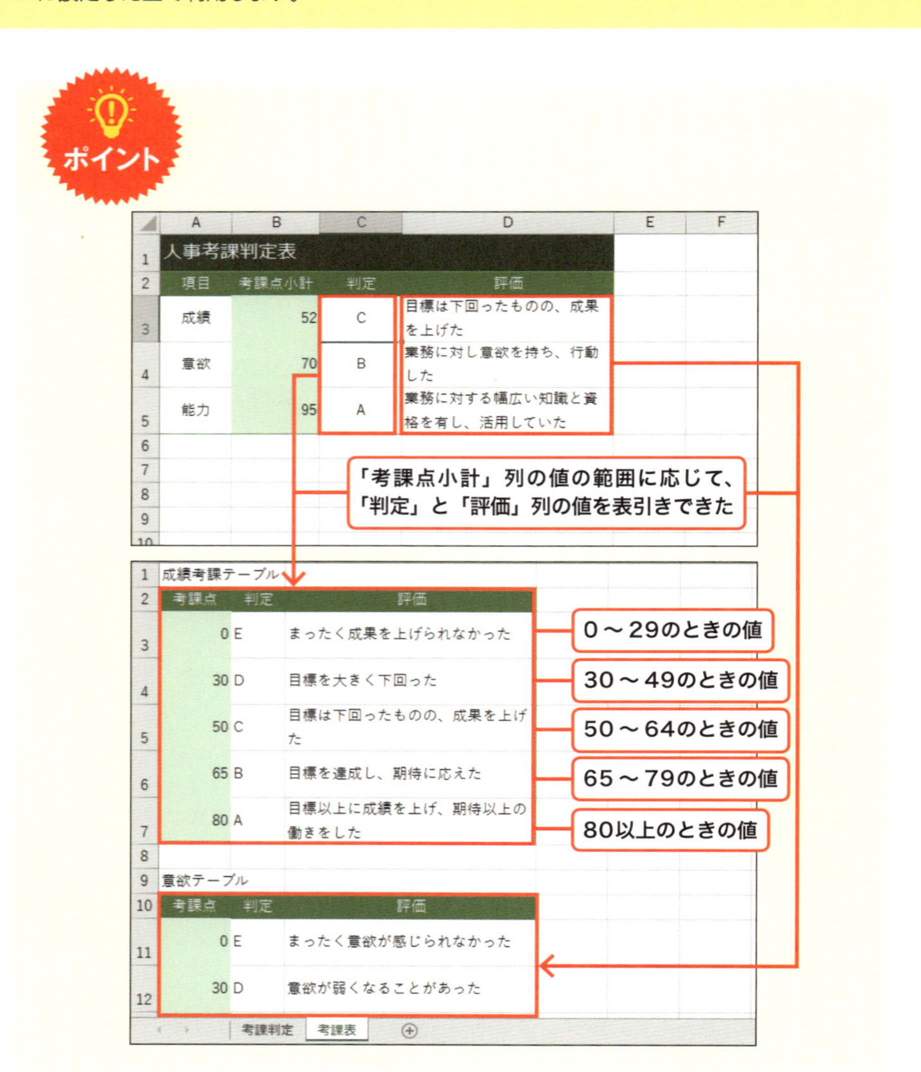

表引き用の表を作成する際のコツ

直近下位ルールで表引きを行う表を作成する際に、慣れないうちは「列の最小値」「列の最大値」の2列を用意し、対応する範囲を整理しながら作表するのがおすすめです。
また、「最大値」の列は、表引きの際には不要ですが、値の範囲を把握しやすくするために残しておくのもよいでしょう。

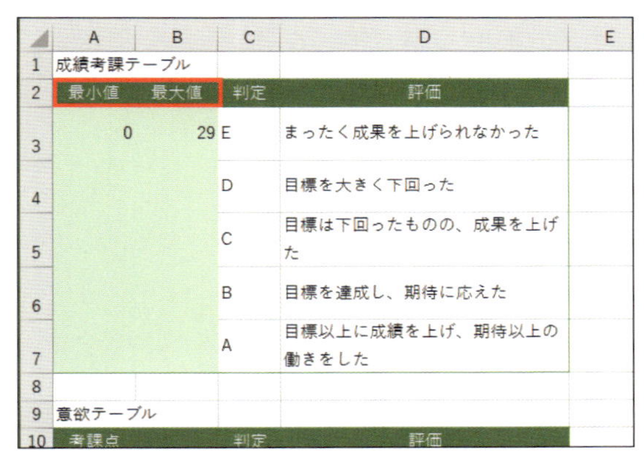

	A	B	C	D	E
1	成績考課テーブル				
2	最小値	最大値	判定	評価	
3	0	29	E	まったく成果を上げられなかった	
4			D	目標を大きく下回った	
5			C	目標は下回ったものの、成果を上げた	
6			B	目標を達成し、期待に応えた	
7			A	目標以上に成績を上げ、期待以上の働きをした	
8					
9	意欲テーブル				
10	考課点		判定	評価	

❶表示したい値を整理して作表し、先頭2列に「最小値」「最大値」列を作成します。
その列の範囲としたい値の最小値と最大値を整理しながら入力していきましょう。

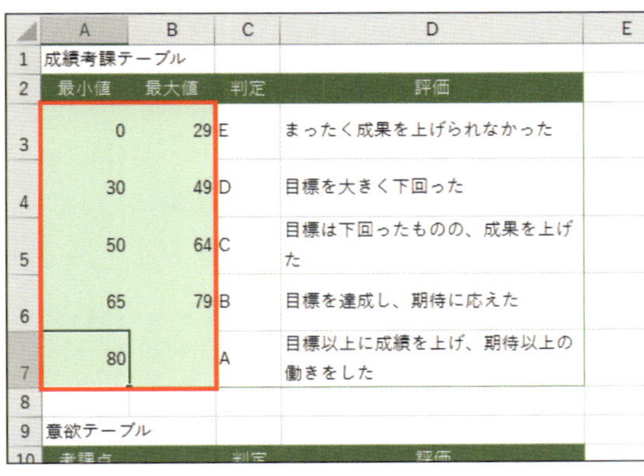

	A	B	C	D	E
1	成績考課テーブル				
2	最小値	最大値	判定	評価	
3	0	29	E	まったく成果を上げられなかった	
4	30	49	D	目標を大きく下回った	
5	50	64	C	目標は下回ったものの、成果を上げた	
6	65	79	B	目標を達成し、期待に応えた	
7	80		A	目標以上に成績を上げ、期待以上の働きをした	
8					
9	意欲テーブル				
10	考課点		判定	評価	

❷すべての行の最小値を入力できたら完成です。「直近下位」ルールでVLOOKUP関数を利用する場合には、先頭列である「最小値」列の値をキーに検索が行われます。

COLUMN

検索列に数値以外の値を使う

ここでは単純な数値を表引きの用のキー列として使っていますが、日付や時刻を表すシリアル値をキー列に用いることも可能です。VLOOKUP関数の引数「検索方法」にTRUEを指定すると、数値のときと同じように、検索値以下の値でいちばん近いものを抽出してくれます。
なお、文字列をキー列に使う場合は、VLOOKUP関数の引数「検索方法」は必ずFALSEに設定しておきましょう。意図しない結果が表示されることがあります。文字列で近似値を検索したいときは、ワイルドカードを組み合わせます（P.250参照）。

考課点に応じた5段階の結果の表示を自動化する

VLOOKUP関数を利用して、B列に入力されている考課点を元に、5段階の評価結果を表示してみましょう。VLOOKUP関数(P.292参照)の、4つ目の引数を「TRUE」に指定することで、「直近下位(検索値以下の値でいちばん近いもの)」ルールで検索を行うことができます。

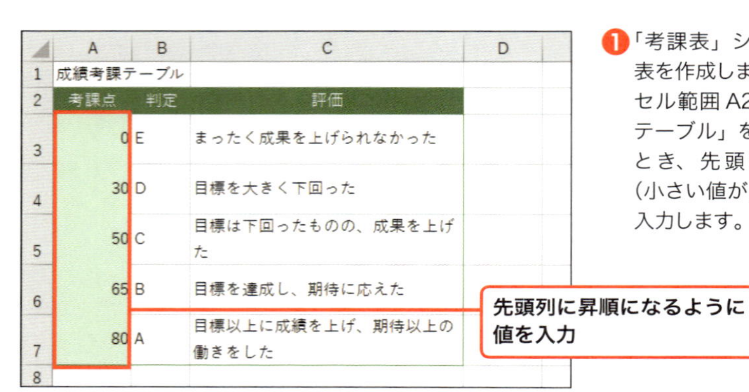

成績考課テーブル

考課点	判定	評価
0	E	まったく成果を上げられなかった
30	D	目標を大きく下回った
50	C	目標は下回ったものの、成果を上げた
65	B	目標を達成し、期待に応えた
80	A	目標以上に成績を上げ、期待以上の働きをした

❶「考課表」シートに表引き用の表を作成します。
セル範囲A2:C7に「成績考課テーブル」を作成します。このとき、先頭列の値は、「昇順(小さい値が上)」になるように入力します。

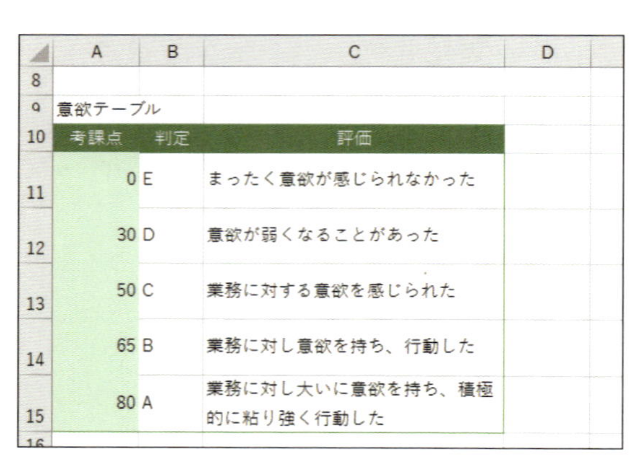

意欲テーブル

考課点	判定	評価
0	E	まったく意欲が感じられなかった
30	D	意欲が弱くなることがあった
50	C	業務に対する意欲を感じられた
65	B	業務に対し意欲を持ち、行動した
80	A	業務に対し大いに意欲を持ち、積極的に粘り強く行動した

❷手順❶と同様に、セル範囲A10:C15に「意欲テーブル」を作成します。

能力テーブル

考課点	判定	評価
0	E	知識、学習意欲共に不足していた
30	D	業務に関する知識が不足していた
50	C	業務に対する知識を積極的に学習しようと努力していた
75	B	業務に対する知識を有し、活用していた
90	A	業務に対する幅広い知識と資格を有し、活用していた

❸手順❶と同様に、セル範囲A18:C23に「能力テーブル」を作成します。

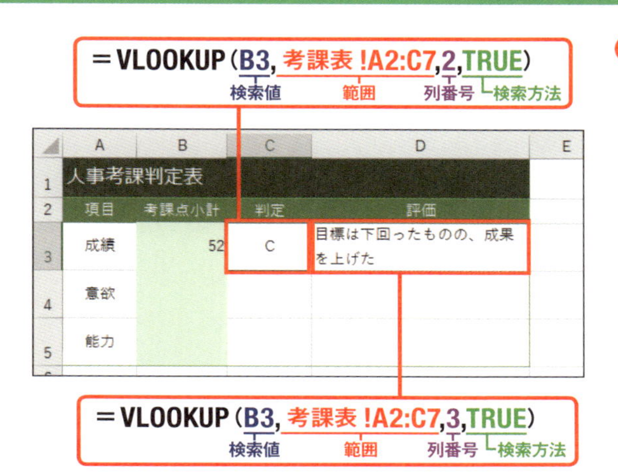

❹「考課判定」シートのセルC3とセルD3にVLOOKUP関数を入力します。このとき「範囲」には別のシートを指定するために「考課表！A2:C7」と指定します。4つ目の引数を「TRUE」に指定することで、「直近下位」ルールで検索を行い、対応する行の2～3列目の値である「判定」と「評価」の値を表引きできました。「52」は「50～64のときの値」なのでB列の値の「C」が表示されています。

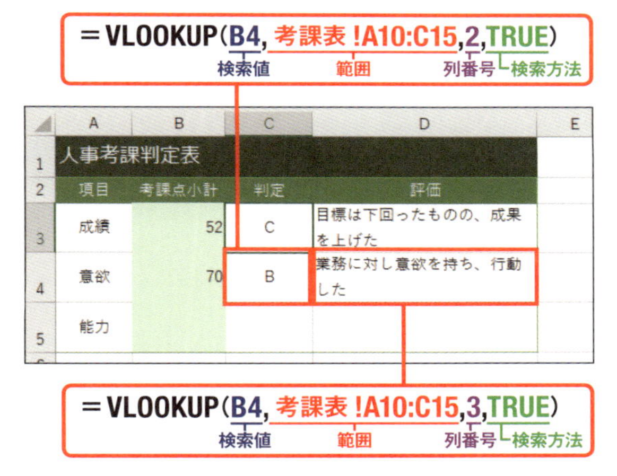

❺続けてセルC4とセルD4にVLOOKUP関数を入力します。このとき「範囲」には「考課表！A10:C15」と指定します。4つ目の引数を「TRUE」に指定することで、「直近下位」ルールで検索を行い、対応する行の2～3列目の値である「判定」と「評価」の値を表引きできました。「70」は「65～79のときの値」なのでB列の値の「B」が表示されています。

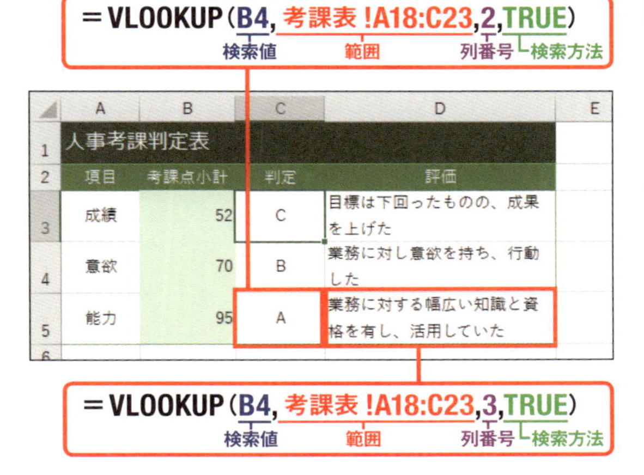

❻続けてセルC5とセルD5にVLOOKUP関数を入力します。このとき「範囲」には「考課表！A18:C23」と指定します。4つ目の引数を「TRUE」に指定することで、「直近下位」ルールで検索を行い、対応する行の2～3列目の値である「判定」と「評価」の値を表引きできました。「95」は「90以上のときの値」なのでB列の値の「A」が表示されています。

対応バージョン 2016 2013 2010 2007

SECTION
125 複数の表を切り替えて表引きする

抽出と集計

VLOOKUP
INDIRECT

通常用とセール用の商品リストを切り替えて表引きしたい、というような場合には、VLOOKUP関数（P.292参照）とINDIRECT関数を組み合わせて利用します。INDIRECT関数は、引数に指定した文字列をセル参照として解釈します。

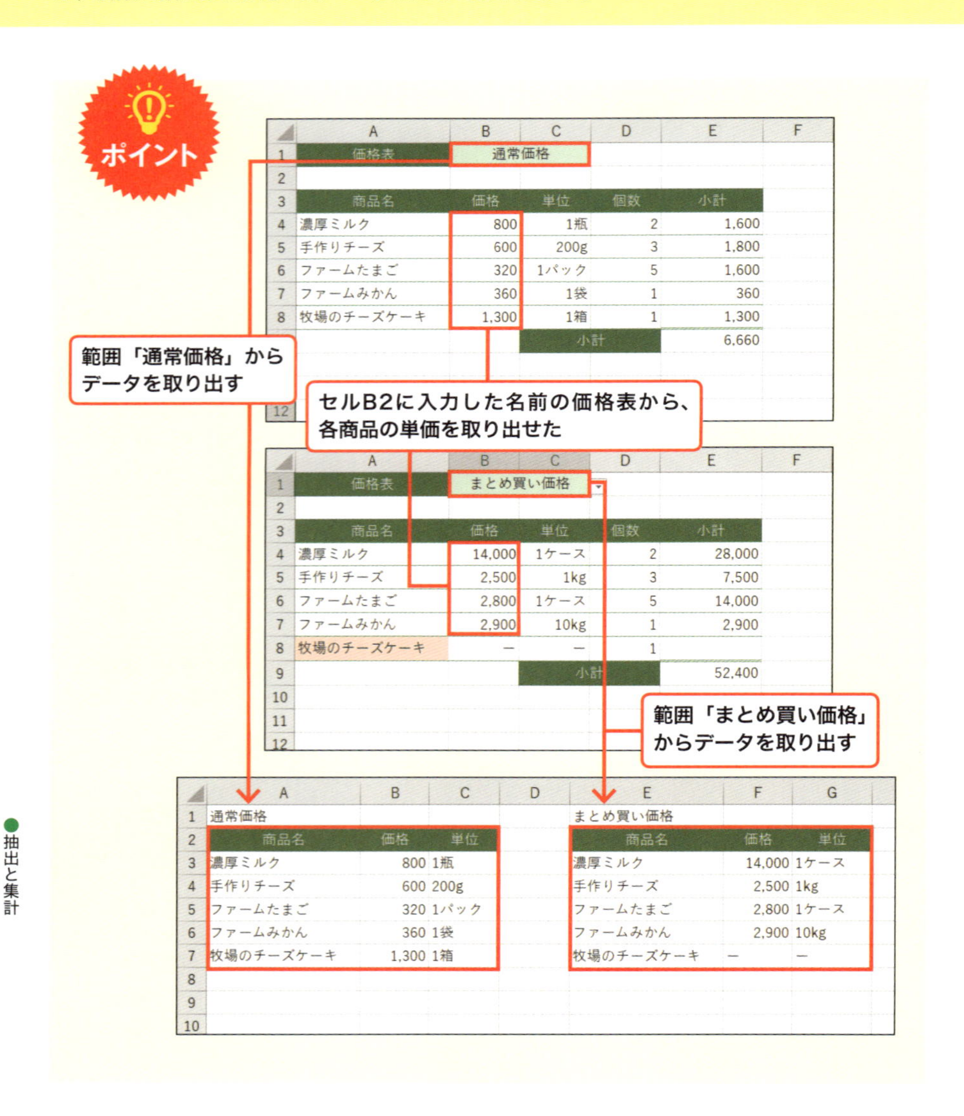

 =INDIRECT(参照文字列,[参照形式])

引数		
参照文字列		参照先のセル範囲を表す文字列
参照形式		A1参照形式かR1C1参照形式かを指定する真偽値

 INDIRECT関数は、「参照文字列」をセルへの参照と解釈して、参照先のセルの値を返します。「参照形式」は省略するか、「TRUE」を指定した場合には、A1参照形式として解釈します。「FALSE」を指定した場合には、R1C1参照形式として解釈します。

» INDIRECT関数の仕組みを確認する

まずはINDIRECT関数がどのように動作するか見ていきましょう。下表の「INDIRECT確認」シートには、C列にセル参照の文字列、D列にINDIRECT関数を利用した式が入力されています。この式は、C列のセルに記載されている文字列を参照と解釈して、参照先のセルの値を結果として返します。SUM関数の引数にINDIRECT関数を指定すると、文字列をセル範囲の参照に変換して合計を求めます。

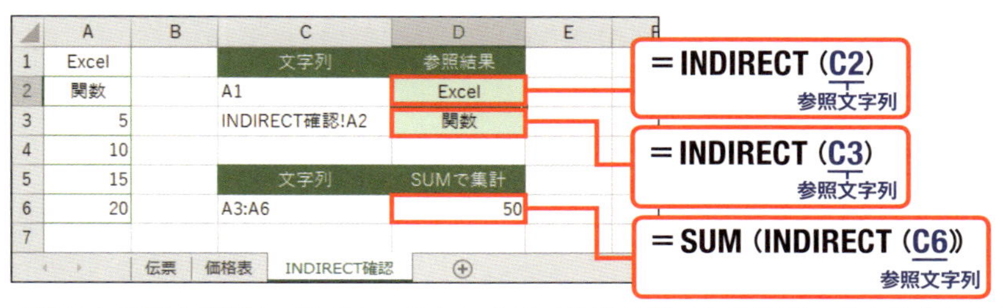

C列の文字列を変更してみると、それに応じて参照結果であるD列の値も変化します。このように、INDIRECT関数を利用すると、関数式を変更することなく、参照するセルやセル範囲を、ほかのセルに記述してある値で指定可能となります。

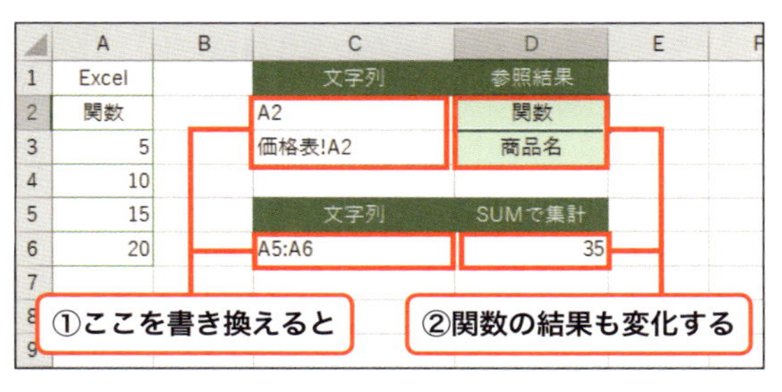

この仕組みを利用すると、「ほかのセルに入力した値や計算結果に応じて、参照するセル範囲を自動的に切り替える仕組み」が作成できます。

VLOOKUP関数に利用する

VLOOKUP関数で参照する表を、セルの値によって切り替える仕組みを作成してみましょう。「価格表」シートのセル範囲A2:C7と、セル範囲E2:G7には、2種類の価格表が入力されています。この2つの表を、「伝票」シートのセルB2に入力された値を元に切り替えるには、INDIRECT関数を組み合わせて利用します。

	A	B	C	D	E	F	G
1	通常価格				まとめ買い価格		
2	商品名	価格	単位		商品名	価格	単位
3	濃厚ミルク	800	1瓶		濃厚ミルク	14,000	1ケース
4	手作りチーズ	600	200g		手作りチーズ	2,500	1kg
5	ファームたまご	320	1パック		ファームたまご	2,800	1ケース
6	ファームみかん	360	1袋		ファームみかん	2,900	10kg
7	牧場のチーズケーキ	1,300	1箱		牧場のチーズケーキ	ー	ー
8							

伝票 / 価格表 / INDIRECT確認

❶ 2種類の表引き用の表を用意します。

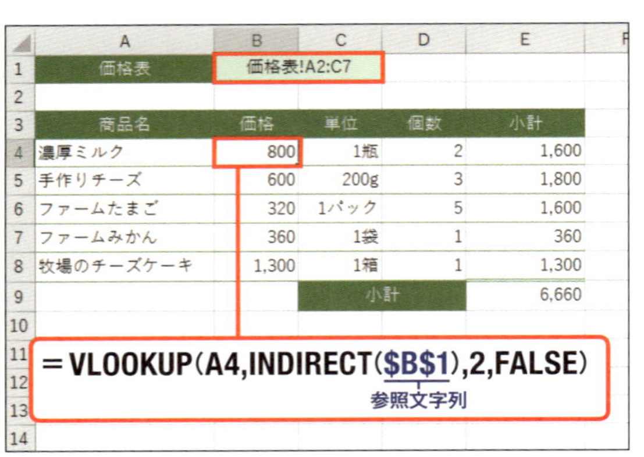

	A	B	C	D	E
1	価格表	価格表!A2:C7			
2					
3	商品名	価格	単位	個数	小計
4	濃厚ミルク	800	1瓶	2	1,600
5	手作りチーズ	600	200g	3	1,800
6	ファームたまご	320	1パック	5	1,600
7	ファームみかん	360	1袋	1	360
8	牧場のチーズケーキ	1,300	1箱	1	1,300
9			小計		6,660

❷「伝票」シートのセルB2に「価格表」シートの通常価格の表のセル範囲A2:C7を入力します。「伝票」シートのセルB4にVLOOKUP関数とINDIRECT関数を組み合わせた式を入力します。
表引きを行う際のセル範囲を、セルB2の値を元に決定する式が作成できました。

	A	B	C	D	E
1	価格表	価格表!E2:G7			
2					
3	商品名	価格	単位	個数	小計
4	濃厚ミルク	14,000	1ケース	2	28,000
5	手作りチーズ	2,500	1kg	3	7,500
6	ファームたまご	2,800	1ケース	5	14,000
7	ファームみかん	2,900	10kg	1	2,900
8	牧場のチーズケーキ	ー	ー	1	
9			小計		52,400
10					
11					
12					
13					

❸「伝票」シートのセルB2に「価格表」シートのまとめ買い伝票の表のセル範囲E2:G7を入力します。セルB2の値を変更すると、自動的に表引きするセル範囲も変更される仕組みの完成です。

名前付きセル範囲機能と組み合わせる

表引きするセル範囲を入力する際には、「名前付きセル範囲」機能と組み合わせると、わかりやすく、入力しやすい名前でセルを扱えます。下表では、2つの表のセル範囲に、「通常価格」「まとめ買い価格」と名前を付け、その名前をセルB2に入力することで表を切り替えています。

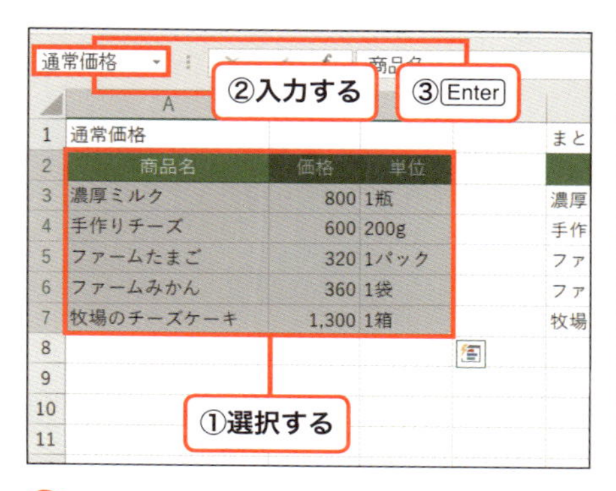

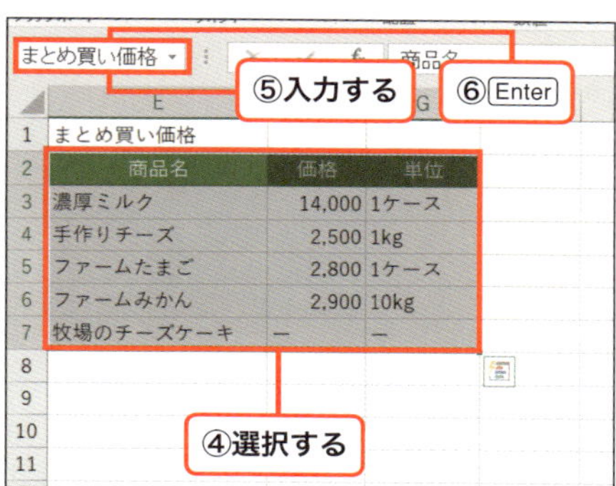

❶ 2つの表のセル範囲に、それぞれ「通常価格」「まとめ買い価格」と名前を付けます。

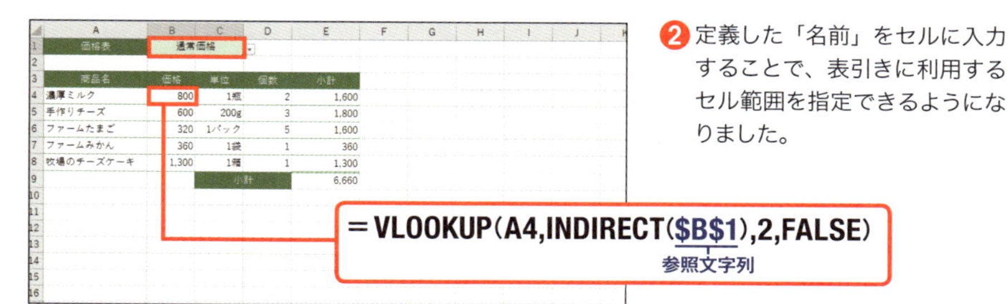

❷ 定義した「名前」をセルに入力することで、表引きに利用するセル範囲を指定できるようになりました。

COLUMN

「入力規則」機能でリスト選択

ここで作ったサンプルに「入力規則」機能を組み合わせると、セル範囲の名前をリストから切り替えられるようになります。入力規則を設定するには、入力規則を指定するセル（ここではセルB2）を選択し、リボンの<データ>タブで<データの入力規則>をクリックします。ダイアログボックスの「設定」タブの「入力値の種類」で「リスト」を選択し、「元の値」にプルダウンメニューに表示する項目を入力します。各項目の間には半角カンマ「,」を挿入します。

HLOOKUP

SECTION 126 抽出と集計

表の先頭行を検索してデータを取り出す

表の先頭行の値を検索し、ほかの行に入力されているデータを取り出すには、HLOOKUP関数を利用します。検索方向が行か列かの違いはありますが、考え方や使い方はVLOOKUP関数とほとんど同じです。

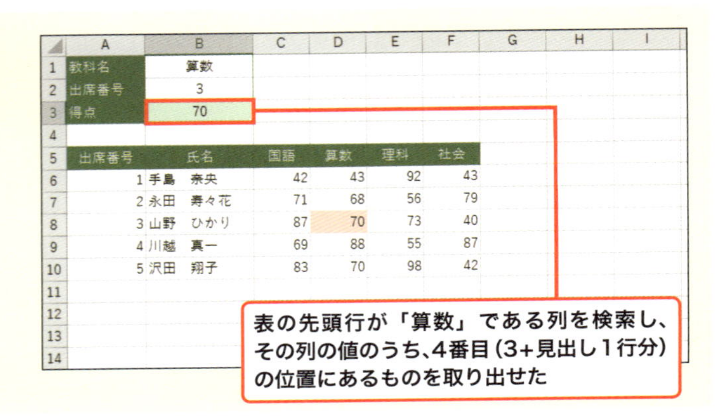

書式 =HLOOKUP(検索値,範囲,行番号,[検索方法])

引数

引数		説明
検索値	必須	検索のキーとなる値やセル参照
範囲	必須	先頭行が検索用のキー行となっている表
行番号	必須	取り出したいデータの入力されている行番号
検索方法	任意	検索する際のルールを指定する真偽値

説明 HLOOKUP関数は、表形式でデータが入力されている、「範囲」のセル範囲の先頭行から、「検索値」の値を検索し、対応する「行番号」の値を取り出します。
「行番号」は、表内の先頭行が「1」となります。
「検索方法」には、2種類用意されいる検索ルールのどちらを利用するかを、真偽値で指定します。TRUEは、「もっとも近い値（直近下位）」というルール、FALSEは「完全に一致する値」というルールとなります。省略した場合は、TRUEのルールが適用されます。

出席番号が「3」の生徒の「算数」の値を取得する

列見出しで検索して、指定した表内の行の値を取り出すには、HLOOKUP関数を利用します。下表では、出席番号が「3」の生徒の「算数」の成績を求めています。「範囲」として成績が入力されている表のセル範囲A5:F10を指定し、見出し行(表の1列目)に含まれる「検索値」(ここでは「算数」)で検索して、表内の4行目の値を取り出しています。

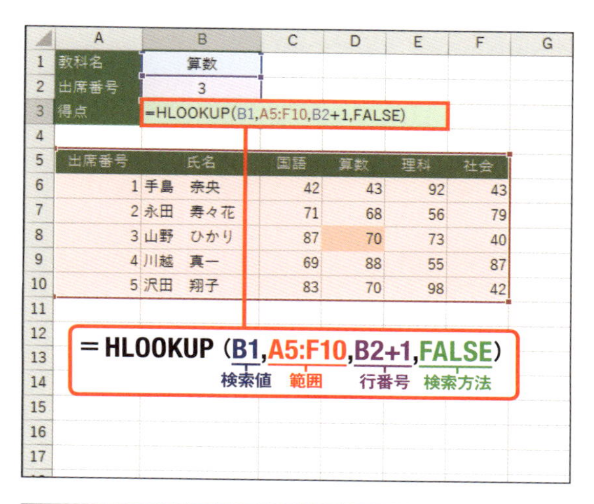

❶ セルB3にHLOOKUP関数を入力します。検索値はセルB1、範囲はA5:F10、行番号は、セルB2の値に見出しの1行分を加えた値、検索方法は「完全一致」ルールを指定します。

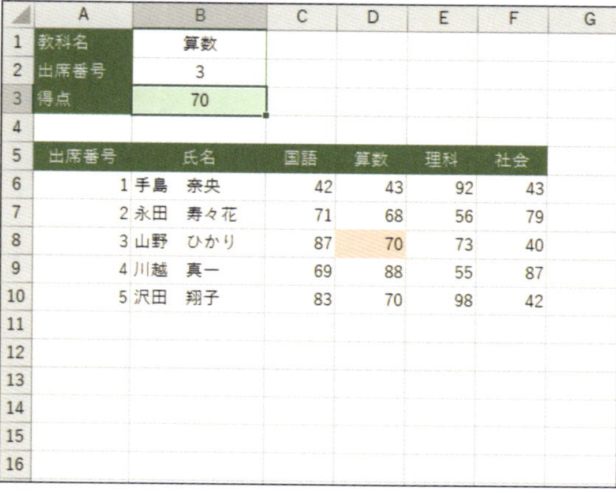

❷ 表内から、「算数」列の3番目の値(見出しを含めて4行目の値)を取り出すことができました。

MEMO 得点の表示と切り替え

教科名が入力されているセルB1に「国語」、「算数」、「理科」、「社会」をそれぞれ入力すると、得点が表示されます。また、出席番号が入力されているセルB2に「1」から「5」の数値を入力すると、得点が切り替わります。

COLUMN

行検索ならHLOOKUP、列検索ならVLOOKUP

HLOOKUP関数では先頭行の値を検索しますが、先頭列を検索したい場合には、VLOOKUP関数(P.292参照)を利用します。

VLOOKUP

先頭の文字が一致するデータを表から検索する

VLOOKUP関数（P.292参照）を利用した表引きの検索値に、ワイルドカードを使用すると、「先頭の文字が一致するデータを表から検索する」といったあいまいな条件での検索も可能です。ただし、一致するものが複数ある場合は先頭のものしか表示されません。

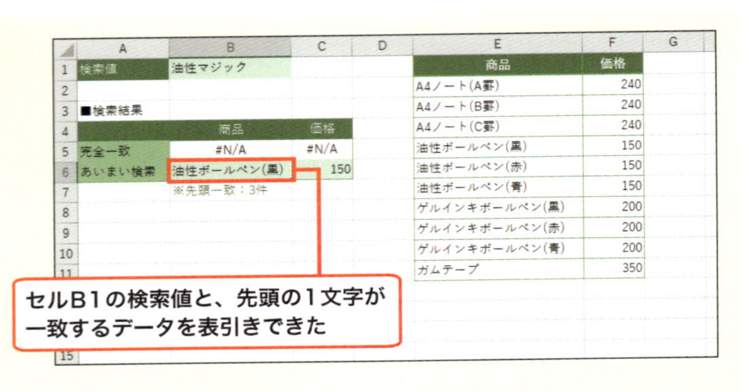

≫ ワイルドカードを利用して表引き用の検索値を作成する

検索値の1文字目の値が一致するデータを表引きしてみましょう。セルB1の値の1文字目をLEFT関数（P.266参照）で取り出し、「任意の文字列」を表すワイルドカードである「*（アスタリスク）」と連結した値を検索値に指定して、VLOOKUP関数を利用すれば完成です。

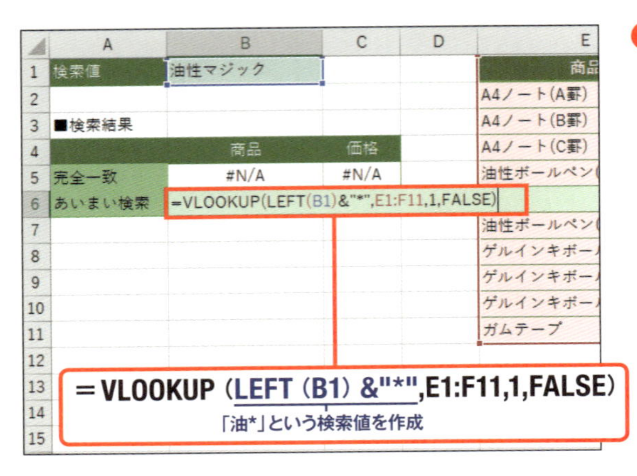

❶ セルB6にVLOOKUP関数を入力します。検索値は、LEFT関数でセルB1の1文字目を取り出し、さらに「*」を付け加えた値を指定します。

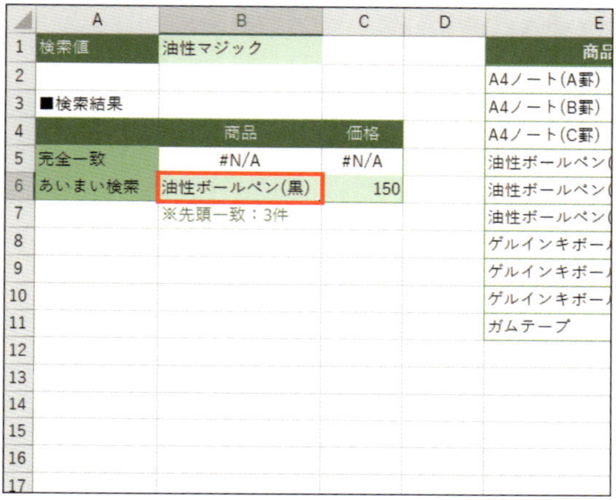

	A	B	C	D	E
1	検索値	油性マジック			商品
2					A4ノート(A罫)
3	■検索結果				A4ノート(B罫)
4		商品	価格		A4ノート(C罫)
5	完全一致	#N/A	#N/A		油性ボールペン(
6	あいまい検索	油性ボールペン(黒)	150		油性ボールペン(
7		※先頭一致：3件			油性ボールペン(
8					ゲルインキボー
9					ゲルインキボー
10					ゲルインキボー
11					ガムテープ
12					
13					
14					
15					
16					
17					

❷セルB1と先頭の文字が一致するデータを表引きできました。検索値を工夫することで、「先頭2文字一致」「検索値を含む」というようなデータも表引きが可能です。

検索値を含むデータを検索する

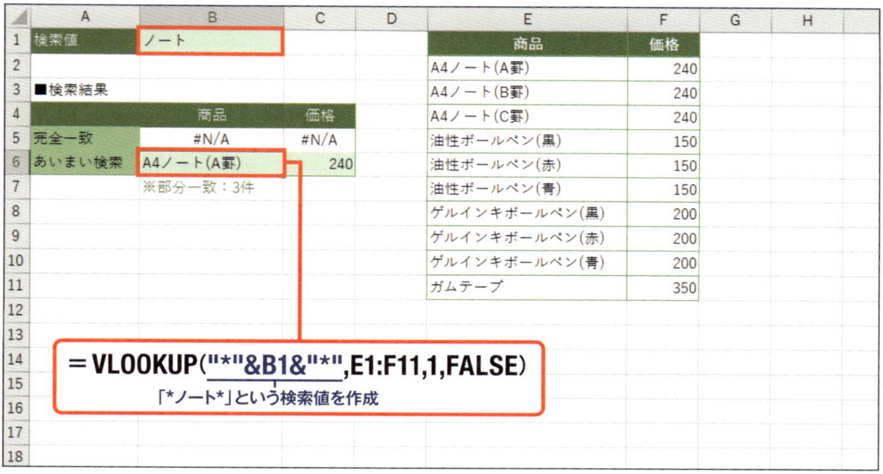

	A	B	C	D	E	F	G	H
1	検索値	ノート			商品	価格		
2					A4ノート(A罫)	240		
3	■検索結果				A4ノート(B罫)	240		
4		商品	価格		A4ノート(C罫)	240		
5	完全一致	#N/A	#N/A		油性ボールペン(黒)	150		
6	あいまい検索	A4ノート(A罫)	240		油性ボールペン(赤)	150		
7		※部分一致：3件			油性ボールペン(青)	150		
8					ゲルインキボールペン(黒)	200		
9					ゲルインキボールペン(赤)	200		
10					ゲルインキボールペン(青)	200		
11					ガムテープ	350		
12								
13								
14								
15								
16								
17								
18								

=VLOOKUP("*"&B1&"*",E1:F11,1,FALSE)

「*ノート*」という検索値を作成

❶VLOOKUP関数の引数「検索値」に、セルB1の値の前後に「*」を連結した文字列を指定すると、セルB1の文字を文字列の一部に含む商品のデータが抽出されます。

COLUMN

候補が複数ある場合には先頭のものが表引きされる

検索値に一致する候補が複数ある場合には、先頭のもの（候補内でいちばん上のもの）が表引きの対象となります。候補の数がいくつあるのかを確認したい場合には、同じ検索値を使ったCOUNTIF関数（P.220参照）で数えることができます。

SECTION 128 抽出と集計

CHOOSE

リストの中から値を取り出す

CHOOSE関数を使うと、複数の値の中から1つのだけを取り出してセルに表示することができます。ほかの検索／行列関数と違い、値のリストを引数として持つ点が特徴です。検索対象の表を作るまでもないときに使うと便利でしょう。

	A	B	C
1	タスク	工程ID	工程
2	Webページ作成	1	設計
3	アンケート集計	2	実行中
4	解析レポート作成	3	上司レビュー
5	新規サービスプレゼン作成	2	実行中
6	プロモ用ムービー作成	3	上司レビュー
7			
8			
9			
10			
11			
12			

「設計」「実行中」「上司レビュー」の3つの値のリストの中から、B列の値に応じたものを表示できた

書式 =CHOOSE(インデックス,値1,[値2], ...)

引数

インデックス	必須	リストから取り出す際の番号。数値、数式、セル参照
値1	必須	リストの1つ目の値
値2	任意	2つ目以降の値

説明 CHOOSE関数は、「値1」以降に指定したリスト内から、「インデックス」の番号のものを取り出します。
値のリストは、リストの値を「値1」以降にカンマ区切りで列記することで作成します。値引数は最大254個まで指定できます。

3つの値を持つリストを作成して1つを取り出す

「設計」「実行中」「上司レビュー」という3つの値のリストの中から1つを、B列の値に応じて表示してみましょう。CHOOSE関数の2つ目の引数以降にリストとしたい値を列記し、1つ目の引数に「インデックス」として利用する値の入力されているセルを指定すれば完成です。

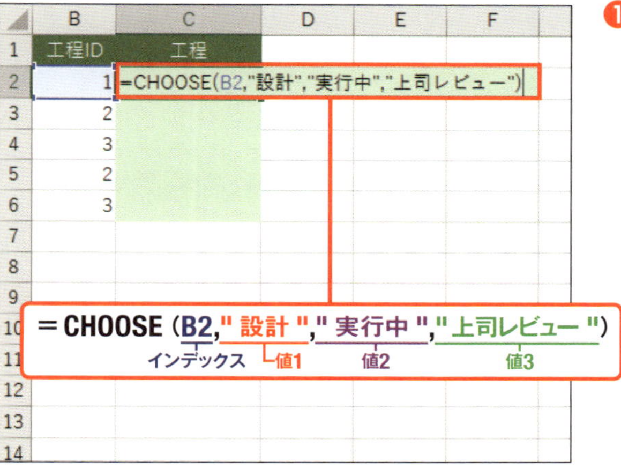

❶ セルC3にCHOOSE関数を入力します。引数「インデックス」には、インデックスとして利用する値が入力されているセル参照（ここではセルB2）を指定し、続いて3つのリストの値（文字列）を列記します。

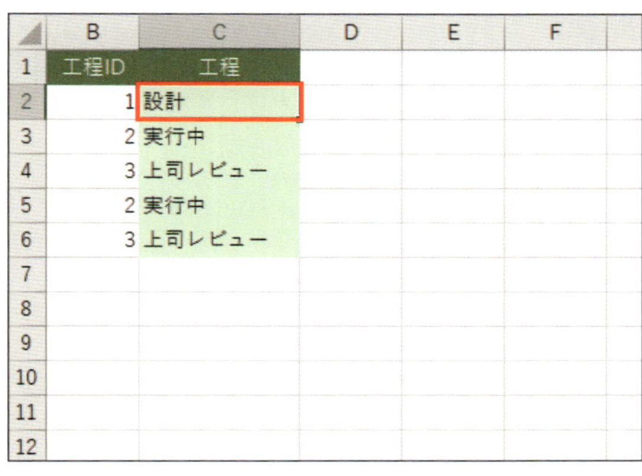

❷ 3つの値のリストの中から、1つだけを取り出すことができました。いくつかの値を、数値を入力するだけで簡単に表示する仕組みなどに活用できます。

COLUMN

RANDBETWEEN関数と組み合わせてダミーデータ作成

指定範囲の数値をランダムに返すRANDBETWEEN関数と組み合わせると、プレゼン資料用のダミーデータ作成などにも活用できます。たとえば、「=CHOOSE（RANDBETWEEN（1,3）,"甲","乙","丙")」という式は、「甲・乙・丙」の、いずれかを表示する式となります。この式を複数セル範囲にコピーすれば、3種類の値を持つダミーデータのできあがりです。

SECTION 129 抽出と集計

MATCH

検索値が表のどの位置にあるかを検索する

VLOOKUP関数やHLOOKUP関数は検索して見つかった値を返しましたが、MATCH関数は検索して見つかった値の位置を表す数値を返します。それだけではあまり意味がないので、たいていはINDEX関数などと組み合わせて使います。

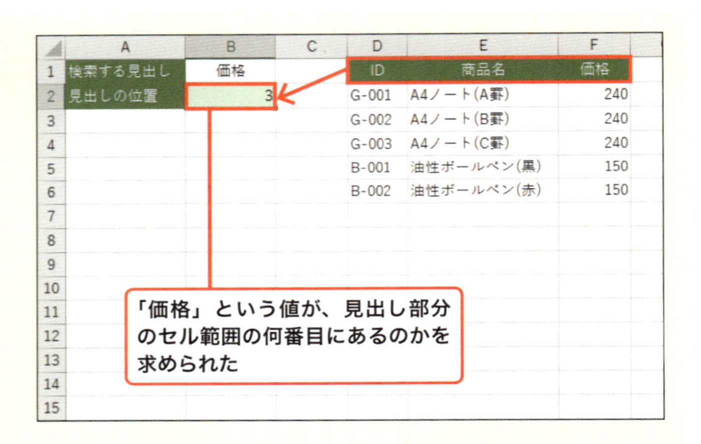

書式 =MATCH(検査値,検査範囲,[照合の種類])

引数

検査値	必須	位置を調べる値、セル参照
検査範囲	必須	値のリストが入力されているセル範囲
照合の種類	任意	照合する際のルール

説明 MATCH関数は、「検査範囲」を「検査値」で検索し、検査値と値がマッチしたら、その相対的な位置を返します。検査範囲内に検査値がない場合には、#N/Aエラーを返します。
「検査範囲」に指定するセル範囲は、1行、もしくは、1列のセル範囲を指定します。
検索する際のルールは、「照合の種類」を指定することで、3種類の方法から選択できます(右ページのCOLUMN参照)。

検索値を使って見出しの位置を求める

表引きを行う際、「3列目」のような番号での指定ではなく、「価格」列と、列の名前で指定できる仕組みを作成してみましょう。
まず、MATCH関数を利用して、「価格」列が、見出しの何番目の位置にあるかを取得します。得られた列番号を、VLOOKUP関数(P.292参照)やINDEX関数(P.314参照)で表引きを行う際の列位置の指定することもできます。

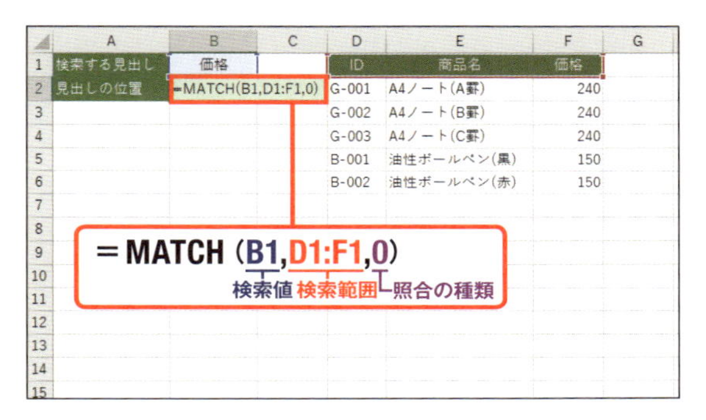

❶セルB2にMATCH関数を入力します。検索値はセルB1、検索範囲は、表の見出し部分、照合の種類は「完全一致」を指定します。

❷セルB1の値に応じた列番号が取得できました。この値を表引きに利用すると、見出し名に応じたデータを取り出せます。

COLUMN

照合のルール

「照合の種類」には、下記の3種類の値が設定できます。直近上位・直近下位の際の用例は、サンプルファイルの2番目のシートを確認してください。

引数「照合の種類」に設定できる3種類の値とルール

引数	照合のルール
0	完全一致。検査値に等しい値の位置。
1、または省略時	直近下位。検査値以下の最大の値の位置。 リストが昇順で並んでいる必要がある。
-1	直近上位。検査値以上の最小の値の位置。 リストが降順で並んでいる必要がある。

SECTION
130 表の行と列の交点のデータを取得する
抽出と集計

表形式のデータの中から、特定の行・列の位置にあるデータを取得するには、INDEX関数を利用します。また、INDEX関数は、シート上の1行・1列のみのデータから、特定の順番の値を取り出すことも可能です。

個体数観測結果

		観測地点			
		1	2	3	4
観測日	1	181	157	165	421
	2	421	262	381	502
	3	73	507	64	535
	4	191	213	52	28
	5	137	501	310	126
	6	104	468	248	216
	7	74	533	380	118
	8	236	442	109	419

■個体数検索

観測地点	3
観測日	5
個体数	310

表の中から「3列目・5行目」の位置にあるデータを取り出せた

書式 =INDEX(配列,行番号,[列番号])

引数

引数		内容
配列	必須	表引きの元となるセル範囲
行番号	必須	取得したい値の表内での行番号 (1行・1列の場合は順番)
列番号	任意	取得したい値の表内での列番号

説明 INDEX関数は、「配列」のセル範囲の値から、「行番号」「列番号」の位置にある値を取得して返します。
「配列」に指定したセル範囲が1行、もしくは1列の場合には、「行番号」に指定した順番の値を返します。

2つの要素からデータを取り出す

行・列の2つの要素の組み合わせで、データを整理している表から、任意の位置にあるデータを取り出してみましょう。INDEX関数を利用し、行番号(上から何番目か)と、列番号(左から何番目か)を順番に指定すれば完成です。

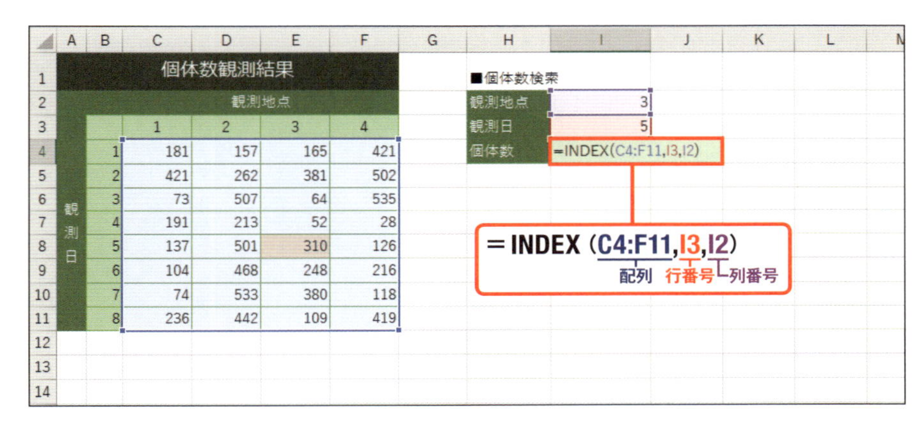

個体数観測結果

観測日＼観測地点	1	2	3	4
1	181	157	165	421
2	421	262	381	502
3	73	507	64	535
4	191	213	52	28
5	137	501	310	126
6	104	468	248	216
7	74	533	380	118
8	236	442	109	419

■個体数検索

観測地点	3
観測日	5
個体数	=INDEX(C4:F11,I3,I2)

❶セルI4にINDEX関数を入力します。表引きするセル範囲は、C4:F11を指定し、行番号(観測日)、列番号(観測地点)が入力してあるセル(ここではセルI3とI2)をセル参照で2番目・3番目の引数に指定します。

個体数観測結果

観測日＼観測地点	1	2	3	4
1	181	157	165	421
2	421	262	381	502
3	73	507	64	535
4	191	213	52	28
5	137	501	310	126
6	104	468	248	216
7	74	533	380	118
8	236	442	109	419

■個体数検索

観測地点	3
観測日	5
個体数	310

❷表内から任意の行・列の位置にあるデータを取り出せました。

COLUMN

4つ目の引数「領域番号」を利用した式

本書では扱いませんが、INDEX関数では、4つ目の引数として「領域番号」を指定する方式も用意されています。領域番号を利用すると、複数用意された表(セル範囲)のうち、どれを利用するかを指定可能となります。

先頭列・先頭行以外をキーにして表引きを行う

INDEX関数とMATCH関数を組み合わせると、先頭列以外の列をキーとした表引きも行えます。VLOOKUP関数では、表の先頭列をキー列とする必要がありましたが、この方法では、表のどの列でもキーとして利用可能となります。

▶ 2つの関数を別のセルで利用する場合

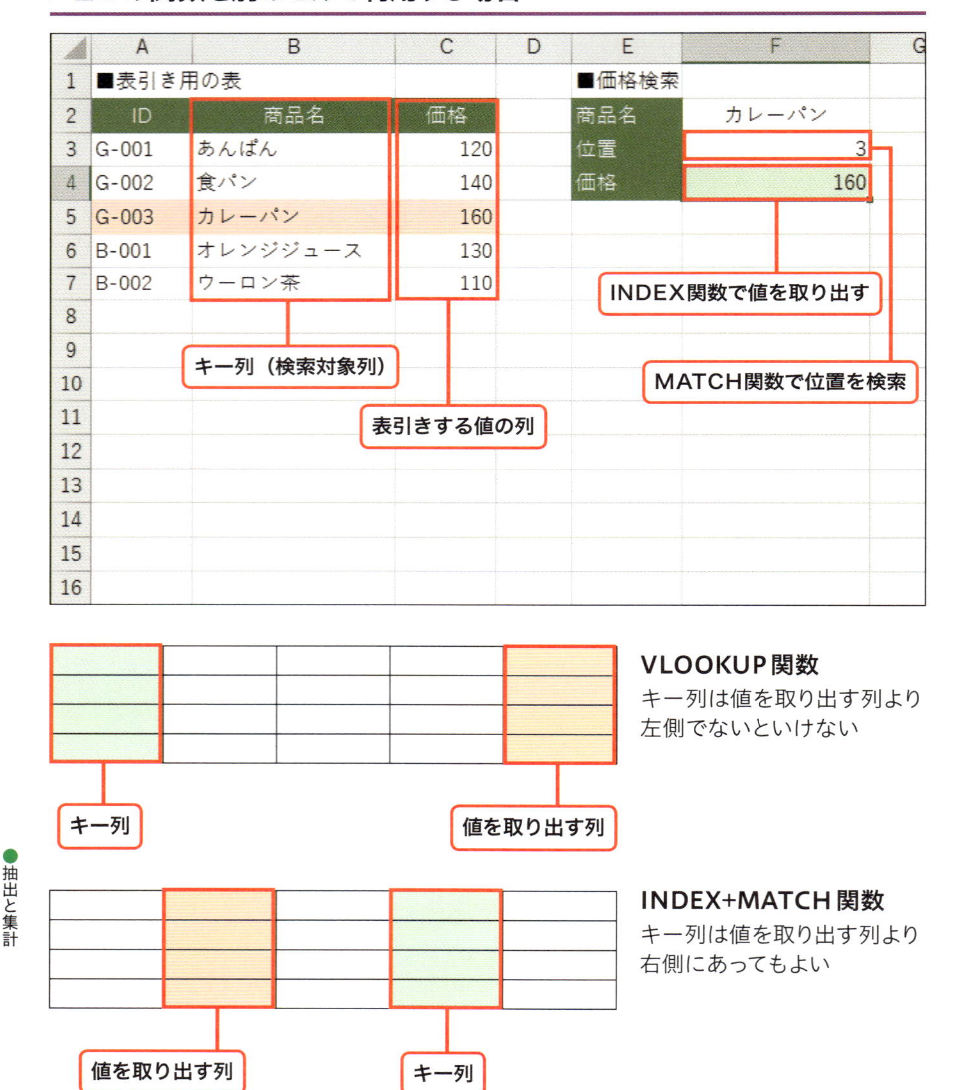

キー列での位置を検索し、表引きする値の列から取り出す

表の2列目の「商品名」列をキー列として、「価格」列から値を表引きしてみましょう。まず、MATCH関数で、キー列の中から、検索したい値の位置を求めます。位置が求められたら、表引きしたい値を持つ1列のセル範囲に対してINDEX関数を利用し、MATCH関数の結果の位置のデータを取り出せば完成です。

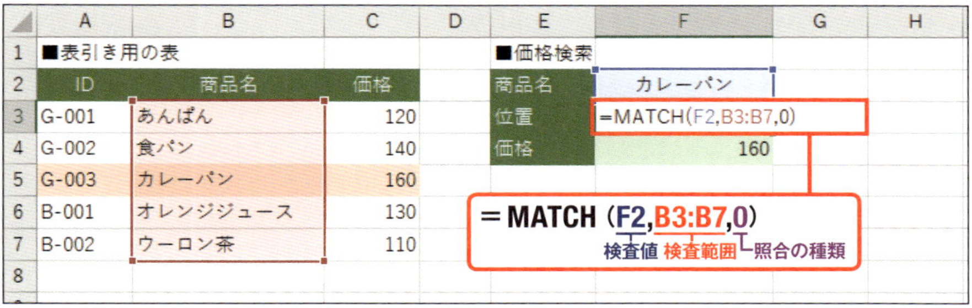

	A	B	C	D	E	F
1	■表引き用の表				■価格検索	
2	ID	商品名	価格		商品名	カレーパン
3	G-001	あんぱん	120		位置	=MATCH(F2,B3:B7,0)
4	G-002	食パン	140		価格	160
5	G-003	カレーパン	160			
6	B-001	オレンジジュース	130			
7	B-002	ウーロン茶	110			
8						

=MATCH (F2,B3:B7,0)
検査値 検査範囲 照合の種類

❶セルF3にMATCH関数を入力します。検査値はセルF1、検査範囲は、「商品名」列のセル範囲B3:B7を指定します。上から3つ目に「カレーパン」が見つかるので、「3」が返ります。

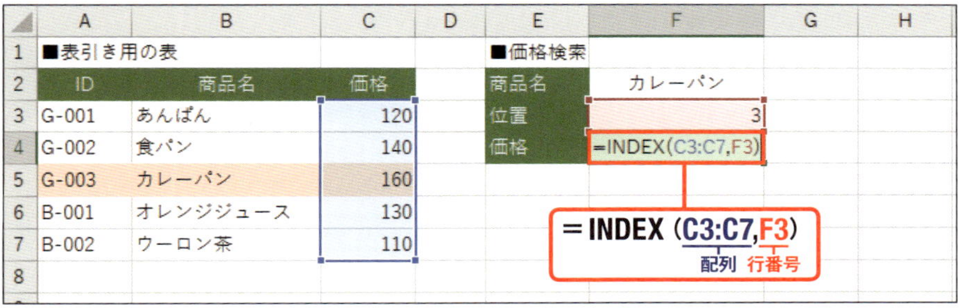

	A	B	C	D	E	F
1	■表引き用の表				■価格検索	
2	ID	商品名	価格		商品名	カレーパン
3	G-001	あんぱん	120		位置	3
4	G-002	食パン	140		価格	=INDEX(C3:C7,F3)
5	G-003	カレーパン	160			
6	B-001	オレンジジュース	130			
7	B-002	ウーロン茶	110			
8						

=INDEX (C3:C7,F3)
配列 行番号

❷セルF4にINDEX関数を入力します。引数「配列」として、セル範囲C3:C7を指定し、引数「行番号」として、手順❶で求めた「3」が表示されているセルのセル参照を指定します。

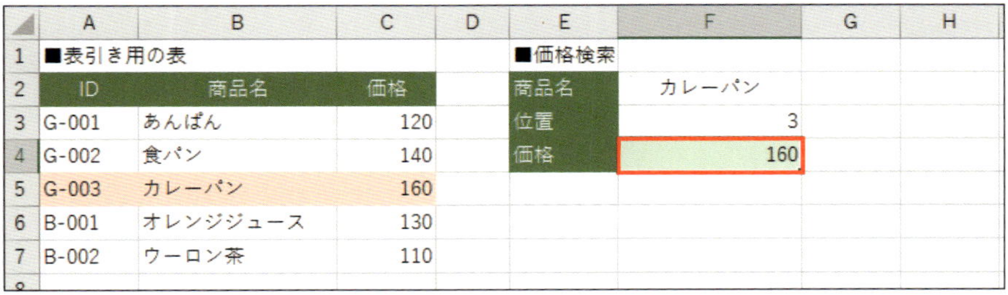

	A	B	C	D	E	F
1	■表引き用の表				■価格検索	
2	ID	商品名	価格		商品名	カレーパン
3	G-001	あんぱん	120		位置	3
4	G-002	食パン	140		価格	160
5	G-003	カレーパン	160			
6	B-001	オレンジジュース	130			
7	B-002	ウーロン茶	110			

❸セル範囲C3:C7の上から3つ目の値「160」が返ります。セルF2に「あんぱん」や「食パン」などを入力すると価格が求められます。応用すれば、自由な列や、自由な行をキーとした表引きも可能です。

SECTION 131 抽出と集計

基準のセルから○行△列目にあるデータを調べる

OFFSET

基準セルから任意の行・列分だけ離れた位置にあるセルの値を取得するには、OFFSET関数を利用します。OFFSET関数は、表引きする元のデータを並べ替えても同じ「位置」の値を取得したい場合に便利です。

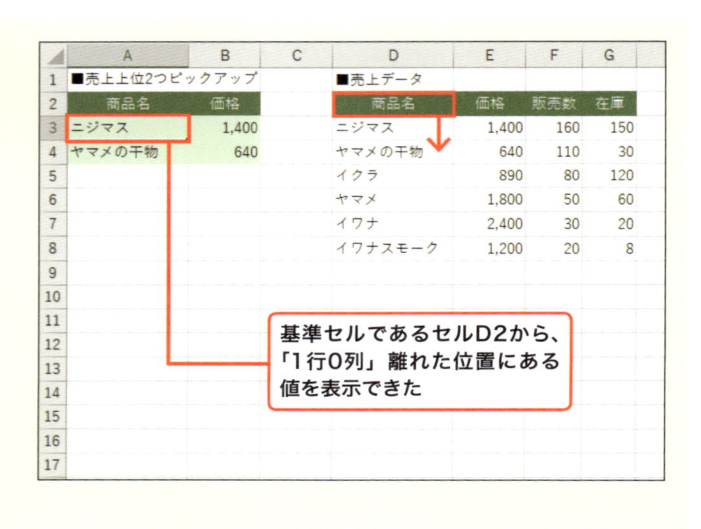

	A	B	C	D	E	F	G
1	■売上上位2つピックアップ			■売上データ			
2	商品名	価格		商品名	価格	販売数	在庫
3	ニジマス	1,400		ニジマス	1,400	160	150
4	ヤマメの干物	640		ヤマメの干物	640	110	30
5				イクラ	890	80	120
6				ヤマメ	1,800	50	60
7				イワナ	2,400	30	20
8				イワナスモーク	1,200	20	8

書式 =OFFSET(参照,行数,列数,[高さ],[幅])

引数

引数		説明
参照	必須	基準となるセル参照
行数	必須	行方向(タテ)のオフセット数
列数	必須	列方向(ヨコ)のオフセット数
高さ	任意	配列形式で一括入力する際の行数
幅	任意	配列形式で一括入力する際の列数

説明 OFFSET関数は、「参照」のセルから、「行数」「列数」分だけ離れた位置にあるセルの値を返します。

» 並べ替え順に応じた上位2つのデータを表示する

元となる表をいろいろな列で並べ替えを行っても、常に上から2つ分のデータを表示する仕組みを作成してみましょう。OFFSET関数を利用し、並べ替えを行って位置が動かないセルである、「表の見出し部分」を基準セルとし、行数、列数を指定すれば完成です。

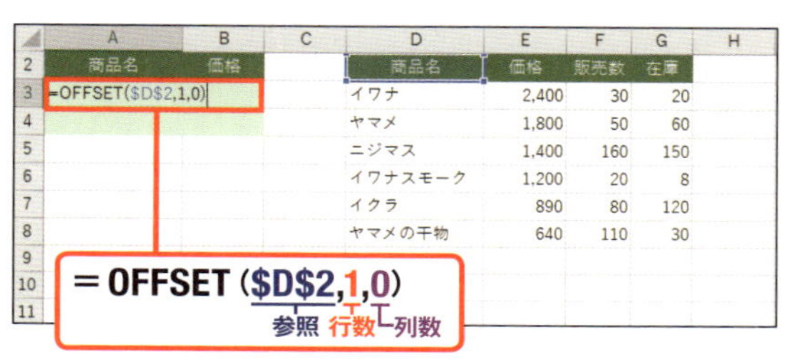

❶セルA3にOFFSET関数を入力します。基準セルはD2、行・列のオフセット数は、「1行0列」を指定します。

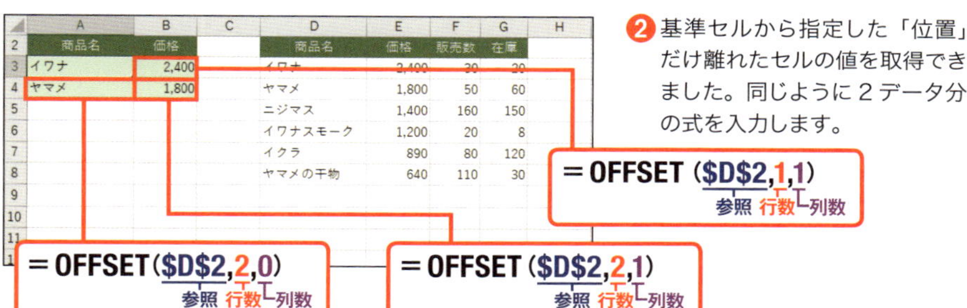

❷基準セルから指定した「位置」だけ離れたセルの値を取得できました。同じように2データ分の式を入力します。

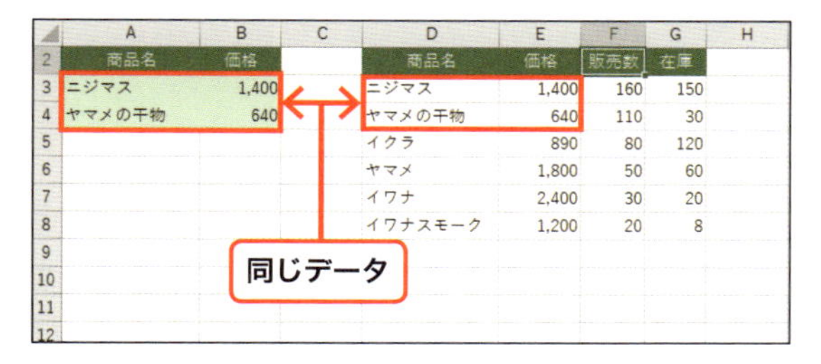

❸元のデータを並べ替えても、常に同じ「位置」のデータが表示される表の完成です。

COLUMN

データを並べ替える

一定のルールで表内のデータを並べ替えたいときは、<データ>タブの「並べ替えとフィルター」グループの<並べ替え>をクリックします。並べ替えの基準とするキー列を選択後、順序を昇順にするか降順にするかを選択して、<OK>をクリックすると、行の順番が並べ替えられます。

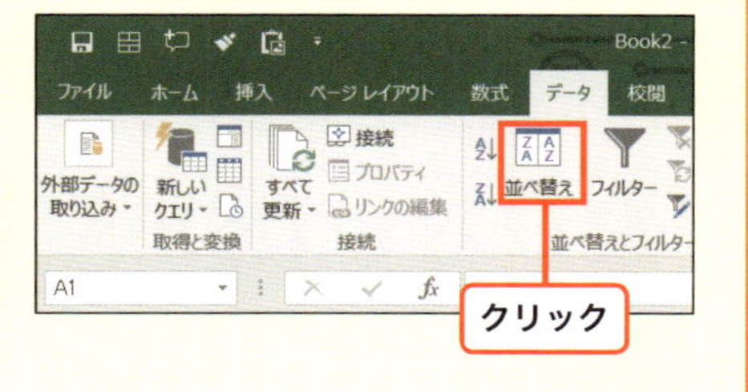

SECTION 132 抽出と集計

DGET

条件に合う唯一の値を取得する

シート上に記述した条件式（P.182参照）を満たすデータを表引きしたい場合には、DGET関数を利用します。DGET関数は、表内に条件式を満たすデータが1つだけ存在する場合、その値を表示します。引数にデータベースを利用するデータベース関数の1つです。

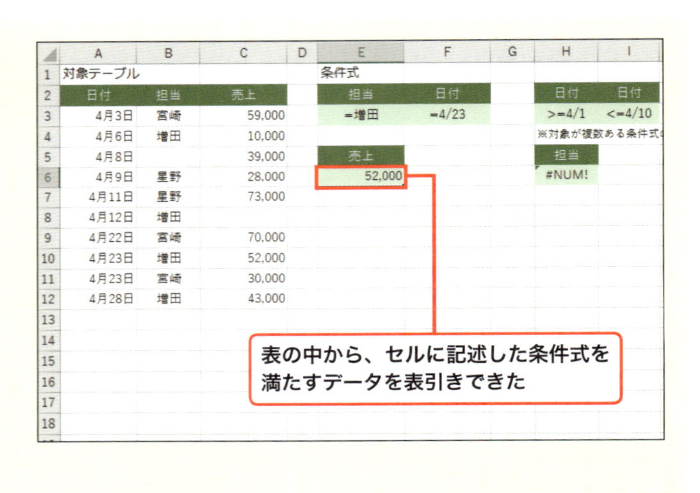

書式 =DGET(データベース,フィールド,条件)

引数

引数		説明
データベース	必須	表引きの元となる表形式のセル範囲
フィールド	必須	表引きしたい値の入力されている見出し文字列やセル参照。リストでの列の位置を示す引用符なしの番号
条件	必須	検索条件式の記述されたセル範囲

説明 DGET関数は、「データベース」のセル範囲から、「条件」を満たす行のデータのうち、「フィールド」に指定した列の値を返します。
「条件」を満たすデータが複数ある場合には、#NUM!エラーを返し、見つからない場合などは、#VALUE!エラーを返します。

セルに記述した条件で表引きする

セル範囲A2:C12から、「『担当』列が『増田』かつ、『日付』が『4/23』」のデータの「売上」列の値を取り出してみましょう。
DGET関数を利用し、表のセル範囲、表引きしたい値の見出し、P.182のルールで記述した条件式を引数に指定すれば完成です。

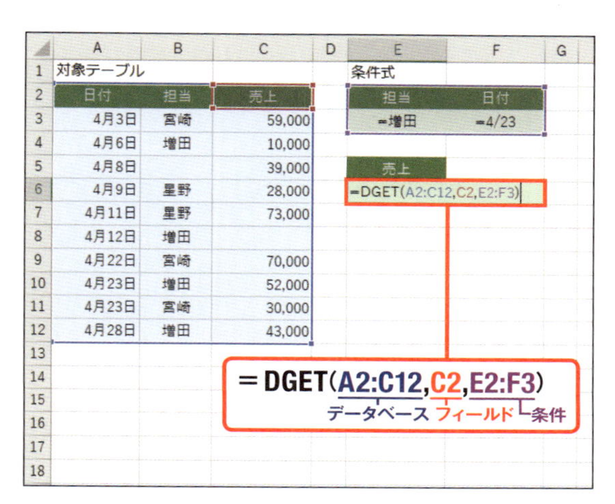

	A	B	C	D	E	F	G
1	対象テーブル				条件式		
2	日付	担当	売上		担当	日付	
3	4月3日	宮崎	59,000		=増田	=4/23	
4	4月6日	増田	10,000				
5	4月8日		39,000		売上		
6	4月9日	星野	28,000		=DGET(A2:C12,C2,E2:F3)		
7	4月11日	星野	73,000				
8	4月12日	増田					
9	4月22日	宮崎	70,000				
10	4月23日	増田	52,000				
11	4月23日	宮崎	30,000				
12	4月28日	増田	43,000				
13							
14							
15							
16							
17							
18							

❶セルE6にDGET関数を入力します。元の表はA2:C12、見出しはC2（「売上」）、条件式はE2:F3を指定します。

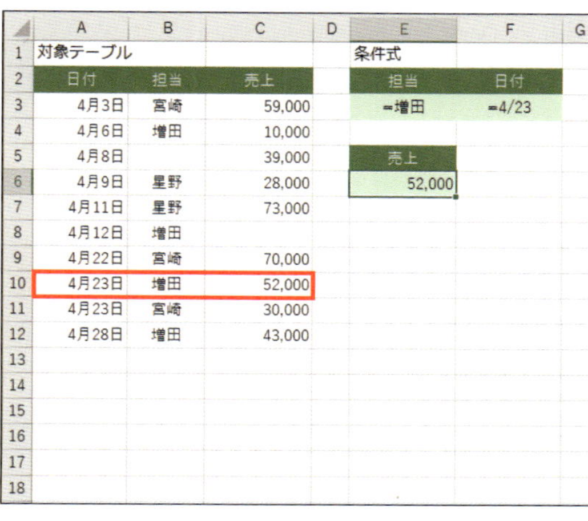

	A	B	C	D	E	F	G
1	対象テーブル				条件式		
2	日付	担当	売上		担当	日付	
3	4月3日	宮崎	59,000		=増田	=4/23	
4	4月6日	増田	10,000				
5	4月8日		39,000		売上		
6	4月9日	星野	28,000		52,000		
7	4月11日	星野	73,000				
8	4月12日	増田					
9	4月22日	宮崎	70,000				
10	4月23日	増田	52,000				
11	4月23日	宮崎	30,000				
12	4月28日	増田	43,000				
13							
14							
15							
16							
17							
18							

❷条件式を満たす「売上」列の値を表引きすることができました。

COLUMN

2列以上の組み合わせがユニークなデータにも有効

DGET関数は、「型番」「枝番」のような、複数の列に分かれている値の組み合わせによって、1つの表引き対象が決定できるデータに対して利用するのも有効です。

SECTION 133 抽出と集計

行番号や列番号を利用して1つおきに値を取り出す

ROW COLUMN OFFSET

ROW関数やCOLUMN関数は、式を入力したセルの行番号や列番号を返します。この仕組みを表引きに利用すると、「1行おきに値を取り出す」「3列おきに値を取り出す」といった、少し変わった形式で値を取り出せます。

	A	B	C	D	E	F	G
1	■元の表		■行番号を利用して整形した表				
2	増田		増田	150	1.8		
3	150		星野	230	2.3		
4	1.8		前田	180	4.7		
5	星野						
6	230						
7	2.3						
8	前田						
9	180						
10	4.7						

1列に見出しや値が列記されたデータを、表形式に整形できた

書式 =ROW([参照])

引数 参照 任意 行番号を取得するセル参照

説明 ROW関数は、「参照」に指定したセルの行番号を返します。引数を省略した場合には、ROW関数を入力したセルの行番号を返します。

書式 =COLUMN([参照])

引数 参照 任意 行番号を取得するセル参照

説明 COLUMN関数は、「参照」に指定したセルの列番号を返します。引数を省略した場合には、COLUMN関数を入力したセルの列番号を返します。

3行おきにデータを取り出す

セルA2から列方向に入力されているデータを、3行おきに取り出してみましょう。セルC2に、セルA2を基準としたOFFSET関数（P.318参照）を入力し、行のオフセット部分に、「(ROW() -2) *3」という式を指定します。この式は、「行番号から2を引いた基準値×3行おき」という意味となります。この式を下方向にドラッグしてオートフィルでコピーすれば、3行おきにデータが取り出せます。

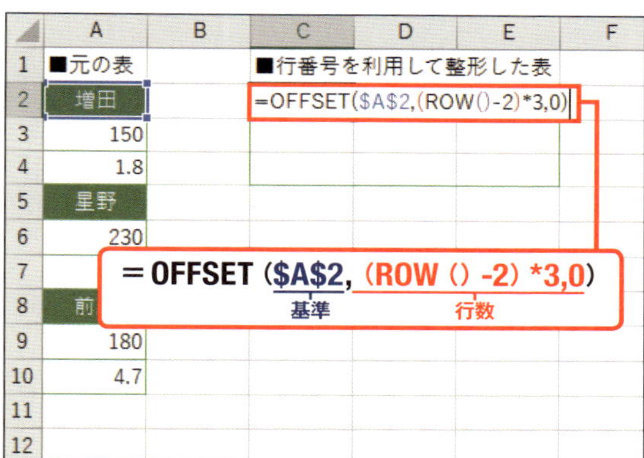

❶ セルC2にセルA2を基準としたOFFSET関数を入力します。このとき、行のオフセット位置の指定に、ROW関数を利用します。
ROW関数の引数「参照」の値を省略すると、関数が入力されているセルの行番号が返ります。ROW関数の式「=(2-2)*3」が計算されて「0」になるので、セル内の数式は「=OFFSET($A$2,0,0)となり、セルA2の値をそのまま返します。

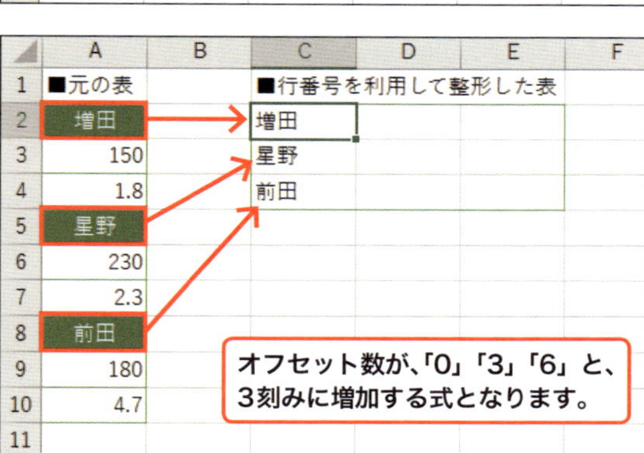

❷ セルC2を下方向にオートフィルでコピーすると、3行おきにデータを取り出せます。
オートフィルでコピーすると、数式は「= OFFSET ($A$2, (ROW () -2) *3,0)」と変わりませんが、ROW関数で取得できる値が「3」になるので、数式は「= OFFSET ($A$2,3,0)」となり、下方向に3つオフセットした値が取得できます。

COLUMN

COLUMN関数も計算に併用する

式は少々複雑になりますが、COLUMN関数も併用すると、2つ目、3つ目の値も、同じ式をオートフィルでコピーするだけで取り出すことも可能です。サンプルの例では、セルC2に「= OFFSET ($A$2, (ROW () -2) *3+COLUMN () -3,0)」と入力し、行・列方向にオートフィルでコピーすれば、目的の表の完成です。
整形後のデータだけを利用したい場合には、整形後のセル範囲をコピーし、同じ位置に、「値のみ貼り付け」機能を利用して値のみを貼り付けましょう。

COLUMN

テーブル機能と構造化参照

Excelには表形式のデータを扱いやすくするための機能である、「テーブル」機能が用意されています。この機能を利用して、「テーブル」としたセル範囲に対してVLOOKUP関数などの関数式を利用した場合、通常のセル参照による参照式ではなく、テーブル名や、見出し名を使った特殊な参照式が入力されます。この特殊な参照式を「構造化参照」式と呼びます。

構造化参照式の例

	A	B	C	D
1	ID	商品名	価格	
2	G-001	A4ノート(A罫)	240	
3	G-002	A4ノート(B罫)	240	
4	G-003	A4ノート(C罫)	240	
5	B-001	油性ボールペン(黒)	150	
6	B-002	油性ボールペン(赤)	150	
7				
8	=VLOOKUP("G-001",商品[#すべて],2,FALSE)			
9				
10				
11				
12				
13				

セル範囲A1:C6を、「テーブル」機能を利用して、「商品」という名前のテーブルとしている場合、この範囲の参照式は、「A1:C6」ではなく、「商品[#すべて]」という構造化参照の式となります。

構造化参照を使った式は、テーブルのセル範囲や見出しの位置が更新された場合でも、式を変えることなくそのまま更新された範囲を対象に表引きなどの計算を行ってくれます。自分では使用しない場合でも、上記のような形式の式を見かけたら、「ここは、どこかに作成されているテーブルを参照しているんだな」と見当を付けられるようにしておきましょう。
なお、構造化参照による書式のルールは、Officeのサポートページ(https://support.office.com/)で、「エクセル テーブル数式で構造化参照を使う」というキーワード検索して確認してください。

第 8 章

ローンと積立の計算

SECTION 134 財務

財務関数の基礎を理解する

「財務関数」とは、「ローンの支払金額」や「目標金額を達成するための積立金額」など、金銭に関する計算を行うための関数です。中には専門的な関数もあります。ここでは、財務関数を使う上で知っておきたい、基礎的な知識について解説します。

財務関数のポイント

財務関数では、現在価値と将来価値という引数がよく登場します。年利5%の銀行口座に100,000円を預ける場合、10年後の金額は「162,889円」となります。この最初に預ける金額が「現在価値」、10年後の金額が「将来価値」です。1,000万円の住宅ローンの場合は、1,000万円が現在価値、払い終わったあとの0円が将来価値と考えます。

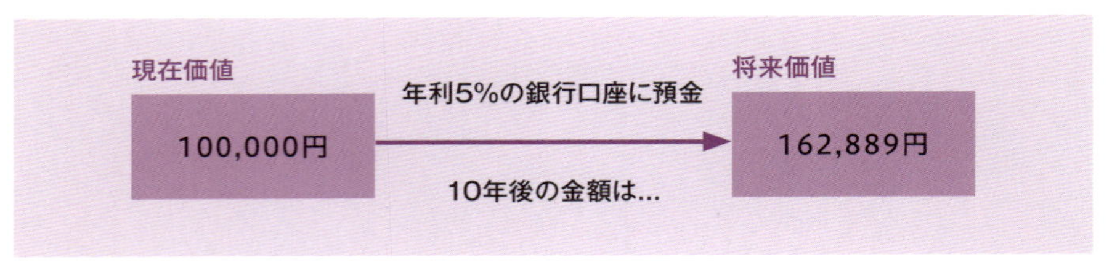

また、財務関数では、利率や期間がよく使われます。このとき、「年利」「10年」や「月利」「120ヶ月」のように、利率と期間の単位を揃える必要があります。ここではPMT関数（P.332参照）を例に解説します。

	A	B	C	D	E	F
1	利率	1.45%	年利			
2	期間	30	年			
3	現在価値	30000000				
4	将来価値	0				
5	支払期日	0				
6	月々返済額	¥-102,818				
7						

=PMT（B1/12,B2*12,B3,B4,B5）
利率　期間　現在価値　将来価値　支払期日

❶ ここでは、PMT関数を使い、年利1.45%で借り入れた3,000万円を30年で返済する場合の月々の返済額を求めています。このとき、月々の返済額なので、年利を12で割り、期間に12を掛けることで、月日の単位を月単位に揃えています。また、PMT関数の戻り値は負の数になり、通貨の表示形式が自動的に設定されます。

財務関数で使う引数

財務関数ではほとんどの場合、下記のような引数を使用します。

引数	詳細
利率	ローンや貯蓄の利率を指定します。利率と期間は、時間の単位を同じにします。たとえば月払いで返済する場合、利率を月利（年利÷12）で指定し、期間も月数（年数×12）で指定します。
期間	返済や積立を行う回数を指定します。利率と時間の単位を同じにします。
定期支払額	毎回の返済額や積立額を指定します。通常、マイナスで指定します。
現在価値	現時点の金額を指定します。ローンの場合は借入額、積立の場合は頭金（頭金がない場合は0）になります。
将来価値	最終的な金額を指定します。ローンを完済する場合は0、積立の場合は満期額になります。
支払期日	返済や積立を行う期日を指定します。0または省略すると期末（たとえば月末）、0以外の数値を指定すると期首（たとえば月初め）になります。

財務関数を利用する際の注意点

財務関数で月々のローンの返済額などを求める場合、「利率」には年利を入力しますが、これを必ず12で割り月利として計算します。
また財務関数では手元から出ていくお金はすべてマイナスとして計算します。そのため手元にあるお金を口座に貯蓄する場合も、「-30000」などと計算します。反対に銀行などからの借入金は、手元のお金が増えるため、「3000000」というように表記します。

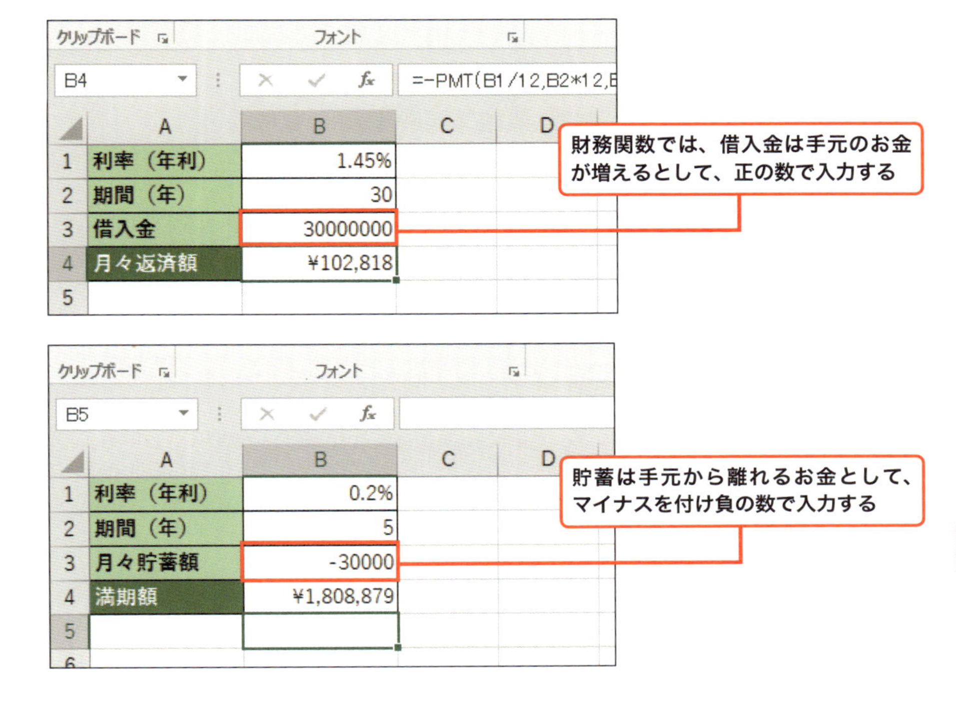

SECTION 135 財務

元金を試算する

PV

PV関数は、元利均等払いのローンにおける利率と期間、定期支払額から、現在価値（借入可能額）を計算します。全額返済ではなく、一定額を借入額から減らせばいい場合は、支払完了時の残額を指定すると計算できます。

	A	B	C	D	E
1	利率（年利）	3%			
2	期間（年）	5			
3	月々返済額	-30000			
4	借入可能額	¥1,669,571			
5					

セルB4には、年利3%のローンを月々3万円ずつ、5年間続けて返済する場合の借入可能額が計算されている

書式 =PV(利率,期間,定期支払額,[将来価値],[支払期日])

引数

引数		説明
利率	必須	ローンや貯蓄の利率
期間	必須	返済や積立を行う期間での支払回数の合計
定期支払額	必須	毎回の返済額や積立額。負の値で指定
将来価値	任意	最後の支払い後に残る金額
支払期日	任意	返済や積立を行う期日。0または1で指定

説明

PV関数は、利率、期間、定期支払額から現在価値(P.326参照)を求める関数です。将来価値(P.326参照)を指定する場合は、返済や貯蓄を行ったあとに残る現金を指定します。たとえば借入金を完済する場合の将来価値は0になります。積立貯蓄を500万円行う場合の将来価値は500万になります。なお、省略した場合は0とみなされます。
支払期日は、返済や積立を行う期日です。0または省略すると期末(たとえば月末)、1を指定すると期首(たとえば月初め)が指定されます。

ローンの借入可能額を求める

年利3%のローンを月々3万円ずつ、5年間続けて返済する場合、いくら借り入れできるかを計算します。

	A	B	C
1	利率（年利）	3%	
2	期間（年）	5	
3	月々返済額	-30000	
4	借入可能額	=PV(B1/12,B2*12,B3)	
5			
6			
7			
8			
9			

＝PV（B1/12,B2*12,B3）
利率　期間　定期支払額

❶セルB4にはPV関数を入力します。このとき、定期的な返済が月払いなので、引数の「利率」には月利（年利÷12）を指定し、「期間」には月数（年数×12）を指定します。また、「定期支払額」は手元から出ていく金額なので、負の数で指定します。

	A	B	C
1	利率（年利）	3%	
2	期間（年）	5	
3	月々返済額	-30000	
4	借入可能額	¥1,669,571	
5			
6			
7			
8			
9			

❷借入可能額が計算されました。セルB4には、自動的に通貨の表示形式が設定されます。

MEMO　記号が表示されない?

財務関数が入力されているセルには、通貨スタイルが自動的に設定されます。¥記号が表示されない場合、通貨スタイル以外のスタイルがあらかじめ設定されている可能性があります。「ホーム」タブでセルのスタイルを確認してください。

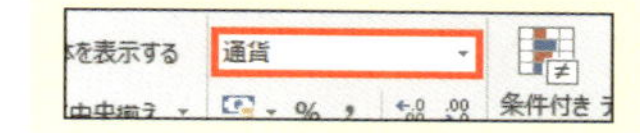

COLUMN

全額ではなく一定額を返済する

ここでは、ローンを全額返済する場合について計算しました。全額返済ではなく、一定額を返済すればよい場合は、引数の「将来価値」に残額を負の数で指定します。たとえば、返済期間の終了時に50万円の残額があってもよい場合は、次の書式になります。

＝PV(B1/12,B2*12,B3,-500000)

SECTION 136 財務

FV

満期額や借入金残高を試算する

FV関数は、ローンの返済や積立貯蓄の払い込みを定期的に続けるときの、利息を含めた将来価値（ローンの残高や満期受取額）を計算します。開始時点でいくらかの貯蓄がある場合は、現在価値を指定することで計算できます。

ポイント

	A	B	C	D
1	利率（年利）	0.2%		
2	期間（年）	5		
3	月々貯蓄額	-30000		
4	満期額	¥1,808,879		
5				
8				

セルB4には、年利0.2%で月々3万円ずつ、5年間続けて貯蓄する場合の満期受取額が計算されている

書式 =FV(利率,期間,定期支払額,[現在価値],[支払期日])

引数

引数		説明
利率	必須	ローンや貯蓄の利率
期間	必須	返済や積立を行う期間での支払回数の合計
定期支払額	必須	毎回の返済額や積立額。負の値で指定
現在価値	任意	現在の借入額や貯蓄額
支払期日	任意	返済や積立を行う期日。0または1で指定

説明 FV関数は利率、期間、定期支払額から将来価値(P.326参照)を求める関数です。現在価値(P.326参照)を指定する場合、すでに借り入れている金額や貯蓄している金額を指定します。省略した場合は0とみなされます。支払期日は、返済や積立を行う期日です。0または省略すると期末(たとえば月末)、1を指定すると期首(たとえば月初め)が指定されます。

定期預金の満期受取額を求める

年利0.2%の定期預金を月々3万円ずつ、5年間続けて積み立てる場合、満期時にいくら受け取れるかを計算します。

	A	B	C
1	利率（年利）	0.2%	
2	期間（年）	5	
3	月々貯蓄額	-30000	
4	満期額	=FV(B1/12,B2*12,B3)	
5			
6			
7			
8			
9			

＝FV（B1/12,B2*12,B3）
利率　期間内支払回数　定期支払額

❶ セルB4にはFV関数を入力します。このとき、定期的な貯蓄が月払いなので、引数の「利率」には月利（年利÷12）を指定し、「期間」には月数（年数×12）を指定します。また、「定期支払額」は手元から出ていく金額なので、負の数で指定します。

	A	B	C
1	利率（年利）	0.2%	
2	期間（年）	5	
3	月々貯蓄額	-30000	
4	満期額	¥1,808,879	
5			
6			
7			
8			
9			

❷ 満期受取額が計算されました。セルB4には、自動的に通貨の表示形式が設定されます。

MEMO 借入金の残高を求める

FV関数では、借入金の残高を計算することもできます。たとえば、2000万円を借入し、年利2%で月々8万円の返済をする場合、5年後の借入残高を計算するには、次の式になります。=FV（2%/12,5*12,-80000,20000000）

COLUMN

あらかじめ貯蓄額がある場合

ここでは、貯蓄額が0円から貯蓄をはじめ、満期時に受け取れる金額を計算しました。はじめにいくらか払い込んだ状態から貯蓄を始める場合は、引数の「現在価値」にその金額を負の数で指定します。たとえば、50万円が貯蓄されている状態から始める場合の書式は、次の通りです。

＝FV(B1/12,B2*12,B3,-500000)

対応バージョン 2016 2013 2010 2007

SECTION 137 財務

PMT

定期積立額や定期返済額を試算する

PMT関数は、ローンの返済や積立貯蓄の払い込みを定期的に続けるときの、1回あたりの支払額を計算します。支払額は手元から出ていく金額なので、計算結果は、負の数で表示されます。

ポイント

	A	B	C	D
1	利率（年利）	1.45%		
2	期間（年）	30		
3	借入金	30000000		
4	月々返済額	¥-102,818		
5				

セルB4には、年利1.45%で3000万円借り入れ、返済期間が30年のときの、1回あたりの支払額が計算されている

書式 =PMT(利率,期間,現在価値,[将来価値],[支払期日])

引数

引数		説明
利率	必須	ローンや貯蓄の利率
期間	必須	返済や積立を行う期間での支払回数での合計
現在価値	必須	現在の借入額や貯蓄額
将来価値	任意	最後の支払いが終わったあとに残るローン残高・貯蓄額
支払期日	任意	返済や積立を行う期日。0または1で指定

説明

PMT関数は利率と期間、現在価値からローンの定期支払額を求めます。現在価値には、すでに借り入れている金額や貯蓄している金額を指定します。将来価値は省略すると0とみなされます。PV関数(P.328参照)も参照してください。

支払期日は、返済や積立を行う期日です。0または省略すると期末(たとえば月末)、1を指定すると期首(たとえば月初め)が指定されます。

住宅ローンの毎回の支払額を求める

住宅ローンを年利1.45%で3000万円借り入れ、返済期間が30年のとき、毎月の返済額がいくらになるかを計算します。

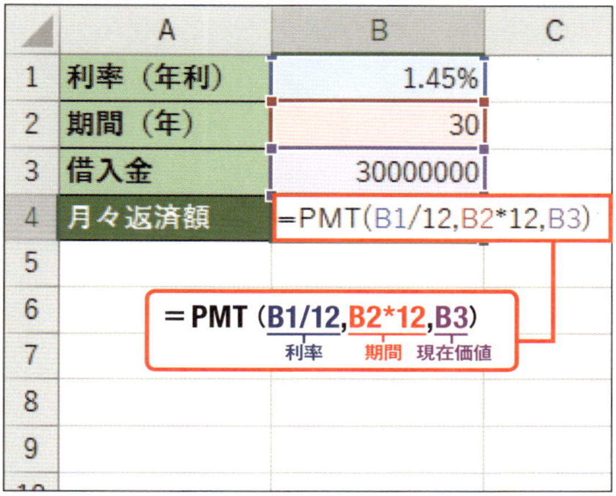

	A	B	C
1	利率（年利）	1.45%	
2	期間（年）	30	
3	借入金	30000000	
4	月々返済額	=PMT(B1/12,B2*12,B3)	
5			
6			
7			
8			
9			

＝PMT（B1/12,B2*12,B3）
利率　期間　現在価値

❶セルB4にはPMT関数を入力します。このとき、定期的な返済が月払いなので、引数の「利率」には月利（年利÷12）を指定し、「期間」には月数（年数×12）を指定します。

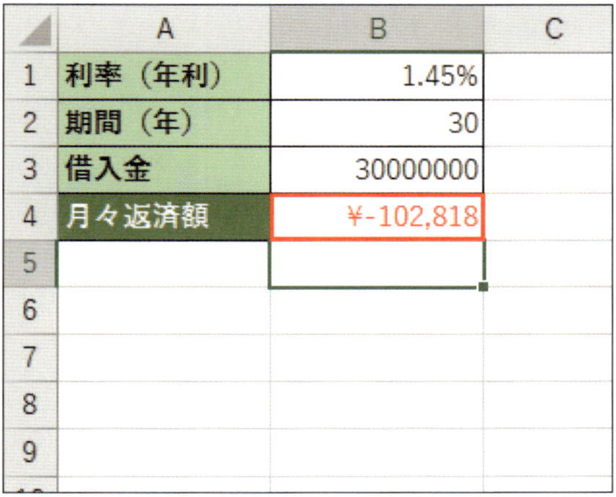

	A	B	C
1	利率（年利）	1.45%	
2	期間（年）	30	
3	借入金	30000000	
4	月々返済額	¥-102,818	
5			
6			
7			
8			
9			

❷月々の返済額が計算されました。セルB4には、自動的に通貨の表示形式が設定されます。また、返済額は手元から出ていく金額なので、負の数で表示されています。

MEMO 返済額を正の数にする

財務関数では、手元から出ていく金額が負の数で表示されます。そのため、PMT関数の計算結果も負の数で表示されます。正の数で表示したい場合は、「=－PMT（･･･）」のように、関数名の前に「－」を入力します。

COLUMN

積立貯蓄の毎月の支払額を計算する

PMT関数は、積立貯蓄の1回あたりの払込額を計算することもできます。この場合、引数の「現在価値」に現在の貯蓄額を指定します。すでに貯蓄がある場合は、負の数で指定します。少しややこしいですが、PMT関数は返済を前提としているのでそのように指定します。「将来価値」には積立の目標額を指定します。

SECTION 138 財務

ローンの元金と利息を試算する

PPMT
IPMT

PPMT関数は、ローンの返済を定期的に行うとき、特定の返済回に返済した金額のうち、元金に相当する金額を求める関数です。また、IPMT関数を使うと、金利に応じた利息に相当する金額を求めることができます。

ポイント

	A	B	C	D	E	F
1	利率（年利）	1.45%				
2	期間（年）	30				
3	借入金	30000000				
4	月々返済額	¥-102,818				
5						
6	期	1				
7	元金返済額	¥-66,568				
8						

セルB7には、ローンの1期目に支払った返済額のうち、元金に相当する金額が計算されている

書式 =PPMT(利率,期,期間,現在価値,[将来価値],[支払期日])

引数

利率	必須	ローンや貯蓄の利率
期	必須	元金に相当する金額を計算する返済回
期間	必須	返済を行う期間での支払回数の合計
現在価値	必須	現在の借入額
将来価値	任意	最後の支払いのあとに残るローン残高
支払期日	任意	返済を行う期日。0または1で指定

説明 PPMT関数はローン返済時、ある返済回数のときの元金相当の金額を求めます。将来価値を指定する場合、返済完了後の残高を指定します。省略した場合は0とみなされます。PV関数(P.328参照)も参照してください。
支払期日は、返済を行う期日です。0または省略すると期末(たとえば月末)、1を指定すると期首(たとえば月初め)が指定されます。

» 住宅ローンの返済額のうち元金に相当する金額を求める

住宅ローンの返済では、毎回、元金相当分と金利相当分の合計が支払われます。PPMT関数を使うと、特定の返済回(ここでは第1回目の返済時)に支払った金額のうち、元金に相当する金額がいくらかを計算することができます。

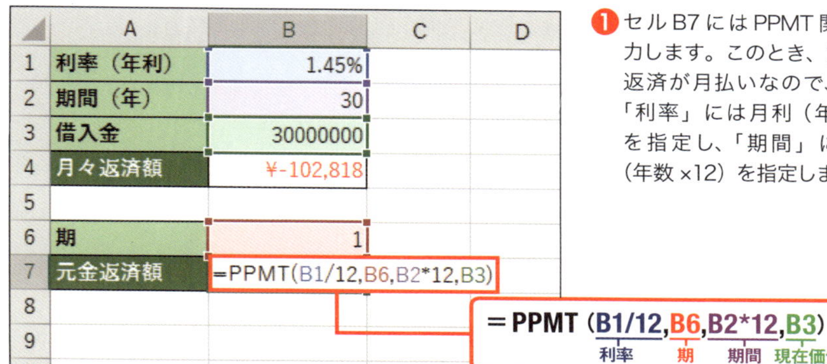

	A	B	C	D
1	利率（年利）	1.45%		
2	期間（年）	30		
3	借入金	30000000		
4	月々返済額	¥-102,818		
5				
6	期	1		
7	元金返済額	=PPMT(B1/12,B6,B2*12,B3)		
8				
9				

❶セルB7にはPPMT関数を入力します。このとき、定期的な返済が月払いなので、引数の「利率」には月利（年利÷12）を指定し、「期間」には月数（年数×12）を指定します。

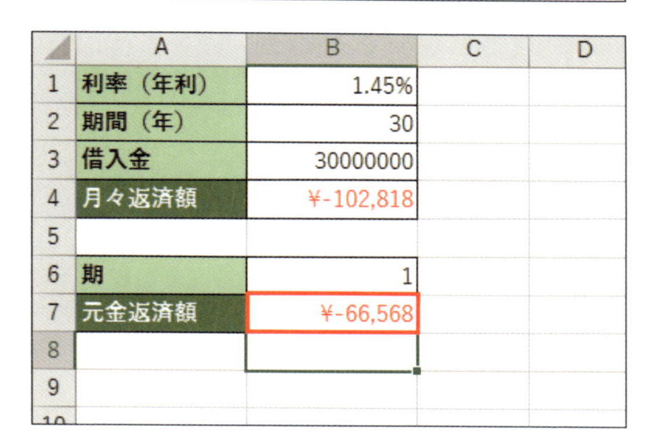

	A	B	C	D
1	利率（年利）	1.45%		
2	期間（年）	30		
3	借入金	30000000		
4	月々返済額	¥-102,818		
5				
6	期	1		
7	元金返済額	¥-66,568		
8				
9				

❷第1回目の返済額のうち元金に相当する金額が計算されました。セルB7には、自動的に通貨の表示形式が設定されます。また、返済額は手元から出ていく金額なので、負の数で表示されています。

COLUMN

住宅ローンの返済額のうち利息に相当する金額を求める

ローンの返済額のうち、利息に相当する金額を計算するには、IPMT関数を使います。

=IPMT(B1/12,B6,B2*12,B3)

利率　期　期間　現在価値

	A	B	C	D
1	利率（年利）	1.45%		
2	期間（年）	30		
3	借入金	30000000		
4	月々返済額	¥-102,818		
5				
6	期	1		
7	元金返済額	¥-66,568		
8	利息額	¥-36,250		
9				
10				

対応バージョン 2016 2013 2010 2007

SECTION 139 財務

指定した期間の元金と利息の累計を試算する

CUMPRINC
CUMIPMT

CUMPRINC関数は、ローンの返済を定期的に行うとき、特定の期間における返済総額のうち、元金に相当する金額の累計を求める関数です。また、CUMIPMT関数を使うと、金利に応じた利息に相当する金額の累計を求めることができます。

	A	B	C	D	E	F
1	利率（年利）	1.45%				
2	期間（年）	30				
3	借入金	30000000				
4	月々返済額	¥-102,818				
5						
6	開始期	1				
7	終了期	120				
8	支払期日	0				
9	元金相当額	¥-8,590,741				
10						
11						

セルB9には、10年間（第1回目から120回目）に支払ったローンの返済額のうち、元金に相当する金額が計算されている

書式 =CUMPRINC（利率,期間,現在価値,開始期,終了期,支払期日）

引数

引数		説明
利率	必須	ローンや貯蓄の利率
期間	必須	返済を行う期間での支払回数の合計
現在価値	必須	現在の借入額
開始期	必須	計算する期間の開始回
終了期	必須	計算する期間の終了回
支払期日	必須	返済を行う期日。0または1で指定

説明 CUMPRINC関数はローン返済時、ある期間の返済総額から元金に相当する金額を求めます。「利率」や「期間」「現在価値」の意味はPMT関数（P.332参照）やPPMT関数（P.334参照）と同様なので、該当ページを参照してください。ただし、PMT関数やPPMT関数と異なり、支払期日を省略することはできません。

10年間のローン返済額のうち元金に相当する金額を求める

住宅ローンの返済では、毎回、元金相当分と金利相当分の合計が支払われます。CUMPRINC関数を使うと、返済における特定の期間(ここでは10年間。第1回目から第120回目)に支払った返済額のうち、元金に相当する金額がいくらかを計算することができます。

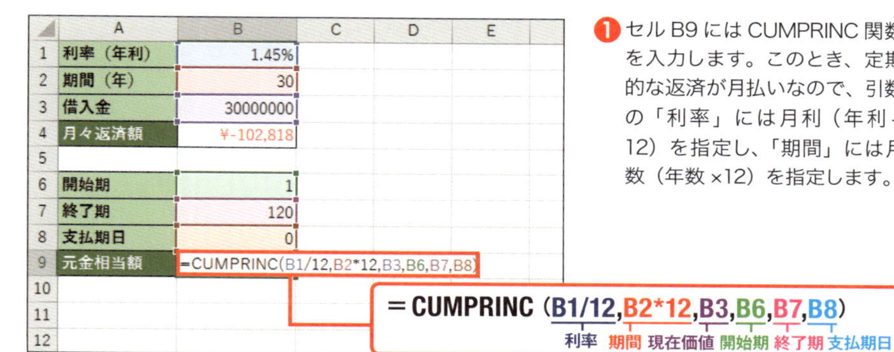

	A	B	C	D	E
1	利率(年利)	1.45%			
2	期間(年)	30			
3	借入金	30000000			
4	月々返済額	¥-102,818			
5					
6	開始期	1			
7	終了期	120			
8	支払期日	0			
9	元金相当額	=CUMPRINC(B1/12,B2*12,B3,B6,B7,B8)			
10					
11					
12					

❶セルB9にはCUMPRINC関数を入力します。このとき、定期的な返済が月払いなので、引数の「利率」には月利(年利÷12)を指定し、「期間」には月数(年数×12)を指定します。

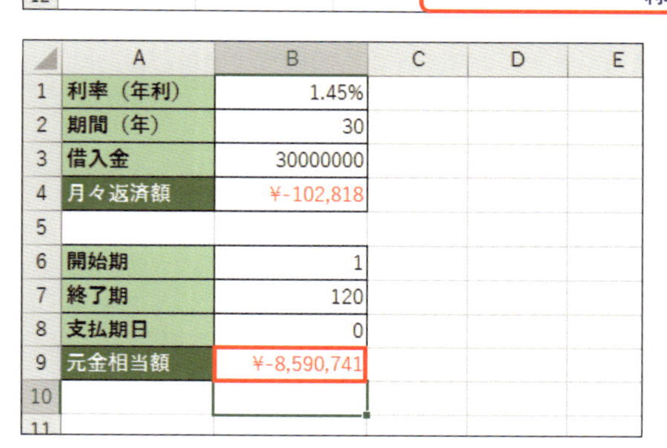

	A	B	C	D	E
1	利率(年利)	1.45%			
2	期間(年)	30			
3	借入金	30000000			
4	月々返済額	¥-102,818			
5					
6	開始期	1			
7	終了期	120			
8	支払期日	0			
9	元金相当額	¥-8,590,741			
10					
11					

❷10年間の返済総額のうち元金に相当する金額が計算されました。セルB9には、自動的に通貨の表示形式が設定されます。また、返済額は手元から出ていく金額なので、負の数で表示されています。

10年間のローン返済額のうち利息に相当する金額を求める

特定の期間におけるローンの返済額のうち、利息に相当する金額を計算するには、CUMIPMT関数を使います。

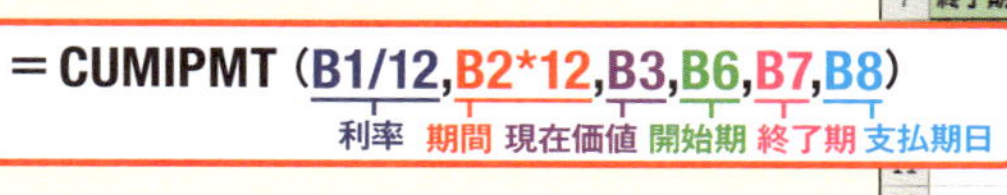

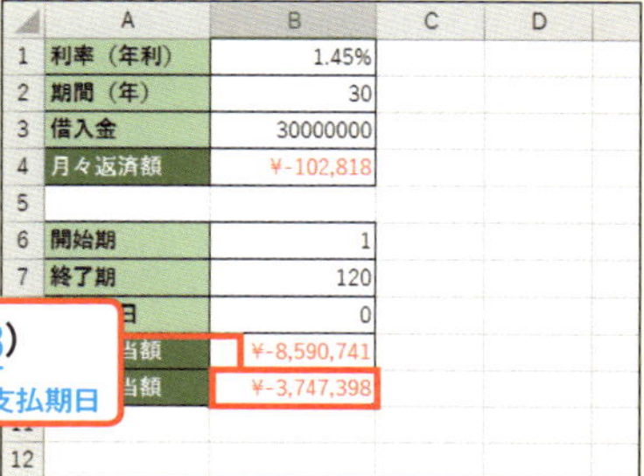

	A	B	C	D
1	利率(年利)	1.45%		
2	期間(年)	30		
3	借入金	30000000		
4	月々返済額	¥-102,818		
5				
6	開始期	1		
7	終了期	120		
8	日	0		
9	当額	¥-8,590,741		
10	当額	¥-3,747,398		
12				

SECTION 140 財務

積立や返済の期間と利息を求める

NPER
RATE

NPERの関数は、ローンの返済や積立貯蓄の払込を行うとき、返済や払込にかかる期間を求める関数です。また、RATE関数を使うと、ローンの返済や積立貯蓄の払込を行うときの利率を求めることができます。

	A	B	C	D	E	F
1	利率（年利）	0.03%				
2	月々積立額	-50000				
3	現在貯蓄額	0				
4	目標額	1000000				
5	必要な期間	19.9952516				
6						
7						
8						

セルB5には、年利0.03%、月々の積立額5万円の積立貯蓄を行うとき、100万円貯蓄できるまでの期間が計算されている

書式 =NPER(利率,定期支払額,現在価値,[将来価値],[支払期日])

引数

利率	必須	ローンや貯蓄の利率
定期支払額	必須	毎回の支払額
現在価値	必須	現在の現金
将来価値	任意	支払い完了時に残る金額
支払期日	任意	支払いを行う期日。0または1で指定

説明

NPER関数は投資(ローンの返済や貯金)に必要な期間を求める関数です。
定期支払額は1回あたりの返済額または払込額です。通常、マイナスで指定します。
現在価値は現在の現金です。ローンの場合は借入額、積立貯蓄で頭金がない場合は0を指定します。
将来価値は将来の現金です。ローンで借入金を完済する場合は0、積立貯蓄の場合は満期受取額を指定します。
支払期日は返済や積立を行う期日です。0または省略すると期末(たとえば月末)、1を指定すると期首(たとえば月初め)が指定されます。

積立貯蓄の目標額に達するまでの期間を求める

年利0.03%、月々の積立額5万円の積立貯蓄を行うとき、100万円貯蓄できるまでの期間を、NPER関数を使って計算します。

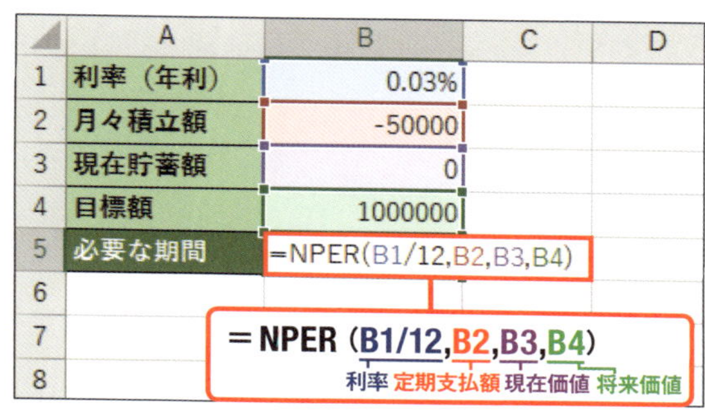

	A	B	C	D
1	利率（年利）	0.03%		
2	月々積立額	-50000		
3	現在貯蓄額	0		
4	目標額	1000000		
5	必要な期間	=NPER(B1/12,B2,B3,B4)		
6				
7				
8				

❶セルB5にはNPER関数を入力します。このとき、引数の「定期支払額」は負の数で指定します。また、支払いが月払いなので、引数の「利率」には月利（年利÷12）を指定します。

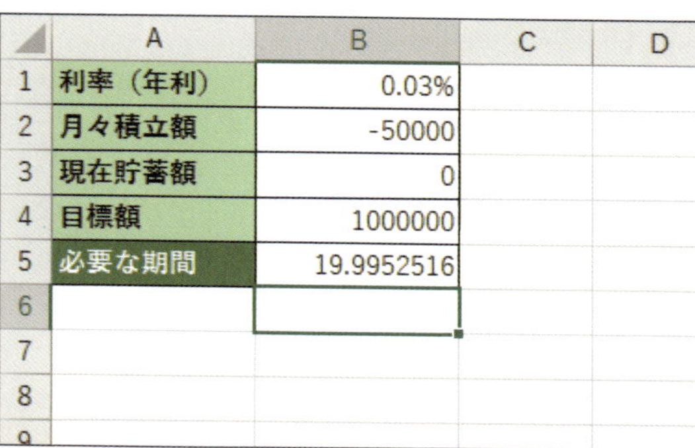

	A	B	C	D
1	利率（年利）	0.03%		
2	月々積立額	-50000		
3	現在貯蓄額	0		
4	目標額	1000000		
5	必要な期間	19.9952516		
6				
7				
8				

❷目標額が貯蓄できるまでの期間が計算されました。100万円貯蓄するには、19.95ヶ月（実質20ヶ月）必要ということがわかります。

セルを右クリックし「セルの書式設定」→「数値」をクリックし「小数点以下の桁数」を0にすると、小数点以下を切り上げられます。

COLUMN

ローンの返済や積立貯蓄の払込を行うときの利率を求める

ローンの返済や積立貯蓄の払込を行うときの利率を求めるには、RATE関数を使います。

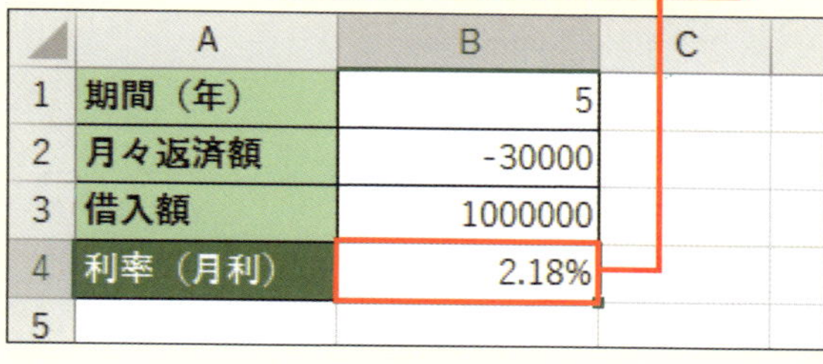

	A	B	C
1	期間（年）	5	
2	月々返済額	-30000	
3	借入額	1000000	
4	利率（月利）	2.18%	
5			

目的別索引

記号

○ヶ月後や○ヶ月前の月末を求める	EOMONTH	162
○ヶ月後や○ヶ月前の日付を求める	EDATE	160
2つの日付から期間を求める	DAYS / DATEDIF	170

あ

あとから表に追加したデータも自動で計算する	SUM	60
ある条件が成り立たないときに別の条件を判定する	IFS	198
ある数値より大きいデータを合計する	SUMIF	206
エラー値を除外して小計と総計を求める	AGGREGATE	98
エラーを修正する		48
大きいほうから数えて何位かを求める	LARGE	122
大文字を小文字に、小文字を大文字に変更する	LOWER / UPPER / PROPER	286
同じ値が入力されているかを調べる	IF / AND	192
同じ文字を繰り返す	REPT	244

か

開始位置を指定して文字列を置換する	REPLACE / REPLACEB	260
元金を試算する	PV	328
関数とは		22
関数の書き方		24
関数の挿入ダイアログボックスから関数を利用する		30
関数の引数を修正する		36
基準のセルから○行△列目にあるデータを調べる	OFFSET	318

行番号や列番号を利用して１つおきに値を取り出す	ROW / COLUMN / OFFSET	322
勤務時間から「30分」の休憩時間を引く	TIME	158
現在の日付や時刻を表示する	TODAY / NOW	144
検索／行列関数の基礎		290
検索した文字列を置換する	SUBSTITUTE	256
検索条件に近いデータを取り出す	VLOOKUP	298
検索値からデータを取り出す	VLOOKUP	294
検索値が表のどの位置にあるかを検索する	MATCH	312
今月の日数を求めて日割り計算する	DAY / EOMONTH / ROUND	178

さ

財務関数の基礎を理解する		326
市外局番をカッコで囲む	SUBSTITUTE / REPLACE	262
小計と総計を求める	SUBTOTAL	62
小数点以下を切り捨てる	INT	80
条件が成り立たないことを判定する	NOT	194
条件に合う数値の最大値を求める	DMAX / DMIN	116
条件に合う数値の平均を求める	DAVERAGE	228
条件に合うセルの個数を求める	DCOUNTA / DCOUNT	232
条件に合うデータの合計を求める	DSUM	68
条件に合うデータの平均値を求める	AVERAGEIF	214
条件に合うデータを数える	COUNTIF	220
条件に合うデータを合計する	SUMIF	204
条件に合う唯一の値を取得する	DGET	320
条件によって処理を振り分ける	IF	186

目的別索引

条件によって処理を変更する		182
条件表を使った条件書式(データベース関数)		226
シリアル値を理解する		140
数式タブから関数を利用する		28
数式のエラーを理解する		46
数式を修正する		34
数値データが入力されているセルを数える	COUNT	102
数値同士を掛けて、さらに合計する	SUMPRODUCT	72
数値の整数部分の桁数を求める	LEN / ABS / TRUNC	84
数値を表す文字列を数値に変更する	VALUE	280
数値を合計する	SUM	54
数値を指定した表示形式の文字列に変換する	TEXT	278
すべての入力欄に数値が入力されているかを調べる	IF / COUNT	218
生年月日から年齢を求める	DATEDIF / TODAY	172
セル内の改行を削除する	CLEAN / TRIM / SUBSTITUTE / CHAR	282
セルに計算式を入力して関数を利用する		32
セルの値がエラーになった場合の処理を設定する	IFERROR	202
セルの値に応じて複数パターンの値を表示する	SWITCH	196
全角文字を半角文字に変更する	ASC	274
先頭の文字が一致するデータを表から検索する	VLOOKUP	308
相対参照と絶対参照を切り替える		40

た

小さいほうから数えて何位かを求める	SMALL	124
積立や返済の期間と利息を求める	NPER / RATE	338

定期積立額や定期返済額を試算する	PMT	332
データが入力されているセルを数える	COUNTA	104
データが未入力でもエラーが表示されないようにする	IFERROR	200
データの最小値を求める	MIN / MINA	114
データの最大値を求める	MAX / MAXA	112
データの順位を求める	RANK / RANK.EQ	120
データの中央に来る数値(中央値)を求める	MEDIAN	128
当月の最終営業日を求める	WORKDAY / EOMONTH	168
土日祝日を除いた日数を求める	NETWORKDAYS	174
土日休み以外の形態の稼働日数を求める	NETWORKDAYS.INTL	176
土日を除いた期日を求める	WORKDAY	164

な

入力した数式をコピーする		38
年、月、日から日付データを作成する	DATE / DATEVALUE	154

は

半角文字を全角文字に変更する	JIS	276
引数のセル範囲を修正する		44
左側から指定した文字数分だけ取り出す	LEFT / LEFTB	266
日付が何週目かを求める	WEEKNUM / ISOWEEKNUM	152
日付から年、月、日を取り出す	YEAR / MONTH / DAY	146
日付から曜日を取り出す	WEEKDAY	150
日付や時刻からシリアル値を求める	VALUE / TIMEVALUE	142
日付や時刻の書式記号を理解する		138

●目的別索引

日付や時刻を計算する際に注意すること		136
表の行と列の交点のデータを取得する	INDEX / MATCH	314
表の先頭行を検索してデータを取り出す	HLOOKUP	306
表の先頭列を検索してデータを取り出す	VLOOKUP	296
フィルターで抽出されたデータのみを合計する	SUBTOTAL	66
複数のシートを串刺し計算する	SUM	58
複数の条件がすべて成り立つかを確認する	AND	188
複数の条件のいずれかが成り立つかを確認する	OR	190
複数の条件を満たす行のデータを合計する	SUMIFS	212
複数の条件を満たすデータの平均値を求める	AVERAGEIFS	216
複数の条件を満たすデータを数える	COUNTIFS	224
複数の表を切り替えて表引きする	VLOOKUP / INDIRECT	302
不要なスペース(空白)を削除する	SUBSTITUTE / TRIM	258
ふりがなを自動的に表示する	PHONETIC	284
平均値を求める	AVERAGE	108
平日と土日に分けて勤務時間を合計する	WEEKDAY / SUMIF	208

ま

満期額や借入金残高を試算する	FV	330
右側から指定した文字数分だけ取り出す	RIGHT / RIGHTB	268
見た目が空白のセルを数える	COUNTBLANK	106
木曜日と日曜日を定休日として翌営業日を求める	WORKDAY.INTL	166
文字数とバイト数の違い		240
文字データを0として平均値を求める	AVERAGEA	110
文字の一部が同じ行のデータを合計する	SUMIF	210

文字の途中から指定した文字数分だけ取り出す	MID / MIDB	270
文字列が同じかどうかを確認する	EXACT	246
文字列とは		238
文字列の長さを調べる	LEN / LENB	242
文字列を逆順から検索する	SUBSTITUTE / LEN / FIND / RIGHT	264
文字列を検索する	FIND / FINDB	252
文字列をつなげる	CONCATENATE / CONCAT / TEXTJOIN	248
もっとも多く現れる値(最頻値)をすべて求める	MODE.MULT	132
もっとも多く現れる値(最頻値)を求める	MODE / MODE.SNGL	130

ら

リストの中から値を取り出す	CHOOSE	310
累計を求める	SUM	56
ローンの元金と利息を試算する	PPMT / IPMT	334

わ

ワイルドカードを使って文字列を検索する	SEARCH / SEARCHB	254
ワイルドカードを利用する		250
割り算の余り(剰余)を求める	MOD	78
割り算の整数商を求める	QUOTIENT	76

索引

記号・数字

? …… 211, 250
' …… 239
* …… 210, 250, 308
/(演算子) …… 52
+(演算子) …… 52
#DIV/0! …… 47
#N/A …… 47, 200, 295, 312
#NAME? …… 47
#NULL! …… 47
#NUM! …… 47
#REF! …… 47
#VALUE! …… 47
&演算子 …… 52, 143
<>演算子 …… 52, 195
1バイト文字 …… 240

A

ABS関数 …… 84
AGGREGATE関数 …… 98
AND関数 …… 188, 192
AND条件 …… 117, 235
ASC関数 …… 274
AVERAGE関数 …… 108
AVERAGEA関数 …… 110
AVERAGEIF関数 …… 214
AVERAGEIFS関数 …… 216

C

CEILING関数 …… 92
CEILING.MATH関数 …… 93
CEILING.PRECISE関数 …… 93
CHAR関数 …… 283
CHOOSE関数 …… 310
CLEAN関数 …… 282
COLUMN関数 …… 322
CONCAT関数 …… 248
CONCATENATE関数 …… 248
COUNT関数 …… 102, 218
COUNTA関数 …… 104, 218, 219
COUNTBLANK関数 …… 106, 218
COUNTIF関数 …… 220, 222, 251
COUNTIFS関数 …… 224
CUMIPMT関数 …… 336
CUMPRINC関数 …… 336

D

DATE関数 …… 154
DATEDIF関数 …… 170, 172
DATEVALUE関数 …… 154, 271
DAVERAGE関数 …… 228
DAY関数 …… 146, 178
DAYS関数 …… 170
DCOUNT関数 …… 233
DCOUNTA関数 …… 232
DGET関数 …… 320
DMAX関数 …… 116
DMIN関数 …… 116
DSUM関数 …… 68

E

EDATE関数 …… 160
EOMONTH関数 …… 162, 168, 178
EXACT関数 …… 246

INDEX

F

FIND関数 …… 252, 264
FINDB関数 …… 253
FLOOR関数 …… 94
FLOOR.MATH関数 …… 95
FLOOR.PRECISE関数 …… 95
FREQUENCY関数 …… 126
FV関数 …… 330

H～I

HLOOKUP関数 …… 306
HOUR関数 …… 148
IF関数 …… 186, 192, 218, 222, 251, 272
IFERROR関数 …… 200, 202
IFNA関数 …… 201
IFS関数 …… 198
INDEX関数 …… 151, 314
INDIRECT関数 …… 302
INT関数 …… 76, 80, 89
IPMT関数 …… 334
ISERROR関数 …… 203
ISOWEEKNUM関数 …… 152

J～L

JIS関数 …… 276
LARGE関数 …… 122
LEFT関数 …… 266, 308
LEFTB関数 …… 266
LEN関数 …… 84, 242, 264
LENB関数 …… 242
LOWER関数 …… 286

M

MATCH関数 …… 312, 316
MAX関数 …… 112
MAXA関数 …… 113
MEDIAN関数 …… 128
MID関数 …… 270, 272
MIDB関数 …… 270
MIN関数 …… 114
MINA関数 …… 115
MINUTE関数 …… 148
MOD関数 …… 76, 78
MODE関数 …… 130
MODE.MULT関数 …… 132
MODE.SNGL関数 …… 131
MONTH関数 …… 146
MROUND関数 …… 96

N

NETWORKDAYS関数 …… 174
NETWORKDAYS.INTL関数 …… 176
NOT関数 …… 194
NOW関数 …… 144
NPER関数 …… 338

O～Q

OFFSET関数 …… 318, 323
OR関数 …… 190
OR条件 …… 117, 234
PHONETIC関数 …… 284
PMT関数 …… 326, 332
PPMT関数 …… 334
PROPER関数 …… 287
PV関数 …… 328

索引

QUOTIENT関数 …… 76

R

R1C1形式 …… 26
RANDBETWEEN関数 …… 311
RANK関数 …… 120
RANK.EQ関数 …… 121
RATE関数 …… 339
REPLACE関数 …… 260, 262
REPLACEB関数 …… 260
REPT関数 …… 244
RIGHT関数 …… 268
RIGHTB関数 …… 268
ROUND関数 …… 86, 179
ROUNDDOWN関数 …… 81, 88
ROUNDUP関数 …… 90
ROW関数 …… 322

S

SEARCH関数 …… 254
SEARCHB関数 …… 254
SECOND関数 …… 148
SMALL関数 …… 124
SUBSTITUTE関数
…… 256, 258, 262, 264, 283
SUBTOTAL関数 …… 62, 66
SUM関数 …… 54, 56, 58, 60
SUMIF関数 …… 163, 204, 206, 208, 210
SUMIFS関数 …… 212
SUMPRODUCT関数 …… 72
SWITCH関数 …… 196

T

TEXT関数 …… 147, 278
TEXTJOIN関数 …… 248
TIME関数 …… 156, 158
TIMEVALUE関数 …… 142, 156
TODAY関数 …… 144, 172
TRIM関数 …… 258, 282
TRIMMEAN関数 …… 217
TRUNC関数 …… 82, 84, 89

U～Y

UPPER関数 …… 286
VALUE関数 …… 142, 280
VLOOKUP関数
…… 292, 294, 296, 302, 308
WEEKDAY関数 …… 150, 208
WEEKNUM関数 …… 152
WORKDAY関数 …… 168
WORKDAY.INTL関数 …… 166
YEAR関数 …… 146

あ

あいまいな条件 …… 251, 255, 308
値を比較 …… 137
異常値を除外した平均値 …… 217
インデックス …… 310
エラー値 …… 47
エラーを修正 …… 48
エラーを非表示 …… 200, 203
エラーを無視 …… 49, 100
演算子 …… 52
オートフィルオプション …… 59

か

改行の削除 …… 283
稼働日数 …… 175, 177
借入金残高の計算 …… 331
簡易入力 …… 288
元金の計算 …… 335
関数の計算 …… 23
関数の種類 …… 22
関数の挿入 …… 30
関数の引数 …… 36
関数名 …… 24
関数ライブラリ …… 28
期間 …… 327
期間の計算 …… 338
行全体を計算対象にする …… 61
切り上げ …… 90, 92
切り下げ …… 94
切り捨て …… 80, 82, 88
近似値を検索 …… 299
串刺し計算 …… 58
桁数の計算 …… 84
月末を求める …… 163
現在価値 …… 326, 328
現在の日時の固定値を入力 …… 145
現在の日時を表示 …… 145
検索条件 …… 204, 206, 220

さ

最近使った関数 …… 29
最小値の計算 …… 115, 116
最大値の計算 …… 113, 116, 118
最頻値の計算 …… 130, 132
財務関数 …… 326
サブスクリプション …… 197
算術演算子 …… 52
参照演算子 …… 52
シート範囲を指定 …… 43
シートを参照 …… 42
時間の計算 …… 157, 159, 209
時刻・時間 …… 138
時刻値 …… 149, 180
時刻を引数に指定 …… 97
四捨五入 …… 86
支払期日 …… 327
集計方法 …… 99
順位の計算 …… 121
循環参照 …… 50
小計 …… 62
条件 …… 70
条件式 …… 186, 189, 191, 207, 227
条件に合うデータの計算 …… 68, 213, 215, 217
条件表 …… 226
照合の種類 …… 313
将来価値 …… 327, 330
書式記号 …… 138
書式の自動変換 …… 281
処理の分岐 …… 219
シリアル値 …… 140, 142
シリアル値を算出 …… 143
数式オートコンプリート …… 33
数式タブ …… 28
数式をコピー …… 38
数式を修正 …… 34
数値の変換 …… 279
ステータスバー …… 134

索引

スペースを削除 …… 259
絶対参照 …… 41
セル参照 …… 24
セル数を求める …… 221, 225
セルの書式設定 …… 139, 141
セル範囲 …… 25
セル範囲に名前を付ける …… 234
セル範囲を修正 …… 44
セルを数える …… 102, 104, 106
全角文字 …… 276
総計 …… 64
相対参照 …… 40

た

中央値の計算 …… 129
重複データ …… 222
積立貯蓄 …… 333
定期支払額 …… 327, 332
データの取得 …… 294, 296, 298, 306, 308, 311, 314, 319, 323
データの中心傾向 …… 109
データの並べ替え …… 319
データの入力規則 …… 305
データベース(引数) …… 69
データベース関数 …… 116, 226, 228, 320
テーブル …… 324
特定期間の件数 …… 225
特定の順位の数値の計算 …… 122, 124
度数分布表 …… 127

な

名前付きセル範囲 …… 305
日数の計算 …… 171, 173, 175, 177, 179
ネスト …… 85, 199

は

バイト数 …… 240, 277
配列 …… 26, 73
配列数式 …… 74, 127
半角文字 …… 274
比較演算子 …… 52
引数 …… 24
引数を修正 …… 36
日付 …… 138
日付値 …… 136, 143, 147, 150, 153, 180
日付データの作成 …… 154
日付の計算 …… 161, 167, 169
表示形式の設定 …… 139
表引き …… 290, 293, 296, 299, 302, 313, 316
フィールド(引数) …… 69
フィルターで抽出されたデータの計算 …… 66
ふりがな …… 284
プレースホルダー …… 139, 278
平均値 …… 215, 217, 229
平均値を計算 …… 109, 111

ま

文字数 …… 240
文字数の計算 …… 241, 242
文字の繰り返し …… 244
文字列 …… 238
文字列演算子 …… 52
文字列の一致 …… 246
文字列の検索 …… 252, 254, 264

文字列の置換 …… 256, 260, 263
文字列の統一 …… 287
文字列の取り出し …… 266, 270, 272
文字列の変換 …… 274, 276, 280, 303
文字列の連結 …… 248
戻り値 …… 27

や～ら

ユーザー定義 …… 139, 141
利息の計算 …… 334, 337
利率 …… 327
利率の計算 …… 339
累計の計算 …… 56
列を引数に指定 …… 60
論理式 …… 26, 186, 236
論理値 …… 26

わ

ワイルドカード …… 210, 250, 254, 308
割り算の余り …… 78
割り算の整数商 …… 76

お問い合わせについて

本書に関するご質問については、本書に記載されている内容に関するもののみとさせていただきます。本書の内容と関係のないご質問につきましては、一切お答えできませんので、あらかじめご了承ください。また、電話でのご質問は受け付けておりませんので、必ずFAXか書面にて下記までお送りください。
なお、ご質問の際には、必ず以下の項目を明記していただきますよう、お願いいたします。

① お名前
② 返信先の住所またはFAX番号
③ 書名（今すぐ使えるかんたんEx Excel 関数 プロ技BEST セレクション［Excel 2016/2013/2010/2007 対応版］）
④ 本書の該当ページ
⑤ ご使用のOSとソフトウェアのバージョン
⑥ ご質問内容

なお、お送りいただいたご質問には、できる限り迅速にお答えできるよう努力いたしておりますが、場合によってはお答えするまでに時間がかかることがあります。また、回答の期日をご指定なさっても、ご希望にお応えできるとは限りません。あらかじめご了承くださいますよう、お願いいたします。

問い合わせ先

〒162-0846
東京都新宿区市谷左内町21-13
株式会社技術評論社　書籍編集部
「今すぐ使えるかんたんEx Excel 関数 プロ技 BEST セレクション［Excel 2016/2013/2010/2007 対応版］」質問係
FAX番号　03-3513-6167　URL：http://book.gihyo.jp

お問い合わせの例

FAX

①お名前
技術　太郎
②返信先の住所またはFAX番号
03-××××-××××
③書名
今すぐ使えるかんたんEx Excel 関数 プロ技BEST セレクション［Excel 2016/2013/2010/2007 対応版］
④本書の該当ページ
100ページ
⑤ご使用のOSとソフトウェアのバージョン
Windows 10
Excel 2016
⑥ご質問内容
結果が正しく表示されない

※ご質問の際に記載いただきました個人情報は、回答後速やかに破棄させていただきます。

今すぐ使えるかんたんEx
Excel関数 プロ技 BEST セレクション
［Excel 2016/2013/2010/2007対応版］

2016年9月1日　初版　第1刷発行

著者……………………… リブロワークス
発行者…………………… 片岡　巌
発行所…………………… 株式会社 技術評論社
東京都新宿区市谷左内町21-13
電話　03-3513-6150　販売促進部
　　　03-3513-6160　書籍編集部
装丁デザイン…………… 神永　愛子（primary inc.,）
本文デザイン…………… 今住　真由美（ライラック）
カバーイラスト………… ©koti - Fotolia
DTP ……………………… リブロワークス
編集……………………… リブロワークス
担当……………………… 矢野　俊博
製本／印刷……………… 日経印刷株式会社

定価はカバーに表示してあります。

ISBN978-4-7741-8225-4 C3055
Printed in Japan

#N/A = Not Available value 値がない
#REF! = a REFerence to a cell that does not exist
セルが参照できない